国家科学技术学术著作出版基金资助出版

多时标非线性系统的鲁棒控制与自适应控制

孙富春　刘华平　胡叶楠　李　莉　著

科 学 出 版 社

北　京

内 容 简 介

多时标非线性系统广泛存在于制造、交通、能源、航空航天等系统中，其控制具有重要的理论意义和应用前景。本书系统论述多时标非线性系统的模糊建模、鲁棒控制和自适应控制的理论方法及其应用。首先综述线性连续奇异摄动系统、线性离散奇异摄动系统、非线性奇异摄动系统，以及奇异摄动系统的智能鲁棒与自适应控制的发展现状和趋势；其次介绍多时标非线性系统的模糊奇异摄动建模方法，以及基于模糊奇异摄动模型的鲁棒控制与自适应模糊控制方法；最后介绍模糊奇异摄动模型在工业生产、航空航天等领域的应用以及总结与展望。

本书可为高等院校控制科学与工程、电子科学与技术、机械工程、信息科学、人工智能等领域的教师提供参考，也可供相关专业研究生、研究人员和工程技术人员参考。

图书在版编目（CIP）数据

多时标非线性系统的鲁棒控制与自适应控制 / 孙富春等著. —北京：科学出版社，2022.12

ISBN 978-7-03-072048-1

Ⅰ. ①多… Ⅱ. ①孙… Ⅲ. ①非线性控制系统-鲁棒控制-自适应控制 Ⅳ. ①TP273

中国版本图书馆 CIP 数据核字（2022）第 057698 号

责任编辑：赵艳春 董素芹 / 责任校对：崔向琳
责任印制：吴兆东 / 封面设计：蓝正设计

科学出版社出版

北京东黄城根北街 16 号
邮政编码：100717
http://www.sciencep.com

北京虎彩文化传播有限公司印刷

科学出版社发行 各地新华书店经销

*

2022 年 12 月第 一 版 开本：720 × 1000 1/16
2022 年 12 月第一次印刷 印张：14 1/2
字数：292 000

定价：118.00 元

（如有印装质量问题，我社负责调换）

前　言

信息网络、大数据、人工智能与计算技术的发展促进了控制技术的创新与应用。这些应用的新领域包括云边端制造系统、发电与分布式系统、通信网络与交通网络、业务流程与供应链、数据库与信息系统、大型空间结构与空间机械臂系统等。这些系统都有一些共性问题，即物理上的分布、多尺度行为和子系统的高度集成，导致子系统之间的交联难以精确地描述、理解或预测。因此，多尺度动力系统建模与控制需要建立一个新的分析、设计和综合框架，以实现对这些新型系统的建模与稳定控制。本书重点讨论多时标系统，这类系统又称多时间尺度系统或者奇异摄动系统，是指同时在多个时间尺度上描述的动力学系统。

长期以来，多时标非线性系统的控制器设计方法主要有自适应控制方法和积分流形方法。自适应控制方法基于降阶技术，不适用于非标准的奇异摄动系统，且这类方法通常需要很强的假设，如要求控制项仅存在于慢子系统；积分流形方法可以获得很高的控制精度，但这类方法基于精确的数学模型，需要许多对非线性函数的平滑性假设，此外，控制律的计算也较复杂。多时标非线性系统控制的主要问题是其动力学的病态特性，现有的解决方法是采用简单的“快-慢”分解以及分段线性化方式来实现，难以实现高精度和高稳定度的控制，对于强干扰与环境的快速变化更是难以适应。在一些情况下，奇异摄动系统的摄动参数无关解可能并不存在，还需要研究摄动参数的相关解。为解决多时标非线性系统的控制问题，本书将模糊建模的思想与非线性多时标动力学结合，提出了模糊奇异摄动模型这一全新的概念，并在此基础上发展了系统的鲁棒控制和自适应控制理论与方法。该方法简化了一大类多时标非线性系统的模型表示，以致线性奇异摄动系统的控制方法可以应用于模糊奇异摄动系统的控制器设计，进而保证设计系统的稳定性和控制性能。

本书作者自20世纪末即开始多时标非线性系统智能控制技术的研究，相继在国家杰出青年科学基金、国家重点基础研究发展计划（973 计划）、国家高技术研究发展计划（863 计划）的资助下，依托空间柔性机械臂、大型翼展飞机、挠性航天器等平台，深耕二十余年，在理论方法与关键技术方面获得了重要研究成果，并完成了在多个平台上的实验验证。本书的主要内容即是对这一方法的完整体现，包括模糊奇异摄动模型对多时标非线性系统的逼近性、模糊奇异摄动模型的鲁棒控制与自适应控制理论方法及其典型应用。值得指出的是，这一方法自提出后，已得到国际上多位知名学者的高度关注，并在此基础上发展出了很多新型的建模与控制器设计方法，为多时标非线性系统的鲁棒控制与自适应控制提供了系统化的解决方案，对该方向智能控制的发展起到了很好的引领作用。本书对于非线性控制、智能控制、机器人等领域的研究学者具有一定的参考价值。

本书的出版得到了国家科学技术学术著作出版基金项目的资助，作者表示衷心的感谢。由于作者水平有限，书中难免存在不足之处，恳请广大读者批评指正。

作　者

2021 年 10 月

目　　录

第1章 引 言

1.1 研究背景及意义

近年来，随着制造业、流程工业、信息与能源产业等朝着高质量、高效率的方向发展，以奇异摄动技术为主要工具的多时标系统分析与综合问题得到了相当广泛的关注。

以机器人系统为例：当考虑执行机构动力学时，即使对于刚性机器人，其中的快变量也不可忽略。文献[1]采用奇异摄动理论研究了这类对象，这里体现快动力学的物理量是电机中的电枢电流；文献[2]则针对末端执行器与刚性环境接触的受限机械臂，建立了其奇异摄动模型；Asada 等进一步利用奇异摄动滑动流形提出了受限机器人的一般性建模方法[3]；文献[4]研究了单连杆柔性臂的奇异摄动建模，摄动参数取为最小刚度系数的平方根。该文献建立了快、慢两个降阶子系统，其中慢子系统与等效的刚性臂同阶，而快子系统是以慢状态变量参数化的线性系统。依据复合控制的思想，首先基于慢子系统设计一个非线性反馈控制项，再设计快控制项用于稳定快动力学即可。

其他方面，文献[5]将奇异摄动技术引入温室气温控制中，除了考虑作为慢时标的作物生长过程外，进一步考虑了以往被忽略的温室动力学过程影响，在此基础上设计的最优控制律展示出较好的效果。在制造业领域，递阶结构应用非常广泛，一般来说，机器级具有较快的时标，而工厂级的响应较慢，许多学者已经利用奇异摄动技术来分析制造过程的动力学特点，如文献[6]考虑了产量计划问题，提出的最优控制律可以有效抑制施加在资源容量和需求中的随机干扰；在电力系统领域，常用的交流调速系统中都存在双时标特性，例如，在锁相调速系统中，机械变量的时间常数比电磁变量慢很多。文献[7]利用奇异摄动技术提出一种新的鉴相器模型，并导出了系统稳定的条件和捕捉带。

尽管当前将奇异摄动技术应用于制造业、流程工业、电力系统、航空航天等领域的研究方兴未艾，但目前的研究大都局限于采用线性奇异摄动技术[8]，而实际的多时标对象通常都呈现出非线性，局部线性化通常并不能取得预期的效果。这使非线性奇异摄动建模与控制的研究具有重要意义。

本书研究问题的出发点是将模糊逻辑技术与奇异摄动技术有机结合，提出模糊奇异摄动模型的建模思想，该模型可以简化对一大类多时标非线性系统的模型表示。为此，我们将一类可由模糊规则表达的非线性奇异摄动系统称为模糊奇异摄动系统。由于采用 Takagi-Sugeno（简称 T-S）的模糊模型表达形式，利用矩阵不等式工具和线性奇异摄动系统的有关理论，可以方便地研究模糊奇异摄动系统的分析与综合问题。本书分连续与离散两种情形系统地研究模糊奇异摄动系统的分析与综合问题，通过大量实例进行仿真验证，并进一步研究一类双线性矩阵不等式的遗传算法求解方法。

1.2 奇异摄动系统研究综述

在系统理论与控制工程中，建模是一个基本问题。对一个实际的物理系统建立的合理的数学模型常常是高阶的微分方程。如果系统中存在一些小的时间常数、惯量、电导或电容，则会使作为数学模型的微分方程有相当高的阶数，以及病态的数值特性。早期对这类系统的处理方法是简单地忽略快变模态从而降低系统的阶数，然而，大量事实证明，基于这样的简化模型设计的控制效果往往与设计要求相距甚远。奇异摄动方法是有效处理这类问题的工具，其思想是首先忽略快变量以降低系统阶数，然后通过引入边界层校正来提高近似程度。这两个降阶的系统就可以用来近似原系统的动力学行为。这实际上相当于在两个时间尺度范围内分别独立完成设计任务。对于动态系统，这种分解实际上就是一种时标的分解。

1.2.1 线性连续奇异摄动系统

线性连续时不变奇异摄动控制系统的一般表现形式为

$$\begin{cases}\dot{\boldsymbol{x}}_s(t)=\boldsymbol{A}_{ss}\boldsymbol{x}_s(t)+\boldsymbol{A}_{sz}\boldsymbol{x}_z(t)+\boldsymbol{B}_s\boldsymbol{u}(t)\\ \varepsilon\dot{\boldsymbol{x}}_z(t)=\boldsymbol{A}_{zs}\boldsymbol{x}_s(t)+\boldsymbol{A}_{zz}\boldsymbol{x}_z(t)+\boldsymbol{B}_z\boldsymbol{u}(t)\end{cases} \tag{1.1}$$

其中，摄动参数$\varepsilon\ll 1$；$\boldsymbol{x}_s\in\mathbb{R}^{n_s}$、$\boldsymbol{x}_z\in\mathbb{R}^{n_z}$分别是系统的快、慢状态，$n_s$、$n_z$是它们的维度；$\boldsymbol{A}_{ss}\in\mathbb{R}^{n_s\times n_s}$、$\boldsymbol{A}_{sz}\in\mathbb{R}^{n_s\times n_z}$、$\boldsymbol{A}_{zs}\in\mathbb{R}^{n_z\times n_s}$、$\boldsymbol{A}_{zz}\in\mathbb{R}^{n_z\times n_z}$、$\boldsymbol{B}_s\in\mathbb{R}^{n_s\times m}$、$\boldsymbol{B}_z\in\mathbb{R}^{n_z\times m}$是适当维度的参数矩阵；$\boldsymbol{u}\in\mathbb{R}^m$为控制向量。

对线性时不变系统，经典的稳定性分析结果由 Klimushev 和 Krasovskij 于 20 世纪 60 年代通过“快慢分解”的思想得到[9]，即如果快、慢子系统均是稳定的，则摄动参数必存在一个稳定上界，在此范围之内，奇异摄动系统是稳定的。由于该方法将奇异摄动系统的稳定性分解为快、慢子系统的稳定性，避免了摄动参数引入的病态问题，直至今日，它仍然是分析稳定性的主要方法之一。该方法的关键在于对摄动参数上界的计算。多年以来，各国的学者在这一领域做了大量工作，早期的方法一般是频域方法，如文献[10]采用频域方法求取上界，即将状态空间模型转化为等价的频域模型，通过检查相关条件来确定其值。而文献[11]采用广义奈奎斯特图作为工具，当快模态维数为 1 时，能够得到确切的上界，但该方法很难推广到高维情形。

较之频域方法，时域方法的优点在于所需的假设较少，且可用于高阶系统，如文献[12]将问题转化为摄动参数不确定性的系统鲁棒性问题，利用临界判据法，只需求解矩阵的实特征值即可。文献[13]采用时域和频域方法同时给出了摄动参数上界的解析表达式。线性时不变奇异摄动系统的严格稳定性判别条件已经得到，但计算过程尚需简化。在闭环系统方面，文献[14]研究了采用输出反馈时闭环系统的稳定性，并给出鲁棒稳定性的定量分析。文献[15]利用李雅普诺夫方程，研究了可以使稳定摄动参数上界达到无穷大的状态反馈控制律。

奇异摄动系统的二次型最优控制早在20世纪70年代起就引起了人们的关注[16]。对奇异摄动系统，用传统的最优控制理论会涉及含小参数的里卡蒂（Riccati）方程求解问题。由于小参数的存在会引发病态问题，所以一般将原系统分解为快、慢子系统，对快、慢子系统分别设计二次型最优控制器（这样需要解两个 Riccati 方程），再将其组合成复合控制器。因此，这样设计出的控制器实际上只是次优的。

文献[16]提出著名的“两步法”，设计出独立于摄动参数的次优调节器，但由于未能实现严格分解，受快子问题的影响，在求解慢子问题时可能导致无解。文献[17]利用著名的 Chang 变换[18]对其做了严格的快慢分解，可获得 $O(\varepsilon^2)$的近似性能。另一种分解方法是直接对 Riccati 方程进行分解，文献[19]从哈密顿矩阵块对角化的角度对奇异摄动 Riccati 方程的分解做了研究，从数学意义上将其严格地分解为两个低阶的不对称 Riccati 方程。由于方程的 $O(\varepsilon)$近似是对称的，并且实际上就是对应于快、慢子系统的 Riccati 方程，所以可以通过对近似方程求解作为初始解，再用牛顿迭代逼近原方程的解。这一理论对于奇异摄动系统的二次型最优控制问题有着十分重要的意义。

近年来，有学者尝试使用线性矩阵不等式（linear matrix inequality，LMI）来替代 Riccati 方程求解最优控制问题。文献[20]将这一思想应用到了奇异摄动系统。使用 LMI 的优点在于可以方便地考虑对控制系统结构的约束问题，如分散控制、输出反馈等。

一般来说，采用快慢分解的方法难以处理非标准情形。许多学者转而借助广义系统方法来研究奇异摄动系统，从而可以统一地处理标准和非标准的情形。文献[21]证明了对于充分小摄动参数，广义系统的最优控制器是对应奇异摄动系统的次优控制器，其性能指标与最优指标之间只相差 $O(\varepsilon)$ 数量级。

奇异摄动系统的 H_∞ 控制方法主要可分为频域方法、时域方法以及微分对策方法。

频域方法的主要焦点是模型匹配问题。许多反馈问题，如跟踪、鲁棒稳定和干扰抑制等均可转化为模型匹配问题，即使闭环系统的频率响应匹配一个已给定的模型频率响应，并极小化频率峰值误差的 H_∞ 范数。这方面最早开展工作的是文献[22]，而文献[23]、文献[24]解决了两频标（two frequency scale，TFS）系统的 Nevanlinna-Pick 插值问题，从而提供了另一种解决 H_∞ 控制的方法。文献[25]提出的 H_∞ 方法可适用于非最小相位系统。利用频域方法，可以得到一些直观且较时域方法更宽松的结论，但主要问题是难以推广到非线性情形。

文献[26]较早从时域角度研究了线性奇异摄动系统的 H_∞ 控制问题，其指出，一个线性奇异摄动系统的 H_∞ 控制问题可以分解为两个降阶子系统的 H_∞ 问题，其中一个子系统就是快子系统，另一个虽然不是慢子系统，但与慢子系统同阶。文献[27]采用严格分解方法提出一种较高精度的控制器，通过它来实现次优 H_∞ 控制，并证明了如果控制器精度达到 $O(\varepsilon^k)$，则干扰抑制水平可达到 $\gamma+O(\varepsilon^k)$。文献[28]用递归方法求解广义代数 Riccati 方程，得到了形式上更为简单的高精度控制器，且该方法可适用于非标准的情形。

文献[29]直接从广义系统角度出发，通过分解 Riccati 方程，得出了 H_∞ 次优控制器存在的条件，该条件与摄动参数无关，并指出输出反馈控制器本身也具有奇异摄动形式，其快、慢部分分别是原快、慢子系统的 H_∞ 次优控制器。由于采用了广义系统方法，结论可以应用于非标准情形。

由于 H_∞ 控制问题与一类线性二次微分对策问题有着非常密切的联系，这为研究者提供了新的思路。零和微分对策具有数学上的直观与简洁性，并且可以很容易解决由干扰、控制和状态在慢子系统性能指标中构成的交叉项问题，这在早期的方法中由于处理上的困难，一般是忽略的。文献[30]提出用微分对策来研究奇异摄动系统的 H_∞ 控制问题。

1.2.2　线性离散奇异摄动系统

与连续情形不同，离散奇异摄动系统由于采样速率的不同，存在多种表达形式[31]，例如，常见的有以下四种表达（自治形式）：

$$\begin{cases}\boldsymbol{x}_s(k+1)=\boldsymbol{A}_{ss}\boldsymbol{x}_s(k)+\varepsilon\boldsymbol{A}_{sz}\boldsymbol{x}_z(k)\\ \boldsymbol{x}_z(k+1)=\boldsymbol{A}_{zs}\boldsymbol{x}_s(k)+\varepsilon\boldsymbol{A}_{zz}\boldsymbol{x}_z(k)\end{cases}\tag{1.2a}$$

$$\begin{cases}\boldsymbol{x}_s(k+1)=\boldsymbol{A}_{ss}\boldsymbol{x}_s(k)+\varepsilon^{1-\theta}\boldsymbol{A}_{sz}\boldsymbol{x}_z(k)\\ \boldsymbol{x}_z(k+1)=\varepsilon^{\theta}\boldsymbol{A}_{zs}\boldsymbol{x}_s(k)+\varepsilon\boldsymbol{A}_{zz}\boldsymbol{x}_z(k)\end{cases}\tag{1.2b}$$

$$\begin{cases}\boldsymbol{x}_s(k+1)=\boldsymbol{A}_{ss}\boldsymbol{x}_s(k)+\boldsymbol{A}_{sz}\boldsymbol{x}_z(k)\\ \boldsymbol{x}_z(k+1)=\varepsilon\boldsymbol{A}_{zs}\boldsymbol{x}_s(k)+\varepsilon\boldsymbol{A}_{zz}\boldsymbol{x}_z(k)\end{cases}\tag{1.2c}$$

$$\begin{cases}\boldsymbol{x}_s(k+1)=(\boldsymbol{I}+\varepsilon\boldsymbol{A}_{ss})\boldsymbol{x}_s(k)+\varepsilon\boldsymbol{A}_{sz}\boldsymbol{x}_z(k)\\ \boldsymbol{x}_z(k+1)=\boldsymbol{A}_{zs}\boldsymbol{x}_s(k)+\boldsymbol{A}_{zz}\boldsymbol{x}_z(k)\end{cases}\tag{1.2d}$$

式（1.2a）～式（1.2d）中的变量和参数矩阵定义与式（1.1）相同，$0\leqslant\theta\leqslant1$，$\boldsymbol{I}$为合适维数的单位矩阵。

许多连续系统的分析方法已能推广到离散情形。例如，文献[32]采用类似文献[11]的方法，基于奈奎斯特图确定了摄动参数的稳定上界，但结果同样难以应用于高阶情形。文献[31]采用状态空间方法，将摄动参数作为结构不确定性来处理，并利用临界稳定判据计算摄动参数稳定上界的确切值。文献[33]进一步研究了多摄动参数的情形。

目前离散情形的综合问题的研究还非常初步，对于标准离散奇异摄动系统，文献[34]研究了调节器问题，文献[35]定义了非标准离散奇异摄动系统的形式，并初步研究了它的二次型调节问题。

1.2.3 非线性奇异摄动系统

一般形式的非线性奇异摄动系统状态方程为

$$\begin{cases}\dot{\boldsymbol{x}}_s(t)=\boldsymbol{f}(\boldsymbol{x}_s,\boldsymbol{x}_z,\boldsymbol{u},\varepsilon,t)\\ \varepsilon\dot{\boldsymbol{x}}_z(t)=\boldsymbol{g}(\boldsymbol{x}_s,\boldsymbol{x}_z,\boldsymbol{u},\varepsilon,t)\end{cases}\tag{1.3}$$

其中，摄动参数$\varepsilon\ll1$；$\boldsymbol{x}_s\in\mathbb{R}^{n_s}$、$\boldsymbol{x}_z\in\mathbb{R}^{n_z}$、$\boldsymbol{u}\in\mathbb{R}^{m}$的定义与式(1.1)相同；$\boldsymbol{f}\in\mathbb{R}^{n_s}$、$\boldsymbol{g}\in\mathbb{R}^{n_z}$是非线性函数。

非线性奇异摄动系统的稳定性分析主要是基于李雅普诺夫函数的方法。文献[36]较早研究了复合李雅普诺夫函数的存在性。其主要思想是将原系统分解为两个低阶系统，即降阶系统和边界层系统，假设它们分别是渐近稳定的，则可以分别建立对应的李雅普诺夫函数。通过将这两个李雅普诺夫函数的加权和作为复合李雅普诺夫函数，可以得到对于充分小的摄动参数，原系统保持渐近稳定需要满足的条件。这些条件会因为选用不同的假设（主要是光滑性假设）、不同的李雅普诺夫函数而不同。在非线性奇异摄动稳定性分析方面，文献[37]的工作有较大影响。该文献仍然是采用复合李雅普诺夫函数方法，但选取的是二次型李雅普诺夫函数，所得结果适用于一般非线性系统，并进一步给出估计摄动参数上界的定量表达式以及指数稳定情形。文献[38]将其进一步推广到了多摄动参数情形。文献[39]利用圆判据研究了奇异摄动 Lur’e 问题，并推广到多摄动参数情形。

非线性奇异摄动系统的最优控制问题将导致求解高维的两时标哈密顿-雅可比偏微分方程。为了避免这一困难，一般也使用复合控制器的方法，这种与小参数无关的控制器是基于降阶的慢、快子问题设计的，也有用级数展开方法来求取哈密顿-雅可比偏微分方程的近似解。然而此近似解的最优性却没有得到充分的研究。文献[40]利用广义系统的方法研究了非线性系统的问题，但对性能指标的优化只是局部的。目前这方面的工作还相当初步。针对非线性奇异摄动系统控制的研究目前尚不多见，文献[41]讨论了一类非线性奇异摄动系统的控制，这里对系统的限制是：状态方程中仅对慢变量是非线性的。

自 20 世纪 80 年代中期后，以积分流形（integral manifold）为主要工具的几何方法在非线性奇异摄动系统的控制设计中异军突起[42]，形成一个重要的研究方向。积分流形的基本特点在于：只要快子系统的状态进入该流形，则它的动力学将完全由该积分流形来描述，如果此积分流形是稳定的，则快子系统就是稳定的。尽管如此，积分流形的求解却是比较困难的，一般是通过渐近展开的方法来逐步求解，这在理论上可以获得任意高的精度，但过高的精度要求会使推导极为烦琐。文献[43]研究了直接和间接反馈线性化问题。文献[44]进一步引入“设计流形”的概念，设计慢控制器使“设计流形”成为真正的“慢流形”，这里实际上是将“设计流形”作为设计参数，并不指定其具体形式，再设计出快控制将快子系统状态引入慢流形，慢、快控制经组合后形成的控制可以满足要求的全局稳定性能。基于积分流形的研究大都集中于所谓的“快执行器驱动型”系统，即控制量仅出现在快系统中。这类模型在电机驱动系统、柔性关节机器人中较为多见。文献[45]将其推广到了较为一般的情形。总的来说，当前的方法对系统结构的假设还比较多，而且大多限于仿射非线性情形。

1.3 奇异摄动系统的智能鲁棒与自适应控制

传统奇异摄动系统的研究工作对模型过于依赖，在实际应用中存在鲁棒性与适应性不强等问题。因此，很多学者尝试将智能控制手段应用于解决奇异摄动系统的控制问题[46]。早期，文献[47]针对摄动参数可变的情形研究了模糊控制器的设计方法。文献[48]针对线性奇异摄动系统研究了模糊滑模控制方法。文献[49]进一步针对线性奇异摄动系统设计了模糊监督式控制方法以实现 H_2/H_∞ 混合鲁棒控制。这些工作在线性奇异摄动模型方面做了很好的尝试，但并未涉及非线性情形，智能控制器的优越性也未充分体现。

近年来，随着模糊控制、神经网络建模等计算智能技术的发展，利用智能控制技术实现非线性奇异摄动系统的鲁棒与自适应控制成为新的研究热点，相关成果层出不穷。非线性奇异摄动系统的智能控制首先需要解决的是稳定性和鲁棒性问题。文献[50]采用快慢分解方法设计了模糊奇异摄动系统的鲁棒控制器，但难以应用于快子系统不稳定的情形。文献[51]通过将模糊奇异摄动模型分解为快、慢子模糊系统，分别设计了对应的稳定控制器，在此基础上组合成为复合控制器，并给出了摄动参数上界的估计公式。进一步，利用性能指标定量刻画抗干扰的鲁棒性能也引起了广泛关注。文献[52]研究了同时考虑摄动参数不确定性与外界干扰影响的离散模糊奇异摄动系统控制器设计方法。文献[53]针对奇异摄动 T-S 模糊模型，考虑了外界干扰的影响，并解决了基于观测器的鲁棒控制器设计的方法。文献[54]进一步考虑了存在执行器故障时的可靠控制器设计。此外，文献[55]针对离散马尔可夫跳变的模糊奇异摄动模型，研究了具有部分跳变信息的控制器设计方法。文献[56]和文献[57]分别针对快、慢采样率的离散模糊奇异摄动系统研究了具有半马尔可夫跳变的非脆弱鲁棒控制。文献[58]进一步将其应用于网络化模糊奇异摄动系统的鲁棒控制设计中。

在多目标鲁棒控制方面，文献[59]研究了同时考虑鲁棒性能与各子系统极点配置性能的方法。其核心方法是利用凸优化条件中的公共矩阵来联系不同的性能指标。文献[60]也针对与局部极点配置的混合指标，研究了摄动参数相关的反馈控制器设计方法。文献[61]针对多摄动参数情形给出了 H_2/H_∞ 混合控制器设计方法，相关的一些方法还被推广到了模糊奇异摄动系统的状态估计与滤波等问题[62, 63]。另外，非线性奇异摄动系统的自适应控制也是一个值得关注的问题。文献[64]采用快慢分解方法设计了自适应控制器，文献[65]研究了模型参考自适应控制方法。文献[66]针对永磁同步电机建立了奇异摄动模型，并在此基础上设计了神经模糊自适应控制器。文献[67]和文献[68]针对模糊奇异摄动模型给出了模糊积分滑模自适应控制的方法。文献[69]将其进一步推广到奇异摄动与广义系统的组合模型中。但与鲁棒控制方面的研究成果相比，非线性奇异摄动系统的自适应控制的研究工作才刚刚起步。

1.4 本书的研究内容及安排

本书的主要内容分为五部分。

第一部分（第 1 章），系统综述了线性连续奇异摄动系统、线性离散奇异摄动系统、非线性奇异摄动系统，以及奇异摄动系统的智能鲁棒与自适应控制的发展现状和趋势。

第二部分（第 2 章～第 9 章）为模糊奇异摄动系统的鲁棒控制理论与方法。第 2 章提出多时标非线性系统的模糊奇异摄动模型构建方法，讨论模糊奇异摄动模型对多时标非线性系统逼近性的充分条件、必要条件并利用结构化稀疏技术建立新型的模糊规则约减方法；第 3 章研究连续模糊奇异摄动系统的稳定性、H_∞ 性能的分析与综合问题，并利用同伦思想解决部分状态反馈控制器设计问题。第 4 章研究离散模糊奇异摄动系统的稳定性、H_∞ 性能的分析与综合问题，并开发了控制器设计方法。第 5 章研究含多个摄动参数的多时标系统，并利用矩阵不等式方法设计多目标鲁棒控制器，提出的控制器能够使系统对外部干扰具有一定的鲁棒性，实现对系统动态性能和控制量幅值的综合优化。第 6 章进一步推广到含参数不确定时的多目标鲁棒控制问题，将模型的参数不确定性表达为LMI中的参数，直接在控制器的设计条件中予以考虑，从而将问题转化为带有 LMI 约束的多目标优化问题。第 7 章在第 5、6 章的基础上，研究控制器-观测器的联合设计问题，给出观测器和控制器设计的多摄动参数无关解。第 8 章提出考虑执行器饱和效应时的鲁棒多目标控制器设计理论方法，给出多摄动参数模糊奇异摄动模型在执行器存在饱和效应时的闭环系统稳定性条件。第 9 章考虑多个模糊奇异摄动系统之间存在交联效应时的协调多目标鲁棒控制问题，使多时标系统在各子系统之间存在交联的情形下，多目标鲁棒分散控制器能够保证整个系统仍然是渐近稳定的，并具有抑制外部干扰的能力。

第三部分（第 10 章～第 12 章）为模糊奇异摄动系统自适应控制理论与方法。第 10 章提出基于模糊奇异摄动模型的模型跟踪自适应模糊控制方法，为模糊奇异摄动模型的模型跟踪自适应控制器设计提供了解决方案；第 11 章提出一种基于模糊奇异摄动模型的自适应模糊输出反馈控制方法，用于解决系统状态不完全可量测且存在未建模动态情形的非线性奇异摄动系统跟踪控制问题；第 12 章研究后件参数未知模糊奇异摄动模型的自适应模糊控制理论方法，通过状态反馈增益的在线调整，保证系统的稳定性和控制性能。

第四部分为第 13 章，介绍模糊奇异摄动系统鲁棒和自适应控制理论方法的应用，重点探讨其在工业生产、航空航天等领域的应用。

第五部分为第 14 章，系统总结连续、离散非线性奇异摄动系统的建模方法，以及基于模糊奇异摄动模型的鲁棒和自适应控制的理论方法及其应用，展望其理论和应用的未来发展趋势。

第2章　多时标非线性系统的模糊奇异摄动模型

在流程工业、电力系统、制造系统、通信网络与交通网络等领域，广泛存在着多重时标系统。这些系统都有一些共性问题，物理上的分布、多尺度行为和高度的集成，导致子系统之间的交联难以准确地描述、理解或预测。因此，多尺度动力系统建模与控制需要一个新的分析、设计和控制框架。尺度可以分为空间尺度和时间尺度。空间尺度包括飞机的大小、湍流漩涡和原子之间的距离，而时间尺度从飞行时间到电子的振动。多时标系统又称为多时间尺度系统，是指同时在多个时间尺度上描述的动力学系统。本章主要研究多时标非线性系统的模糊奇异摄动建模，讨论模糊奇异摄动模型对多时标非线性系统逼近性的充分条件、必要条件和模糊模型对多时标非线性系统的高效逼近方法。

2.1　多时标非线性系统的描述

多时标非线性系统可以由下列非线性奇异摄动模型描述：

$$\begin{cases} \dot{\boldsymbol{x}}_s(t) = \boldsymbol{f}(\boldsymbol{x}_s(t), \boldsymbol{x}_z(t), \boldsymbol{u}(t), \boldsymbol{\Lambda}_\varepsilon) \\ \boldsymbol{\Lambda}_\varepsilon \dot{\boldsymbol{x}}_z(t) = \boldsymbol{g}(\boldsymbol{x}_s(t), \boldsymbol{x}_z(t), \boldsymbol{u}(t), \boldsymbol{\Lambda}_\varepsilon) \end{cases} \tag{2.1}$$

其中，摄动参数矩阵

$$\boldsymbol{\Lambda}_\varepsilon = \begin{bmatrix} \varepsilon_1 \boldsymbol{I}_{z_1 z_1} & \boldsymbol{O} & \boldsymbol{O} & \cdots & \boldsymbol{O} \\ \boldsymbol{O} & \varepsilon_2 \boldsymbol{I}_{z_2 z_2} & \boldsymbol{O} & \cdots & \boldsymbol{O} \\ \boldsymbol{O} & \boldsymbol{O} & \varepsilon_3 \boldsymbol{I}_{z_3 z_3} & \cdots & \boldsymbol{O} \\ \vdots & \vdots & \vdots & & \vdots \\ \boldsymbol{O} & \boldsymbol{O} & \boldsymbol{O} & \cdots & \varepsilon_H \boldsymbol{I}_{z_H z_H} \end{bmatrix} \tag{2.2}$$

$0 < \varepsilon_h \ll 1$，$h = 1, 2, \cdots, H$，ε_h 为多个不同的小摄动参数。式（2.1）中 $\boldsymbol{x}_s(t) \in \mathbb{R}^{n_s}$、$\boldsymbol{x}_z(t) \in \mathbb{R}^{n_z}$ 分别为慢、快状态向量，其中快状态向量可以根据对应的不同摄动参数进一步划分为若干子向量，$\boldsymbol{x}_z(t) = \begin{pmatrix} \boldsymbol{x}_{z_1}^{\mathrm{T}}(t) & \boldsymbol{x}_{z_2}^{\mathrm{T}}(t) & \cdots & \boldsymbol{x}_{z_H}^{\mathrm{T}}(t) \end{pmatrix}^{\mathrm{T}}$，$\boldsymbol{u}(t) \in \mathbb{R}^m$ 为控制向量。

根据 Takagi 和 Sugeno 的研究成果[70]，非线性奇异摄动模型可以利用对若干空间内线性模型的隶属度函数插值实现对控制对象的逼近。这样，非线性奇异摄动模型可以由含有多摄动参数模糊奇异摄动模型的 r 条规则逼近，其第 i 条规则如下。

规则 i：如果 $\xi_1(t)$ 是 F_1^i，$\xi_2(t)$ 是 F_2^i, …, $\xi_g(t)$ 是 F_g^i，则有

$$\begin{cases}\dot{\boldsymbol{x}}_s(t)=\boldsymbol{A}_{ss}^i\boldsymbol{x}_s(t)+\boldsymbol{A}_{sz}^i\boldsymbol{x}_z(t)+\boldsymbol{B}_s^i\boldsymbol{u}(t)\\ \boldsymbol{\varLambda}_\varepsilon\dot{\boldsymbol{x}}_z(t)=\boldsymbol{A}_{zs}^i\boldsymbol{x}_s(t)+\boldsymbol{A}_{zz}^i\boldsymbol{x}_z(t)+\boldsymbol{B}_z^i\boldsymbol{u}(t)\end{cases} \tag{2.3}$$

其中，$F_j^i\ (j=1,2,\cdots,g)$ 为模糊集合；$\boldsymbol{A}_{ss}^i\in\mathbb{R}^{n_s\times n_s}$、$\boldsymbol{A}_{sz}^i\in\mathbb{R}^{n_s\times n_z}$、$\boldsymbol{A}_{zs}^i\in\mathbb{R}^{n_z\times n_s}$、$\boldsymbol{A}_{zz}^i\in\mathbb{R}^{n_z\times n_z}$、$\boldsymbol{B}_s^i\in\mathbb{R}^{n_s\times m}$、$\boldsymbol{B}_z^i\in\mathbb{R}^{n_z\times m}$ 为具有适当维数的矩阵；$\xi_1(t),\cdots,\xi_g(t)$ 为多时标非线性系统的可测变量。

模糊奇异摄动模型简化了多时标非线性系统的模型表示，这样线性奇异摄动系统的控制器设计方法可以应用到该类系统的设计中，保证了设计系统的稳定性和控制品质。在 T-S 模糊模型框架下，利用线性矩阵不等式，可以得到一系列的鲁棒和自适应控制方法。由于模糊奇异摄动模型是在 T-S 模糊模型的框架下建立的，下面主要讨论 T-S 模糊系统的通用逼近性。

2.2　模糊奇异摄动模型对多时标非线性系统的逼近能力

由于模糊奇异摄动模型源自 T-S 模糊模型的建模方法，这里先讨论 T-S 模糊模型的通用逼近性，代表性的工作就是 Ying[71]和 Zeng 等[72]提出的两步法。他们推导了为满足任意给定的逼近精度，对于 T-S 模糊系统，需要的输入模糊集、输出模糊集和模糊规则数目的明晰的计算公式。采用两步法，Ying 和 Zeng 等对 T-S 模糊系统的逼近性做了定量分析。但他们并没有考虑隶属度函数的形状、性质，所以所得的估计值可能偏保守。

通用逼近性的充分性研究可以采用构造性方法，通过选择特定隶属度函数，研究其相应的 T-S 模糊模型的逼近性及隶属度函数对逼近精度的影响。既然模糊模型具有通用逼近性，那么一个很实际的问题是：如何构造一个模糊模型 $f(x)$，使之以给定精度逼近一个连续实函数 $h(x)$。

现有的方法采用两步构造性证明方法，假设输入集合为 U，U_1 是 U 的一个子集。

（1）构造模糊模型，使得对 $\forall x\in U_1$，有 $f(x)=h(x)$，即对 U_1 中的每个点，在其邻域内，建立一条模糊规则。

（2）假设 U_1 在 U 上尽可能稠密，则对 $\forall x\in U$，必然存在 $x_0\in U_1$，满足 $\|x-x_0\|<\varepsilon$，$\varepsilon>0$ 为一个很小的正数。这样，由于模糊模型和待逼近函数的连续性，可得 $f(x)\to f(x_0)$，$h(x)\to h(x_0)$，又由第（1）步的 $f(x_0)=h(x_0)$，可得 $f(x)\to h(x)$，即模糊模型是通用逼近器。

这种构造方法在实际应用中有很大的局限性，其原因在于，如果我们需要很

小的逼近精度，则必须使 U_1 尽可能地在输入域 U 上稠密分布，即 U 上的分割足够小。但这样将导致规则数急剧增加，使模糊系统失去实用价值。假设有一个 m 个输入的模糊模型，每个输入有 n 个划分，则需要的规则数为 n^m。设 $n=3$，$m=5$，则规则数为 243。如果模型更复杂，则所需的规则数在实际中是不可接受的。产生上述问题的原因在于，其过分强调了 x 与 x_0 间的距离。逼近性的证明都是在 $\|x-x_0\|$ 非常小的基础上进行的。不仅如此，现有构造性证明方法还要求对输入空间的划分是均匀的。

针对现有构造性方法的不足，本节提出了一种新的构造性证明思路。在构造性证明方法的第（1）步，对 $\forall x_0 \in U_1$，在 x_0 的邻域内，建立一条模糊规则，设其后件表达式为 $g(x)$。如果对 $\forall x \in U$，且 $\|x-x_0\| < m$，$m>0$ 为较大的整数，都有 $\|g(x)-h(x)\| < \varepsilon$，$\varepsilon>0$ 为一个很小的正数，那么又何必把 $\|x-x_0\| < m$ 这一区间划分成许多小区间，以达到逼近精度 ε 呢？而且限制每个划分都是均匀的，虽然给理论上带来了方便，但在实际中并没有什么道理，而且将大大增加规则数。

从上面的分析可见，现有的构造性方法割裂了规则的前件与后件，即区间的划分与其上的函数表示没有联系，从而造成了很多不必要的划分。因此，我们考虑一种动态划分区间的构造性方法。当函数在某一区间内较为平坦时，则相邻划分间的距离变大，反之则变小。这相当于，当函数较平坦时，用较少的规则就可表示它，而当函数变化明显时，则需要较多的规则刻画。这符合对模糊模型直观的理解，而且可以避免很多不必要的划分，从而减少规则数。

由于在一维情况下，区域的划分方式沿着一个方向进行，而在高维情况下，区域的划分方式有无限种可能。对多输入多输出（multiple input multiple output，MIMO）系统，如果开始时将第（1）步中的区域设为整个定义域，设计一个递归算法，在整个定义域上完成划分和其上规则的建立，且得到的 T-S 模糊模型以给定的精度逼近原函数。由此，这里将单输入单输出（simple input simple output，SISO）和 MIMO 系统分开考虑。首先是对于 SISO 的情况：

（1）对 $\forall x_0 \in U_1$，在 x_0 的邻域内建立一条模糊规则，其后件表达式记为 $g(x)$。令 x_0 对该规则的隶属度为 1，且 $g(x_0)=h(x_0)$。

（2）如果由第（1）步建立起来的模糊系统不能达到精度要求，则扩大 U_1 构成 U_2，且满足 $U_1 \subset U_2 \subset U$，对新子集 U_2 重复第（1）步，直至满足精度为止。

而对于 MIMO 的情况：MIMO 系统可以分解成一系列的子系统，所以我们先研究子系统，然后把这些子系统进行合成，构成 MIMO 系统。步骤如下：

（1）对定义域中的某个区域，根据逼近精度及该区域内待逼近函数的性质确定其子区域的划分及相应规则的建立。

（2）如果在该区域内划分数太多，则进一步将该区域分解成更小的区域，递归执行第（1）步。

2.2.1 单输入单输出模糊奇异摄动模型作为通用逼近器的充分条件

根据前面的分析，我们将通过两步法，构造性地证明在全交叠三角形隶属度函数下，T-S 模糊模型作为 SISO 系统通用逼近器的充分条件。然后，对几种充分条件的结果进行比较。最后，在此基础上研究模糊奇异摄动模型作为通用逼近器的充分条件。首先介绍几个概念。

1. 全交叠三角形隶属度函数

定义 2.1 核：$U \subset \mathbb{R}$ 上模糊集 A 的核 $C(A)$ 定义为 $C(A)=\{x \mid A(x)=1, x\in U\}$。

定义 2.2 归一化：模糊集合 $A_1, A_2, \cdots, A_N$ 是归一化的，如果对 $\forall x\in U$，有

$$\sum_{i=1}^{N} A_i(x)=1 \tag{2.4}$$

定义 2.3 模糊集合的次序：对 U 上的两个模糊集合 A、B，定义 $A > B$，如果对 $\forall x\in C(A)$，$y\in C(B)$，有 $x > y$。

定义 2.4 三角形隶属度函数：三角形隶属度函数可以表示成以下形式的连续函数，如图 2.1 所示。

$$A(x;a,b,c)=\begin{cases}\dfrac{x-a}{b-a}, & x\in[a,b) \\ 1, & x=b \\ \dfrac{c-x}{c-b}, & x\in(b,c] \\ 0, & x\in U-[a,c]\end{cases} \tag{2.5}$$

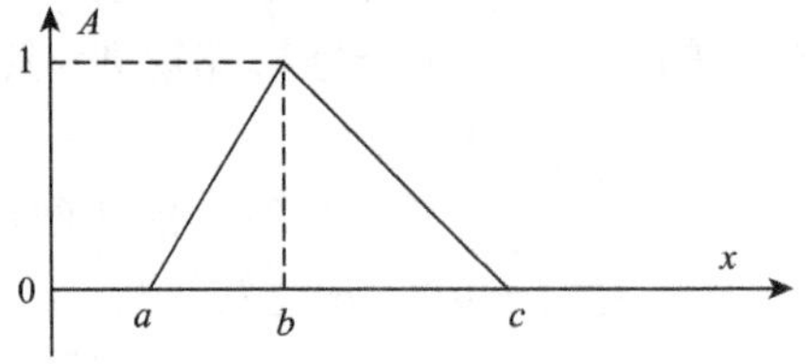

图 2.1　三角形隶属度函数

定义 2.5 全交叠三角形隶属度函数：三角形隶属度函数 $A_i(x;a_i,b_i,c_i)$，$i=1,2,\cdots,N$，称为全交叠三角形函数，若满足其代表的模糊集合 $A_1, A_2, \cdots, A_N$ 在 U 上是归一化的，且有 $A_1 < A_2 < \cdots < A_N$。

命题 2.1[71]　若模糊集合 $A_1, A_2, \cdots, A_N$ 的隶属度函数为全交叠三角形隶属度函数 $A_i(x; a_i, b_i, c_i)$，$i=1,2,\cdots,N$，则 $a_i = b_{i-1} < b_i = c_{i-1} < c_i$，$i=1,2,\cdots,N-1$。图 2.2 是对该命题的解释。

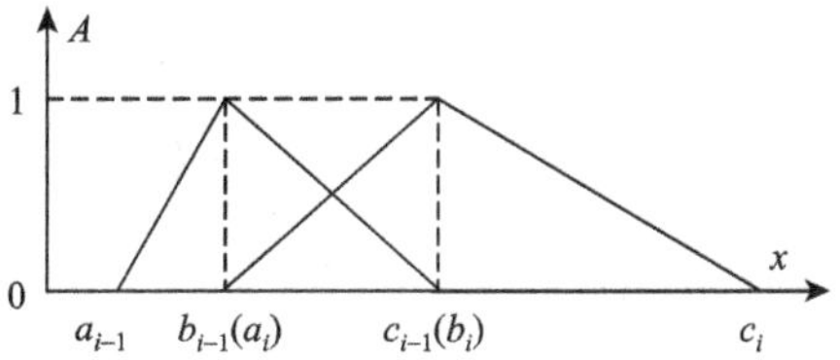

图 2.2　命题 2.1 的解释（$a_i = b_{i-1} < b_i = c_{i-1} < c_i$）

2. 构造 T-S 模糊模型以给定精度逼近特定多项式函数

记待逼近多项式函数为 $h(x)$，逼近精度为 ε，输入空间为 $[a,b]$，待构造 T-S 模糊模型的输出为 $f(x)$，构造方法如下。

1）确定模糊规则

取端点 a、b 构成集合 U_1，即 $U_1 = \{a,b\}$，对 U_1 中的每一点，在其邻域内构造一条规则。现以 a 点为例进行说明，其规则记为 R_a。

（1）确定前件模糊集合的三角形隶属度函数：令 $x=a$ 为三角形的顶点，根据隶属度函数的归一性，可确定下底的宽为 $\|b-a\|$，如图 2.3 所示。

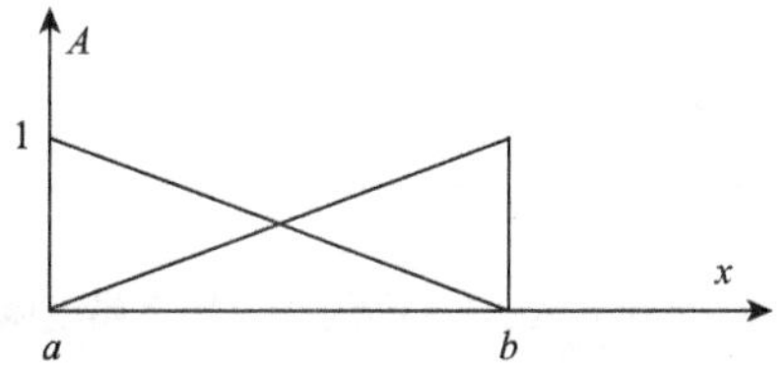

图 2.3　确定前件模糊集合的三角形隶属度函数

（2）确定规则后件（设其表达式为 $g_a(x)$）：假设 $g_a(x) = h'(a)(x-a) + h(a)$，即 $h(x)$ 在 a 处的一阶泰勒展开，并记此泰勒展开的余项为 $k_a(x)$。

2）验证模型是否满足精度要求

对 $\forall x \in [a,b]$，令它对规则 R_a、R_b 的隶属度分别为 $T_a(x)$、$T_b(x)$，则有

$$f(x) = \frac{T_a(x)}{T_a(x)+T_b(x)} g_a(x) + \frac{T_b(x)}{T_a(x)+T_b(x)} g_b(x)$$

$$|h(x) - f(x)| \leqslant \frac{T_a(x)}{T_a(x)+T_b(x)} |h(x) - g_a(x)| + \frac{T_b(x)}{T_a(x)+T_b(x)} |h(x) - g_b(x)|$$

$$=\frac{T_a(x)}{T_a(x)+T_b(x)}\left|k_a(x)\right|+\frac{T_b(x)}{T_a(x)+T_b(x)}\left|k_b(x)\right|=L_{ab}(x) \tag{2.6}$$

令 $\left|a-b\right|=q$，$\left|x-a\right|=d$，则有

$$T_a(x)=\frac{q-d}{q},\quad T_b(x)=\frac{d}{q}$$

这里 $k_a(x)=\frac{h''(m_1)}{2}d^2$，$m_1\in[a,x]$；$k_b(x)=\frac{h''(m_2)}{2}(q-d)^2$，$m_2\in[x,b]$。

假设 $\max\limits_{m_3\in[a,b]}\left|h''(m_3)\right|=s$，则有

$$L_{ab}(x)\leqslant\frac{s}{2}(q-d)d\leqslant\frac{sq^2}{8} \tag{2.7}$$

显然，如果 $\frac{sq^2}{8}\leqslant\varepsilon$，则模型构造结束，且满足精度要求；否则，转第 3）步。

3）递推

现在，需要重新确定规则 R_a、R_b 前件模糊集合的隶属度函数的形式，其后件保持不变。

仍以 a 点为例，假设 a 相邻三角形的中心为 c。显然，如果 c 点确定了，根据归一性，$[a,c]$ 部分的隶属度函数的形状就确定了，如图 2.4 所示。因此，问题的关键是求出 c 点的位置。

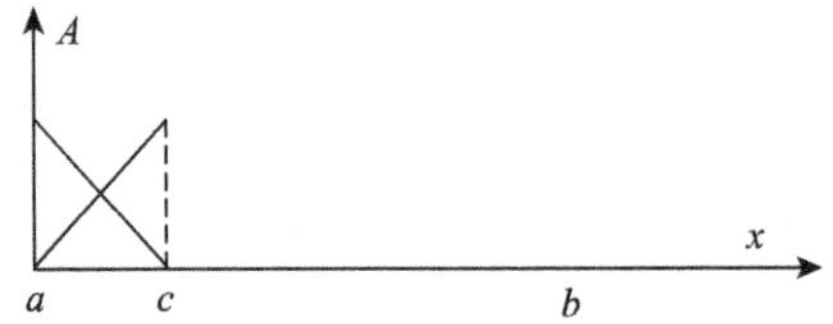

图 2.4　确定 $[a,c]$ 区间的三角形隶属度函数

我们的目标是使模糊模型在 $[a,c]$ 区间内的逼近精度为 ε。假设 $\left|a-c\right|=q$，$\max\left|h''(m_3)\right|=m$，由式（2.5）可知，如果满足：

$$\frac{sq^2}{8}=\varepsilon \tag{2.8}$$

则模型在 $[a,c]$ 区间的逼近精度为 ε。式（2.8）是关于 c 点的函数，从中可求出 c 点的位置。同理，我们可以固定与 b 相邻的三角形中心 d，如图 2.5 所示。

这样，在区间 $[a,c]$、$[d,b]$ 内，模型已满足精度要求，相当于我们把构造区间从 $[a,b]$ 缩小到 $[c,d]$，重复以上步骤，直至所得的模糊模型满足精度要求为止。以上构造方法不断地减小构造区间。由式（2.7）可知，当构造区间的长度 $q\leqslant2\sqrt{2\varepsilon/s}$

时，模型构造结束，且满足精度要求。另由式（2.8）可知，每次递推后，构造区间的长度至少减少 $4\sqrt{2\varepsilon/s}$，因此算法至多在 $\frac{1}{4}(b-a)\sqrt{s/2\varepsilon}$ 步内结束，即在有限步内终止。

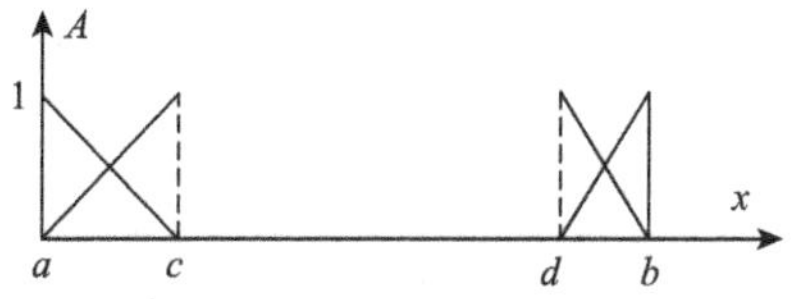

图 2.5　从 $[a,b]$ 区间递推到 $[c,d]$ 区间

3. T-S 模糊模型作为通用逼近器的充分条件

前面提出的构造方法，可归纳为如下引理。

引理 2.1（SISO）　如果 T-S 模糊模型的隶属度函数采用全交叠三角形隶属度函数，则对任意给定的一元多项式函数 $h(x)$ 和逼近误差 $\varepsilon>0$，采用本节中第 2 部分的构造方法，可得一个 T-S 模糊模型，使 $\|f(x)-h(x)\|<\varepsilon$，其中，$f(x)$ 是 T-S 模糊模型的输出。

证明：略。

基于以上引理及魏尔斯特拉斯逼近定理，我们可得出如下结论。

定理 2.1（SISO）　如果 T-S 模糊模型的隶属度函数采用全交叠三角形隶属度函数，则对任意给定的一元连续实函数 $p(x)$ 和逼近误差 $\varepsilon>0$，可得一个 T-S 模糊模型，使 $\|f(x)-p(x)\|<\varepsilon$（其中 $f(x)$ 是 T-S 模糊模型的输出）。

证明：根据魏尔斯特拉斯逼近定理，存在一元多项式函数 $h(x)$ 一致逼近连续实函数 $p(x)$。即对 $\forall 0<\varepsilon_1<\varepsilon$，有 $\|h(x)-p(x)\|<\varepsilon_1$。另外，根据引理 2.1，如果 T-S 模糊模型的隶属度函数采用全交叠三角形隶属度函数，采用本节中第 2 部分的构造方法，可得一个 T-S 模糊模型，使 $\|f(x)-h(x)\|<\varepsilon-\varepsilon_1$，其中 $f(x)$ 是 T-S 模糊模型的输出。这样 $\|f(x)-p(x)\|<\|f(x)-h(x)\|+\|h(x)-p(x)\|<\varepsilon-\varepsilon_1+\varepsilon_1=\varepsilon$，证毕。

4. T-S 模糊模型作为通用逼近器的充分条件的比较与分析

目前，Ying[71]和 Zeng 等[72]对线性 T-S 模糊模型作为通用逼近器的充分条件进行了研究。大多数研究均假定隶属度函数正规且交叠，但没有规定其具体形式。在本节中，隶属度函数取为全交叠三角形隶属度函数，如图 2.6 所示（设输入空间为 $[a,b]$）。

输入空间的划分数直接决定了模糊模型的规则数。记图 2.6 中，每个三角形的中心为 a_i，$i=1,2,\cdots,n$。其中 $a_1=a$，$a_n=b$。定义相邻划分间的距离为相应三

角形中心间的距离，即 $d_{i,i+1}=\left|a_{i+1}-a_i\right|$，$i=1,2,\cdots,n-1$。显然，相邻划分间的距离又直接决定了划分数。

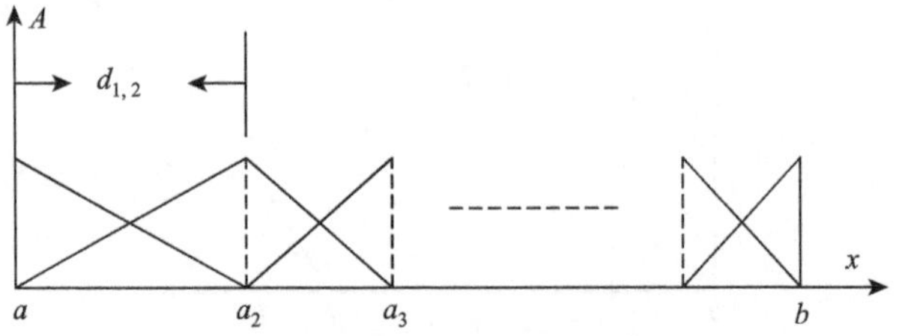

图 2.6 隶属度函数的形式

设待逼近多项式为 $h(x)$，输入区间为 $[a,b]$，逼近精度为 ε。利用 Zeng 等[72]的结果可得（Ying、Zeng 等都设划分是均匀的）

$$d_{i,i+1}^{1}\leqslant\sqrt{\frac{2\varepsilon}{\max\limits_{m\in[a,b]}\left|h''(m)\right|}},\quad i=1,2,\cdots,n-1 \tag{2.9}$$

若采用本节的方法，由构造过程中的式（2.6）可知：

$$d_{i,i+1}^{2}=2\sqrt{\frac{2\varepsilon}{\max\limits_{m\in[a_i,a_{i+1}]}\left|h''(m)\right|}}>2\sqrt{\frac{2\varepsilon}{\max\limits_{m\in[a,b]}\left|h''(m)\right|}}\geqslant 2d_{i,i+1}^{1} \tag{2.10}$$

因此，采用本章的构造方法，输入区间相邻划分间的距离大于文献[72]中的距离的 2 倍。这意味着划分数减少一半以上，从而规则数也减少一半以上。

本章中，相邻划分间的距离是动态确定的。由式（2.7）可知：当划分间的函数较为平坦时，即 m 较小时，相邻划分间的距离增大，反之则减小。这相当于，当函数较平坦时，用较少的规则就可表示它，而当函数变化明显时，则需要较多的规则才能刻画。这符合对模糊模型的直观理解。而文献[71]、文献[72]中，设定划分是均匀的，这显然增加了很多不必要的划分，从而使规则数大大增加。

2.2.2 多输入多输出模糊奇异摄动模型作为通用逼近器的充分条件

MIMO 系统可以分解成一系列多输入单输出（multiple input simple output，MISO）系统的子系统，所以先研究单一子系统，然后把这些子系统进行合成，构成整个 MIMO 系统。通过两步法，构造性地证明在特定隶属度函数下，T-S 模糊模型作为通用逼近器的充分条件（MIMO），并且对方法进行物理解释。最后，在此基础上研究模糊奇异摄动系统作为通用逼近器的充分条件。

1. 基本思想

对于多输入单输出情形，传统方法是对各维进行等距划分，由此形成了一个个小正多面体区域。当区域足够小时，其上的函数可用线性模型以足够的精度逼近。然而，如果函数在很大的区域内比较平坦，就没有必要划分得很小。逼近精度应该联系函数的具体情况进行分析，这样可以大大减少划分数。因此，我们的目标是根据函数的性质动态确定区域的划分，而且子区域在各维方向的长度也应根据函数的性质决定。

下面以二维情形为例进行说明。设待逼近多项式函数为 $h(x_1,x_2)$，输入空间 C 为 $[a_1,a_2]\times[b_1,b_2]$。传统方法把输入区域分割成一系列同样大小的正方形区域，如图 2.7 所示，然后，依赖于这些足够小的区域来达到逼近精度。

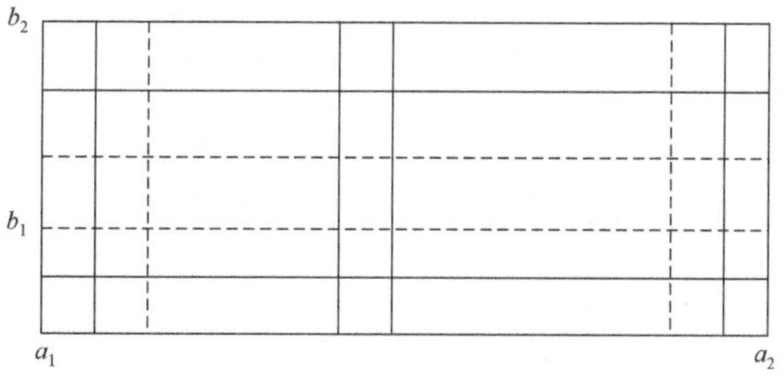

图 2.7 传统方法对输入区域的划分

我们的思路是把该定义域划分成一系列不等的矩形，由 $C_1,C_2,\cdots,C_r$ 表示，且满足：

$$C_i \cap C_j = \varnothing,\quad i \neq j\text{；}\quad \bigcup_{i=1}^{r} C_i = C \tag{2.11}$$

如图 2.8 所示。

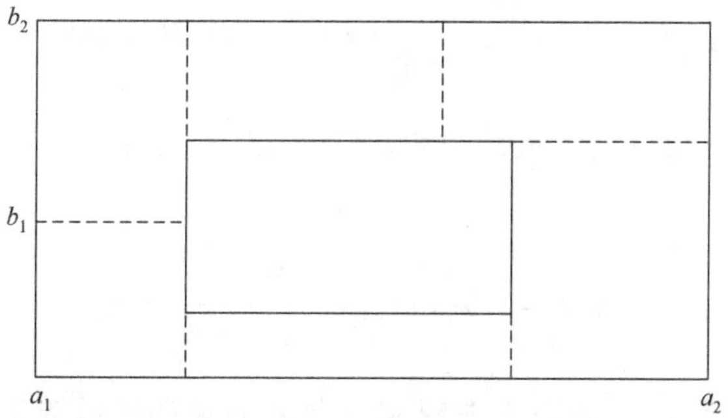

图 2.8 输入区域的划分

每个矩形对应一条规则的前件模糊集合。记矩形 C_i 表示的模糊集合为 A_i，其隶属度函数为

$$A_i(\boldsymbol{x})=\begin{cases}1, & \boldsymbol{x}\in C_i\\ 0, & \boldsymbol{x}\notin C_i\end{cases} \tag{2.12}$$

其中，$\boldsymbol{x}$ 为定义域中的任一点。这样，整个 T-S 模糊系统的形式如下。

规则 i：如果 $\boldsymbol{x}$ 是 A_i，则有

$$y=\boldsymbol{x}^{\mathrm{T}}\boldsymbol{M}_i+a_i,\quad i=1,2,\cdots,r \tag{2.13}$$

其中，y 是规则 i 的输出；$\boldsymbol{M}_i$ 为具有合适维数的矩阵。

下面将具体论述如何划分这些子区域以及如何建立其上相应的规则。

2. 子区域的划分及其规则的建立

设输入空间的维数为 n，待逼近多项式为 $h(\boldsymbol{x})$，逼近精度为 ε。T-S 模糊模型的输出记为 $f(\boldsymbol{x})$。

给定定义域中的某个区域 D，C_i 是其中一个子区域，设其中心为 $\boldsymbol{o}_i$，中心到 C_i 各边界的距离为 $\Delta d_1,\Delta d_2,\cdots,\Delta d_n$。图 2.9 是二维情形下的一个示例。

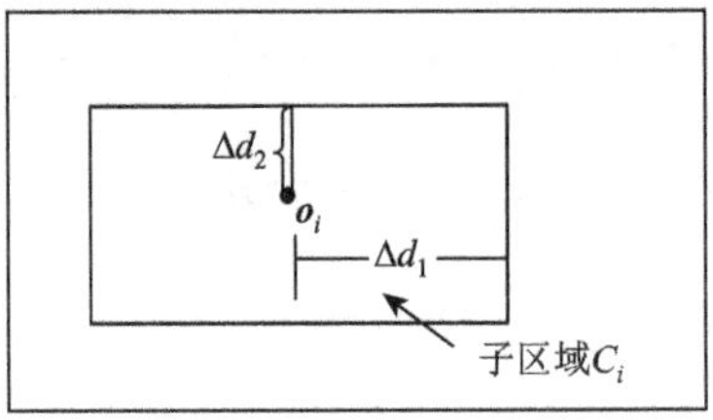

图 2.9　二维情形下的子区域示例

待逼近多项式 $h(\boldsymbol{x})$ 在 $\boldsymbol{o}_i$ 处的泰勒展开为

$$h(\boldsymbol{x})=h(\boldsymbol{o}_i)+\left.\frac{\partial h}{\partial \boldsymbol{x}^{\mathrm{T}}}\right|_{\boldsymbol{o}_i}\Delta\boldsymbol{x}+\frac{1}{2!}(\Delta\boldsymbol{x})^{\mathrm{T}}\boldsymbol{H}(\boldsymbol{x}^*)\Delta\boldsymbol{x} \tag{2.14}$$

其中，$\Delta\boldsymbol{x}=\boldsymbol{x}-\boldsymbol{o}_i$；$\boldsymbol{x}^*=\boldsymbol{o}_i+\theta\Delta\boldsymbol{x}$，$0\leqslant\theta\leqslant1$；$\boldsymbol{H}(\boldsymbol{x}^*)$ 是黑塞矩阵（Hessian matrix）。

我们将

$$h'(\boldsymbol{x})=h(\boldsymbol{o}_i)+\left.\frac{\partial h}{\partial(x_1,x_2,\cdots,x_n)}\right|_{\boldsymbol{o}_i}\Delta\boldsymbol{x} \tag{2.15}$$

作为 C_i 上规则的后件。规则前件模糊集合 A_i 的隶属度函数定义如式（2.12）所示。

由此可知，对于定义域中的任一点，它所属子区域对应规则的输出，即为模型的输出。因此，每条规则的误差，等价于模型在相应区域的误差。由此可得

$$|e(\boldsymbol{x})| = |f(\boldsymbol{x}) - h(\boldsymbol{x})| = \frac{1}{2!}\left|(\Delta\boldsymbol{x})^{\mathrm{T}}\boldsymbol{H}(\boldsymbol{x}^*)\Delta\boldsymbol{x}\right| \tag{2.16}$$

根据中值定理：

$$\begin{aligned}|(\Delta\boldsymbol{x})^{\mathrm{T}}\boldsymbol{H}(\boldsymbol{x}^*)\Delta\boldsymbol{x}| &= \left|\begin{pmatrix}\Delta x_1\\ \Delta x_2\\ \vdots\\ \Delta x_n\end{pmatrix}^{\mathrm{T}}\begin{bmatrix}\dfrac{\partial^2 h}{\partial x_1\partial x_1} & \dfrac{\partial^2 h}{\partial x_1\partial x_2} & \cdots & \dfrac{\partial^2 h}{\partial x_1\partial x_n}\\ \vdots & \vdots & & \vdots\\ \dfrac{\partial^2 h}{\partial x_n\partial x_1} & \dfrac{\partial^2 h}{\partial x_n\partial x_2} & \cdots & \dfrac{\partial^2 h}{\partial x_n\partial x_n}\end{bmatrix}_{\boldsymbol{x}^*}\begin{pmatrix}\Delta x_1\\ \Delta x_2\\ \vdots\\ \Delta x_n\end{pmatrix}\right|\\ &\leqslant (|\Delta x_1|, |\Delta x_2|, \cdots, |\Delta x_n|)\,\boldsymbol{H}^D\begin{pmatrix}|\Delta x_1|\\ |\Delta x_2|\\ \vdots\\ |\Delta x_n|\end{pmatrix}\end{aligned} \tag{2.17}$$

其中

$$\boldsymbol{H}^D = \begin{bmatrix}\left\|\dfrac{\partial^2 h}{\partial x_1\partial x_1}\right\|_\infty^D & \left\|\dfrac{\partial^2 h}{\partial x_1\partial x_2}\right\|_\infty^D & \cdots & \left\|\dfrac{\partial^2 h}{\partial x_1\partial x_n}\right\|_\infty^D\\ \vdots & \vdots & & \vdots\\ \left\|\dfrac{\partial^2 h}{\partial x_n\partial x_1}\right\|_\infty^D & \left\|\dfrac{\partial^2 h}{\partial x_n\partial x_2}\right\|_\infty^D & \cdots & \left\|\dfrac{\partial^2 h}{\partial x_n\partial x_n}\right\|_\infty^D\end{bmatrix},\quad \left\|\frac{\partial^2 h}{\partial x_k\partial x_j}\right\|_\infty^D = \max_{\boldsymbol{x}^*\in D}\left|\frac{\partial^2 h}{\partial x_k\partial x_j}\right|_{\boldsymbol{x}^*} \tag{2.18}$$

注意到 $\dfrac{\partial^2 h}{\partial x_k\partial x_j} = \dfrac{\partial^2 h}{\partial x_j\partial x_k}$，故 $\boldsymbol{H}^D$ 是实对称矩阵。

由主轴定理：对于任一个 n 元二次型 $l(x_1, x_2, \cdots, x_n) = \boldsymbol{x}^{\mathrm{T}}\boldsymbol{A}\boldsymbol{x}$，都存在正交变换 $\boldsymbol{x} = \boldsymbol{Q}\boldsymbol{y}$，使得

$$\boldsymbol{x}^{\mathrm{T}}\boldsymbol{A}\boldsymbol{x} = \boldsymbol{y}^{\mathrm{T}}(\boldsymbol{Q}^{\mathrm{T}}\boldsymbol{A}\boldsymbol{Q})\boldsymbol{y} = \lambda_1 y_1^2 + \lambda_2 y_2^2 + \cdots + \lambda_n y_n^2 \tag{2.19}$$

其中，$\lambda_1, \lambda_2, \cdots, \lambda_n$ 是实对称矩阵 $\boldsymbol{A}$ 的 n 个特征值；$\boldsymbol{Q}$ 的 n 个列向量是矩阵 $\boldsymbol{A}$ 特征值 $\lambda_1, \lambda_2, \cdots, \lambda_n$ 对应的 n 个单位正交特征向量。

对式（2.17）不等号右边进行正交变换：

$$\begin{pmatrix}|\Delta x_1|\\ \vdots\\ |\Delta x_n|\end{pmatrix} = \boldsymbol{Q}\begin{pmatrix}\Delta y_1\\ \vdots\\ \Delta y_n\end{pmatrix} \tag{2.20}$$

得到

$$\left|\left(|\Delta x_1|,|\Delta x_2|,\cdots,|\Delta x_n|\right)\boldsymbol{H}^D\left(|\Delta x_1|,|\Delta x_2|,\cdots,|\Delta x_n|\right)^{\mathrm{T}}\right| = \left|\lambda_1\Delta y_1^2+\lambda_2\Delta y_2^2+\cdots+\lambda_n\Delta y_n^2\right|$$
$$\leqslant|\lambda_1|\Delta y_1^2+|\lambda_2|\Delta y_2^2+\cdots+|\lambda_n|\Delta y_n^2 \tag{2.21}$$

因此，如果满足：

$$|\lambda_i|(\Delta y_i)^2\leqslant\frac{2\varepsilon}{n}，即|\Delta y_i|\leqslant\sqrt{\frac{2\varepsilon}{n|\lambda_i|}} \tag{2.22}$$

根据式（2.16）、式（2.17）和式（2.22），可得误差$|\boldsymbol{e}(\boldsymbol{x})|\leqslant\varepsilon$。因此$\Delta y_1,\cdots,\Delta y_n$的选取就转换为如下的最优化问题：

$$\max\sum_{i=1}^{n}\Delta y_i^2$$
$$\text{s.t.}\quad \boldsymbol{Q}\left(\Delta y_1\ \ \cdots\ \ \Delta y_n\right)^{\mathrm{T}}>0，|\Delta y_i|\leqslant\sqrt{\frac{2\varepsilon}{n|\lambda_i|}} \tag{2.23}$$

这里s.t.是 such that 的缩写，表示需要满足的条件。式（2.23）的最优解记为$\Delta y_1^*,\cdots,\Delta y_n^*$，由式(2.20)可得相应的$|\Delta x_1^*|,\cdots,|\Delta x_n^*|$。令$\Delta d_k=|\Delta x_k^*|$，$k=1,2,\cdots,n$。

综上，对区域D进行如下的划分：对第i维，以$2\Delta d_i=2|\Delta x_i|$为步长进行分割。这样，在区域$D$内形成的最大子区域就如上述的$C_i$。在每个子区域内，在它的中心处进行泰勒展开，取式（2.14）作为该子区域规则的后件。从上面的分析可知，模型在该子区域内的逼近精度优于ε。图2.10是二维情形下的示例。

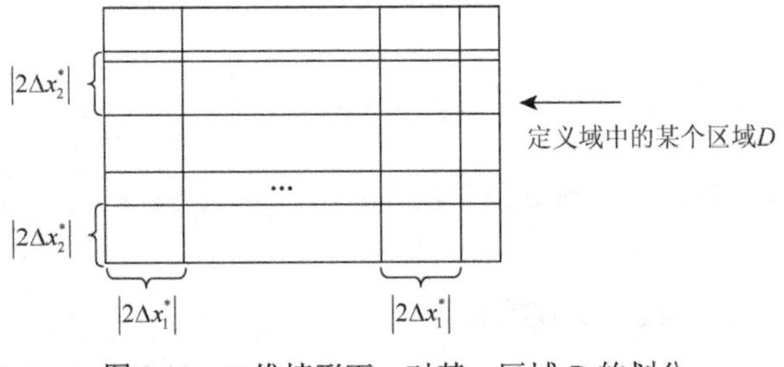

图2.10　二维情形下，对某一区域D的划分

说明：模型在某个区域C_i中的误差即式（2.16）等价于一个二次型函数，经正交变换后，如式（2.20）所示。对其中的一项$|\lambda_i|(\Delta y_i)^2$来说，若$|\lambda_i|$较大，则说明在$y_i$方向上，输入变化一小步，就会带来较大的误差。换句话说，在y_i的方向上，函数的线性度不强，变化较大。因此y_i方向上的步长要减小，其数值的上限等于式（2.22）的一半。可见若$|\lambda_i|$越大，即函数在区域变化越大，则y_i方向上的步长越小，这符合直观理解。

3. 区域的细化分解

模型在区域 D 的子区域 C_i 中的误差由式（2.16）表示，这说明误差分析适用于整个区域。结合本节第 2 部分的物理解释，区域的某一方向上的步长由在某一方向上线性度较差的那一段决定。这势必造成该方向上的分割数较多，而对于线性度较好的一段，这种分割显然太细了。解决的办法是，如果发现在某一方向上的分割数大于给定的阈值，就将整个区域在这个方向上拦腰切割，形成更小的区域。然后在每个小区域上再次进行本节第 2 部分的操作。以二维情形为例，设区域 $D=[m_1,m_2]\times[n_1,n_2]$，若仅发现 x_1 方向上的分割数 $(m_2-m_1)/2\left|\Delta x_1^*\right|$ 大于某一阈值，则将该区域分割成如图 2.11（a）所示的两个区域。x_2 方向上的情况与之类似。若 x_1、x_2 方向上的分割数都大于某一阈值，则分割的情况如图 2.11（b）所示。

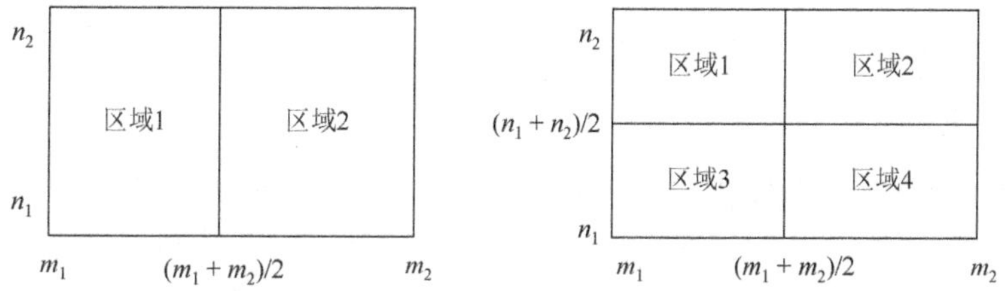

(a) x_1 方向上的分割数过多　　(b) x_1、x_2 方向上的分割数都过多

图 2.11　二维情形下，对区域 D 的进一步分割

4. 建立 T-S 模糊模型以给定精度逼近多项式函数

综合前面的分析，可得在定义域 $C=[a_1^1,a_2^1]\times\cdots\times[a_1^i,a_2^i]\times\cdots\times[a_1^n,a_2^n]$ 内以给定精度建立 T-S 模糊模型。设输入空间的维数为 n，待逼近多项式为 $h(\boldsymbol{x})$，逼近精度为 ε。T-S 模糊模型的输出记为 $f(\boldsymbol{x})$，$\boldsymbol{x}$ 是定义域中的任意一点。下面提出多输入单输出 T-S 模糊模型的构建方法。

（1）设定义域 C 有一个初始划分，每个划分区域由一个元素表示。将这些元素链入一个空队列 $\boldsymbol{Q}$ 中。若无初始划分，则将区域 C 放入空队列 $\boldsymbol{Q}$ 中。

（2）while（队列 $\boldsymbol{Q}$ 不空）

①从队头取一个元素，设其代表的区域为 D。

②在此区域 D 内，确定每维的分割步长 $2\Delta d_1, 2\Delta d_2, \cdots, 2\Delta d_n$。对 $\boldsymbol{H}^D$ 进行正交分解，得

$$\boldsymbol{H}^D=\boldsymbol{Q}\boldsymbol{\Lambda}\boldsymbol{Q}^{\mathrm{T}},\quad \boldsymbol{\Lambda}=\mathrm{diag}(\lambda_1,\lambda_2,\cdots,\lambda_n)$$

其中，$\lambda_1,\lambda_2,\cdots,\lambda_n$ 是实对称矩阵 $\boldsymbol{H}^D$ 的 n 个特征值；$\boldsymbol{Q}$ 的 n 个列向量是矩阵 $\boldsymbol{H}^D$ 特征值 $\lambda_1,\lambda_2,\cdots,\lambda_n$ 对应的 n 个单位正交特征向量。

求解式（2.23）的最优化问题，得到的最优解记为$\Delta \boldsymbol{y}^* = \left(\Delta y_1^*,\ \cdots,\ \Delta y_n^*\right)^{\mathrm{T}}$。令$\Delta \boldsymbol{D} = \boldsymbol{Q}\Delta \boldsymbol{y}^*$，$\Delta \boldsymbol{D} = \left(\Delta d_1,\ \cdots,\ \Delta d_n\right)^{\mathrm{T}}$。

③计算每维的分割数，确定是否需要继续分解。

设每维最大分割数的阈值为t_h^i，计算x_i方向上的分割数n_i：

$$n_i = \left(a_2^i - a_1^i\right) / (2\Delta d_i), \quad i = 1,2,\cdots,n$$

将区域D加入临时空队列 tempQ 中

for（$i=1$；$i \leqslant n$；i++）{　　/*对每一维*/

　　if（$n_i > t_h^i$）{　　/*第i维的分割数超过阈值*/

　　　将队列 tempQ 中的每个元素（区域：$\cdots \times [a_1^i, a_2^i] \times \cdots$）分解成

　　　（区域：$\cdots \times \left[a_1^i, \dfrac{a_1^i + a_2^i}{2}\right] \times \cdots$）和（区域：$\cdots \times \left[\dfrac{a_1^i + a_2^i}{2}, a_2^i\right] \times \cdots$）

　　}

}

若此时临时队列中只有一个元素，那么意味着原区域D并未进行分解，转到④处。否则，将临时队列中的所有元素链入队列$\boldsymbol{Q}$中，并转到①处。

④若在构建③时，原区域并未进行进一步分解，则在每个子区域内建立一条模糊规则。

设区域D的一个子区域为C_i，其中心为$\boldsymbol{o}_i$，C_i对应的模糊集合为A_i，其隶属度函数的定义见式（2.12），C_i上的规则如下。

如果$\boldsymbol{x}$是A_i，那么

$$y = h(\boldsymbol{o}_i) + \left.\frac{\partial h}{\partial(x_1, x_2, \cdots, x_n)}\right|_{\boldsymbol{o}_i} (\boldsymbol{x} - \boldsymbol{o}_i) \tag{2.24}$$

其中，$\boldsymbol{x}$是定义域中的任意一点；y是规则的输出。

说明：在每个区域D内，各维上的分割步长均大于 0（见式（2.23）），因此，算法可在有限步内结束。子区域中心向各维方向的扩展步长不一。某方向上的线性度越强，则该方向上的步长越大，见式（2.22）。对于定义域中的不同区域，其在同一维方向上的分割步长不同。给定一个方向，在某区域内，函数在该维上的线性度越高，则该区域在此维上的分割步长就越大。

5. 建立 T-S 模糊模型以给定精度逼近多项式函数向量

前面讨论了多输入单输出 T-S 模糊模型的构建方法，这里将其进一步推广到 MIMO 系统，该系统的输入输出关系由多项式函数向量表示。MIMO 系统可以

分解成一系列子系统。我们可用本节第 4 部分的算法对每个子系统建立一个 T-S 模糊模型。但是，这里有个限制，就是所有子系统对应的 T-S 模糊模型，其规则数和前件必须相同。因为这样才能把它们合成起来，形成 MIMO 的 T-S 模糊模型。

为此采取如下策略：先将 MIMO 系统分解成一系列子系统，每个子系统由一个多元多项式表示。对第一个子系统，我们按本节第 4 部分的步骤进行处理，定义域的初始划分为空。然后，将第一个子系统的划分结果作为第二个子系统的初始划分，以此类推。假设第 i 个子系统处理前，前 $i-1$ 个多输入单输出子系统组成的 T-S 模糊模型如下。

规则 l：如果 $\boldsymbol{x}$ 是 A_l，那么

$$\begin{pmatrix} \boldsymbol{y}_1 \\ \vdots \\ \boldsymbol{y}_{i-1} \end{pmatrix} = \begin{pmatrix} (\boldsymbol{M}_1^l)^{\mathrm{T}} \\ \vdots \\ (\boldsymbol{M}_{i-1}^l)^{\mathrm{T}} \end{pmatrix} \boldsymbol{x} + \begin{pmatrix} \boldsymbol{a}_1^l \\ \vdots \\ \boldsymbol{a}_{i-1}^l \end{pmatrix} \tag{2.25}$$

其中，$\boldsymbol{y}_m (m=1,2,\cdots,i-1)$ 是模糊系统的第 m 个输出，也是第 m 个子系统的输出。将这些划分 A_l 作为初始划分，根据本节第 4 部分的算法对第 i 个子系统进行处理。如果对初始划分 A_l，第 i 个子系统满足逼近精度要求，则只需要对式（2.25）进行扩维就可以。如果不满足逼近精度要求，则原区域 A_l 需要进一步分解成 B_j（$j=1,2,\cdots,l_i$）个小区域，且满足 $A_l=\bigcup_{j=1}^{l_i} B_j^l, B_j^l \subset A_l$。对第 i 个子系统来说，第 j 个小区域 B_j^l 对应的规则后件为 $\boldsymbol{y}_i^l=(\boldsymbol{M}_i^{l,j})^{\mathrm{T}}\boldsymbol{x}+a_i^{l,j}$，这里 $\boldsymbol{M}_i^{l,j}$、$a_i^{l,j}$（$j=1,2,\cdots,l_i$）分别是对应初始划分 A_l 中小区域 B_j 的规则后件参数向量和常数项。从这里也可以看到，第 i 个子系统在区域 A_l 对应 l_i 条模糊规则。这样 T-S 模糊模型的规则 l 被替换成如下一系列规则。

规则 $l_{i,j}$：如果 $\boldsymbol{x}$ 是 B_j，那么

$$\begin{pmatrix} \boldsymbol{y}_1 \\ \vdots \\ \boldsymbol{y}_{i-1} \\ \boldsymbol{y}_i \end{pmatrix} = \begin{pmatrix} (\boldsymbol{M}_1^l)^{\mathrm{T}} \\ \vdots \\ (\boldsymbol{M}_{i-1}^l)^{\mathrm{T}} \\ (\boldsymbol{M}_i^l)^{\mathrm{T}} \end{pmatrix} \boldsymbol{x} + \begin{pmatrix} \boldsymbol{a}_1^l \\ \vdots \\ \boldsymbol{a}_{i-1}^l \\ \boldsymbol{a}_i^l \end{pmatrix}, \quad j=1,2,\cdots,l_i \tag{2.26}$$

其中，$\boldsymbol{y}_i = \begin{pmatrix} y_i^{l,1} \\ y_i^{l,2} \\ \vdots \\ y_i^{l,l_i} \end{pmatrix}$；$\boldsymbol{M}_i^l = \begin{pmatrix} \boldsymbol{M}_i^{l,1} \\ \boldsymbol{M}_i^{l,2} \\ \vdots \\ \boldsymbol{M}_i^{l,l_i} \end{pmatrix}$；$\boldsymbol{a}_i^l = \begin{pmatrix} a_i^{l,1} \\ a_i^{l,2} \\ \vdots \\ a_i^{l,l_i} \end{pmatrix}$；$l_{i,j}\ (j=1,2,\cdots,l_i)$ 代表第 i 个子系统在区域 A_l 对应的 j 条模糊规则，这样一条规则 l 被 l_i 条规则替换。

以此类推，当处理完所有子系统后，就得到整个系统的 T-S 模糊模型。下面将对它的逼近精度进行分析。

6. 特定隶属度函数下，T-S 模型作为通用逼近器的充分条件

引理 2.2（MIMO） 对任意给定的多项式函数向量 $\boldsymbol{h}(\boldsymbol{x})=(h_1(\boldsymbol{x}),\cdots,h_r(\boldsymbol{x}))^{\mathrm{T}}$ 和逼近误差 $\varepsilon>0$，采用本节第 5 部分的构造方法，可得一个 T-S 模糊模型，设其输出为 $\boldsymbol{f}(\boldsymbol{x})=(f_1(\boldsymbol{x}),\cdots,f_r(\boldsymbol{x}))^{\mathrm{T}}$，使 $|f_k(\boldsymbol{x})-h_k(\boldsymbol{x})|<\varepsilon$，$k=1,2,\cdots,r$。即 $\|\boldsymbol{f}(\boldsymbol{x})-\boldsymbol{h}(\boldsymbol{x})\|_\infty<\varepsilon$，其中模糊集合及其隶属度函数的定义见式（2.12）。

证明：采用数学归纳法。

由本节第 5 部分的构造过程可知，第一个子系统处理完后，满足 $|f_1(\boldsymbol{x})-h_1(\boldsymbol{x})|<\varepsilon$。假设第 i 个子系统处理前，前 $i-1$ 个系统的 T-S 模糊模型为式（2.25），且满足 $|f_k(\boldsymbol{x})-h_k(\boldsymbol{x})|<\varepsilon$，$k=1,2,\cdots,i-1$。如前面的分析，第 i 个子系统在区域 A_l 对应 l_i 条模糊规则。这样整个 T-S 模糊模型如下。

规则 $l_{i,j}$：如果 $\boldsymbol{x}$ 是 B_j，那么

$$\begin{pmatrix} \boldsymbol{y}_1 \\ \vdots \\ \boldsymbol{y}_{i-1} \\ \boldsymbol{y}_i \end{pmatrix}=\begin{pmatrix} (\boldsymbol{M}_1^l)^{\mathrm{T}} \\ \vdots \\ (\boldsymbol{M}_{i-1}^l)^{\mathrm{T}} \\ (\boldsymbol{M}_i^l)^{\mathrm{T}} \end{pmatrix}\boldsymbol{x}+\begin{pmatrix} \boldsymbol{a}_1^l \\ \vdots \\ \boldsymbol{a}_{i-1}^l \\ \boldsymbol{a}_i^l \end{pmatrix} \tag{2.27}$$

对于第 i 个输出，由构造过程知 $|f_i(\boldsymbol{x})-h_i(\boldsymbol{x})|<\varepsilon$。另外，由构造过程知，对 $\forall B_j$，必有 $\exists A_l$，使 $B_j\subseteq A_l$，其中 A_l 是式（2.25）的一个划分。由于 $f_k(\boldsymbol{x})$，$k=1,2,\cdots,i-1$ 的表达式在 A_l 和 B_j 中相同，所以在区域 B_j 中，也必满足 $|f_k(\boldsymbol{x})-h_k(\boldsymbol{x})|<\varepsilon$，$k=1,2,\cdots,i-1$。

因此，模型在规则 $l_{i,j}$ 对应的区域内满足 $|f_k(\boldsymbol{x})-h_k(\boldsymbol{x})|<\varepsilon$，$k=1,2,\cdots,i$。由于所有划分的并集为整个定义域，因此式（2.27）满足 $|f_k(\boldsymbol{x})-h_k(\boldsymbol{x})|<\varepsilon$，$k=1,2,\cdots,r$。

综上所述，当所有子系统处理完后，所得的 T-S 总模型满足：

$$|f_k(\boldsymbol{x})-h_k(\boldsymbol{x})|<\varepsilon,\quad k=1,2,\cdots,r$$

基于如上引理及魏尔斯特拉斯逼近定理，我们可得出如下结论。

定理 2.2（MIMO） 对任意给定的多元连续实函数向量 $\boldsymbol{p}(\boldsymbol{x})=(p_1(\boldsymbol{x}),\cdots,p_r(\boldsymbol{x}))$ 和逼近误差 $\varepsilon>0$，采用本节第 5 部分的构造方法，可得一个 T-S 模糊模型，其输出为 $\boldsymbol{f}(\boldsymbol{x})=(f_1(\boldsymbol{x}),\cdots,f_r(\boldsymbol{x}))^{\mathrm{T}}$，使 $|f_k(\boldsymbol{x})-p_k(\boldsymbol{x})|<\varepsilon$，$k=1,2,\cdots,r$，即 $\|\boldsymbol{f}(\boldsymbol{x})-\boldsymbol{p}(\boldsymbol{x})\|_\infty<\varepsilon$，其中模糊集合及其隶属度函数的定义见式（2.12）。

证明：根据魏尔斯特拉斯逼近定理，存在多元多项式函数向量 $\boldsymbol{h}(\boldsymbol{x})$ 一致逼近连续实函数向量 $\boldsymbol{p}(\boldsymbol{x})$。即对 $\forall 0<\varepsilon_1<\varepsilon$，有 $|h_k(\boldsymbol{x})-p_k(\boldsymbol{x})|<\varepsilon_1$，$k=1,2,\cdots,r$。

另外，根据引理 2.2，采用本节第 5 部分的构造方法，可得一个 T-S 模糊模型，使 $|f_k(\boldsymbol{x})-h_k(\boldsymbol{x})|<\varepsilon-\varepsilon_1$ ，$k=1,2,\cdots,r$ 成立（其中，$\boldsymbol{f}(\boldsymbol{x})=(f_1(\boldsymbol{x}),\cdots,f_r(\boldsymbol{x}))^{\mathrm{T}}$ 是 T-S 模糊模型的输出）。

这样，$\|f_k(\boldsymbol{x})-p_k(\boldsymbol{x})\|<\|f_k(\boldsymbol{x})-h_k(\boldsymbol{x})\|+\|h_k(\boldsymbol{x})-p_k(\boldsymbol{x})\|<\varepsilon-\varepsilon_1+\varepsilon_1=\varepsilon$ ，$k=1,2,\cdots,r$ ，即 $\|\boldsymbol{f}(\boldsymbol{x})-\boldsymbol{h}(\boldsymbol{x})\|_\infty<\varepsilon$ 。证毕。

7. 特定隶属度函数下，模糊奇异摄动模型作为通用逼近器的充分条件

对于一般的非线性奇异摄动系统：

$$\begin{cases}\dot{\boldsymbol{x}}_s=\boldsymbol{f}_\varepsilon(\boldsymbol{x}_s,\boldsymbol{x}_z,\boldsymbol{u})\\ \Lambda_\varepsilon\dot{\boldsymbol{x}}_z=\boldsymbol{g}_\varepsilon(\boldsymbol{x}_s,\boldsymbol{x}_z,\boldsymbol{u})\end{cases}\tag{2.28}$$

其中，$\boldsymbol{x}_s\in\mathbb{R}^{n_s}$ 是慢变量；$\boldsymbol{x}_z\in\mathbb{R}^{n_z}$ 是快变量；$\boldsymbol{u}\in\mathbb{R}^m$ 是系统控制量；矩阵 Λ_ε 定义见式（2.2）；$\boldsymbol{f}_\varepsilon$、$\boldsymbol{g}_\varepsilon$ 分别是含 Λ_ε 参数，关于 $\boldsymbol{x}_s$、$\boldsymbol{x}_z$、$\boldsymbol{u}$ 的非线性函数。

将 $\left(\boldsymbol{f}_\varepsilon^{\mathrm{T}}(\boldsymbol{x}_s,\boldsymbol{x}_z,\boldsymbol{u}),\boldsymbol{g}_\varepsilon^{\mathrm{T}}(\boldsymbol{x}_s,\boldsymbol{x}_z,\boldsymbol{u})\right)^{\mathrm{T}}$ 看成一个函数向量，设逼近精度为 δ ，由定理 2.2 可构造一个 T-S 模糊模型。

规则 i ：如果 $\boldsymbol{z}$ 是 A_i ，那么

$$\begin{cases}\overline{\boldsymbol{y}}_1=\overline{\boldsymbol{f}}_\varepsilon^i(\boldsymbol{x}_s,\boldsymbol{x}_z,\boldsymbol{u})\\ \overline{\boldsymbol{y}}_2=\overline{\boldsymbol{g}}_\varepsilon^i(\boldsymbol{x}_s,\boldsymbol{x}_z,\boldsymbol{u})\end{cases}\tag{2.29}$$

其中，$\boldsymbol{z}=\left[\boldsymbol{x}_s^{\mathrm{T}}\ \boldsymbol{x}_z^{\mathrm{T}}\ \boldsymbol{u}\right]^{\mathrm{T}}$ ；$\overline{\boldsymbol{f}}_\varepsilon^i$、$\overline{\boldsymbol{g}}_\varepsilon^i$ 分别是含 Λ_ε 参数，关于 $\boldsymbol{x}_s$、$\boldsymbol{x}_z$、$\boldsymbol{u}$ 的非线性函数。A_i 及其隶属度函数的定义见式（2.12）。对于定义域中任意一组 $\boldsymbol{x}_s,\boldsymbol{x}_z,\boldsymbol{u}$ ，设该 T-S 模糊模型的输出为

$$\overline{\boldsymbol{y}}=\begin{bmatrix}\overline{\boldsymbol{f}}_\varepsilon(\boldsymbol{x}_s,\boldsymbol{x}_z,\boldsymbol{u})\\ \overline{\boldsymbol{g}}_\varepsilon(\boldsymbol{x}_s,\boldsymbol{x}_z,\boldsymbol{u})\end{bmatrix}，且满足\left\|\begin{pmatrix}\boldsymbol{f}_\varepsilon(\boldsymbol{x}_s,\boldsymbol{x}_z,\boldsymbol{u})\\ \boldsymbol{g}_\varepsilon(\boldsymbol{x}_s,\boldsymbol{x}_z,\boldsymbol{u})\end{pmatrix}-\begin{pmatrix}\overline{\boldsymbol{f}}_\varepsilon(\boldsymbol{x}_s,\boldsymbol{x}_z,\boldsymbol{u})\\ \overline{\boldsymbol{g}}_\varepsilon(\boldsymbol{x}_s,\boldsymbol{x}_z,\boldsymbol{u})\end{pmatrix}\right\|_\infty<\delta\tag{2.30}$$

用 $\dot{\boldsymbol{x}}_s$、$\Lambda_\varepsilon\dot{\boldsymbol{x}}_z$ 替换式（2.29）中的 $\overline{\boldsymbol{y}}_1$、$\overline{\boldsymbol{y}}_2$，则式（2-30）变为如下形式。

规则 i ：如果 $\boldsymbol{z}$ 是 A_i ，那么

$$\begin{cases}\dot{\boldsymbol{x}}_s=\overline{\boldsymbol{f}}_\varepsilon^i(\boldsymbol{x}_s,\boldsymbol{x}_z,\boldsymbol{u})\\ \Lambda_\varepsilon\dot{\boldsymbol{x}}_z=\overline{\boldsymbol{g}}_\varepsilon^i(\boldsymbol{x}_s,\boldsymbol{x}_z,\boldsymbol{u})\end{cases}\tag{2.31}$$

式（2.31）显然是模糊奇异摄动模型。

定理 2.3　对一般奇异摄动系统（2.28），记 $\boldsymbol{z}'=\left[\boldsymbol{x}_s^{\mathrm{T}}\quad\boldsymbol{x}_z^{\mathrm{T}}\right]^{\mathrm{T}}$ ，对任意给定的逼近误差 $\delta>0$ ，利用本节第 6 部分的构造方法，可得到一个模糊奇异摄动模型，其形式如式（2.31）所示，其中模糊集合及其隶属度函数的定义见式（2.12）。分别用 $\hat{\boldsymbol{x}}_s$、$\hat{\boldsymbol{x}}_z$ 表示模糊模型的慢、快变量，记 $\hat{\boldsymbol{z}}'=\left[\hat{\boldsymbol{x}}_s^{\mathrm{T}}\quad\hat{\boldsymbol{x}}_z^{\mathrm{T}}\right]^{\mathrm{T}}$ ，若原系统与模糊模型的初始条件相同，则有

$$\left\|z'(t)-\hat{z}'(t)\right\|<\delta,\quad t\geqslant 0 \tag{2.32}$$

证明：由构造过程可知，如下的两个 T-S 模糊模型，以精度δ分别逼近$\boldsymbol{f}_\varepsilon(\boldsymbol{x}_s,\boldsymbol{x}_z,\boldsymbol{u})$和$\boldsymbol{g}_\varepsilon(\boldsymbol{x}_s,\boldsymbol{x}_z,\boldsymbol{u})$。

T-S 模糊模型一：

规则i：如果$\boldsymbol{z}$是A_i，那么

$$\dot{\boldsymbol{x}}_s=\overline{\boldsymbol{f}}_\varepsilon^i(\boldsymbol{x}_s,\boldsymbol{x}_z,\boldsymbol{u})$$

T-S 模糊模型二：

规则i：如果$\boldsymbol{z}$是A_i，那么

$$\Lambda_\varepsilon\dot{\boldsymbol{x}}_z=\overline{\boldsymbol{g}}_\varepsilon^i(\boldsymbol{x}_s,\boldsymbol{x}_z,\boldsymbol{u})$$

显然，若初始条件相同，则模糊奇异摄动模型（2.31）以精度$\delta>0$逼近式（2.28）所示的非线性奇异摄动系统，即满足式（2.32）。

例 2.1　设有一个奇异摄动系统，具有如下形式（设输入$u=0$）：

$$\begin{cases}\dot{x}=f(x,y)\\ \varepsilon\dot{y}=g(x,y)\end{cases} \tag{2.33}$$

其中，慢变量$x\in[1,4]$；快变量$y\in[1,4]$；$f(x,y)$可被$h_1(x,y)=x^2+y^2$以精度$\delta_1=0.1$逼近；$g(x,y)$可被$h_2(x,y)=x^2+xy$以精度$\delta_1=0.1$逼近。

现在我们构造一个模糊奇异摄动模型，以精度$\delta=0.6$逼近式（2.33）所示的系统。

（1）构造 T-S 模糊系统，以精度$\delta-\delta_1=0.5$逼近多项式向量：

$$\{x^2+y^2,x^2+xy\},\qquad x,y\in[1,4]$$

采用本节第 5 部分的构造方法。图 2.12、图 2.13 为 T-S 模糊模型对多项式向量的拟合结果。图 2.14 是在输入空间中均匀地取 800 个点，然后对每个点，计算 T-S 模糊模型的输出向量与多项式输出向量之间的误差。从图中可以看出，每个函数的误差绝对值在$[0,0.4]$范围内，满足逼近精度。所得的 T-S 模糊模型共有 27 条规则，设输入空间第i个划分表示的区域为$C_i=[a_1^i,a_2^i]\times[a_3^i,a_4^i]$，其中心为$\boldsymbol{o}_i$。$C_i$的各个参数如图 2.15 所示。划分$i$对应规则$i$，其形式如下。

规则i：如果$\boldsymbol{x}$是A_i，那么

$$\begin{cases}y_1=h_1(\boldsymbol{o}_i)+\partial h_1/\partial(x_1,x_2)\big|_{\boldsymbol{o}_i}(\boldsymbol{x}-\boldsymbol{o}_i)\\ y_2=h_2(\boldsymbol{o}_i)+\partial h_2/\partial(x_1,x_2)\big|_{\boldsymbol{o}_i}(\boldsymbol{x}-\boldsymbol{o}_i)\end{cases} \tag{2.34}$$

其中，$\boldsymbol{x}=[x\quad y]^{\mathrm{T}}$是定义域中的任意一点；$A_i$是$C_i$对应的模糊集合。其隶属度函数的定义见式（2.12）。

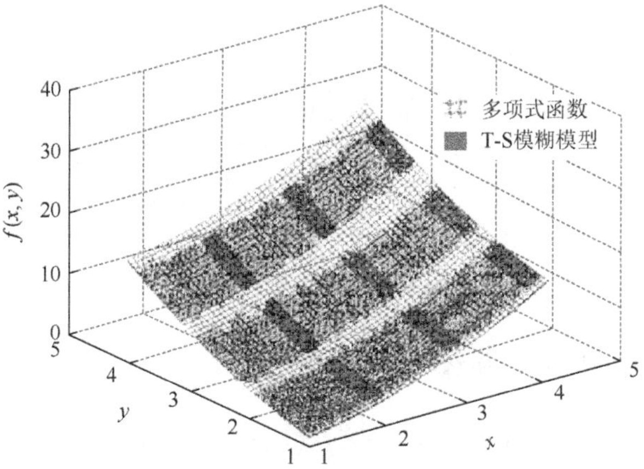

图 2.12　T-S 模糊模型对 x^2+y^2 的拟合结果

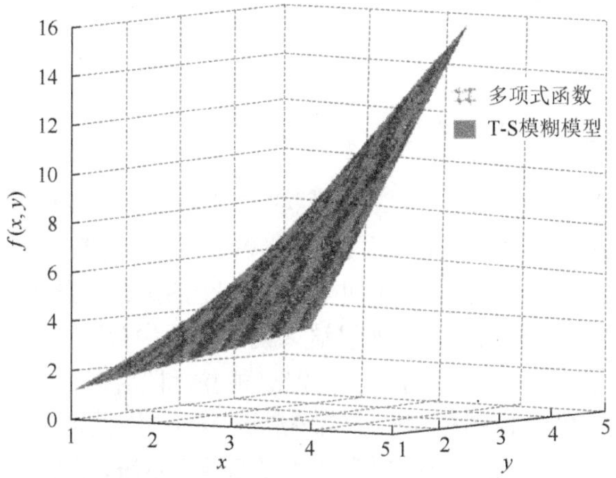

图 2.13　T-S 模糊模型对 x^2+xy 的拟合结果

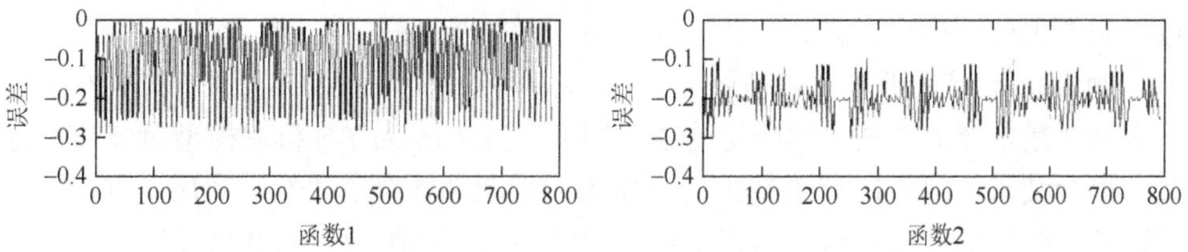

图 2.14　T-S 模糊模型的输出与函数值之间的误差（800 个点）

（2）构造模糊奇异摄动模型。分别用 $\dot{x}_1$、$\varepsilon\dot{x}_2$ 替换式（2.34）的输出表示 y_1、y_2，得到如下的模糊奇异摄动模型。

i	a_1^i	a_2^i	a_3^i	a_4^i	i	a_1^i	a_2^i	a_3^i	a_4^i	i	a_1^i	a_2^i	a_3^i	a_4^i
1:	1.0	1.4	1.0	2.0	10:	2.0	2.4	1.0	2.0	19:	3.0	3.4	1.0	2.0
2:	1.4	1.8	1.0	2.0	11:	2.4	2.8	1.0	2.0	20:	3.4	3.8	1.0	2.0
3:	1.8	2.0	1.0	2.0	12:	2.8	3.0	1.0	2.0	21:	3.8	3.0	1.0	2.0
4:	1.0	1.4	2.0	3.0	13:	2.0	2.4	2.0	3.0	22:	3.0	3.4	2.0	3.0
5:	1.4	1.8	2.0	3.0	14:	2.4	2.8	2.0	3.0	23:	3.4	3.8	2.0	3.0
6:	1.8	2.0	2.0	3.0	15:	2.8	3.0	2.0	3.0	24:	3.8	3.0	2.0	3.0
7:	1.0	1.4	3.0	3.0	16:	2.0	2.4	3.0	3.0	25:	3.0	3.4	3.0	3.0
8:	1.4	1.8	3.0	3.0	17:	2.4	2.8	3.0	3.0	26:	3.4	3.8	3.0	3.0
9:	1.8	2.0	3.0	3.0	18:	2.8	3.0	3.0	3.0	27:	3.8	3.0	3.0	3.0

图 2.15　各划分区域的参数（共 27 个区域）

规则 i：如果 $\boldsymbol{x}$ 是 A_i，那么

$$\begin{cases} \dot{x}_1 = h_1(\boldsymbol{o}_i) + \partial h_1 / \partial(x_1, x_2)\big|_{\boldsymbol{o}_i}(\boldsymbol{x} - \boldsymbol{o}_i) \\ \varepsilon \dot{x}_2 = h_2(\boldsymbol{o}_i) + \partial h_2(x_1, x_2)\big|_{\boldsymbol{o}_i}(\boldsymbol{x} - \boldsymbol{o}_i) \end{cases} \tag{2.35}$$

其中，$\boldsymbol{x}$ 是定义域中的任意一点；A_i 是 C_i 对应的模糊集合。其隶属度函数的定义见式（2.12）。

8. 与其他构造方法的比较

目前有关 T-S 模糊模型逼近性的文献较少（Ying[71]、Zeng 等[72]），其原因在于，T-S 模糊模型的结构较复杂，而且参数较多。我们研究了 T-S 模糊模型对于 MIMO 系统的逼近性，此时模型的后件输出是一个向量。但据作者所知，目前这方面的研究实际上仅限于子系统。之所以这么说，是因为对于 MIMO 系统，目前的方法是把它分解成一系列并行的子系统，但这种并行性给理论分析和实际应用带来了很大的局限。在 T-S 模糊模型对子系统逼近性的构造性证明中，Ying[71]、Zeng 等[72]采用了两步法，即先用一个多项式函数逼近原子系统，然后构造 T-S 模糊模型，逼近上述多项式函数。如前所述，他们将关键点放在了划分区域的足够小上，本节则根据函数的具体情况进行划分，因此本节的构造过程是动态的，其最终划分数很难事先估计出来。因此在此仅举一例，供参考比较。

例 2.2　设待逼近多项式为 $x^3 + y^2$，其中 $x \in [80, 84]$，$y \in [1, 4]$，逼近精度为 0.5。

若采用本章的方法，则所得的结果如下。图 2.16 为 T-S 模糊模型对多项式函数的拟合结果。图 2.17 是在输入空间中均匀地取 800 个点，然后对每个点，计算 T-S 模糊模型的输出值与多项式函数之间的误差。从图中可以看出，误差的绝对值在 $[0, 0.5]$ 范围内，满足逼近精度。最终 T-S 模糊模型所需的规则数是 192。采用两步法，Ying、Zeng 等对 T-S 模糊系统的逼近性进行了构造性证明。Zeng 等[72]在比较和分析后称，在相同条件下，Zeng 等[72]所需的规则数远小于 Ying[71]。在本例条件下，Zeng 等[72]所需的规则数至少是 462，远大于本节的结果。

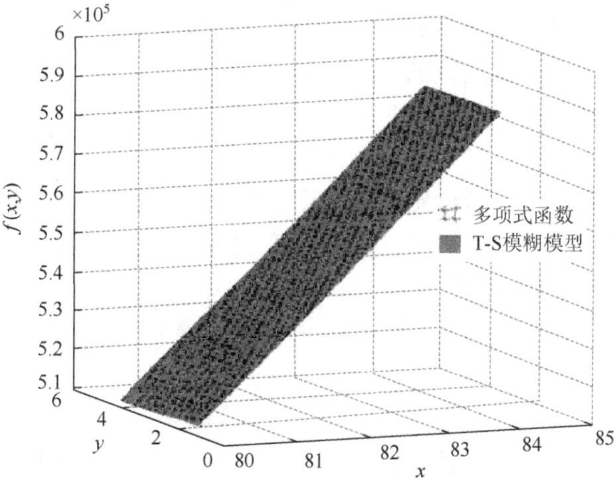

图 2.16　T-S 模糊模型对 x^3+y^2 的拟合结果

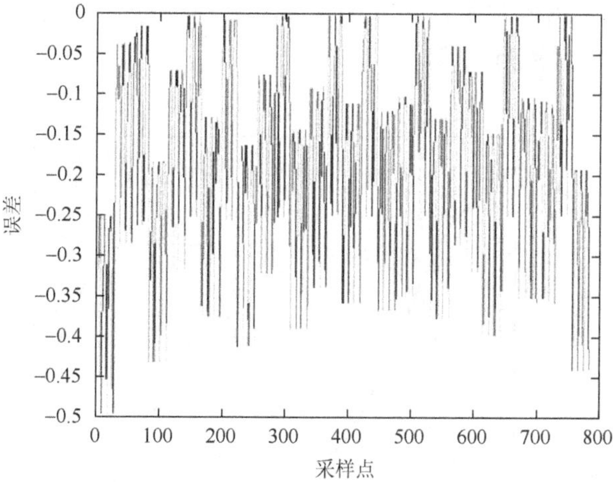

图 2.17　逼近误差曲线（800 个点）

9. 待逼近函数二阶可导时，模糊奇异摄动模型作为通用逼近器的充分条件

由前所述，该问题可以转化为在待逼近函数二阶可导的条件下，T-S 模糊模型的逼近性。目前，对 T-S 模糊模型逼近性的研究都采用两步法，即首先构造一个多项式函数逼近目标函数，然后构造 T-S 模糊模型逼近该多项式函数。但是，在很多实际应用中，待逼近函数往往二阶可导，如果采用两步法，则必须先找到一个多项式与之充分逼近，这显然增加了复杂性。因此，本部分将研究当待逼近函数二阶可导时，如何直接从待逼近函数构造与之充分逼近的 T-S 模糊模型，并在此基础上，研究对应条件下，模糊奇异摄动模型作为通用逼近器的充分条件。

定理 2.4（SISO）　若给定的一元多项式函数 $h(x)$ 二阶可导，则可直接运用本节第 5 部分逼近多项式函数的方法，构造 T-S 模糊模型（采用全交叠三角形隶属度函数），其输出记为 $f(x)$，使 $\|f(x)-h(x)\|<\varepsilon$，其中 $\varepsilon>0$ 为逼近误差。

证明：略。

定理 2.5（MIMO）　若给定的多元连续实函数向量 $\boldsymbol{p}(\boldsymbol{x})=(p_1(\boldsymbol{x}),\cdots,p_k(\boldsymbol{x}))^{\mathrm{T}}$ 的每个函数分量都满足二阶可导，则可直接运用逼近多项式函数向量的方法，构造 T-S 模糊模型，其输出记为 $\boldsymbol{f}(\boldsymbol{x})=(f_1(\boldsymbol{x}),\cdots,f_r(\boldsymbol{x}))^{\mathrm{T}}$，使 $|f_k(\boldsymbol{x})-p_k(\boldsymbol{x})|<\varepsilon$，$k=1,2,\cdots,r$，即 $\|\boldsymbol{f}(\boldsymbol{x})-\boldsymbol{p}(\boldsymbol{x})\|_\infty<\varepsilon$，其中 $\varepsilon>0$ 是逼近误差，模糊集合及其隶属度函数的定义见式（2.12）。

证明：略。

例 2.3（SISO）　设待逼近函数为 $h(x)=10\sin x$，$x\in[1,10]$，逼近精度为 0.1。

采用定理 2.4 给出的构造方法，可得相应的 T-S 模糊模型。图 2.18 是它对函数的拟合结果，图 2.19 是在输入空间中均匀地取 100 个点，然后对每个点，计算 T-S 模糊模型的输出值与 $h(x)$ 之间的误差。从图中可以看出，误差的绝对值在 [0, 0.1] 范围内，满足逼近精度。

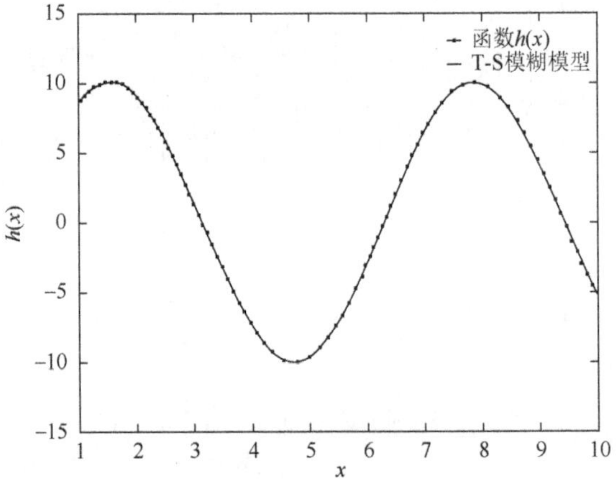

图 2.18　T-S 模糊模型输出

例 2.4（MIMO）　设待逼近函数向量为 $\{\mathrm{e}^x+\mathrm{e}^y,\ 10\sin x+10\cos y\}$，$x,y\in[1,4]$，逼近精度为 0.5。

采用定理 2.5 给出的构造方法，可得相应的 T-S 模糊模型。图 2.20 和图 2.21 为 T-S 模糊模型对函数向量的拟合结果。图 2.22 是在输入空间中均匀地取 800 个点，然后对每个点，计算 T-S 模糊模型的输出向量与函数向量值之间的误差。从图中可以看出，每个函数的误差绝对值在 [0, 0.4] 范围内，满足逼近精度。

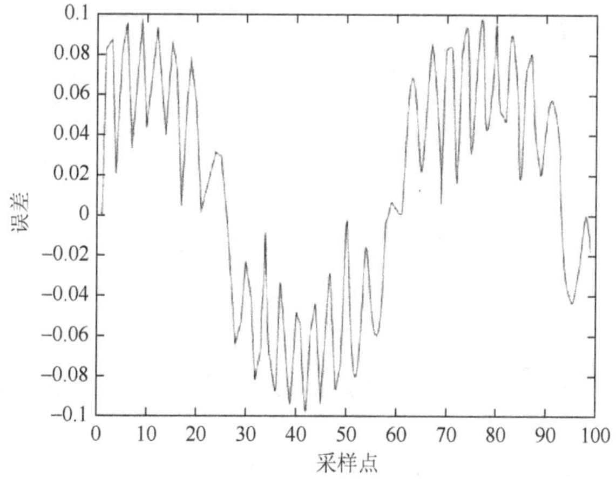

图 2.19　T-S 模糊模型输出与函数值的误差

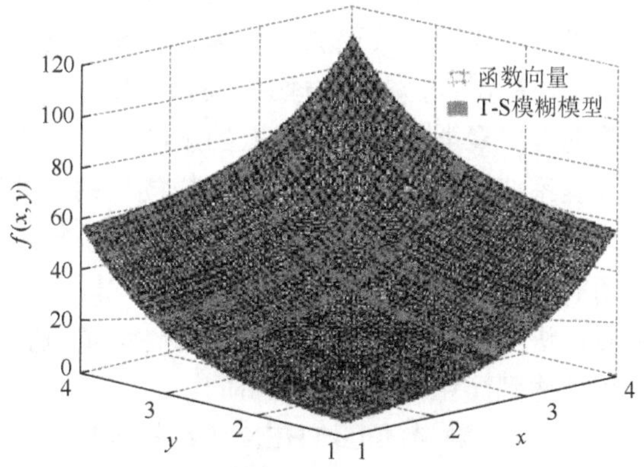

图 2.20　模糊模型对 e^x+e^y 的拟合结果

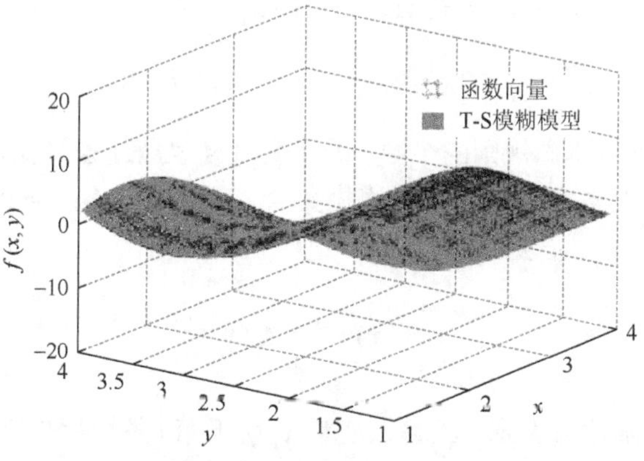

图 2.21　模糊模型对 $10\sin x+10\cos y$ 的拟合结果

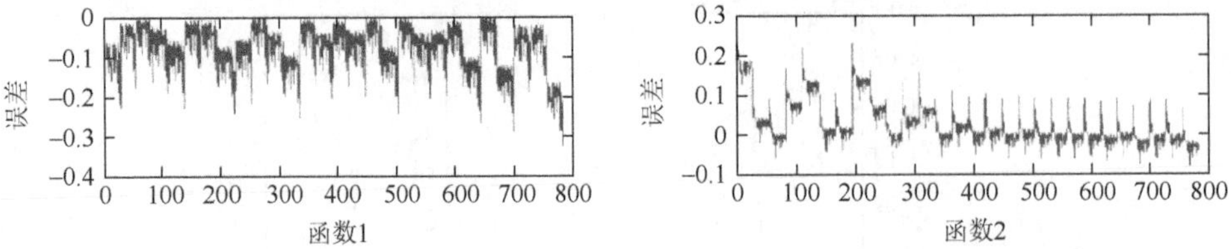

(a) 对函数1的逼近误差　　(b) 对函数2的逼近误差

图 2.22　T-S 模糊模型的输出与函数值的误差（800 个点）

2.3　模糊模型对多时标非线性系统的高效逼近方法

T-S 模糊推理系统作为一种重要的模糊推理系统形式，能够通过划分复杂系统为一系列局部线性模型，高效、合理地实现复杂非线性不确定系统的逼近。然而，由于使用了比单点模糊规则更复杂的仿射函数规则后件形式，在 T-S 模糊推理系统的辨识中，最优模糊规则个数更加难以确定。本节充分利用 T-S 模糊推理系统内在的块结构信息，提出 T-S 模糊推理系统的分层块结构稀疏编码辨识方法。具体地讲，该方法首先根据聚类划分技术提取的规则前件，构造 T-S 模糊规则子字典和相应的模糊推理系统字典，然后，通过对模糊规则后件参数的块结构稀疏编码，将 T-S 模糊推理系统的辨识问题转化为块结构稀疏描述的线性优化问题，并通过对该优化问题的求解挑选重要的模糊规则，剔除冗余的模糊规则，实现模糊规则的约减。最后，进一步对挑选的模糊规则后件参数进行稀疏编码，使其含有尽可能多的零参数，达到简化模糊规则的目的。

T-S 模糊推理系统由一定数量的 IF-THEN 模糊规则构成，其中每一条模糊规则的后件为关于系统输入变量的仿射函数。具体地说，对于输入变量 $\boldsymbol{x}=[x_1, x_2,\cdots,x_n]^{\mathrm{T}}\in\mathbb{R}^n$，多输入单输出 T-S 模糊推理系统的第 i 条模糊规则形式如下。

规则 i：如果 x_1 是 A_{i1}，x_2 是 A_{i2}，…，x_n 是 A_{in}，则

$$y=w_{i0}+w_{i1}+w_{i2}+\cdots+w_{in}x_n,\quad i=1,2,\cdots,r$$

其中，r 表示系统中模糊规则的个数。语义变量 A_{ij} 为第 i 条模糊规则定义在第 j 维输入变量上铃型隶属度函数形式的模糊集合。进一步，第 i 条模糊规则对于输入变量 $\boldsymbol{x}=(x_1,x_2,\cdots,x_n)^{\mathrm{T}}\in\mathbb{R}^n$ 的隶属度，记作

$$A_i(\boldsymbol{x})=\prod_{j=1}^{n}A_{ij}(x_j)$$

其中，$A_{ij}(x_j)$ 的函数值表示 j 维输入变量 x_j 属于第 i 条模糊规则的隶属度。从而，对于输入变量 $\boldsymbol{x}$，第 i 条 T-S 模糊规则的模糊基函数为 $p_i:\mathbb{R}^n\to\mathbb{R}$，有

$$p_i(\boldsymbol{x}) = \frac{A_i(\boldsymbol{x})}{\sum_{i=1}^{r} A_i(\boldsymbol{x})}, \quad i = 1, 2, \cdots, r \tag{2.36}$$

使用中心平均解模糊化方法，对于输入变量 $\boldsymbol{x}$，含有 r 条模糊规则的 T-S 模糊推理系统输出为

$$\hat{y} = \sum_{i=1}^{r} p_i(\boldsymbol{x}) l_i(\boldsymbol{x}) \tag{2.37}$$

其中，$l_i(\boldsymbol{x}) = w_{i0} + w_{i1}x_1 + w_{i2}x_2 + \cdots + w_{in}x_n = (1, \boldsymbol{x}^{\mathrm{T}})^{\mathrm{T}} \boldsymbol{w}_i$，表示输入变量 $\boldsymbol{x}$ 被约束在第 i 条模糊规则前件部分表征的模糊区间内时模糊系统的行为。为了方便描述，记 $\boldsymbol{w}_i = (w_{i0}, w_{i1}, w_{i2}, \cdots, w_{in})^{\mathrm{T}} \in \mathbb{R}^{n+1}$ 为第 i 条模糊规则后件参数向量，$i = 1, 2, \cdots, r$。

2.3.1　模糊规则子字典和模糊推理系统字典

在数据驱动的 T-S 模糊推理系统的辨识问题框架下，设含有 N 对多输入单输出数据样本的集合为

$$Z = \left\{ \boldsymbol{x}_k, y_k \,\middle|\, \boldsymbol{x}_k = (x_{k1}, x_{k2}, \cdots, x_{kn})^{\mathrm{T}} \in \mathbb{R}^n, y_k \in \mathbb{R},\ k = 1, 2, \cdots, N \right\}$$

其中，$\boldsymbol{x}_k$ 和 y_k 分别表示第 k 对 n 维输入数据和单输出数据。那么 T-S 模糊推理系统对于 N 对输入数据样本的模型输出 $\hat{\boldsymbol{y}} = (\hat{y}_1, \hat{y}_2, \cdots, \hat{y}_N)$ 为

$$\hat{\boldsymbol{y}} = \sum_{i=1}^{r} \boldsymbol{D}_i \boldsymbol{w}_i = \boldsymbol{D}\boldsymbol{w}$$

其中，$\boldsymbol{D} = (\boldsymbol{D}_1, \boldsymbol{D}_2, \cdots, \boldsymbol{D}_n) \in \mathbb{R}^{N \times r(n+1)}$ 称为 T-S 模糊推理系统的字典，其每一个块结构 $\boldsymbol{D}_i \in \mathbb{R}^{N \times (n+1)}$ 称为第 i 个 T-S 模糊规则子字典($i = 1, 2, \cdots, r$)，具体地：

$$\boldsymbol{D}_i = \begin{pmatrix} p_i(\boldsymbol{x}_1) & 0 & \cdots & 0 \\ 0 & p_i(\boldsymbol{x}_2) & \cdots & 0 \\ \vdots & \vdots & & \vdots \\ 0 & 0 & \cdots & p_i(\boldsymbol{x}_N) \end{pmatrix} \begin{pmatrix} 1 & x_{11} & x_{12} & \cdots & x_{1n} \\ 1 & x_{21} & x_{22} & \cdots & x_{2n} \\ \vdots & \vdots & \vdots & & \vdots \\ 1 & x_{N1} & x_{N2} & \cdots & x_{Nn} \end{pmatrix}$$

其中，模糊基函数 $p_i(\boldsymbol{x}_k)(i = 1, 2, \cdots, r;\ k = 1, 2, \cdots, N)$ 可以通过提取模糊规则前件语义变量的隶属度函数求得。相应地，T-S 模糊推理系统 r 条模糊规则后件参数向量 $\boldsymbol{w}_i(i = 1, 2, \cdots, r)$ 组成的向量：

$$\boldsymbol{w} = \Bigg(\underbrace{w_{10}, w_{11}, w_{12}, \cdots, w_{1n}}_{\boldsymbol{w}_1^{\mathrm{T}}}, \underbrace{w_{20}, w_{21}, w_{22}, \cdots, w_{2n}}_{\boldsymbol{w}_2^{\mathrm{T}}}, \cdots, \underbrace{w_{r0}, w_{r1}, w_{r2}, \cdots, w_{rn}}_{\boldsymbol{w}_r^{\mathrm{T}}} \Bigg)^{\mathrm{T}} \in \mathbb{R}^{r(n+1)}$$

称为 T-S 模糊推理系统后件参数向量。

根据上面的定义和分析可知，T-S 模糊推理系统的输出实际上可以看作 r 个模糊规则子字典（块结构）的线性组合。然而，传统的方法在确定模糊规则前件部分之后，往往忽略了模糊推理系统的块结构信息，不加挑选地使用聚类划分产生的所有模糊规则构建模糊推理系统，即通过求解以下最小二乘方法的优化问题估计模糊规则后件：

$$\min_{w_1,w_2,\cdots,w_r}\frac{1}{2}\left\|\boldsymbol{y}-\sum_{i=1}^{r}\boldsymbol{D}_i\boldsymbol{w}_i\right\|_2^2 \tag{2.38}$$

一般来讲，模糊推理系统中的模糊规则个数越多，模型的精度越高，模型越复杂。然而，一方面，由于专家先验知识的缺乏，无法保证所有的模糊规则都是必需的，实际上有些模糊规则的缺失并不会对模糊模型产生有意义的影响；另一方面，由于不加挑选地使用聚类划分产生的所有模糊规则构建模糊推理系统，冗余的模糊规则不可避免地造成模型的过拟合问题以及较差的泛化能力。

2.3.2 T-S 模糊规则后件的块结构稀疏编码

区别于传统方法直接使用模糊基函数矩阵估计相应的模糊规则后件参数，不加挑选地使用聚类划分方法产生的所有初始模糊规则构建模糊推理系统的方法，块结构稀疏编码的 T-S 模糊推理系统辨识方法在优化 T-S 模糊模型精度的同时，充分利用 T-S 模糊推理系统内在的块结构信息，从而通过对模糊系统后件参数向量的块结构稀疏描述，实现重要模糊规则的挑选和冗余模糊规则的剔除，达到系统辨识过程中模糊规则约减的目的。

为了便于后面的描述，首先介绍含有块结构向量的 $L_{p,q}$ 范数的定义，其中 p、q 为常数，并重点介绍 $p=2$、$q=0$ 时，向量的 $L_{2,0}$ 范数。然后，具体介绍块结构稀疏编码的 T-S 模糊推理系统的辨识和规则约减方法。

定义 2.6 令含有块结构的向量 $\boldsymbol{a}=(\boldsymbol{a}_1^{\mathrm{T}},\boldsymbol{a}_2^{\mathrm{T}},\cdots,\boldsymbol{a}_n^{\mathrm{T}})^{\mathrm{T}}\in\mathbb{R}^{dm}$，其中，每一个块结构向量为 $\boldsymbol{a}_i\in\mathbb{R}^m\,(i=1,2,\cdots,d)$。向量 $\boldsymbol{a}$ 的 $L_{2,q}$ 范数定义为

$$\|\boldsymbol{a}\|_{2,q}=\left(\sum_{i=1}^{d}\|\boldsymbol{a}_i\|_2^q\right)^{\frac{1}{q}}$$

其中，$q=0,1,2,\cdots,\infty$。特别地，当 $q=0$ 时，向量 $\boldsymbol{a}$ 的 $L_{2,0}$ 范数为

$$\|\boldsymbol{a}\|_{2,0}:=\lim_{q\to0}\left\|(\|\boldsymbol{a}_1\|_2,\|\boldsymbol{a}_2\|_2,\cdots,\|\boldsymbol{a}_d\|_2)^{\mathrm{T}}\right\|_0=\#(\{i:\|\boldsymbol{a}_i\|_2\neq0\})$$

其中，#表示集合的势。

含有块结构向量的 $L_{2,0}$ 范数满足范数的三个基本特性，即正性、对称性、三角不等性。根据上面的定义不难发现，一个由块结构向量 $\boldsymbol{a}_i\in\mathbb{R}^m\,(i=1,2,\cdots,d)$ 组

成的向量 $\boldsymbol{a}=(\boldsymbol{a}_1^{\mathrm{T}},\boldsymbol{a}_2^{\mathrm{T}},\cdots,\boldsymbol{a}_n^{\mathrm{T}})^{\mathrm{T}}\in\mathbb{R}^{dm}$，其 $L_{2,0}$ 范数实际上表征该向量中非零块结构向量的个数。特别地，具体到 T-S 模糊推理系统，由于模糊推理系统后件参数向量的块结构信息，如果对其进行块结构稀疏编码，即在优化模糊推理系统精度的前提下对系统后件参数向量进行 $L_{2,0}$ 范数限制，使某些 T-S 模糊规则的后件参数向量为零，从而剔除这些对模糊推理系统的输出不再有影响的模糊规则，达到模糊规则约减的目的。受此启发，将 T-S 模糊推理系统的辨识和规则约减问题转化为以下块结构稀疏编码优化问题：

$$\begin{aligned}&\min_{\boldsymbol{w}}\|\boldsymbol{w}\|_{2,0}\\&\text{s.t.}\frac{1}{2}\left\|\boldsymbol{y}-\sum_{i=1}^{r}\boldsymbol{D}_i\boldsymbol{w}_i\right\|_2^2\leqslant 0\end{aligned}\tag{2.39}$$

如图 2.23 所示，块结构稀疏编码的 T-S 模糊推理系统辨识方法，一方面保证了模糊推理系统的精度；另一方面充分利用了 T-S 模糊推理系统内在的块结构信息，通过对系统后件参数向量的块结构稀疏编码，使那些对整个模糊系统没有贡献或贡献较小的模糊规则后件参数向量 $\boldsymbol{w}_i(i\in\{1,2,\cdots,r\})$ 收缩为零向量，从而使模糊推理系统后件参数向量 $\boldsymbol{w}$ 尽可能块稀疏。即达到挑选重要的模糊规则、剔除冗余的模糊规则、实现模糊推理系统中规则约减的目的。

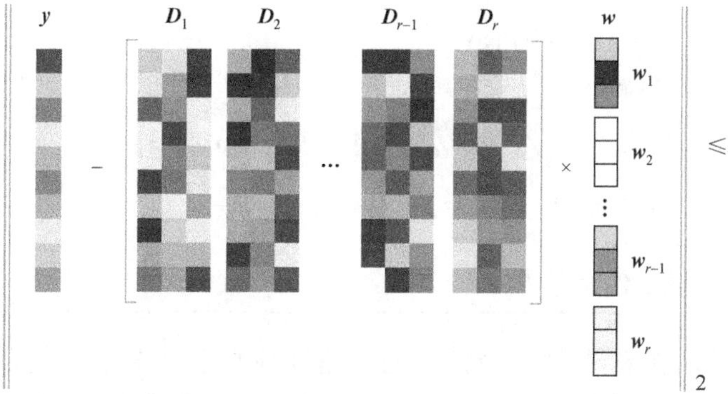

图 2.23　T-S 模糊推理系统的块结构稀疏编码辨识

2.3.3　块结构稀疏编码的正交匹配追踪算法

类似于含有向量 L_0 范数的稀疏编码优化问题，现有的文献已经证明含有向量 $L_{2,0}$ 范数的块结构稀疏编码优化问题是 NP-Hard 的。目前主要有两种方法用于逼近求解这类优化问题，第一种方法是直接针对向量 $L_{2,0}$ 范数的块结构稀疏贪婪算法，例如，最常用的块结构（群结构）正交匹配追踪方法以及与之相关的一些推广方法；第二种方法是放松逼近向量 $L_{2,0}$ 范数的块结构稀疏优化算法，例如，具有良好凸函数性能和向量块结构稀疏特性的向量 $L_{2,0}$ 范数逼近算法，即推广到块结构（群结构）稀疏编码的 LASSO（the least absolute shrinkage and selectionator operator）方法以及一些非凸优化逼近的求解算法等。

对于优化上述问题，本节主要介绍块结构稀疏编码的正交匹配追踪算法，如算法 2.1 所示。该算法着眼于优化问题数值向量解的块结构支集，一旦确定了最优解的块结构支集①，那么块结构支集部分对应的参数可以通过求解最小二乘优化问题容易地得到。

算法 2.1　块结构稀疏编码的正交匹配追踪算法

---

1. 输入：从输入输出数据集合 Z 中提取的 T-S 模糊推理系统字典 $\boldsymbol{D}=(\boldsymbol{D}_1, \boldsymbol{D}_2,\cdots, \boldsymbol{D}_r)\in\mathbb{R}^{N\times r(n+1)}$

2. 输出：挑选的模糊规则子字典及相应的模糊规则后件参数向量

3. 初始化：初始模糊规则子字典指标集合 $\Omega^{(0)}=\varnothing$，模糊推理系统后件参数向量 $\boldsymbol{w}^{(0)}=0$ 及模型初始残差 $\boldsymbol{r}^{(0)}=\boldsymbol{y}$

4. repeat

5. 　for $k=1$ to $2,3,\cdots$,do

6. 　　$i^{(k)}=\underset{i=1,2,\cdots,r}{\arg\max}(\boldsymbol{r}^{(k-1)})^{\mathrm{T}}\boldsymbol{D}_i(\boldsymbol{D}_i^{\mathrm{T}}\boldsymbol{D}_i)^{-1}\boldsymbol{D}_i^{\mathrm{T}}\boldsymbol{r}^{(k-1)}$

7. 　　$\Omega^{(k)}=\Omega^{(k)}\cup i^{(k)}$;

8. 　　更新

9. 　　$\boldsymbol{w}^{(k)}:\boldsymbol{w}^{(k)}_{(\Omega^{(k)})^c}=0, \boldsymbol{w}^{(k)}_{(\Omega^{(k)})}=\underset{\boldsymbol{v}}{\arg\min}\left\|\boldsymbol{D}_{\Omega^{(k)}}\boldsymbol{v}-\boldsymbol{y}\right\|_2$

10. 　　更新残差：$\boldsymbol{r}^{(k)}=\boldsymbol{y}-\boldsymbol{D}\boldsymbol{w}^{(k)}$

11. 　end for

12. until　满足停止条件

具体来说，在算法 2.1 中，令初始模糊规则子字典指标集合 $\Omega^{(0)}=\varnothing$。$\Omega^{(k)}\in\{1,2,\cdots,r\}$ 表示算法第 k 次迭代时，挑选的模糊规则子字典指标集合，$\boldsymbol{w}^{(k)}\in\mathbb{R}^{r(n+1)}$ 表示第 k 次迭代时，估计的模糊推理系统后件参数向量，$\boldsymbol{r}^{(k)}=\boldsymbol{y}-\boldsymbol{D}\boldsymbol{w}^{(k)}$ 为相应的残差。在算法第 k 次迭代时，首先，从聚类划分产生的初始模糊规则库中挑选对于模糊推理系统贡献最大的模糊规则子字典，即使模糊系统的残差下降最多的模糊规则子字典。记第 i 条模糊规则子字典在第 k 次迭代时产生的模糊系统残差为

---

① 由块结构向量 $\boldsymbol{a}_i(i=1,2,\cdots,r)$ 组成的向量 $\boldsymbol{w}=(\boldsymbol{w}_1^{\mathrm{T}},\boldsymbol{w}_2^{\mathrm{T}},\cdots,\boldsymbol{w}_r^{\mathrm{T}})^{\mathrm{T}}$ 的块结构支集定义为 $\{i:\|\boldsymbol{w}_i\|\neq 0, i=1,2,\cdots,r\}$。

$$\varepsilon(i)=\left\|\boldsymbol{D}_i\boldsymbol{w}_i-\boldsymbol{r}^{(k-1)}\right\|_2^2,\quad i=1,2,\cdots,r \tag{2.40}$$

通过求解第 k 次迭代时的最小化残差优化问题：

$$\boldsymbol{w}_i^*=\underset{\boldsymbol{w}_j:j=1,2,\cdots,r}{\arg\min}\ \varepsilon(i)$$

可得

$$\boldsymbol{w}_i^*=\left(\boldsymbol{D}_i^{\mathrm{T}}\boldsymbol{D}_i\right)^{-1}\boldsymbol{D}_i^{\mathrm{T}}\boldsymbol{r}^{(k-1)}$$

将 $\boldsymbol{w}_i^*$ 的值代回式（2.40）中，有

$$\begin{aligned}\varepsilon(i)&=\min_{\boldsymbol{w}_i\in\mathbb{R}^{n+1}}\left\|\boldsymbol{D}_i\boldsymbol{w}_i-\boldsymbol{r}^{(k-1)}\right\|_2^2\\&=\left\|\boldsymbol{D}_i\boldsymbol{w}_i^*-\boldsymbol{r}^{(k-1)}\right\|_2^2\\&=\left\|\boldsymbol{D}_i(\boldsymbol{D}_i^{\mathrm{T}}\boldsymbol{D}_i)^{-1}\boldsymbol{D}_i^{\mathrm{T}}\boldsymbol{r}^{(k-1)}-\boldsymbol{r}^{(k-1)}\right\|_2^2\\&=\left\|\boldsymbol{r}^{(k-1)}\right\|_2^2-(\boldsymbol{r}^{(k-1)})^{\mathrm{T}}\boldsymbol{D}_i(\boldsymbol{D}_i^{\mathrm{T}}\boldsymbol{D}_i)^{-1}\boldsymbol{D}_i^{\mathrm{T}}\boldsymbol{r}^{(k-1)}\end{aligned}$$

因此，在第 k 次迭代时，使模糊推理系统的残差下降最多的模糊规则子字典指标为

$$i^{(k)}=\arg\max_{i=1,2,\cdots,r}\left(\boldsymbol{r}^{(k-1)}\right)^{\mathrm{T}}\boldsymbol{D}_i\left(\boldsymbol{D}_i^{\mathrm{T}}\boldsymbol{D}_i\right)^{-1}\boldsymbol{D}_i^{\mathrm{T}}\boldsymbol{r}^{(k-1)} \tag{2.41}$$

特别值得一提的是，算法 2.1 中根据式（2.41）对每一次迭代时最优模糊规则子字典进行挑选，已经被挑选的模糊规则子字典不会在以后的迭代中再次被挑选。这是因为，在算法第 k 次迭代时，对于已经被挑选的模糊规则子字典 $\boldsymbol{D}_i(i\in\Omega^{(k)})$，其对应的模糊规则后件参数估计为

$$\boldsymbol{w}_{\Omega^{(k)}}^{(k)}=\arg\min_{\boldsymbol{v}}\left\|\boldsymbol{D}_{\Omega^{(k)}}\boldsymbol{v}-\boldsymbol{y}\right\|_2 \tag{2.42}$$

而未被挑选的模糊规则子字典的后件参数向量为 $\boldsymbol{w}_{(\Omega^{(k)})^c}^{(k)}=0$，这里，$(\Omega^{(k)})^c$ 表示集合 $\Omega^{(k)}$ 相对于全集合 $\{1,2,\cdots,r\}$ 的补集。根据式（2.42）中对被挑选的模糊规则后件参数向量的估计，有

$$\boldsymbol{D}_{\Omega^{(k)}}^{\mathrm{T}}(\boldsymbol{D}_{\Omega^{(k)}}\boldsymbol{w}_{\Omega^{(k)}}^{(k)}-\boldsymbol{y})=-\boldsymbol{D}_{\Omega^{(k)}}^{\mathrm{T}}\boldsymbol{r}^{(k)}=0 \tag{2.43}$$

因此，结合式（2.42）中规定的最优模糊规则子字典的挑选策略，不难发现被挑选的模糊规则子字典不会在以后的迭代中再次被选中。另外，算法 2.1 中的停止条件一般设置为模型残差达到一定的下界或者算法达到最大的迭代次数。

通过以上的分析，使用块结构正交匹配追踪算法求解稀疏编码的 T-S 模糊推理系统辨识优化问题（2.40）的过程实际上是挑选重要模糊规则、剔除冗余模糊规则，从而实现 T-S 模糊规则约减的过程。为此，我们进一步对被挑选的模糊规

则子字典进行稀疏编码，使 T-S 模糊规则后件向量中含有尽可能多的零参数，从而达到 T-S 模糊规则简化的目的。不失一般性，令块结构稀疏编码的模糊推理系统辨识中挑选的模糊规则子字典组成的系统字典为 $\boldsymbol{D}'$，通过稀疏编码方法估计 T-S 模糊规则后件向量，即

$$\min \frac{1}{2}\|\boldsymbol{y}-\boldsymbol{D}'\boldsymbol{w}\|_2^2+\lambda\|\boldsymbol{w}\|_0 \tag{2.44}$$

其中，拉格朗日参数 $\lambda \geqslant 0$ 用于控制模糊推理系统后件参数向量 $\boldsymbol{w}$ 的稀疏程度。由于含有向量 L_0 范数的优化问题（2.44）是 NP-Hard 的，因此，类似稀疏编码的单点模糊推理系统辨识优化问题的求解，或者使用稀疏编码的正交匹配追踪算法，或者将优化问题（2.44）中的向量 L_0 范数替换为具有良好凸函数性能和稀疏特性的向量 L_1 范数，从而使用迭代软阈值收缩算法求解以下 LASSO 优化问题：

$$\min \frac{1}{2}\|\boldsymbol{y}-\boldsymbol{D}'\boldsymbol{w}\|_2^2+\lambda\|\boldsymbol{w}\|_1 \tag{2.45}$$

达到简化 T-S 模糊推理系统规则后件参数的目的。

本节充分利用了 T-S 模糊推理系统内在的块结构信息，将模糊推理系统的辨识和规则约减问题转化为块结构稀疏编码的优化问题，并进一步通过对 T-S 模糊规则后件向量的稀疏编码简化模糊规则，称为分层稀疏编码的 T-S 模糊推理系统辨识方法。顾名思义，该方法在两个层次上使用稀疏表达思想简化模糊推理系统。具体地说，第一个层次上，通过块结构稀疏编码方法，挑选重要的模糊规则、剔除冗余的模糊规则，实现模糊推理系统中规则个数的约减；第二个层次上，通过对挑选的模糊规则后件参数向量进行稀疏编码，使 T-S 模糊后件参数向量中含有尽可能多的零参数，实现模糊规则的进一步简化。

2.3.4 模糊推理系统的分层块结构稀疏编码辨识方法

本节结合基于聚类划分的初始模糊规则前件提取方法，在交叉验证框架下，介绍一整套分层块结构稀疏编码的 T-S 模糊推理系统辨识方法。该方法充分利用 T-S 模糊推理系统内在的块结构信息，同时在两个层面上实现规则后件参数向量的稀疏编码。T-S 模糊推理系统的分层块结构稀疏编码辨识方法见算法 2.2。

算法 2.2　T-S 模糊推理系统的分层块结构稀疏编码辨识方法

---

1. 输入：多输入单输出数据集合 Z
2. 输出：含有最少模糊规则的多输入单输出 T-S 模糊推理系统
3. 初始化学习：使用聚类方法提取模糊推理系统字典及相应的 r 条模糊规则子字典 $\boldsymbol{D}=[\boldsymbol{D}_1,\boldsymbol{D}_2,\cdots,\boldsymbol{D}_r]$

---

repeat
　　for $k=1$ to $2,3,\cdots$, do
　　　块结构稀疏编码的模糊规则挑选：使用算法 2.1 挑选前 k 个模糊规则子字典及规则相应的聚类中心；
　　　微调整：以挑选的聚类中心为初始聚类中心，使用聚类算法提取更新的模糊推理子系统字典；
　　　规则后件稀疏编码：使用稀疏编码方法估计并简化相应模糊规则后件参数；
　　end for
until 合理的模糊模型精度及良好的泛化能力

具体地说，该方法分为三个步骤：首先，在粗糙学习阶段，采用聚类划分技术从多输入单输出数据集合中提取模糊规则前件语言变量的隶属度函数，从而确定 T-S 模糊规则子字典；其次，通过对模糊推理系统规则后件参数向量的块结构稀疏编码实现重要模糊规则的挑选和冗余模糊规则的剔除，从而达到模糊规则个数约减的目的；最后，在微调整阶段，为了保证模糊基函数的正则性，根据挑选的重要模糊规则对应的聚类中心，采用聚类划分技术更新模糊规则子字典，并通过对相应的模糊规则后件参数进行稀疏编码，使模糊规则后件参数向量中含有尽可能多的零参数，从而实现模糊规则的进一步简化。在算法 2.2 中，采用正交匹配追踪算法求解块结构稀疏编码的优化问题。特别地，如果 $k=1$，那么构造的模糊模型实际上为线性模型。算法的停止条件设置为交叉验证方法需要的模糊系统精度和泛化能力，或者算法达到最大的迭代次数。

注意，作为一种自顶向下的方法，算法 2.2 可以根据一定的专家知识和输入输出数据集合本身的特性大致估计初始的聚类个数。在后面的实验中，分析了不同初始聚类个数（初始的模糊规则个数）对模糊推理系统辨识的影响。实验结果表明，在一定范围内，不同的初始聚类个数不会对分层结构稀疏的模糊推理系统辨识方法产生重要的影响，从而说明分层块结构稀疏编码方法在一定程度上表现出对于初始聚类个数较强的鲁棒性。

2.3.5　实验结果与分析

通过来源于美国宾夕法尼亚州卡内基 • 梅隆大学 StatLib 图书馆（公布于网页：https://archive.ics.uci.edu/ml/datasets.php）的三个实际数据集合（数据样本特征见表 2.1）的实验来定量和定性地评估本章所提出的分层块结构稀疏编码的

T-S 模糊推理系统辨识方法，并与现有的一些方法的结果进行了充分比较，从而验证本章所提方法的通用性和有效性。特别地，本章提出的分层块结构稀疏编码方法被应用于一些较高维数输入变量的数据集合上，例如，Boston Housing 数据集合，用以说明该方法在处理高维输入输出数据集合的模糊推理系统辨识时的有效性。

表 2.1　数据样本特征

数据集合	样本数目	特征数目
Box-Jenkins 数据集合	296	6
Auto-MPG 数据集合	398	6
Boston Housing 数据集合	506	13

不失一般性，使用迭代向量量化的聚类方法提取初始的模糊推理系统字典及相应的模糊规则子字典，设初始的聚类个数为 30。另外，为了与现有的一些方法的实验结果进行比较，在后面的实验中，对于输入输出数据集合：

$$Z=\{(\boldsymbol{x}_k,y_k)\mid \boldsymbol{x}_k=(x_{k1},x_{k2},\cdots,x_{kn})^{\mathrm{T}}\in\mathbb{R}^n, y_k\in\mathbb{R}, k=1,2,\cdots,N\}$$

除了使用模糊模型性能评价指标均方误差（mean square error，MSE）和均方根误差（root mean square error，RMSE）外，本节还使用了平均绝对误差（mean abosolutej error，MAE），即

$$\mathrm{MAE}=\frac{1}{N}\sum_{k=1}^{N}\left|y_k-\hat{y}_k\right|$$

其中，$\hat{y}_i$ 表示 T-S 模糊推理系统对于输入变量 $\boldsymbol{x}_i$ 的模型输出 $(i=1,2,\cdots,N)$。

1）Box-Jenkins 数据集合

Box-Jenkins 数据集合广泛应用于 T-S 模糊推理系统辨识研究的仿真实例中。该数据集合由 296 个时间序列采样组成，记录了燃气炉工作时输入甲烷气体的流速 $x(t)$和输出二氧化碳的浓度 $y(t)$，其中 t 表示抽样时间，数据采样间隔为 9s。为了与现有的一些算法进行比较，令输入变量 $\boldsymbol{x}(t)=(x(t-3),x(t-2),x(t-1),y(t-3),$ $y(t-2),y(t-1))^{\mathrm{T}}\in\mathbb{R}^6$，输出变量 $y(t)\in\mathbb{R}$。采用一种特殊的 2-折交叉验证方法，其中前 148 个输入输出样本作为模糊推理系统的训练数据集合，另一半样本作为测试数据集合。

使用本章提出的分层块结构稀疏编码方法，构造含有两条模糊规则的 T-S 模糊推理系统。两条模糊规则如下：

规则1：如果 x_1 是 A_{11}，x_2 是 A_{12}，…，x_6 是 A_{16}，则

$$y = 0.0003 + 0.0019x_5 + 0.9962x_6$$

规则2：如果 x_1 是 A_{21}，x_2 是 A_{22}，…，x_6 是 A_{26}，则

$$y = 6.6731 + 0.0325x_1 - 0.5617x_2 + 0.1067x_3 + 0.0655x_4 - 0.6349x_5 + 1.4439x_6$$

其中，模糊规则前件中语言变量的铃型隶属度函数 A_{ij} 的中心参数 c_{ij} 和方差参数 σ_{ij} 值如表 2.2 所示 $(i=1,2; j=1,2,\cdots,6)$。

表 2.2　基于 Box-Jenkins 数据集合的模糊模型规则前件参数

模糊规则	A_{i1}		A_{i2}		A_{i3}	
参数	c_{i1}	σ_{i1}	c_{i2}	σ_{i2}	c_{i3}	σ_{i3}
规则 1	0.2526	1.1637	0.2522	1.1638	0.2484	1.1655
规则 2	0	0.1000	−0.0363	0.1000	−0.0363	0.1000
模糊规则	A_{i4}		A_{i5}		A_{i6}	
参数	c_{i4}	σ_{i4}	c_{i5}	σ_{i5}	c_{i6}	σ_{i6}
规则 1	52.4586	3.3771	52.4352	3.3795	52.4117	3.3831
规则 2	0	0.1000	17.9333	25.3616	35.8000	25.3146

图 2.24（a）和图 2.24（b）将所构造的模糊推理系统对于训练输入样本的输出和测试输入样本的输出与相应实际输出数据值分别进行了比较。不难看出，通过分层块结构稀疏编码的 T-S 模糊推理系统辨识方法构造的仅含有两条模糊规则的模糊模型能够比较好地反映 Box-Jenkins 数据集合的实际输出。进一步，我们将该模糊推理系统与现有的一些方法构造的模糊推理系统进行了比较，如表 2.3 所示，其中比较指标包括模糊规则个数、模型参数个数、训练数据 MSE 和测试数据 MSE。实验对比结果表明，通过分层块结构稀疏编码方法构造的 T-S 模糊推理系统能够仅使用两条模糊规则，使训练数据 MSE 和测试数据 MSE 分别达到 0.0254 和 0.1243。然而，其他的方法或者使用了较多个数的模糊规则，或者相应模糊模型的泛化能力较弱（即测试数据 MSE 较大）。另外，为了充分地对比，基于 Box-Jenkins 数据集合的线性模型对于训练数据和测试数据的 MSE 值分别为 0.2451 和 0.4237，该值远远大于以上构造的含有两条 T-S 模糊规则的模糊推理系统。因此，本章提出的分层块结构稀疏编码方法，由于充分考虑到了模糊系统内在的块结构信息，能够通过对重要模糊规则的挑选和冗余模糊规则的剔除，构造含有最优模糊规则的模糊模型，并且使模型具有较高的精度和良好的泛化能力。

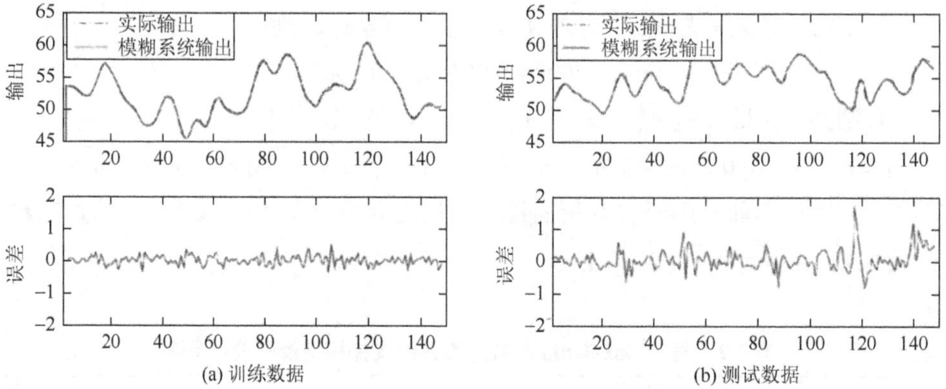

图 2.24　模糊模型输出与实际数据输出的比较

表 2.3　实验结果对比[73]

模糊模型	模糊规则个数	模型参数个数	训练数据 MSE	测试数据 MSE
模糊模型 1[74]	4	44	0.071	0.261
模糊模型 2[75]	2	38	0.034	0.244
模糊模型 3[76]	6	—	0.021	0.364
模糊模型 4[77]	6	—	0.015	0.260
模糊模型 5[78]	5	—	00156	0.2662
模糊模型 6[78]	6	—	0.0153	0.2628
模糊模型 7[79]	2	38	0.0164	0.145
模糊模型 8[80]	2	38	0.0162	00.1318
模糊模型 9[81]	3	57	0.0150	0.147
本章基于分层块结构稀疏编码的模糊模型	2	34	0.0254	0.1243

另外，本实验还比较了一定范围内，不同的初始聚类个数（初始模糊规则个数）对模糊推理系统辨识的影响。当初始模糊规则个数分别设置为 30、50、70、90 时，分层块结构稀疏编码方法所构造的含有两条 T-S 模糊规则的模糊推理系统无论对于训练数据还是测试数据 MSE 值几乎相等。从这个意义上来讲，面向 Box-Jenkins 数据集合，分层块结构稀疏编码方法表现出对于初始模糊规则个数较好的鲁棒性能。

2）Auto-MPG 数据集合

Auto-MPG 数据集合由 398 组数据构成，记录了不同品牌和类型的汽车油料消耗（单位：L）情况。根据数据本身的特性，设置影响汽车油料消耗的因素为汽车位移、功率、质量、加速度以及使用年数，分别记作变量 x_1、x_2、x_3、x_4、x_5。特别地，由于数据集合列出的气缸个数值几乎相等，因此忽略气缸个数对数据集合中汽车油耗的影响。记 $\boldsymbol{x}=(x_1,x_2,x_3,x_4,x_5)^{\mathrm{T}}\in\mathbb{R}^5$ 为模糊模型输入变量，汽车油料消耗 y 为模糊模型输出变量。为了与现有的一些方法进行比较，此实验中采用 10-折交叉验证方法将整个数据集合分为 10 份，其中 9 份数据集合作为训练数据，另外一份为测试数据，实验重复 10 次。

该实验中，参与对比的模糊系统辨识方法包括常用的 ANFIS（adaptive neuro fuzzy inference system）方法、genfis 方法、genfis3 以及 SparseFIS 方法，相关介绍见文献[73]。为了对比实验的公平性，使用网格搜索方法来确定待对比方法的参数，以保证所构造的模糊模型具有最优性能。具体参数设置方法如下。

（1）ANFIS：使用 genfis1 方法构造初始模糊模型。为了保证使用最少的模糊规则个数，每一维输入变量上仅挑选两条模糊规则。

（2）genfis2：半径参数设置为 0.1～1，步长为 0.1。

（3）genfis3：模糊规则个数设置为 2～10，步长为 1。

（4）sparseFIS：模糊规则个数设置为 9，步长为 1。

针对 Auto-MPG 数据集合，使用本章提出的分层块结构稀疏编码方法构造含有 3 条 T-S 模糊规则的模糊推理系统，并将该模糊模型的性能与待对比方法构造的模糊模型进行比较，实验对比结果如表 2.4 所示，其中，性能比较指标包括模糊规则个数、10-折交叉验证框架下模糊模型对于训练数据及测试数据 MAE 值的平均值、标准差以及最大值。为了更详细地展示实验对比结果，10-折交叉验证框架下每一次实验中模糊推理系统对训练数据和测试数据的 MAE 值分别如图 2.25（a）和图 2.25（b）所示。10-折交叉验证框架下实验对比结果分析如下。

表 2.4　实验对比结果[73]

方法	模糊规则个数	训练数据 MAE		测试数据 MAE	
		平均 MAE±标准差	最大值	平均 MAE±标准差	最大值
ANFIS	32	1.2311±0.0618	1.3397	5.9177±3.9851	16.1322
genfis2	7	1.8022±0.0913	1.9044	2.4230±0.6952	3.5571
genfis3	3	2.6069±0.0999	2.6910	2.8184±0.7346	4.4001
SparseFIS	9	2.01±0.55	3.29	—	—
分层块结构稀疏编码	3	1.8239±0.0948	1.9101	2.3288±0.6589	3.4167

（1）由于使用了较多的模糊规则，genfis2 方法和 ANFIS 方法取得了较好的训练误差。然而，分层块结构稀疏编码方法在测试数据误差上表现优越，说明该方

法构造的模糊推理系统具有良好的泛化能力。实际上，由于采用了网格划分的方法，ANFIS 方法对于含有 5 维输入变量的模糊系统辨识，至少需要 $2^5=32$ 条模糊规则，因此不可避免地造成过拟合的情况。

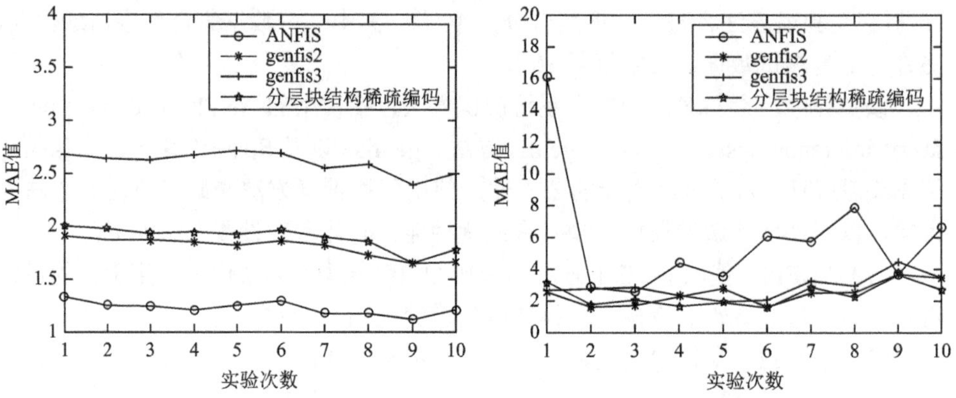

(a) 训练数据　　(b) 测试数据

图 2.25　10-折交叉验证框架下实验结果 MAE 值对比

（2）SparseFIS 方法构造了含有 9 条 T-S 模糊规则的模糊推理系统，其对于训练数据的平均 MAE±标准差为 2.01±0.55，MAE 最大值为 3.29。然而，由表 2.4 可知，分层块结构稀疏编码方法仅使用 3 条 T-S 模糊规则构造的模糊推理系统对于训练数据的性能优于 SparseFIS 方法。进一步，在上面的实验中设置初始的模糊规则数目为 30。为了测试不同的初始规则个数对分层块结构稀疏编码方法的模糊系统辨识的影响，本节针对 Auto-MPG 数据集合不同的初始模糊规则个数 $r=30,50,70,90$，计算分层块结构稀疏编码方法构造的模糊模型分别对于训练数据和测试数据的 MAE 值。实验结果如图 2.26（a）和图 2.26（b）所示。不难发现，在一定范围内，分层块结构稀疏编码方法使用不同的初始模糊规则个数对相应模糊模型性能的影响非常小，从而说明该方法对于初始模糊规则个数表现出良好的鲁棒性。

3）Boston Housing 数据集合

Boston Housing 数据集合由 506 组数据样本组成，每一组数据前 13 维变量表示影响波士顿地区房价的各种因素，最后一维向量为相应的房价中值。为了说明分层块结构稀疏编码方法对于高维输入模糊推理系统辨识的有效性，下面分别构造含有 n 维输入的 T-S 模糊推理系统，具体地，模糊推理系统输入变量设置为数据样本集合中影响因素的前 n 个变量，这里 $n=1,2,\cdots,13$。将分层块结构稀疏编码方法与常用的 ANFIS 方法、genfis2 以及 genfis3 方法进行比较。不同方法针对 506 个 n

维输入样本的模糊推理系统的输出 MAE 值如图 2.27（a）所示。相应地，针对不同维输入变量构造的模糊推理系统所含模糊规则的个数如图 2.27（b）所示。从以上实验对比结果，可得以下结论。

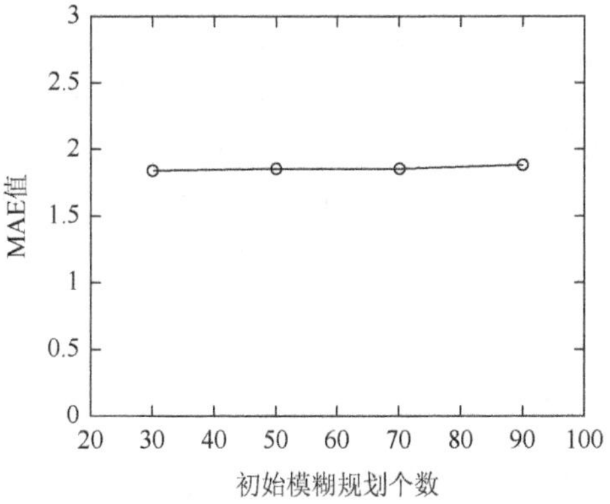

(a) 训练数据　　(b) 测试数据

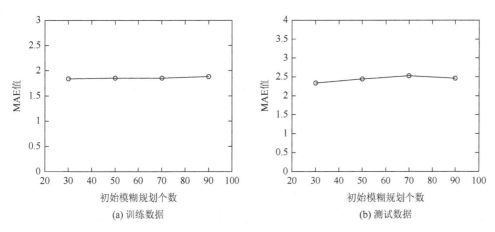

图 2.26　不同的初始模糊规则个数对模糊模型 MAE 值的影响

（1）使用 ANFIS 方法能够取得较好的模糊推理系统 MAE 值，如图 2.27（a）所示；然而，由于在该方法中，模糊规则个数会随着模糊稀疏输入变量维数的增长呈现指数型增长，例如，当模型具有 8 维输入变量时，就需要构造高达 $2^8 = 256$ 条模糊规则。这样，一方面，急剧增长的模糊规则个数和模糊系统参数导致了模型过于复杂；另一方面，过多的模糊规则个数不可避免地导致模糊模型的过拟合问题。

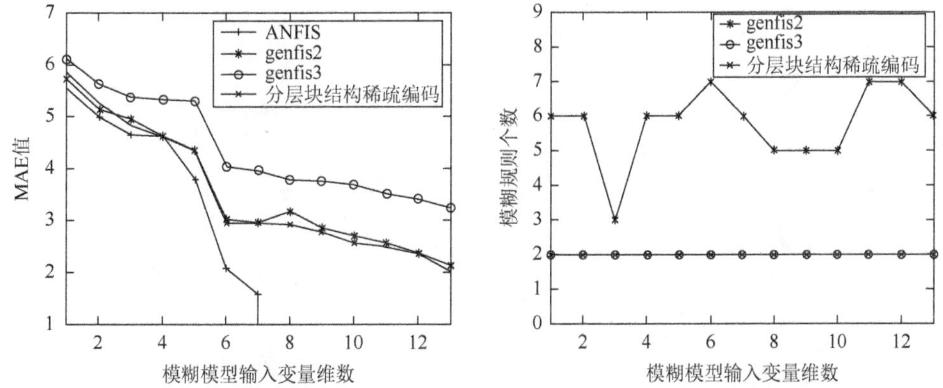

(a) 模型MAE值　　(b) 模糊规则个数

图 2.27　不同模糊推理系统辨识方法构造模糊模型性能对比

（2）使用 genfis2 方法能够取得与分层块结构稀疏编码方法相当的模型 MAE 值；然而，由于充分利用了模型的块结构信息，分层块结构稀疏编码方法构造的模糊推理系统仅含有两条模糊规则，而 genfis2 方法需要使用较多的模糊规则，如图 2.27（b）所示。

（3）使用同样的模糊规则个数（图 2.27（b）），分层块结构稀疏编码方法构造的模糊模型能够取得比 genfis3 方法好的模型 MAE 值，如图 2.27（a）所示。综上所述，本章提出的分层块结构稀疏编码方法在处理高维输入输出数据集合的模糊推理系统辨识时表现良好。相比常用的一些方法，其能够使用比较少的模糊规则个数构造性能良好的 T-S 模糊推理系统。

2.4 本 章 小 结

本章系统地介绍了非线性多时标系统的模糊建模方法，阐明了分析模糊奇异摄动模型的动机，深入分析了模糊奇异摄动模型对于非线性多时标系统的逼近能力，并建立了一种可优化模糊规则数目的块稀疏方法。这一工作为后续利用模糊奇异摄动模型设计非线性多时标系统的鲁棒控制器与自适应控制器奠定了基础。

第 3 章　连续模糊奇异摄动系统分析与综合

第 3 章～第 9 章作为本书第二部分，主要研究模糊奇异摄动系统的鲁棒控制理论与方法，其中第 3 章和第 4 章主要讨论单摄动参数模糊奇异摄动系统的连续和离散时间鲁棒控制理论方法，而第 5 章～第 9 章主要研究多摄动参数模糊奇异摄动系统的鲁棒控制理论方法。本章主要讨论基于稳定性和 H_∞的全状态反馈和仅用慢状态反馈的鲁棒控制器设计方法。

3.1　模 型 描 述

文献[70]提出了描述复杂非线性对象的 T-S 模糊模型。该模型利用对若干线性模型的非线性插值实现对非线性对象的逼近，有效地解决了模型的可解释性与拟合能力之间的矛盾，同时允许使用很多线性系统的方法来设计非线性控制器，已在很多领域获得了广泛应用。但这类模型只能处理单一时标的动力学系统，在用于多时标系统时会遭遇严重的病态动力学问题。为了解决这一问题，本章提出模糊规则后件为线性奇异摄动系统的模糊模型，用于研究非线性奇异摄动系统的分析与综合。具体模型形式如下。

模糊奇异摄动系统的第 i 条规则为如下形式。

规则 i：如果 $\xi_1(t)$ 是 F_1^i，…，$\xi_g(t)$ 是 F_g^i，则

$$\begin{cases}\dot{\boldsymbol{x}}_s(t)=\boldsymbol{A}_{ss}^i\boldsymbol{x}_s(t)+\boldsymbol{A}_{sz}^i\boldsymbol{x}_z(t)+\boldsymbol{B}_s^i\boldsymbol{u}(t)\\ \varepsilon\dot{\boldsymbol{x}}_z(t)=\boldsymbol{A}_{zs}^i\boldsymbol{x}_s(t)+\boldsymbol{A}_{zz}^i\boldsymbol{x}_z(t)+\boldsymbol{B}_z^i\boldsymbol{u}(t)\end{cases},\quad i=1,\ 2,\cdots,\ r \tag{3.1}$$

其中，ξ_j、F_j^i、$\boldsymbol{A}_{ss}^i$、$\boldsymbol{A}_{sz}^i$、$\boldsymbol{A}_{zs}^i$、$\boldsymbol{A}_{zz}^i$、$\boldsymbol{B}_s^i$、$\boldsymbol{B}_z^i$ 的定义与式（2.3）相同；$\boldsymbol{x}_s(t)\in\mathbb{R}^{n_s}$、$\boldsymbol{x}_z(t)\in\mathbb{R}^{n_z}$ 分别为慢、快状态向量；$\boldsymbol{u}(t)\in\mathbb{R}^m$ 为控制输入向量；$0<\varepsilon\ll 1$ 为摄动参数。

给定 $\boldsymbol{x}_s(t)$, $\boldsymbol{x}_z(t)$, $\boldsymbol{u}(t)$，利用标准的模糊推理方法——单点模糊化、乘积推理和加权平均清晰化，整个模糊系统可表达为如下紧凑形式：

$$\boldsymbol{E}_\varepsilon\dot{\boldsymbol{x}}(t)=\sum_{i=1}^r\mu_i(\xi(t))\left(\boldsymbol{A}^i\boldsymbol{x}(t)+\boldsymbol{B}^i\boldsymbol{u}(t)\right) \tag{3.2}$$

其中，$\mu_i(\xi(t))=\dfrac{w_i(\xi(t))}{\sum_{i=1}^r w_i(\xi(t))}$，$w_i(\xi(t))=\prod_{j=1}^g F_{ij}(\xi_j(t))$；$\boldsymbol{E}_\varepsilon=\begin{bmatrix}\boldsymbol{I}_{n_s\times n_s} & \boldsymbol{O}\\ \boldsymbol{O} & \varepsilon\cdot\boldsymbol{I}_{n_z\times n_z}\end{bmatrix}$；

$\boldsymbol{x}(t)=\begin{bmatrix}\boldsymbol{x}_s(t)\\ \boldsymbol{x}_z(t)\end{bmatrix}$；$\boldsymbol{A}^i=\begin{bmatrix}\boldsymbol{A}_{ss}^i & \boldsymbol{A}_{sz}^i\\ \boldsymbol{A}_{zs}^i & \boldsymbol{A}_{zz}^i\end{bmatrix}$；$\boldsymbol{B}^i=\begin{bmatrix}\boldsymbol{B}_s^i\\ \boldsymbol{B}_z^i\end{bmatrix}$。为了方便，以下采用记号 $\mu_i=\mu_i(\xi(t))$。模糊奇异摄动系统（3.2）需满足以下假设以保证局部可控性[82]。

假设 3.1　对任意满足 Re[s]≥0 的 s，均有

$$\operatorname{rank}\begin{bmatrix}s\boldsymbol{I}_{n_s}-\boldsymbol{A}_{ss}^i & -\boldsymbol{A}_{sz}^i & \boldsymbol{B}_s^i\\ -\boldsymbol{A}_{zs}^i & -\boldsymbol{A}_{zz}^i & \boldsymbol{B}_z^i\end{bmatrix}=n_s+n_z$$

假设 3.2　$\left(\boldsymbol{A}_{zz}^i,\boldsymbol{B}_z^i\right)$可镇定。

3.2　稳定性分析与综合

首先给出模糊奇异摄动系统（3.2）开环情形的稳定性条件。

定理 3.1　模糊奇异摄动系统（3.2）（$\boldsymbol{u}(t)\equiv\boldsymbol{0}$）对于充分小的摄动参数$\varepsilon$保持渐近稳定，如果存在公共矩阵$\boldsymbol{P}_\varepsilon$具有结构$\boldsymbol{P}_\varepsilon=\begin{bmatrix}\boldsymbol{P}_{11} & \varepsilon\boldsymbol{P}_{21}^{\mathrm{T}}\\ \boldsymbol{P}_{21} & \boldsymbol{P}_{22}\end{bmatrix}$，$\boldsymbol{P}_{11}>\boldsymbol{O}$，$\boldsymbol{P}_{22}>\boldsymbol{O}$且满足：

$$(\boldsymbol{A}^i)^{\mathrm{T}}\boldsymbol{P}_\varepsilon+\boldsymbol{P}_\varepsilon^{\mathrm{T}}\boldsymbol{A}^i<\boldsymbol{O},\quad i=1,2,\cdots,r \tag{3.3}$$

证明：考虑到$\boldsymbol{P}_\varepsilon$的结构，对充分小的$\varepsilon$，可有$\boldsymbol{E}_\varepsilon\boldsymbol{P}_\varepsilon=\boldsymbol{P}_\varepsilon^{\mathrm{T}}\boldsymbol{E}_\varepsilon=\begin{bmatrix}\boldsymbol{P}_{11} & \varepsilon\boldsymbol{P}_{21}^{\mathrm{T}}\\ \varepsilon\boldsymbol{P}_{21} & \varepsilon\boldsymbol{P}_{22}\end{bmatrix}>\boldsymbol{O}$。因而可构造如下李雅普诺夫函数$V(\boldsymbol{x})=\boldsymbol{x}^{\mathrm{T}}(t)\boldsymbol{E}_\varepsilon\boldsymbol{P}_\varepsilon\boldsymbol{x}(t)$。利用式（3.2）中的多时标动力学方程，其对时间$t$的导函数为

$$\dot{V}(\boldsymbol{x})=\sum_{i=1}^{r}\mu_i\boldsymbol{x}^{\mathrm{T}}(t)\left((\boldsymbol{A}^i)^{\mathrm{T}}\boldsymbol{P}_\varepsilon+\boldsymbol{P}_\varepsilon^{\mathrm{T}}\boldsymbol{A}^i\right)\boldsymbol{x}(t)$$

由式（3.3）可得$\dot{V}(\boldsymbol{x})<0$，故对充分小的$\varepsilon$，模糊奇异摄动系统（3.2）在开环情形下渐近稳定。

注 3.1　定理 3.1 提供了依赖于小参数ε的稳定性充分条件。容易发现，当式（3.3）对于$\varepsilon=0$成立时，对于充分小的$\varepsilon>0$，式（3.3）仍将成立[83]。下面将利用这一性质设计ε无关的控制器。

注 3.2　利用常规的模糊系统理论，可以得出另一组依赖于小参数ε的稳定性充分条件，简述如下。

首先，整个模糊系统可表达为

$$\dot{\boldsymbol{x}}(t)=\sum_{i=1}^{r}\mu_i\left(\xi(t)\right)\left(\boldsymbol{A}_\varepsilon^i\boldsymbol{x}(t)+\boldsymbol{B}_\varepsilon^i\boldsymbol{u}(t)\right) \tag{3.4}$$

其中，$\boldsymbol{x}(t)=\begin{bmatrix}\boldsymbol{x}_s(t)\\ \boldsymbol{x}_z(t)\end{bmatrix}$；$\boldsymbol{A}_\varepsilon^i=\begin{bmatrix}\boldsymbol{A}_{ss}^i & \boldsymbol{A}_{sz}^i\\ \dfrac{1}{\varepsilon}\boldsymbol{A}_{zs}^i & \dfrac{1}{\varepsilon}\boldsymbol{A}_{zz}^i\end{bmatrix}$；$\boldsymbol{B}_\varepsilon^i=\begin{bmatrix}\boldsymbol{B}_s^i\\ \dfrac{1}{\varepsilon}\boldsymbol{B}_z^i\end{bmatrix}$。则由文献[73]可得式（3.4）在开环情形（$\boldsymbol{u}(t)\equiv\boldsymbol{0}$）时的稳定性充分条件为存在公共矩阵 $\boldsymbol{P}>\boldsymbol{O}$ 满足：

$$(\boldsymbol{A}_\varepsilon^i)^{\mathrm{T}}\boldsymbol{P}+\boldsymbol{P}\boldsymbol{A}_\varepsilon^i<\boldsymbol{O},\quad i=1,2,\cdots,r \tag{3.5}$$

由于 $\varepsilon\ll1$，系统矩阵 $\boldsymbol{A}_\varepsilon^i$ 会存在严重的病态特性。而目前通用的一些 LMI 求解工具，如 MATLAB LMI Toolbox 等对矩阵的条件数均较为敏感，因而这类病态 LMI 并不适合用常规 LMI 工具求解，对分析问题如此，对综合问题就更不例外了。对于奇异摄动系统，将控制问题归结于求解一组不依赖于参数 ε 的 LMI 应该是解决这一问题的有效途径。这样不仅可以利用现成的 LMI 工具辅助设计，还可以得到对 ε 鲁棒的设计方法。

基于并行分布式补偿（parallel distributed compensation，PDC）思想，模糊控制器为如下形式。

控制器规则 i：如果 $\xi_1(t)$ 是 F_1^i，…，$\xi_g(t)$ 是 F_g^i，则

$$\boldsymbol{u}(t)=\boldsymbol{K}_1^i\boldsymbol{x}_s(t)+\boldsymbol{K}_2^i\boldsymbol{x}_z(t) \tag{3.6}$$

整个模糊控制器为

$$\boldsymbol{u}(t)=\sum_{i=1}^r\mu_i\left(\boldsymbol{K}_1^i\boldsymbol{x}_s(t)+\boldsymbol{K}_2^i\boldsymbol{x}_z(t)\right)=\sum_{i=1}^r\mu_i\cdot\boldsymbol{K}^i\boldsymbol{x}(t) \tag{3.7}$$

闭环系统为

$$\boldsymbol{E}_\varepsilon\dot{\boldsymbol{x}}(t)=\sum_{i=1}^r\mu_i^2\left(\boldsymbol{G}^{ii}\boldsymbol{x}(t)\right)+\sum_{\substack{i,j=1\\ i<j}}^r\mu_i\mu_j\left((\boldsymbol{G}^{ij}+\boldsymbol{G}^{ji})\boldsymbol{x}(t)\right) \tag{3.8}$$

其中，$\boldsymbol{G}^{ii}=\boldsymbol{A}^i+\boldsymbol{B}^i\boldsymbol{K}^i$；$\boldsymbol{G}^{ij}=\boldsymbol{A}^i+\boldsymbol{B}^i\boldsymbol{K}^j$；$\boldsymbol{G}^{ji}=\boldsymbol{A}^j+\boldsymbol{B}^j\boldsymbol{K}^i$。

定理 3.2　如果存在公共矩阵 $\boldsymbol{P}_{11}>\boldsymbol{O}$，$\boldsymbol{P}_{22}>\boldsymbol{O}$ 和 $\boldsymbol{P}_{21}$ 满足：

$$\boldsymbol{\Pi}^{ii}=(\boldsymbol{G}^{ii})^{\mathrm{T}}\boldsymbol{P}+\boldsymbol{P}^{\mathrm{T}}\boldsymbol{G}^{ii}<\boldsymbol{O} \tag{3.9a}$$

$$\boldsymbol{\Pi}^{ij}=(\boldsymbol{G}^{ij}+\boldsymbol{G}^{ji})^{\mathrm{T}}\boldsymbol{P}+\boldsymbol{P}^{\mathrm{T}}(\boldsymbol{G}^{ij}+\boldsymbol{G}^{ji})<\boldsymbol{O},\quad i,j=1,2,\cdots,r\ \text{且}\ i<j \tag{3.9b}$$

其中，$\boldsymbol{P}=\begin{bmatrix}\boldsymbol{P}_{11} & \boldsymbol{O}\\ \boldsymbol{P}_{21} & \boldsymbol{P}_{22}\end{bmatrix}$，则 $\exists\varepsilon^*>0$，$\forall\varepsilon\in(0,\varepsilon^*]$，闭环系统（3.8）渐近稳定。

证明： 定义 $\boldsymbol{P}_\varepsilon=\begin{bmatrix}\boldsymbol{P}_{11} & \varepsilon\boldsymbol{P}_{21}^{\mathrm{T}}\\ \boldsymbol{P}_{21} & \boldsymbol{P}_{22}\end{bmatrix}$，则有

$$\boldsymbol{E}_\varepsilon\boldsymbol{P}_\varepsilon=\begin{bmatrix}\boldsymbol{I}_{n_s\times n_s} & \boldsymbol{O}\\ \boldsymbol{O} & \varepsilon\cdot\boldsymbol{I}_{n_z\times n_z}\end{bmatrix}\cdot\begin{bmatrix}\boldsymbol{P}_{11} & \varepsilon\boldsymbol{P}_{21}^{\mathrm{T}}\\ \boldsymbol{P}_{21} & \boldsymbol{P}_{22}\end{bmatrix}=\begin{bmatrix}\boldsymbol{P}_{11} & \varepsilon\boldsymbol{P}_{21}^{\mathrm{T}}\\ \varepsilon\boldsymbol{P}_{21} & \varepsilon\boldsymbol{P}_{22}\end{bmatrix} \tag{3.10}$$

则 $\exists\varepsilon_0^*>0$，$\forall\varepsilon\in(0,\varepsilon_0^*]$，$\boldsymbol{E}_\varepsilon\boldsymbol{P}_\varepsilon=\boldsymbol{P}_\varepsilon^{\mathrm{T}}\boldsymbol{E}_\varepsilon>\boldsymbol{O}$。故可选择李雅普诺夫函数为

$$V(\boldsymbol{x})=\boldsymbol{x}^{\mathrm{T}}(t)\boldsymbol{E}_{\varepsilon}\boldsymbol{P}_{\varepsilon}\boldsymbol{x}(t)$$

对时间 t 求导可得

$$\begin{aligned}\dot{V}(\boldsymbol{x})&=\dot{\boldsymbol{x}}^{\mathrm{T}}(t)\boldsymbol{E}_{\varepsilon}\boldsymbol{P}_{\varepsilon}\boldsymbol{x}(t)+\boldsymbol{x}^{\mathrm{T}}(t)\boldsymbol{P}_{\varepsilon}^{\mathrm{T}}\boldsymbol{E}_{\varepsilon}\dot{\boldsymbol{x}}(t)\\&=\boldsymbol{x}^{\mathrm{T}}(t)\sum_{i=1}^{r}\mu_i^2((\boldsymbol{G}^{ii})^{\mathrm{T}}\boldsymbol{P}_{\varepsilon}+\boldsymbol{P}_{\varepsilon}^{\mathrm{T}}\boldsymbol{G}^{ii})\boldsymbol{x}(t)\\&\quad+\boldsymbol{x}^{\mathrm{T}}(t)\sum_{\substack{i,j=1\\i<j}}^{r}\mu_i\mu_j\left(((\boldsymbol{G}^{ij}+\boldsymbol{G}^{ji})^{\mathrm{T}}\boldsymbol{P}_{\varepsilon}+\boldsymbol{P}_{\varepsilon}^{\mathrm{T}}(\boldsymbol{G}^{ij}+\boldsymbol{G}^{ji}))\right)\boldsymbol{x}(t)\\&\leqslant\sum_{i=1}^{r}\mu_i^2\boldsymbol{x}^{\mathrm{T}}(t)\boldsymbol{\Pi}_{\varepsilon}^{ii}\boldsymbol{x}(t)+\sum_{\substack{i,j=1\\i<j}}^{r}\mu_i\mu_j\boldsymbol{x}^{\mathrm{T}}(t)\boldsymbol{\Pi}_{\varepsilon}^{ij}\boldsymbol{x}(t)\end{aligned}$$

其中

$$\boldsymbol{\Pi}_{\varepsilon}^{ii}=(\boldsymbol{G}^{ii})^{\mathrm{T}}\boldsymbol{P}_{\varepsilon}+\boldsymbol{P}_{\varepsilon}^{\mathrm{T}}\boldsymbol{G}^{ii}$$

$$\boldsymbol{\Pi}_{\varepsilon}^{ij}=(\boldsymbol{G}^{ij}+\boldsymbol{G}^{ji})^{\mathrm{T}}\boldsymbol{P}_{\varepsilon}+\boldsymbol{P}_{\varepsilon}^{\mathrm{T}}(\boldsymbol{G}^{ij}+\boldsymbol{G}^{ji})$$

令 $\boldsymbol{H}(\varepsilon)=\varepsilon\left\{(\boldsymbol{G}^{ij}+\boldsymbol{G}^{ji})^{\mathrm{T}}\begin{bmatrix}\boldsymbol{O}&\boldsymbol{P}_{21}^{\mathrm{T}}\\\boldsymbol{O}&\boldsymbol{O}\end{bmatrix}+\begin{bmatrix}\boldsymbol{O}&\boldsymbol{O}\\\boldsymbol{P}_{21}&\boldsymbol{O}\end{bmatrix}(\boldsymbol{G}^{ij}+\boldsymbol{G}^{ji})\right\}$，显然，$\boldsymbol{\Pi}_{\varepsilon}^{ij}=\boldsymbol{\Pi}^{ij}+\boldsymbol{H}(\varepsilon)$，$i,j=1,2,\cdots,r$。

由式（3.9a）和式（3.9b）即可得 $\exists\varepsilon_1^*>0$，$\forall\varepsilon\in(0,\varepsilon_1^*]$：

$$\boldsymbol{\Pi}_{\varepsilon}^{ii}<\boldsymbol{O},\quad i=1,2,\cdots,r$$

$$\boldsymbol{\Pi}_{\varepsilon}^{ij}<\boldsymbol{O},\quad i,j=1,2,\cdots,r\text{ 且 }i<j$$

故 $\dot{V}<0$，从而闭环系统对 $\varepsilon\in(0,\varepsilon^*]$ 渐近稳定，其中 $\varepsilon^*=\min\{\varepsilon_0^*,\varepsilon_1^*\}$。

注 3.3 定理 3.2 的证明依赖于如下事实："若矩阵不等式 $\boldsymbol{M}(\boldsymbol{P})<\boldsymbol{O}$，则 $\exists\varepsilon^*>0$，$\forall\varepsilon\in[0,\varepsilon^*]$，有 $\boldsymbol{M}(\boldsymbol{P})+\boldsymbol{H}(\varepsilon)<\boldsymbol{O}$"（见文献[83]）。基于隐函数定理(implicit function theorem)可知：若 Riccati 方程 $N(\boldsymbol{P})=\boldsymbol{O}$，则 $\exists\varepsilon^*>0$，$\forall\varepsilon\in[0,\varepsilon^*]$，$N(\boldsymbol{P}_{\varepsilon})=\boldsymbol{O}$（见文献[84]等）。但是，利用这两种方法都不能得到估计 ε^* 的有效方法。在 LMI 框架下，利用凸优化算法估计 ε^* 是方便的，但考虑到保守性等原因，这一方案并不值得推荐。利用仿真和实验来估计 ε^* 是更可行的途径。

显然，通过求解式（3.9a）和式（3.9b），可以同时解得模糊控制器增益 $\boldsymbol{K}^i$ 和公共矩阵 $\boldsymbol{P}$。

上述方法仅考虑了使系统稳定的控制器设计，但没有考虑到外界干扰的影响。为此，我们将在 3.3 节探讨鲁棒控制器的设计。

3.3 H_∞ 分析与综合

考虑带外部干扰的情况，可将式（3.2）所示的模糊奇异摄动系统推广为

$$\boldsymbol{E}_{\varepsilon}\dot{\boldsymbol{x}}(t)=\sum_{i=1}^{r}\mu_i\left(\boldsymbol{A}^i\boldsymbol{x}(t)+\boldsymbol{B}^i\boldsymbol{u}(t)+\boldsymbol{D}^i\boldsymbol{w}(t)\right) \tag{3.11}$$

其中，$\boldsymbol{w}(t)\in\mathbb{R}^q$ 为干扰输入向量；$\boldsymbol{D}^i=\begin{bmatrix}\boldsymbol{D}_s^i\\ \boldsymbol{D}_z^i\end{bmatrix}$ 为具有适当维数的矩阵。

采用 H_∞ 分析技术，目的有如下两点。

（Per 3.1）稳定性：当 $\boldsymbol{w}(t)\equiv\boldsymbol{0}$ 时，系统（3.11）保持渐近稳定。

（Per 3.2）干扰抑制性能：对于任意有界干扰 $\boldsymbol{w}(t)$，有

$$\int_0^{t_f}\left(\boldsymbol{x}^{\mathrm{T}}(t)\boldsymbol{Q}\boldsymbol{x}(t)+\boldsymbol{u}^{\mathrm{T}}(t)\boldsymbol{R}\boldsymbol{u}(t)\right)\mathrm{d}t<\boldsymbol{x}_s^{\mathrm{T}}(0)\boldsymbol{P}_{11}\boldsymbol{x}_s(0)+\rho^2\int_0^{t_f}\boldsymbol{w}^{\mathrm{T}}(t)\boldsymbol{w}(t)\mathrm{d}t+O(\varepsilon) \tag{3.12}$$

其中，标量 ρ 为事先设定的干扰抑制水平；$\boldsymbol{Q}$、$\boldsymbol{R}$ 和 $\boldsymbol{P}_{11}$ 为加权矩阵；$t_f\in(0,+\infty)$ 为任意时刻；$O(\varepsilon)$ 为关于 ε 的一个较小的函数标量。

仍然采用式（3.7）的模糊控制器，可得闭环系统为

$$\boldsymbol{E}_{\varepsilon}\dot{\boldsymbol{x}}(t)=\sum_{i=1}^{r}\mu_i^2\left(\boldsymbol{G}^{ii}\boldsymbol{x}(t)+\boldsymbol{D}^i\boldsymbol{w}(t)\right)+\sum_{\substack{i,j=1\\ i<j}}^{r}\mu_i\mu_j\left((\boldsymbol{G}^{ij}+\boldsymbol{G}^{ji})\boldsymbol{x}(t)+(\boldsymbol{D}^i+\boldsymbol{D}^j)\boldsymbol{w}(t)\right) \tag{3.13}$$

为了分析该系统的鲁棒性，我们引入如下定理。

定理 3.3　如果存在公共矩阵 $\boldsymbol{P}_{11}>\boldsymbol{O}$、$\boldsymbol{P}_{22}>\boldsymbol{O}$ 和 $\boldsymbol{P}_{21}$ 满足：

$$\boldsymbol{\varXi}^{ii}<\boldsymbol{O},\quad i=1,2,\cdots,r \tag{3.14a}$$

$$\boldsymbol{\varXi}^{ij}<\boldsymbol{O},\quad i,j=1,2,\cdots,r\ \text{且}\ i<j \tag{3.14b}$$

其中

$$\boldsymbol{\varXi}^{ii}=\begin{bmatrix}(\boldsymbol{G}^{ii})^{\mathrm{T}}\boldsymbol{P}+\boldsymbol{P}^{\mathrm{T}}\boldsymbol{G}^{ii}+\boldsymbol{Q}+(\boldsymbol{K}^i)^{\mathrm{T}}\boldsymbol{R}\boldsymbol{K}^i & *\\ (\boldsymbol{D}^i)^{\mathrm{T}}\boldsymbol{P} & -\rho^2\boldsymbol{I}\end{bmatrix} \tag{3.15a}$$

$$\boldsymbol{\varXi}^{ij}=\begin{bmatrix}\begin{pmatrix}(\boldsymbol{G}^{ij}+\boldsymbol{G}^{ji})^{\mathrm{T}}\boldsymbol{P}+\boldsymbol{P}^{\mathrm{T}}(\boldsymbol{G}^{ij}+\boldsymbol{G}^{ji})+2\boldsymbol{Q}\\ +(\boldsymbol{K}^i)^{\mathrm{T}}\boldsymbol{R}\boldsymbol{K}^i+(\boldsymbol{K}^j)^{\mathrm{T}}\boldsymbol{R}\boldsymbol{K}^j\end{pmatrix} & *\\ (\boldsymbol{D}^i+\boldsymbol{D}^j)^{\mathrm{T}}\boldsymbol{P} & -2\rho^2\boldsymbol{I}\end{bmatrix} \tag{3.15b}$$

其中，矩阵中的“*”表示与左下角的对称性，在后面的矩阵中含义相同；$\boldsymbol{P}=\begin{bmatrix}\boldsymbol{P}_{11} & \boldsymbol{O}\\ \boldsymbol{P}_{21} & \boldsymbol{P}_{22}\end{bmatrix}$；$\rho$ 为事先设定的干扰抑制水平；$\boldsymbol{Q}$、$\boldsymbol{R}$、$\boldsymbol{P}_{11}$ 为加权矩阵；则存在 $\varepsilon^*>0$，$\forall\varepsilon\in(0,\varepsilon^*]$，对闭环系统（3.13），稳定性条件（Per 3.1）和 H_∞ 性能（Per 3.2）可得到满足。

证明： 由 $\boldsymbol{P}$ 的特殊结构可知，存在 $\varepsilon_0^*>0$，$\forall\varepsilon\in(0,\varepsilon_0^*]$，矩阵 $\boldsymbol{P}_{\varepsilon}=\begin{bmatrix}\boldsymbol{P}_{11} & \varepsilon\boldsymbol{P}_{21}^{\mathrm{T}}\\ \boldsymbol{P}_{21} & \boldsymbol{P}_{22}\end{bmatrix}$ 满足 $\boldsymbol{E}_{\varepsilon}\boldsymbol{P}_{\varepsilon}=\boldsymbol{P}_{\varepsilon}^{\mathrm{T}}\boldsymbol{E}_{\varepsilon}>\boldsymbol{O}$。构建如下李雅普诺夫函数：

$$V(\boldsymbol{x}(t)) = \boldsymbol{x}^{\mathrm{T}}(t)\boldsymbol{E}_{\varepsilon}\boldsymbol{P}_{\varepsilon}\boldsymbol{x}(t)$$

令

$$\begin{aligned} J_{\infty} &= \int_0^{t_f}\left(\boldsymbol{x}^{\mathrm{T}}(t)\boldsymbol{Q}\boldsymbol{x}(t) + \boldsymbol{u}^{\mathrm{T}}(t)\boldsymbol{R}\boldsymbol{u}(t) - \rho^2\boldsymbol{w}^{\mathrm{T}}(t)\boldsymbol{w}(t)\right)\mathrm{d}t \\ &= \int_0^{t_f}\left(\boldsymbol{x}^{\mathrm{T}}(t)\boldsymbol{Q}\boldsymbol{x}(t) + \boldsymbol{x}^{\mathrm{T}}(t)\left(\sum_{i=1}^{r}\mu_i(\boldsymbol{K}^i)^{\mathrm{T}}\right)\boldsymbol{R}\left(\sum_{i=1}^{r}\mu_i\boldsymbol{K}^i\right)\boldsymbol{x}(t) + \dot{V}(\boldsymbol{x}(t)) - \rho^2\boldsymbol{w}^{\mathrm{T}}(t)\boldsymbol{w}(t)\right)\mathrm{d}t \\ &\quad + V(\boldsymbol{x}(0)) - V(\boldsymbol{x}(t_f)) \end{aligned}$$

显然$V(\boldsymbol{x}(t_f))\geqslant 0$，且

$$\begin{aligned} \dot{V}(\boldsymbol{x}(t)) &= \sum_{i=1}^{r}\mu_i^2\begin{bmatrix}\boldsymbol{x}(t)\\ \boldsymbol{w}(t)\end{bmatrix}^{\mathrm{T}}\begin{bmatrix}(\boldsymbol{G}^{ii})^{\mathrm{T}}\boldsymbol{P}_{\varepsilon} + \boldsymbol{P}_{\varepsilon}^{\mathrm{T}}\boldsymbol{G}^{ii} & * \\ (\boldsymbol{D}^i)^{\mathrm{T}}\boldsymbol{P}_{\varepsilon} & \boldsymbol{O}\end{bmatrix}\begin{bmatrix}\boldsymbol{x}(t)\\ \boldsymbol{w}(t)\end{bmatrix} \\ &\quad + \sum_{\substack{i,j=1\\ i<j}}^{r}\mu_i\mu_j\begin{bmatrix}\boldsymbol{x}(t)\\ \boldsymbol{w}(t)\end{bmatrix}^{\mathrm{T}}\begin{bmatrix}(\boldsymbol{G}^{ij}+\boldsymbol{G}^{ji})^{\mathrm{T}}\boldsymbol{P}_{\varepsilon} + \boldsymbol{P}_{\varepsilon}^{\mathrm{T}}(\boldsymbol{G}^{ij}+\boldsymbol{G}^{ji}) & * \\ (\boldsymbol{D}^i+\boldsymbol{D}^j)^{\mathrm{T}}\boldsymbol{P}_{\varepsilon} & \boldsymbol{O}\end{bmatrix}\begin{bmatrix}\boldsymbol{x}(t)\\ \boldsymbol{w}(t)\end{bmatrix} \end{aligned}$$

再由

$$\left(\sum_{i=1}^{r}\mu_i(\boldsymbol{K}^i)^{\mathrm{T}}\right)\boldsymbol{R}\left(\sum_{i=1}^{r}\mu_i\boldsymbol{K}^i\right) \leqslant \sum_{i=1}^{r}\mu_i^2(\boldsymbol{K}^i)^{\mathrm{T}}\boldsymbol{R}\boldsymbol{K}^i + \sum_{\substack{i,j=1\\ i<j}}^{r}\mu_i\mu_j\left((\boldsymbol{K}^i)^{\mathrm{T}}\boldsymbol{R}\boldsymbol{K}^i + (\boldsymbol{K}^j)^{\mathrm{T}}\boldsymbol{R}\boldsymbol{K}^j\right)$$

可得

$$J_{\infty} \leqslant \int_0^{t_f}\left(\sum_{i=1}^{r}\mu_i^2\begin{bmatrix}\boldsymbol{x}(t)\\ \boldsymbol{w}(t)\end{bmatrix}^{\mathrm{T}}\boldsymbol{\Xi}_{\varepsilon}^{ii}\begin{bmatrix}\boldsymbol{x}(t)\\ \boldsymbol{w}(t)\end{bmatrix} + \sum_{\substack{i,j=1\\ i<j}}^{r}\mu_i\mu_j\begin{bmatrix}\boldsymbol{x}(t)\\ \boldsymbol{w}(t)\end{bmatrix}^{\mathrm{T}}\boldsymbol{\Xi}_{\varepsilon}^{ij}\begin{bmatrix}\boldsymbol{x}(t)\\ \boldsymbol{w}(t)\end{bmatrix}\right)\mathrm{d}t$$

其中

$$\boldsymbol{\Xi}_{\varepsilon}^{ii} = \begin{bmatrix}(\boldsymbol{G}^{ii})^{\mathrm{T}}\boldsymbol{P}_{\varepsilon} + \boldsymbol{P}_{\varepsilon}^{\mathrm{T}}\boldsymbol{G}^{ii} + \boldsymbol{Q} + (\boldsymbol{K}^i)^{\mathrm{T}}\boldsymbol{R}\boldsymbol{K}^i & * \\ (\boldsymbol{D}^i)^{\mathrm{T}}\boldsymbol{P}_{\varepsilon} & -\rho^2\boldsymbol{I}\end{bmatrix} < \boldsymbol{O}$$

$$\boldsymbol{\Xi}_{\varepsilon}^{ij} = \begin{bmatrix}\begin{pmatrix}(\boldsymbol{G}^{ij}+\boldsymbol{G}^{ji})^{\mathrm{T}}\boldsymbol{P}_{\varepsilon} + \boldsymbol{P}_{\varepsilon}^{\mathrm{T}}(\boldsymbol{G}^{ij}+\boldsymbol{G}^{ji}) + 2\boldsymbol{Q} \\ +(\boldsymbol{K}^i)^{\mathrm{T}}\boldsymbol{R}\boldsymbol{K}^i + (\boldsymbol{K}^j)^{\mathrm{T}}\boldsymbol{R}\boldsymbol{K}^j\end{pmatrix} & * \\ (\boldsymbol{D}^i+\boldsymbol{D}^j)^{\mathrm{T}}\boldsymbol{P}_{\varepsilon} & -2\rho^2\boldsymbol{I}\end{bmatrix} < \boldsymbol{O}$$

显然$\boldsymbol{\Xi}_{\varepsilon}^{ii} = \boldsymbol{\Xi}^{ii} + \boldsymbol{H}(\varepsilon)$，$\boldsymbol{\Xi}_{\varepsilon}^{ij} = \boldsymbol{\Xi}^{ij} + \boldsymbol{H}(\varepsilon)$，故存在$\varepsilon_1^* > 0$，$\forall\varepsilon\in(0,\varepsilon_1^*]$，对$i,j=1,2,\cdots,r$和$i<j$，均有$\boldsymbol{\Xi}_{\varepsilon}^{ii} < \boldsymbol{O}$，$\boldsymbol{\Xi}_{\varepsilon}^{ij} < \boldsymbol{O}$。

从而$J_{\infty} < 0$，即

$$\int_0^{t_f}\left(\boldsymbol{x}^{\mathrm{T}}(t)\boldsymbol{Q}\boldsymbol{x}(t) + \boldsymbol{u}^{\mathrm{T}}(t)\boldsymbol{R}\boldsymbol{u}(t)\right) < V(\boldsymbol{x}(0)) + \rho^2\int_0^{t_f}\boldsymbol{w}^{\mathrm{T}}(t)\boldsymbol{w}(t)\mathrm{d}t$$

由于$V(\boldsymbol{x}(0)) = \boldsymbol{x}^{\mathrm{T}}(0)\boldsymbol{E}_{\varepsilon}\boldsymbol{P}_{\varepsilon}\boldsymbol{x}^{\mathrm{T}}(0) = \boldsymbol{x}_s^{\mathrm{T}}(0)\boldsymbol{P}_{11}\boldsymbol{x}_s(0) + O(\varepsilon)$，所以：

$$\int_0^{t_f}\left(\boldsymbol{x}^{\mathrm{T}}(t)\boldsymbol{Q}\boldsymbol{x}(t) + \boldsymbol{u}^{\mathrm{T}}(t)\boldsymbol{R}\boldsymbol{u}(t)\right)\mathrm{d}t < \boldsymbol{x}_s^{\mathrm{T}}(0)\boldsymbol{P}_{11}\boldsymbol{x}_s(0) + \rho^2\int_0^{t_f}\boldsymbol{w}^{\mathrm{T}}(t)\boldsymbol{w}(t)\mathrm{d}t + O(\varepsilon)$$

因而，选择 $\varepsilon^* = \min\{\varepsilon_0^*, \varepsilon_1^*\}$，可得 $\forall \varepsilon \in (0, \varepsilon^*]$，$H_\infty$ 性能可以得到保证。最后，由 $\boldsymbol{\varXi}_\varepsilon^{ii} < \boldsymbol{O}$，$\boldsymbol{\varXi}_\varepsilon^{ij} < \boldsymbol{O}$ 暗含：

$$(\boldsymbol{G}^{ii})^{\mathrm{T}} \boldsymbol{P}_\varepsilon + \boldsymbol{P}_\varepsilon^{\mathrm{T}} \boldsymbol{G}^{ii} + \boldsymbol{Q} + (\boldsymbol{K}^i)^{\mathrm{T}} \boldsymbol{R} \boldsymbol{K}^i < \boldsymbol{O}$$

$$(\boldsymbol{G}^{ij} + \boldsymbol{G}^{ji})^{\mathrm{T}} \boldsymbol{P}_\varepsilon + \boldsymbol{P}_\varepsilon^{\mathrm{T}} (\boldsymbol{G}^{ij} + \boldsymbol{G}^{ji}) + 2\boldsymbol{Q} + (\boldsymbol{K}^i)^{\mathrm{T}} \boldsymbol{R} \boldsymbol{K}^i + (\boldsymbol{K}^j)^{\mathrm{T}} \boldsymbol{R} \boldsymbol{K}^j < \boldsymbol{O}$$

由定理 3.1 可知系统保持渐近稳定。由定理 3.2 可知，H_∞ 控制器的设计可归结于求解双线性矩阵不等即式（3.14a）和式（3.14b）。

注 3.4：由证明过程可见，性能指标式（3.12）中的 $\boldsymbol{x}_s^{\mathrm{T}}(0)\boldsymbol{P}_{11}\boldsymbol{x}_s(0) + O(\varepsilon)$ 本质上由系统的非零初值产生。因而可视为初值对式（3.12）的干扰。当初值为零时，式（3.12）退化为如下标准形式：

$$\int_0^{t_f} \left(\boldsymbol{x}^{\mathrm{T}}(t)\boldsymbol{Q}\boldsymbol{x}(t) + \boldsymbol{u}^{\mathrm{T}}(t)\boldsymbol{R}\boldsymbol{u}(t)\right)\mathrm{d}t < \rho^2 \int_0^{t_f} \boldsymbol{w}^{\mathrm{T}}(t)\boldsymbol{w}(t)\mathrm{d}t \tag{3.16}$$

对于式（3.15a）和式（3.15b），可以通过一些标准技术将其等价地转化为 LMI。定义 $\boldsymbol{X} = \boldsymbol{P}^{-1}$，$\boldsymbol{M}^i = \boldsymbol{K}^i \boldsymbol{X}$，对式（3.14a）和式（3.14b）的两个矩阵不等式左侧矩阵前后各乘以矩阵 $\mathrm{diag}\{\boldsymbol{X}^{\mathrm{T}}, \boldsymbol{I}\}$ 和 $\mathrm{diag}\{\boldsymbol{X}, \boldsymbol{I}\}$ 得

$$\begin{bmatrix} \boldsymbol{A}^i\boldsymbol{X} + \boldsymbol{X}^{\mathrm{T}}(\boldsymbol{A}^i)^{\mathrm{T}} + \boldsymbol{B}^i\boldsymbol{M}^i + (\boldsymbol{B}^i\boldsymbol{M}^i)^{\mathrm{T}} + \boldsymbol{X}^{\mathrm{T}}\boldsymbol{Q}\boldsymbol{X} + (\boldsymbol{M}^i)^{\mathrm{T}}\boldsymbol{R}\boldsymbol{M}^i & * \\ (\boldsymbol{D}^i)^{\mathrm{T}} & -\rho^2\boldsymbol{I} \end{bmatrix} < \boldsymbol{O} \tag{3.17a}$$

$$\begin{bmatrix} \begin{pmatrix} (\boldsymbol{A}^i + \boldsymbol{A}^j)\boldsymbol{X} + \boldsymbol{X}^{\mathrm{T}}(\boldsymbol{A}^i + \boldsymbol{A}^j)^{\mathrm{T}} + \boldsymbol{B}^i\boldsymbol{M}^j + \boldsymbol{B}^j\boldsymbol{M}^i \\ +(\boldsymbol{B}^i\boldsymbol{M}^j + \boldsymbol{B}^j\boldsymbol{M}^i)^{\mathrm{T}} + 2\boldsymbol{X}^{\mathrm{T}}\boldsymbol{Q}\boldsymbol{X} + (\boldsymbol{M}^i)^{\mathrm{T}}\boldsymbol{R}\boldsymbol{M}^i + (\boldsymbol{M}^j)^{\mathrm{T}}\boldsymbol{R}\boldsymbol{M}^j \end{pmatrix} & * \\ (\boldsymbol{D}^i + \boldsymbol{D}^j)^{\mathrm{T}} & -2\rho^2\boldsymbol{I} \end{bmatrix} < \boldsymbol{O} \tag{3.17b}$$

再通过 Schur 补可得

$$\begin{bmatrix} \boldsymbol{A}^i\boldsymbol{X} + \boldsymbol{X}^{\mathrm{T}}(\boldsymbol{A}^i)^{\mathrm{T}} + \boldsymbol{B}^i\boldsymbol{M}^i + (\boldsymbol{B}^i\boldsymbol{M}^i)^{\mathrm{T}} & * & * & * \\ (\boldsymbol{D}^i)^{\mathrm{T}} & -\rho^2\boldsymbol{I} & * & * \\ \boldsymbol{X} & \boldsymbol{O} & -\boldsymbol{Q}^{-1} & * \\ \boldsymbol{M}^i & \boldsymbol{O} & \boldsymbol{O} & -\boldsymbol{R}^{-1} \end{bmatrix} < \boldsymbol{O} \tag{3.18a}$$

$$\begin{bmatrix} \begin{matrix} (\boldsymbol{A}^i\boldsymbol{X} + \boldsymbol{X}^{\mathrm{T}}(\boldsymbol{A}^i)^{\mathrm{T}} + \boldsymbol{B}^i\boldsymbol{M}^j + (\boldsymbol{B}^i\boldsymbol{M}^j)^{\mathrm{T}} \\ +\boldsymbol{A}^j\boldsymbol{X} + \boldsymbol{X}^{\mathrm{T}}(\boldsymbol{A}^j)^{\mathrm{T}} + \boldsymbol{B}^j\boldsymbol{M}^i + (\boldsymbol{B}^j\boldsymbol{M}^i)^{\mathrm{T}}) \end{matrix} & * & * & * & * \\ (\boldsymbol{D}^i + \boldsymbol{D}^j)^{\mathrm{T}} & -\rho^2\boldsymbol{I} & * & * & * \\ \boldsymbol{X} & \boldsymbol{O} & -(2\boldsymbol{Q})^{-1} & * & * \\ \boldsymbol{M}^i & \boldsymbol{O} & \boldsymbol{O} & -\boldsymbol{R}^{-1} & * \\ \boldsymbol{M}^j & \boldsymbol{O} & \boldsymbol{O} & \boldsymbol{O} & -\boldsymbol{R}^{-1} \end{bmatrix} < \boldsymbol{O} \tag{3.18b}$$

同时，考虑到 $\boldsymbol{X} = \boldsymbol{P}^{-1}$，故其也具有特殊结构：

$$X = \begin{bmatrix} X_{11} & O \\ X_{21} & X_{22} \end{bmatrix}, \quad \text{且} \, x_{ss} > O, x_{zz} > O \tag{3.19}$$

由式（3.18a）、式（3.18b）可得

$$P = X^{-1}, \quad K^i = M^i X^{-1} \tag{3.20}$$

注 3.5 模糊模型（3.1）的线性形式（对应于规则数 $r=1$ 的情形）：

$$\begin{cases} \dot{x}_s(t) = A_{ss}x_s(t) + A_{sz}x_z(t) + B_s u(t) + D_s w(t) \\ \varepsilon \dot{x}_z(t) = A_{zs}x_s(t) + A_{zz}x_z(t) + B_z u(t) + D_z w(t) \end{cases} \tag{3.21}$$

的分析与综合问题可按类似方法完成。由于本节提出的方法无须快慢分解，所以可统一处理标准情形（A_{zz} 可逆）与非标准情形（A_{zz} 不可逆）的线性奇异摄动系统。

3.4 部分状态反馈控制器设计

本节讨论两种情形的部分状态反馈控制器设计方法。

3.4.1 仅依赖于慢状态的控制器

如果需要设计仅依赖于慢状态 $x_s(t)$ 的控制器，相当于有如下约束：

$$K^i = \begin{bmatrix} K_1^i & O \end{bmatrix} \tag{3.22}$$

其中，$K_1^i \in \mathbb{R}^{p \times n_s}$（即 $K_2^i = O$）。注意到式（3.20）和 X 的特殊结构即式（3.19），可知 $K^i = \begin{bmatrix} K_1^i & O \end{bmatrix}$ 等价于

$$M^i = \begin{bmatrix} M_1^i & O \end{bmatrix} \tag{3.23}$$

因而，只要考虑式（3.23）即可最终获得控制器 $u(t) = \sum_{i=1}^{r} \mu_i \left(K_1^i x_s(t) \right)$。值得指出的是，虽然能够设计出全状态反馈控制器，但部分状态反馈控制器设计问题仍可能无解。

3.4.2 部分慢状态反馈的控制器

在这种情形下，问题比较复杂。由于慢变量 $x_s(t) \in \mathbb{R}^{n_s}$，快变量 $x_z(t) \in \mathbb{R}^{n_z}$，可展开为

$$x_s(t) = \begin{pmatrix} x_{11}(t) & x_{12}(t) & \cdots & x_{1n_s}(t) \end{pmatrix}^{\mathrm{T}}, \quad x_z(t) = \begin{pmatrix} x_{21}(t) & x_{22}(t) & \cdots & x_{2n_z}(t) \end{pmatrix}^{\mathrm{T}}$$

定义集合：

$$\aleph = \left\{ i \middle| i\text{为}1\sim n\text{的正整数且状态变量}x_{1i}(t)\text{不可用于反馈} \right\}$$

$$\Re = \left\{ \boldsymbol{K} \middle| \boldsymbol{K} \in \mathbb{R}^{p\times(n_s+n_z)}\text{，且}\boldsymbol{K}\text{的第}i\text{列为全零列，}i \in \aleph \right\}$$

这样，反馈增益 $\boldsymbol{K}^i$ 将存在结构上的约束， $\boldsymbol{K}^i \in \mathbb{R}$ 。

进一步，为了叙述方便，可以把待解的矩阵不等式统一表达为

$$\boldsymbol{F}(\boldsymbol{K}^1,\boldsymbol{K}^2,\cdots,\boldsymbol{K}^r,\boldsymbol{P}) < \boldsymbol{O},\quad \boldsymbol{K}^i \in \mathbb{R} \tag{3.24}$$

例如，对于镇定问题，由定理 2.2 可以得到

$$\boldsymbol{F}(\boldsymbol{K}^1,\boldsymbol{K}^2,\cdots,\boldsymbol{K}^r,\boldsymbol{P}) = \mathrm{diag}\{\boldsymbol{\Pi}^{11},\boldsymbol{\Pi}^{22},\cdots,\boldsymbol{\Pi}^{rr};\boldsymbol{\Pi}^{12},\cdots,\boldsymbol{\Pi}^{1r};\boldsymbol{\Pi}^{23},\cdots,\boldsymbol{\Pi}^{2r};\cdots,\boldsymbol{\Pi}^{(r-1)r}\}$$

其中， $\boldsymbol{\Pi}^{ii}$ 和 $\boldsymbol{\Pi}^{ij}$ 的定义见式（3.9a）和式（3.9b）。而对于 H_∞ 控制问题，由定理 2.3 可以得到

$$\boldsymbol{F}(\boldsymbol{K}^1,\boldsymbol{K}^2,\cdots,\boldsymbol{K}^r,\boldsymbol{P}) = \mathrm{diag}\{\boldsymbol{\Xi}^{11},\boldsymbol{\Xi}^{22},\cdots,\boldsymbol{\Xi}^{rr};\boldsymbol{\Xi}^{12},\cdots,\boldsymbol{\Xi}^{1r};\boldsymbol{\Xi}^{23},\cdots,\boldsymbol{\Xi}^{2r};\cdots,\boldsymbol{\Xi}^{(r-1)r}\}$$

其中， $\boldsymbol{\Xi}^{ii}$ 和 $\boldsymbol{\Xi}^{ij}$ 的定义见式（3.15a）和式（3.15b）。

考虑到结构限制 $\boldsymbol{K}^i \in \mathbb{R}$ ，不再能遵循式（3.17）～式（3.20）的过程将式（3.24）化为 LMI 求解。因而式（3.24）本质上是一组双线性矩阵不等式（bilinear matrix inequality，BMI）。

引入参变量 $\lambda \in [0,1]$ ，考虑矩阵函数：

$$\boldsymbol{L}(\boldsymbol{K}^1,\cdots,\boldsymbol{K}^r,\boldsymbol{P},\lambda) = \boldsymbol{F}((1-\lambda)\boldsymbol{K}_0^1 + \lambda\boldsymbol{K}^1,\cdots,(1-\lambda)\boldsymbol{K}_0^r + \lambda\boldsymbol{K}^r,\boldsymbol{P}) \tag{3.25}$$

其中， $\boldsymbol{K}_0^i$ 为全状态反馈增益，可由式（3.17）～式（3.20）解得，而 $\boldsymbol{K}^i \in \mathbb{R}$ ，因而 $(1-\lambda)\boldsymbol{K}_0^i + \lambda\boldsymbol{K}^i$ 定义了自全状态反馈增益到具有指定结构的部分状态反馈增益的一条同伦路径，同时定义了一组问题：

$$\boldsymbol{L}(\boldsymbol{K}^1,\cdots,\boldsymbol{K}^r,\boldsymbol{P},\lambda) < \boldsymbol{O},\quad \lambda \in [0,1] \tag{3.26}$$

为了执行同伦算法，需要首先求解对应 $\lambda = 0$ 的初始问题，显然， $\boldsymbol{L}(\boldsymbol{K}^1,\cdots,\boldsymbol{K}^r,\boldsymbol{P},\lambda)\big|_{\lambda=0} < \boldsymbol{O}$ ，即 $\boldsymbol{F}(\boldsymbol{K}_0^1,\cdots,\boldsymbol{K}_0^r,\boldsymbol{P}) < \boldsymbol{O}$ ，可以将其化为等价的 LMI，从而得到初始解 $(\hat{\boldsymbol{K}}_0^1,\cdots,\hat{\boldsymbol{K}}_0^r,\hat{\boldsymbol{P}}_0)$ 。

接下来，可以建立一条连接 $(\hat{\boldsymbol{K}}_0^1,\cdots,\hat{\boldsymbol{K}}_0^r,\hat{\boldsymbol{P}}_0)$（对应 $\lambda = 0$ 的解）和 $(\hat{\boldsymbol{K}}^1,\cdots,\hat{\boldsymbol{K}}^r,\hat{\boldsymbol{P}})$（对应 $\lambda = 1$ 的解）的同伦路径。取正整数 N 并考虑区间 $[0,1]$ 上的 $N+1$ 个点 $\lambda_k = k/N$ ， $k = 0,1,\cdots,N$ ，可以得到一组问题簇：

$$\boldsymbol{L}(\boldsymbol{K}^1,\cdots,\boldsymbol{K}^r,\boldsymbol{P},\lambda_k) < \boldsymbol{O},\quad k = 0,1,\cdots,N \tag{3.27}$$

假如对应 λ_k 的问题可解，记该组解为 $(\hat{\boldsymbol{K}}_k^1,\cdots,\hat{\boldsymbol{K}}_k^r,\hat{\boldsymbol{P}}_k)$ 。

对于固定的 λ_k ，如果在式（3.24）中固定 $\boldsymbol{K}^1 = \hat{\boldsymbol{K}}_k^1,\cdots,\boldsymbol{K}^r = \hat{\boldsymbol{K}}_k^r$ ，则式（3.24）成为关于 $\boldsymbol{P}$ 的 LMI，同样，如果在式（3.24）中固定 $\boldsymbol{P} = \hat{\boldsymbol{P}}_k$ ，则式（3.24）成为

关于 $\boldsymbol{K}^1,\cdots,\boldsymbol{K}^r$ 的 LMI。这两种情况均可利用 LMI 工具方便地求解。因而我们可以通过固定 $\boldsymbol{K}^1=\hat{\boldsymbol{K}}_k^1,\cdots,\boldsymbol{K}^r=\hat{\boldsymbol{K}}_k^r$ 或 $\boldsymbol{P}=\hat{\boldsymbol{P}}_k$ 求解新问题：

$$\boldsymbol{L}(\boldsymbol{K}^1,\cdots,\boldsymbol{K}^r,\boldsymbol{P},\lambda_{k+1})<\boldsymbol{O} \tag{3.28}$$

如果对应于 $k=0,1,\cdots,N$，问题 $\boldsymbol{L}(\boldsymbol{K}^1,\cdots,\boldsymbol{K}^r,\boldsymbol{P},\lambda_{k+1})<\boldsymbol{O}$ 均有解，则当 $k=N$(即$\lambda=1$) 时原问题很自然地得到了可行解。否则，可以增大 N，并重复上述过程。部分状态反馈控制器设计的具体算法步骤总结如下。

（1）初始化，选定 N，并求解初始解 $(\hat{\boldsymbol{K}}_0^1,\cdots,\hat{\boldsymbol{K}}_0^r,\hat{\boldsymbol{P}}_0)$，令 $k=0$。

（2）取 $k=k+1$，在式（3.24）中固定 $\boldsymbol{P}=\hat{\boldsymbol{P}}_{k-1}$，求解 LMI：$\boldsymbol{L}(\boldsymbol{K}^1,\cdots,\boldsymbol{K}^r,\hat{\boldsymbol{P}}_{k-1},\lambda_k)<\boldsymbol{O}$，如果有解，记为 $(\hat{\boldsymbol{K}}_k^1,\cdots,\hat{\boldsymbol{K}}_k^r)$，并取 $\hat{\boldsymbol{P}}_k=\hat{\boldsymbol{P}}_{k-1}$，再转到第（3）步；否则在式（3.24）中固定 $\boldsymbol{K}^1=\hat{\boldsymbol{K}}_{k-1}^1,\cdots,\boldsymbol{K}^r=\hat{\boldsymbol{K}}_{k-1}^r$，求解 LMI：$\boldsymbol{L}(\hat{\boldsymbol{K}}_{k-1}^1,\cdots,\hat{\boldsymbol{K}}_{k-1}^r,\boldsymbol{P},\lambda_k)<\boldsymbol{O}$，如果有解，记为 $\hat{\boldsymbol{P}}_k$，并取 $\hat{\boldsymbol{K}}_k^i=\hat{\boldsymbol{K}}_{k-1}^i$，再转到第（3）步；如果仍然无解，则取更大的 N，自第（1）步起重复执行。

（3）如果 $k=N$，则问题获解；否则，转到第（2）步。

注 3.6　同伦算法只能获得局部最优解，而不是一种全局优化算法。因而算法的收敛性和解的有效性与初始解的设置密切相关。本节利用一组全状态反馈增益作为初始解，实际计算表明，在计算作为初始解的全状态反馈增益时，采用极小化 traceP 的方法得到的解能获得较好的收敛性。此外，应该设置一个上限 $N_{\max}$，当 $N>N_{\max}$ 时说明算法求解失败。

3.5　仿真例子

考虑如下两规则模糊奇异摄动系统。

规则 1：如果 x_{11} 是 F_1^1，则

$$\begin{cases}\dot{\boldsymbol{x}}_s(t)=\boldsymbol{A}_{ss}^1\boldsymbol{x}_s(t)+\boldsymbol{A}_{sz}^1\boldsymbol{x}_z(t)+\boldsymbol{B}_s^1u(t)+\boldsymbol{D}_s^1w(t)\\ \varepsilon\dot{\boldsymbol{x}}_z(t)=\boldsymbol{A}_{zs}^1\boldsymbol{x}_s(t)+\boldsymbol{A}_{zz}\boldsymbol{x}_z(t)+\boldsymbol{B}_z^1u(t)+\boldsymbol{D}_z^1w(t)\end{cases}$$

规则 2：如果 x_{11} 是 F_1^2，则

$$\begin{cases}\dot{\boldsymbol{x}}_s(t)=\boldsymbol{A}_{ss}^2\boldsymbol{x}_s(t)+\boldsymbol{A}_{sz}^2\boldsymbol{x}_z(t)+\boldsymbol{B}_s^2u(t)+\boldsymbol{D}_s^2w(t)\\ \varepsilon\dot{\boldsymbol{x}}_z(t)=\boldsymbol{A}_{zs}^2\boldsymbol{x}_s(t)+\boldsymbol{A}_{zz}^2\boldsymbol{x}_z(t)+\boldsymbol{B}_z^2u(t)+\boldsymbol{D}_z^2w(t)\end{cases}$$

其中，$\boldsymbol{x}_s=(x_{11}\quad x_{12})^{\mathrm{T}}$；$\boldsymbol{x}_z=(x_{21}\quad x_{22})^{\mathrm{T}}$；摄动参数 $\varepsilon=0.11$。

$$\boldsymbol{A}_{ss}^1=\begin{bmatrix}-0.95 & -0.68\\ 1.478 & 0\end{bmatrix},\quad \boldsymbol{A}_{sz}^1=\begin{bmatrix}-0.92 & 0.11\\ 0 & 0\end{bmatrix},\quad \boldsymbol{A}_{zs}^1=\begin{bmatrix}0.2 & 0.4\\ 0.14 & 0.5\end{bmatrix}$$

$$A_{zz}^1=\begin{bmatrix}-0.45 & 1.000\\ -0.78 & 0.111\end{bmatrix},\quad A_{ss}^2=\begin{bmatrix}-1.24 & 0.12\\ 0.511 & 0\end{bmatrix},\quad A_{sz}^2=\begin{bmatrix}-1.3 & 0.2\\ 0 & 0\end{bmatrix}$$

$$A_{zs}^2=\begin{bmatrix}-0.18 & -0.5\\ -0.14 & 0.9\end{bmatrix},\quad A_{zz}^2=\begin{bmatrix}0.43 & 1.3\\ -0.78 & 0.111\end{bmatrix}$$

$$B_s^1=\begin{bmatrix}1\\ 3\end{bmatrix},\quad B_z^1=\begin{bmatrix}0\\ 1\end{bmatrix},\quad B_s^2=\begin{bmatrix}1\\ 2\end{bmatrix},\quad B_z^2=\begin{bmatrix}1\\ 1\end{bmatrix}$$

$$D_s^1=\begin{bmatrix}0.5\\ 0.3\end{bmatrix},\quad D_z^1=\begin{bmatrix}0.2\\ 0.2\end{bmatrix},\quad D_s^2=\begin{bmatrix}0.5\\ 0.3\end{bmatrix},\quad D_z^2=\begin{bmatrix}0.2\\ 0.2\end{bmatrix}$$

模糊集合 F_1^1 和 F_1^2 的隶属度函数分别为

$$\mu_1(x_{11}(t))=(1+\sin(x_{11}(t)))/2,\quad \mu_2(x_{11}(t))=1-\mu_1(x_{11}(t))$$

开环系统在初值 $[1,0,1,0]^{\mathrm{T}}$ 时的响应见图 3.1，可以看出系统是不稳定的。

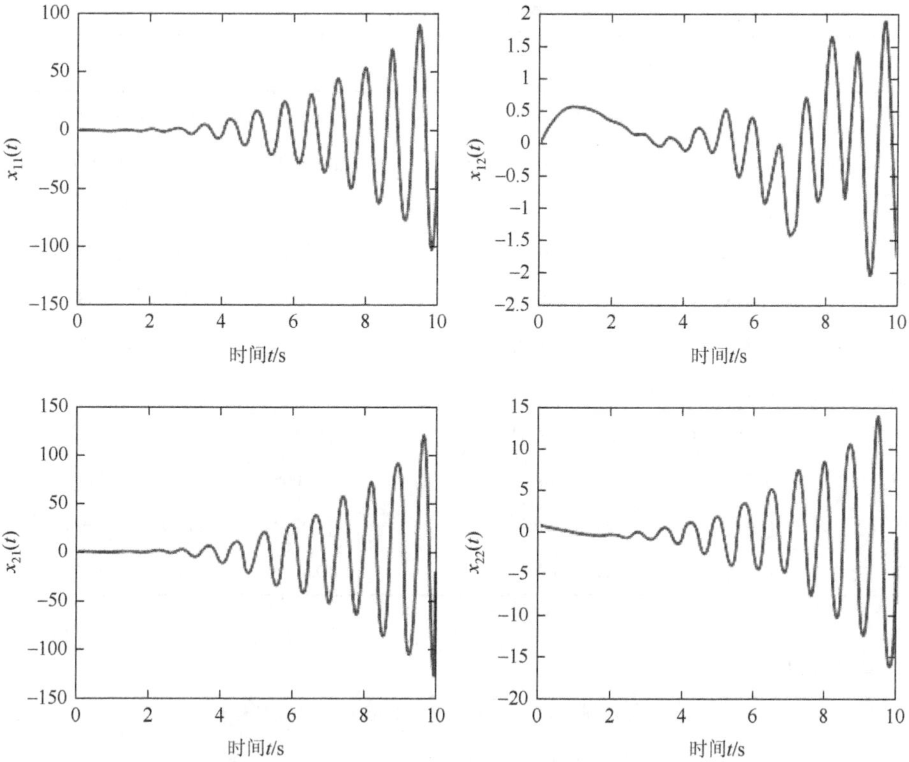

图 3.1　开环系统响应

现在我们通过部分状态反馈设计镇定控制器。这里仅利用状态变量 $x_{11}(t)$ 、

$x_{21}(t)$、$x_{22}(t)$，而不利用$x_{12}(t)$作为反馈量。本章控制器设计利用 MATLAB LMI Toolbox 完成。

首先求解全状态反馈问题：

$$\boldsymbol{P}_0=\begin{bmatrix} 0.0441 & -0.0013 & 0 & 0 \\ -0.0013 & 0.0236 & 0 & 0 \\ 0.0140 & -0.0001 & 0.0330 & -0.0022 \\ -0.0498 & -0.0309 & -0.0022 & 0.0209 \end{bmatrix}$$

$$\boldsymbol{K}_0^1=\begin{bmatrix}-0.0015 & 0.1740 & -0.8779 & -0.1312\end{bmatrix}$$

$$\boldsymbol{K}_0^2=\begin{bmatrix}0.1259 & 0.3252 & -0.9463 & -0.2488\end{bmatrix}$$

再利用同伦算法，取$N=10$，相当于迭代步长为0.1，经过 10 次迭代可得部分状态问题的可行解，迭代过程可见表 3.1。

表 3.1　迭代过程

k	$\boldsymbol{K}_k^1$	$\boldsymbol{K}_k^2$
0	[−0.0015，0.1740，−0.8779，−0.1312]	[0.1259，0.3252，−0.9463，−0.2488]
1	[6.1356，0，−2.3294，−4.4608]	[8.8920，0，−6.5242，−11.6950]
2	[3.0666，0，−1.6310，−2.3150]	[4.4942，0，−3.7755，−6.0150]
3	[2.0438，0，−1.3985，−1.6005]	[3.0283，0，−2.8596，−4.1221]
4	[1.5339，0，−1.2922，−1.2583]	[2.2975，0，−2.4125，−3.1928]
5	[1.2271，0，−1.2209，−1.0420]	[1.8572，0，−2.1362，−2.6223]
6	[1.0297，0，−1.1998，−0.9391]	[1.5688，0，−1.9806，−2.2878]
7	[0.8827，0，−1.1623，−0.8307]	[1.3584，0，−1.8452，−2.0099]
8	[0.7726，0，−1.1342，−0.7497]	[1.2006，0，−1.7438，−1.8017]
9	[0.6870，0，−1.1125，−0.6869]	[1.0778，0，−1.6651，−1.6399]
10	[0.6186，0，−1.0952，−0.6368]	[0.9796，0，−1.6023，−1.5107]

由此解得

$$\boldsymbol{K}^1=\begin{bmatrix}0.6849 & 0 & -1.1683 & -0.8091\end{bmatrix}$$

$$\boldsymbol{K}^2=\begin{bmatrix}0.8159 & 0 & -1.5963 & -1.4964\end{bmatrix}$$

使用部分状态反馈控制器$u_P(t)=\sum_{i=1}^{2}\mu_i\boldsymbol{K}^i\boldsymbol{x}(t)$，控制效果见图 3.2。

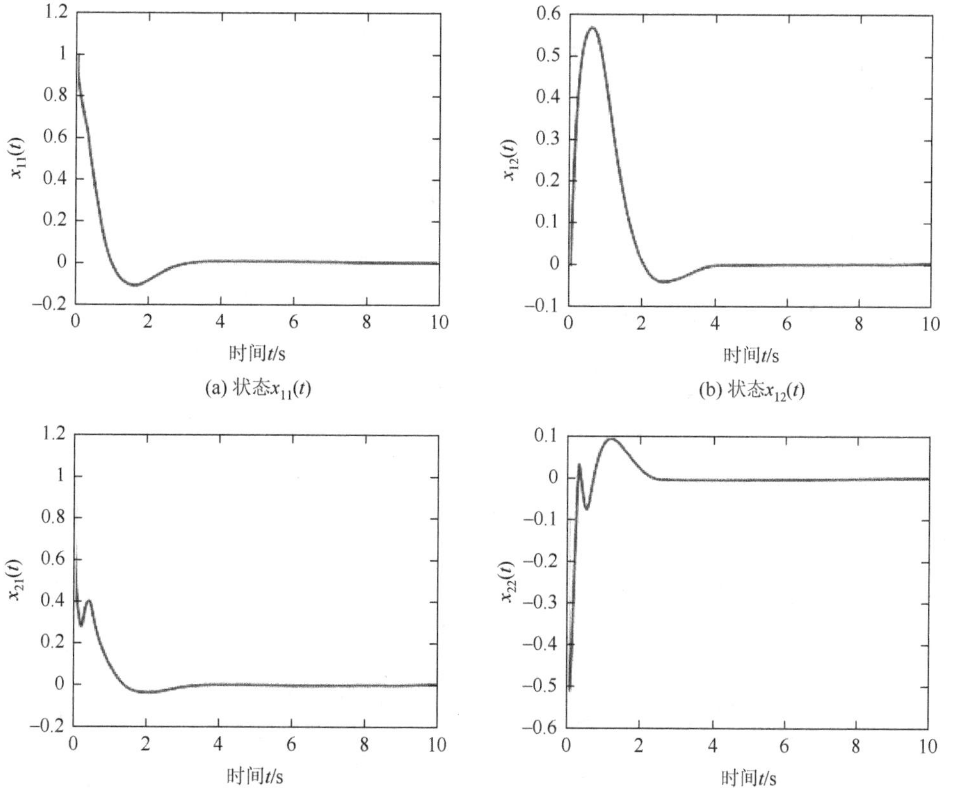

(a) 状态$x_{11}(t)$　　(b) 状态$x_{12}(t)$

(c) 状态$x_{21}(t)$　　(d) 状态$x_{22}(t)$

图 3.2　系统的状态响应曲线（一）

进一步，我们利用全状态反馈控制设计 H_∞ 控制器，取干扰抑制水平为 $\rho = 0.5$，加权矩阵为 $\boldsymbol{Q} = \mathrm{diag}(1,1,1,1)$， $R = 1$。

按 3.3 节的算法可得

$$\boldsymbol{P} = \begin{bmatrix} 14.0833 & -4.6006 & 0 & 0 \\ -4.6006 & 5.1028 & 0 & 0 \\ -128.2205 & 39.7774 & 47.8048 & 30.4031 \\ -66.2246 & 8.6937 & 30.4031 & 24.9332 \end{bmatrix}$$

$$\boldsymbol{K}^1 = [62.1553 \quad -17.5449 \quad -26.7744 \quad -20.0144]$$

$$\boldsymbol{K}^2 = [82.0514 \quad -23.1571 \quad -34.4646 \quad -24.9262]$$

考虑干扰为 $w(t) = \sin(t)\mathrm{e}^{-0.1t}$，系统初值为 $[1,0,1,0]^{\mathrm{T}}$ 时，模糊控制器 $u_0(t) = (\mu_1\boldsymbol{K}_0^1 + \mu_2\boldsymbol{K}_0^2)\boldsymbol{x}(t)$ 产生的闭环系统响应见图 3.3。

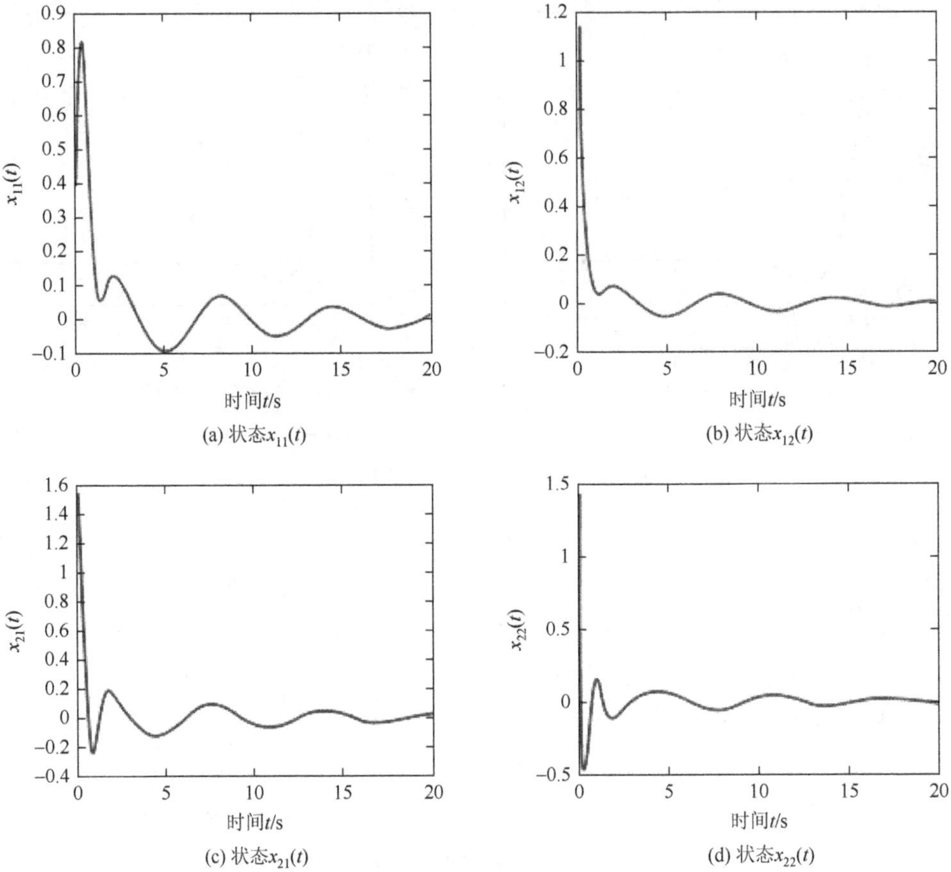

图 3.3　系统的状态响应曲线（二）

3.6 本 章 小 结

本章研究了基于稳定性和 H_∞ 性能的模糊奇异摄动系统分析与综合问题，它可以归结于一组 LMI，对于仅用慢变量的状态反馈，可以利用 LMI 很方便地得到控制器，而对于部分慢状态反馈，本章利用迭代的同伦算法求解模糊控制器。这里提出的方法无须快慢分解，因此不需要假设快矩阵 $\boldsymbol{A}_{zz}^{i}$ 的可逆性。此外，这里提出的设计方法对线性奇异摄动系统也同样有参考意义。

第 4 章　离散模糊奇异摄动系统分析与综合

本章主要讨论单摄动参数模糊奇异摄动系统的离散时间鲁棒控制理论方法。当计算机系统引入控制系统时，采样问题不可避免。采样时间对多时标系统的模型与控制性能影响非常显著，因此，本章在第 3 章的基础上，探讨基于模糊奇异摄动系统的稳定性和 H_∞ 综合方法。

4.1　模 型 描 述

本节研究快采样情形下的离散模糊奇异摄动系统的分析和综合问题。模型的第 i 条规则为如下形式。

规则 i：如果 $\xi_1(k)$ 是 F_1^i，…，$\xi_g(k)$ 是 F_g^i，则

$$\begin{cases} \boldsymbol{x}_s(k+1) = (\boldsymbol{I}_n + \varepsilon \boldsymbol{A}_{ss}^i)\boldsymbol{x}_s(k) + \varepsilon\, \boldsymbol{A}_{sz}^i \boldsymbol{x}_z(k) + \varepsilon \boldsymbol{B}_s^i \boldsymbol{u}(k) \\ \boldsymbol{x}_z(k+1) = \boldsymbol{A}_{zs}^i \boldsymbol{x}_s(k) + \boldsymbol{A}_{zz}^i \boldsymbol{x}_z(k) + \boldsymbol{B}_z^i \boldsymbol{u}(k) \end{cases}, \quad i = 1,2,\cdots,r \tag{4.1}$$

其中，$\boldsymbol{x}_s(k) \in \mathbb{R}^{n_s}$、$\boldsymbol{x}_z(k) \in \mathbb{R}^{n_z}$ 分别为慢、快状态向量；$\boldsymbol{u}(k) \in \mathbb{R}^m$ 为控制输入向量；$F_j^i (j = 1,2,\cdots,g)$ 为模糊集合；r 为规则数目；$\boldsymbol{A}_{ss}^i$、$\boldsymbol{A}_{sz}^i$、$\boldsymbol{A}_{zs}^i$、$\boldsymbol{A}_{zz}^i$、$\boldsymbol{B}_s^i$、$\boldsymbol{B}_z^i$ 为具有适当维数的矩阵；$\xi_1(k),\cdots,\xi_g(k)$ 为可测变量；k 为采样时刻；$0 < \varepsilon \ll 1$ 为摄动参数。

给定 $\boldsymbol{x}_s(k), \boldsymbol{x}_z(k), \boldsymbol{u}(k)$，利用标准的模糊推理方法，即单点模糊化、乘积推理和加权平均清晰化，整个模糊系统可表达为

$$\boldsymbol{x}(k+1) = \sum_{i=1}^{r} \mu_i(\xi(k)) \left(\boldsymbol{A}_\varepsilon^i \boldsymbol{x}(k) + \boldsymbol{B}_\varepsilon^i \boldsymbol{u}(k) \right) \tag{4.2}$$

其中，$\mu_i(\xi(k)) = \dfrac{w_i(\xi(k))}{\sum_{i=1}^{r} w_i(\xi(k))}$，$w_i(\xi(k)) = \prod_{j=1}^{g} F_j^i\left(\xi_j(k)\right)$；$\boldsymbol{x}(k) = \begin{bmatrix} x_1(k) \\ x_2(k) \end{bmatrix}$；$\boldsymbol{A}_\varepsilon^i = \begin{bmatrix} \boldsymbol{I} + \varepsilon \boldsymbol{A}_{ss}^i & \varepsilon \boldsymbol{A}_{sz}^i \\ \boldsymbol{A}_{zs}^i & \boldsymbol{A}_{zz}^i \end{bmatrix}$；$\boldsymbol{B}_\varepsilon^i = \begin{bmatrix} \varepsilon \boldsymbol{B}_s^i \\ \boldsymbol{B}_z^i \end{bmatrix}$。

为了方便，以下采用记号 $\mu_i = \mu_i(\xi(k))$，并记：

$$A^i = \begin{bmatrix} A_{ss}^i & A_{sz}^i \\ A_{zs}^i & A_{zz}^i \end{bmatrix}, \quad B^i = \begin{bmatrix} B_s^i \\ B_z^i \end{bmatrix}$$

4.2 稳定性分析与综合

4.2.1 开环系统稳定性

首先给出离散模糊奇异摄动系统（4.2）开环情形的稳定性条件。

引理 4.1 模糊系统(4.2)($u(k)\equiv 0$)保持渐近稳定，如果存在公共矩阵 $P>O$ 满足：

$$(A_\varepsilon^i)^{\mathrm{T}} P A_\varepsilon^i - P < O, \quad i=1,2,\cdots,r \tag{4.3}$$

考虑到 A_ε^i 的特殊结构，小参数 ε 的存在会增大求解 LMI 的困难。但简单地令 $\varepsilon=0$ 会得到 $A_\varepsilon^i\big|_{\varepsilon=0} = \begin{bmatrix} I & O \\ A_{zs}^i & A_{zz}^i \end{bmatrix}$，$B_\varepsilon^i\big|_{\varepsilon=0} = \begin{bmatrix} O \\ B_2^i \end{bmatrix}$。显然，这样的局部子系统 $(A_\varepsilon^i, B_\varepsilon^i)$ 是不可控的，而且不可控模态同时也是临界稳定的。无论对线性情形还是模糊情形，这样的系统都是难以处理的。

定理 4.1 模糊系统(4.2)($u(t)\equiv 0$)对于充分小的摄动参数 ε 保持渐近稳定，如果存在公共矩阵 $P_{11}>O$，$P_{22}>O$，以及 P_{21} 对任意 $i=1,2,\cdots,r$，满足：

$$\begin{bmatrix} (A_{ss}^i)^{\mathrm{T}} P_{11} + P_{11} A_{ss}^i + (A_{zs}^i)^{\mathrm{T}} P_{21} + P_{21}^{\mathrm{T}} A_{zs}^i + (A_{zs}^i)^{\mathrm{T}} P_{22} A_{zs}^i & * \\ (A_{sz}^i)^{\mathrm{T}} P_{11} + (A_{zz}^i)^{\mathrm{T}} P_{21} + (A_{zz}^i)^{\mathrm{T}} P_{22} A_{zs}^i - P_{21} & (A_{zz}^i)^{\mathrm{T}} P_{22} A_{zz}^i - P_{22} \end{bmatrix} < O \tag{4.4}$$

证明: 定义 $P_\varepsilon = \begin{bmatrix} P_{11}/\varepsilon & P_{21}^{\mathrm{T}} \\ P_{21} & P_{22} \end{bmatrix}$，由于 $P_{22}>O$，故 $P_{21}^{\mathrm{T}} P_{22}^{-1} P_{21} > O$，因此 $\exists \varepsilon_0^* > 0$，$\forall \varepsilon \in (0, \varepsilon_0^*]$，$\dfrac{1}{\varepsilon} P_{11} - P_{21}^{\mathrm{T}} P_{22}^{-1} P_{21} > O$，从而 $P_\varepsilon > O$。

进一步，将 P_ε 代入式（4.4）中，展开可得

$$\begin{aligned} &(A_\varepsilon^i)^{\mathrm{T}} P_\varepsilon A_\varepsilon^i - P_\varepsilon \\ &= \begin{bmatrix} (A_{ss}^i)^{\mathrm{T}} P_{11} + P_{11} A_{ss}^i + (A_{zs}^i)^{\mathrm{T}} P_{21} + P_{21}^{\mathrm{T}} A_{zs}^i + (A_{zs}^i)^{\mathrm{T}} P_{22} A_{zs}^i & * \\ (A_{sz}^i)^{\mathrm{T}} P_{11} + (A_{zz}^i)^{\mathrm{T}} P_{21} + (A_{zz}^i)^{\mathrm{T}} P_{22} A_{zs}^i - P_{21} & (A_{zz}^i)^{\mathrm{T}} P_{22} A_{zz}^i - P_{22} \end{bmatrix} + H(\varepsilon) \end{aligned}$$

由矩阵不等式的连续性可知 $\exists \varepsilon_1^* > 0$，$\forall \varepsilon \in (0, \varepsilon_1^*]$，$(A_\varepsilon^i)^{\mathrm{T}} P_\varepsilon A_\varepsilon^i - P_\varepsilon < O$。

因此，只需取 $\varepsilon^* = \max(\varepsilon_0^*, \varepsilon_1^*)$，则 $\forall \varepsilon \in (0, \varepsilon^*]$，模糊系统（4.2）（ $u(t)\equiv 0$ ）保持渐近稳定。

注 4.1 这里通过构建与 ε 相关的公共矩阵来导出式(4.4)。由 P_ε 的形式可知，稳定性仅对 $\varepsilon \in (0, \varepsilon^*]$ 成立，对 $\varepsilon = 0$ 时不成立。

注 4.2　式（4.4）是一组 LMI，因而稳定性分析可以方便地利用凸优化工具完成。

4.2.2　闭环系统稳定性

基于 PDC 思想，模糊控制器为如下形式。

控制器规则 i：如果 $\xi_1(k)$ 是 F_1^i，…，$\xi_g(k)$ 是 F_g^i，则

$$\boldsymbol{u}(k)=\boldsymbol{K}_1^i\boldsymbol{x}_s(k)+\boldsymbol{K}_2^i\boldsymbol{x}_z(k)=\boldsymbol{K}^i\boldsymbol{x}(k),\quad i=1,2,\cdots,r \tag{4.5}$$

其中，$\boldsymbol{K}^i=\begin{bmatrix}\boldsymbol{K}_1^i & \boldsymbol{K}_2^i\end{bmatrix}$。

整个模糊控制器为

$$\boldsymbol{u}(k)=\sum_{i=1}^{r}\mu_i\left(\boldsymbol{K}_1^i\boldsymbol{x}_s(k)+\boldsymbol{K}_2^i\boldsymbol{x}_z(k)\right)=\sum_{i=1}^{r}\mu_i\boldsymbol{K}^i\boldsymbol{x}(k) \tag{4.6}$$

闭环系统为

$$\boldsymbol{x}(k+1)=\sum_{i=1}^{r}\mu_i^2\boldsymbol{G}_\varepsilon^{ii}\boldsymbol{x}(k)+\sum_{\substack{i,j=1\\ i<j}}^{r}\mu_i\mu_j\left(\boldsymbol{G}_\varepsilon^{ij}+\boldsymbol{G}_\varepsilon^{ji}\right)\boldsymbol{x}(k) \tag{4.7}$$

其中

$$\begin{aligned}\boldsymbol{G}_\varepsilon^{ij}&=\begin{bmatrix}\boldsymbol{I}+\varepsilon\boldsymbol{A}_{ss}^i & \varepsilon\boldsymbol{A}_{sz}^i\\ \boldsymbol{A}_{zs}^i & \boldsymbol{A}_{zz}^i\end{bmatrix}+\begin{bmatrix}\varepsilon\boldsymbol{B}_s^i\\ \boldsymbol{B}_s^i\end{bmatrix}\cdot\begin{bmatrix}\boldsymbol{K}_1^j & \boldsymbol{K}_2^j\end{bmatrix}\\ &=\begin{bmatrix}\boldsymbol{I}+\varepsilon(\boldsymbol{A}_{ss}^i+\boldsymbol{B}_s^i\boldsymbol{K}_1^j) & \varepsilon(\boldsymbol{A}_{sz}^i+\boldsymbol{B}_s^i\boldsymbol{K}_2^j)\\ \boldsymbol{A}_{zs}^i+\boldsymbol{B}_z^i\boldsymbol{K}_1^j & \boldsymbol{A}_{zz}^i+\boldsymbol{B}_z^i\boldsymbol{K}_2^j\end{bmatrix}\end{aligned} \tag{4.8}$$

这里进一步提出一个修正的引理。

引理 4.2　如果存在公共矩阵 $\boldsymbol{P}>\boldsymbol{O}$，满足：

$$(\boldsymbol{G}_\varepsilon^{ij}+\boldsymbol{G}_\varepsilon^{ji})^{\mathrm{T}}\boldsymbol{P}(\boldsymbol{G}_\varepsilon^{ij}+\boldsymbol{G}_\varepsilon^{ji})-4\boldsymbol{P}<\boldsymbol{O},\quad 1\leqslant i\leqslant j\leqslant r \tag{4.9}$$

则闭环系统（4.7）渐近稳定。

证明：显然式（4.9）等价于

$$(2\boldsymbol{G}_\varepsilon^{ii})^{\mathrm{T}}\boldsymbol{P}(2\boldsymbol{G}_\varepsilon^{ii})-4\boldsymbol{P}<\boldsymbol{O},\quad i=1,2,\cdots,r$$

$$(\boldsymbol{G}_\varepsilon^{ij}+\boldsymbol{G}_\varepsilon^{ji})^{\mathrm{T}}\boldsymbol{P}(\boldsymbol{G}_\varepsilon^{ij}+\boldsymbol{G}_\varepsilon^{ji})-4\boldsymbol{P}<\boldsymbol{O},\quad 1\leqslant i\leqslant j\leqslant r$$

前者等价于 $(\boldsymbol{G}_\varepsilon^{ii})^{\mathrm{T}}\boldsymbol{P}\boldsymbol{G}_\varepsilon^{ii}-\boldsymbol{P}<\boldsymbol{O}\ (i=1,2,\cdots,r)$，由文献[85]可知此引理得证。

定理 4.2　如果存在公共矩阵 $\boldsymbol{P}_{11}>\boldsymbol{O}$，$\boldsymbol{P}_{22}>\boldsymbol{O}$，以及 $\boldsymbol{P}_{21}$ 满足：

$$\begin{bmatrix}\boldsymbol{\Psi}_{11}^{ij} & *\\ \boldsymbol{\Psi}_{21}^{ij} & \boldsymbol{\Psi}_{22}^{ij}\end{bmatrix}<\boldsymbol{O},\quad 1\leqslant i\leqslant j\leqslant r \tag{4.10}$$

其中

$$\begin{aligned}\boldsymbol{\Psi}_{11}^{ij} &= 2(\boldsymbol{A}_{ss}^{i}+\boldsymbol{A}_{ss}^{j})^{\mathrm{T}}\boldsymbol{P}_{11}+2\boldsymbol{P}_{11}(\boldsymbol{A}_{ss}^{i}+\boldsymbol{A}_{ss}^{j})\\ &\quad+2(\boldsymbol{A}_{zs}^{i}+\boldsymbol{A}_{zs}^{j})^{\mathrm{T}}\boldsymbol{P}_{21}+2\boldsymbol{P}_{21}^{\mathrm{T}}(\boldsymbol{A}_{zs}^{i}+\boldsymbol{A}_{zs}^{j})\\ &\quad+(\boldsymbol{A}_{zs}^{i}+\boldsymbol{A}_{zs}^{j}+\boldsymbol{B}_{z}^{i}\boldsymbol{K}_{1}^{j}+\boldsymbol{B}_{z}^{j}\boldsymbol{K}_{1}^{i})^{\mathrm{T}}\boldsymbol{P}_{22}(\boldsymbol{A}_{zs}^{i}+\boldsymbol{A}_{zs}^{j}+\boldsymbol{B}_{z}^{i}\boldsymbol{K}_{1}^{j}+\boldsymbol{B}_{z}^{j}\boldsymbol{K}_{1}^{i})\\ &\quad+2(\boldsymbol{B}_{s}^{i}\boldsymbol{K}_{1}^{j}+\boldsymbol{B}_{s}^{j}\boldsymbol{K}_{1}^{i})^{\mathrm{T}}\boldsymbol{P}_{11}+2\boldsymbol{P}_{11}(\boldsymbol{B}_{s}^{i}\boldsymbol{K}_{1}^{j}+\boldsymbol{B}_{s}^{j}\boldsymbol{K}_{1}^{i})\\ &\quad+2(\boldsymbol{B}_{z}^{i}\boldsymbol{K}_{1}^{j}+\boldsymbol{B}_{z}^{j}\boldsymbol{K}_{1}^{i})^{\mathrm{T}}\boldsymbol{P}_{21}+2\boldsymbol{P}_{21}^{\mathrm{T}}(\boldsymbol{B}_{z}^{i}\boldsymbol{K}_{1}^{j}+\boldsymbol{B}_{z}^{j}\boldsymbol{K}_{1}^{i})\end{aligned}\tag{4.11a}$$

$$\begin{aligned}\boldsymbol{\Psi}_{21}^{ij} &= 2(\boldsymbol{A}_{sz}^{i}+\boldsymbol{A}_{sz}^{j})^{\mathrm{T}}\boldsymbol{P}_{11}+2(\boldsymbol{B}_{s}^{i}\boldsymbol{K}_{2}^{j}+\boldsymbol{B}_{s}^{j}\boldsymbol{K}_{2}^{i})^{\mathrm{T}}\boldsymbol{P}_{11}+2(\boldsymbol{A}_{zz}^{i}+\boldsymbol{A}_{zz}^{j})^{\mathrm{T}}\boldsymbol{P}_{21}\\ &\quad+2(\boldsymbol{B}_{z}^{i}\boldsymbol{K}_{2}^{j}+\boldsymbol{B}_{z}^{j}\boldsymbol{K}_{2}^{i})^{\mathrm{T}}\boldsymbol{P}_{21}+(\boldsymbol{A}_{zz}^{i}+\boldsymbol{A}_{zz}^{j})^{\mathrm{T}}\boldsymbol{P}_{22}(\boldsymbol{B}_{z}^{i}\boldsymbol{K}_{1}^{j}+\boldsymbol{B}_{z}^{j}\boldsymbol{K}_{1}^{i})\\ &\quad+(\boldsymbol{B}_{z}^{i}\boldsymbol{K}_{2}^{j}+\boldsymbol{B}_{z}^{j}\boldsymbol{K}_{2}^{i})^{\mathrm{T}}\boldsymbol{P}_{22}(\boldsymbol{A}_{zs}^{i}+\boldsymbol{A}_{zs}^{j})+(\boldsymbol{A}_{zz}^{i}+\boldsymbol{A}_{zz}^{j})^{\mathrm{T}}\boldsymbol{P}_{22}(\boldsymbol{A}_{zs}^{i}+\boldsymbol{A}_{zs}^{j})\\ &\quad+(\boldsymbol{B}_{z}^{i}\boldsymbol{K}_{2}^{j}+\boldsymbol{B}_{z}^{j}\boldsymbol{K}_{2}^{i})^{\mathrm{T}}\boldsymbol{P}_{22}(\boldsymbol{B}_{z}^{i}\boldsymbol{K}_{1}^{j}+\boldsymbol{B}_{z}^{j}\boldsymbol{K}_{1}^{i})-4\boldsymbol{P}_{21}\end{aligned}\tag{4.11b}$$

$$\boldsymbol{\Psi}_{22}^{ij}=(\boldsymbol{A}_{zz}^{i}+\boldsymbol{B}_{z}^{i}\boldsymbol{K}_{2}^{j}+\boldsymbol{A}_{zz}^{j}+\boldsymbol{B}_{z}^{j}\boldsymbol{K}_{2}^{i})^{\mathrm{T}}\boldsymbol{P}_{22}(\boldsymbol{A}_{zz}^{i}+\boldsymbol{B}_{z}^{i}\boldsymbol{K}_{2}^{j}+\boldsymbol{A}_{zz}^{j}+\boldsymbol{B}_{z}^{j}\boldsymbol{K}_{2}^{i})-4\boldsymbol{P}_{22}\tag{4.11c}$$

则$\exists\varepsilon^{*}>0$，$\forall\varepsilon\in(0,\varepsilon^{*}]$，闭环系统（4.7）渐近稳定。

证明：定义$\boldsymbol{P}_{\varepsilon}=\begin{bmatrix}\boldsymbol{P}_{11}/\varepsilon & \boldsymbol{P}_{21}^{\mathrm{T}}\\ \boldsymbol{P}_{21} & \boldsymbol{P}_{22}\end{bmatrix}$，同理，$\exists\varepsilon_{0}^{*}>0$，$\forall\varepsilon\in(0,\varepsilon_{0}^{*}]$，$\boldsymbol{P}_{\varepsilon}>\boldsymbol{O}$。进一步，将$\boldsymbol{P}_{\varepsilon}$代入式（4.8）中，展开可得

$$\left(\boldsymbol{G}_{\varepsilon}^{ij}+\boldsymbol{G}_{\varepsilon}^{ji}\right)^{\mathrm{T}}\boldsymbol{P}_{\varepsilon}(\boldsymbol{G}_{\varepsilon}^{ij}+\boldsymbol{G}_{\varepsilon}^{ji})-4\boldsymbol{P}_{\varepsilon}=\begin{bmatrix}\boldsymbol{\Psi}_{11}^{ij} & *\\ \boldsymbol{\Psi}_{21}^{ij} & \boldsymbol{\Psi}_{22}^{ij}\end{bmatrix}+\boldsymbol{H}(\varepsilon),\quad 1\leqslant i\leqslant j\leqslant r$$

由式（4.10）可知$\exists\varepsilon_{1}^{*}>0$，$\forall\varepsilon\in(0,\varepsilon_{1}^{*}]$，$(\boldsymbol{G}_{\varepsilon}^{ij}+\boldsymbol{G}_{\varepsilon}^{ji})^{\mathrm{T}}\boldsymbol{P}_{\varepsilon}(\boldsymbol{G}_{\varepsilon}^{ij}+\boldsymbol{G}_{\varepsilon}^{ji})-4\boldsymbol{P}_{\varepsilon}<\boldsymbol{O}$。

因此，由引理 4.2 知，只需取$\varepsilon^{*}=\max(\varepsilon_{0}^{*},\varepsilon_{1}^{*})$，则$\forall\varepsilon\in(0,\varepsilon^{*}]$，闭环系统（4.7）保持渐近稳定。

由定理 4.2 可知，只要能够以$\boldsymbol{P}_{11}$、$\boldsymbol{P}_{22}$、$\boldsymbol{P}_{21}$和$\boldsymbol{K}_{1}^{i}$、$\boldsymbol{K}_{2}^{i}$为未知量求解式（4.10），就可以得到镇定控制器的增益$\boldsymbol{K}_{1}^{i}$、$\boldsymbol{K}_{2}^{i}$。遗憾的是，与分析问题不同，由于在$\boldsymbol{\Psi}_{11}^{ij}$中存在如下双线性项：

$$\begin{aligned}&(\boldsymbol{A}_{zs}^{i}+\boldsymbol{A}_{zs}^{j}+\boldsymbol{B}_{z}^{i}\boldsymbol{K}_{1}^{j}+\boldsymbol{B}_{z}^{i}\boldsymbol{K}_{1}^{j})^{\mathrm{T}}\boldsymbol{P}_{22}(\boldsymbol{A}_{zs}^{i}+\boldsymbol{A}_{zs}^{j}+\boldsymbol{B}_{z}^{i}\boldsymbol{K}_{1}^{j}+\boldsymbol{B}_{z}^{i}\boldsymbol{K}_{1}^{j})\\ &\quad+2(\boldsymbol{B}_{s}^{i}\boldsymbol{K}_{1}^{j}+\boldsymbol{B}_{s}^{j}\boldsymbol{K}_{1}^{i})^{\mathrm{T}}\boldsymbol{P}_{11}+2\boldsymbol{P}_{11}(\boldsymbol{B}_{s}^{i}\boldsymbol{K}_{1}^{j}+\boldsymbol{B}_{s}^{j}\boldsymbol{K}_{1}^{i})\\ &\quad+2(\boldsymbol{B}_{z}^{i}\boldsymbol{K}_{1}^{j}+\boldsymbol{B}_{z}^{j}\boldsymbol{K}_{1}^{i})^{\mathrm{T}}\boldsymbol{P}_{21}+2\boldsymbol{P}_{21}^{\mathrm{T}}(\boldsymbol{B}_{z}^{i}\boldsymbol{K}_{1}^{j}+\boldsymbol{B}_{z}^{j}\boldsymbol{K}_{1}^{i})\end{aligned}$$

式（4.10）无法直接转化为 LMI 求解。下面将探讨对这类不等式的求解算法。

4.2.3 两步法综合过程

（1）注意到式（4.10）暗含$\boldsymbol{\Psi}_{22}^{ij}<\boldsymbol{O}$，即

$$\boldsymbol{\Psi}_{22}^{ij}=(\boldsymbol{A}_{zz}^{i}+\boldsymbol{B}_{z}^{i}\boldsymbol{K}_{2}^{j}+\boldsymbol{A}_{zz}^{j}+\boldsymbol{B}_{z}^{j}\boldsymbol{K}_{2}^{i})^{\mathrm{T}}\boldsymbol{P}_{22}(\boldsymbol{A}_{zz}^{i}+\boldsymbol{B}_{z}^{i}\boldsymbol{K}_{2}^{j}+\boldsymbol{A}_{zz}^{j}+\boldsymbol{B}_{z}^{j}\boldsymbol{K}_{2}^{i})-4\boldsymbol{P}_{22}<\boldsymbol{O}\tag{4.12}$$

该式等价于$\begin{bmatrix} -4P_{22} & * \\ P_{22}(A_{zz}^i + A_{zz}^j + B_z^i K_2^j + B_z^j K_2^i) & -P_{22} \end{bmatrix} < O$。

令$X_{22} = P_{22}^{-1}$，$M_2^i = K_2^i X_{22}$，对其前后各乘$\mathrm{diag}(X_{22}, X_{22})$，并利用 Schur 补可得如下等价形式：

$$X_{22} > O,\quad \begin{bmatrix} -4X_{22} & * \\ (A_{zz}^i + A_{zz}^j)X_{22} + B_z^i M_2^j + B_z^j M_2^i & -X_{22} \end{bmatrix} < O \tag{4.13}$$

求解此 LMI 可得X_{22}、M_2^i，并可进一步得到

$$P_{22} = X_{22}^{-1},\quad K_2^i = M_2^i X_{22}^{-1} \tag{4.14}$$

（2）将得到的P_{22}和K_2^i代入式（4.10）中，显然，式（4.10）仍然是关于未知矩阵P_{11}、P_{21}和K_1^i的 BMI，但由于Ψ_{22}^{ij}已确定，Ψ_{21}^{ij}是关于P_{11}、P_{21}和K_1^i的线性组合，所以可引入如下定理以建立迭代的求解方法。

定理 4.3　当且仅当存在适当维数的矩阵P_{11}、P_{21}和K_1^i满足：

$$P_{11} > O,\quad \begin{bmatrix} \Psi_{11}^{ij} & * \\ \Psi_{21}^{ij} & \Psi_{22}^{ij} \end{bmatrix} < O \tag{4.15}$$

的充要条件为存在适当维数的矩阵P_{110}、P_{210}、K_{10}^i和P_{11}、P_{21}、K_1^i满足：

$$P_{11} > O,\quad P_{110} > O \tag{4.16a}$$

$$\begin{bmatrix} \Omega_{11}^{ij} & * & * & * & * & * & * \\ (B_s^i)^{\mathrm T} P_{11} + K_1^j & -(1/2)I & * & * & * & * & * \\ (B_s^j)^{\mathrm T} P_{11} + K_1^j & O & -(1/2)I & * & * & * & * \\ (B_z^i)^{\mathrm T} P_{21} + K_1^j & O & O & -(1/2)I & * & * & * \\ (B_z^i)^{\mathrm T} P_{21} + K_1^i & O & O & O & -(1/2)I & * & * \\ A_{zs}^i + A_{zs}^j + B_z^i K_1^j + B_z^j K_1^i & O & O & O & O & -P_{22}^{-1} & * \\ \Psi_{21}^{ij} & O & O & O & O & O & \Psi_{22}^{ij} \end{bmatrix} < O \tag{4.16b}$$

其中

$$\begin{aligned} \Omega_{11}^{ij} = {} & 2(A_{ss}^i + A_{ss}^j)^{\mathrm T} P_{11} + 2P_{11}(A_{ss}^i + A_{ss}^j)^{\mathrm T} + 2(A_{zs}^i + A_{zs}^j)^{\mathrm T} P_{21} + 2P_{21}^{\mathrm T}(A_{zs}^i + A_{zs}^j) \\ & - 2P_{11}B_s^i(B_s^i)^{\mathrm T} P_{110} - 2P_{110}B_s^i(B_s^i)^{\mathrm T} P_{11} + 2P_{110}B_s^i(B_s^i)^{\mathrm T} P_{110} \\ & - 2P_{11}B_s^j(B_s^j)^{\mathrm T} P_{110} - 2P_{110}B_s^j(B_s^j)^{\mathrm T} P_{11} + 2P_{110}B_s^j(B_s^j)^{\mathrm T} P_{110} \\ & - 2P_{21}B_z^i(B_z^i)^{\mathrm T} P_{210} - 2P_{210}^{\mathrm T}B_z^i(B_z^i)^{\mathrm T} P_{21} + 2P_{210}^{\mathrm T}B_z^i(B_z^i)^{\mathrm T} P_{210} \\ & - 2P_{21}B_z^j(B_z^j)^{\mathrm T} P_{210} - 2P_{210}^{\mathrm T}B_z^j(B_z^j)^{\mathrm T} P_{21} + 2P_{210}^{\mathrm T}B_z^j(B_z^j)^{\mathrm T} P_{210} \\ & - 4(K_1^i)^{\mathrm T} K_{10}^i - 4(K_{10}^i)^{\mathrm T}(K_1^i) + 4(K_{10}^i)^{\mathrm T}(K_{10}^i) \\ & - 4(K_1^j)^{\mathrm T} K_{10}^j - 4(K_{10}^j)^{\mathrm T}(K_1^j) + 4(K_{10}^j)^{\mathrm T}(K_{10}^j) \end{aligned} \tag{4.17}$$

证明：（充分性）由 Schur 补，式（4.16a）经过直接的代数运算可得

$$\begin{aligned}&\boldsymbol{\Psi}_{11}^{ij}-(\boldsymbol{\Psi}_{21}^{ij})^{\mathrm{T}}(\boldsymbol{\Psi}_{22}^{ij})^{-1}\boldsymbol{\Psi}_{21}^{ij}\\&+2(\boldsymbol{P}_{11}-\boldsymbol{P}_{110})\boldsymbol{B}_s^i(\boldsymbol{B}_s^i)^{\mathrm{T}}(\boldsymbol{P}_{11}-\boldsymbol{P}_{110})+2(\boldsymbol{P}_{11}-\boldsymbol{P}_{110})\boldsymbol{B}_s^j(\boldsymbol{B}_s^j)^{\mathrm{T}}(\boldsymbol{P}_{11}-\boldsymbol{P}_{110})\\&+2(\boldsymbol{P}_{21}-\boldsymbol{P}_{210})^{\mathrm{T}}\boldsymbol{B}_z^i(\boldsymbol{B}_z^i)^{\mathrm{T}}(\boldsymbol{P}_{21}-\boldsymbol{P}_{210})+2(\boldsymbol{P}_{21}-\boldsymbol{P}_{210})^{\mathrm{T}}\boldsymbol{B}_z^j(\boldsymbol{B}_z^j)^{\mathrm{T}}(\boldsymbol{P}_{21}-\boldsymbol{P}_{210})\\&+4(\boldsymbol{K}_1^i-\boldsymbol{K}_{10}^i)^{\mathrm{T}}(\boldsymbol{K}_1^i-\boldsymbol{K}_{10}^i)+4(\boldsymbol{K}_1^j-\boldsymbol{K}_{10}^j)^{\mathrm{T}}(\boldsymbol{K}_1^j-\boldsymbol{K}_{10}^j)<\boldsymbol{O}\end{aligned}$$

因而有 $\boldsymbol{\Psi}_{11}^{ij}-(\boldsymbol{\Psi}_{21}^{ij})^{\mathrm{T}}(\boldsymbol{\Psi}_{22}^{ij})^{-1}\boldsymbol{\Psi}_{21}^{ij}<\boldsymbol{O}$。

（必要性）由于 $\begin{bmatrix}\boldsymbol{\Psi}_{11}^{ij} & * \\ \boldsymbol{\Psi}_{21}^{ij} & \boldsymbol{\Psi}_{22}^{ij}\end{bmatrix}<\boldsymbol{O}$，则 $\exists\mu_1>0$、$\mu_2>0$ 和 $\mu_3>0$ 满足：

$$\boldsymbol{\Psi}_{11}^{ij}-(\boldsymbol{\Psi}_{21}^{ij})^{\mathrm{T}}(\boldsymbol{\Psi}_{22}^{ij})^{-1}\boldsymbol{\Psi}_{21}^{ij}+(\mu_1+\mu_2+\mu_3)\boldsymbol{I}<\boldsymbol{O}$$

另外，总可选择 $\boldsymbol{\Gamma}_1>\boldsymbol{O}$，$\boldsymbol{\Gamma}_2$ 和 $\boldsymbol{\Gamma}_3$ 满足：

$$\boldsymbol{\Gamma}_1\left(\boldsymbol{B}_s^i(\boldsymbol{B}_s^i)^{\mathrm{T}}+\boldsymbol{B}_s^j(\boldsymbol{B}_s^j)^{\mathrm{T}}\right)\boldsymbol{\Gamma}_1\leqslant\boldsymbol{I}$$

$$\boldsymbol{\Gamma}_2^{\mathrm{T}}(\boldsymbol{B}_z^i(\boldsymbol{B}_z^i)^{\mathrm{T}}+\boldsymbol{B}_z^j(\boldsymbol{B}_z^j)^{\mathrm{T}})\boldsymbol{\Gamma}_2\leqslant\boldsymbol{I}$$

$$\boldsymbol{\Gamma}_3^{\mathrm{T}}\boldsymbol{\Gamma}_3\leqslant\boldsymbol{I},\quad i,j=1,2,\cdots,r$$

令

$$\begin{aligned}&\boldsymbol{P}_{110}=\boldsymbol{P}_{11}-\sqrt{\mu_1/2}\cdot\boldsymbol{\Gamma}_1,\quad \boldsymbol{P}_{210}=\boldsymbol{P}_{21}-\sqrt{\mu_2/2}\cdot\boldsymbol{\Gamma}_2\\&\boldsymbol{K}_{10}^i=\boldsymbol{K}_1^i-\sqrt{\mu_3/8}\cdot\boldsymbol{\Gamma}_3\end{aligned}$$

则

$$\begin{aligned}&\quad 2(\boldsymbol{P}_{11}-\boldsymbol{P}_{110})\boldsymbol{B}_s^i(\boldsymbol{B}_s^i)^{\mathrm{T}}(\boldsymbol{P}_{11}-\boldsymbol{P}_{110})+2(\boldsymbol{P}_{11}-\boldsymbol{P}_{110})\boldsymbol{B}_s^j(\boldsymbol{B}_s^j)^{\mathrm{T}}(\boldsymbol{P}_{11}-\boldsymbol{P}_{110})\\&=\mu_1\boldsymbol{\Gamma}_1\left(\boldsymbol{B}_s^i(\boldsymbol{B}_s^i)^{\mathrm{T}}+\boldsymbol{B}_s^j(\boldsymbol{B}_s^j)^{\mathrm{T}}\right)\boldsymbol{\Gamma}_1\\&\leqslant\mu_1\boldsymbol{I}\\&\quad 2(\boldsymbol{P}_{21}-\boldsymbol{P}_{210})^{\mathrm{T}}\boldsymbol{B}_z^i(\boldsymbol{B}_z^i)^{\mathrm{T}}(\boldsymbol{P}_{21}-\boldsymbol{P}_{210})+2(\boldsymbol{P}_{21}-\boldsymbol{P}_{210})^{\mathrm{T}}\boldsymbol{B}_z^j(\boldsymbol{B}_z^j)^{\mathrm{T}}(\boldsymbol{P}_{21}-\boldsymbol{P}_{210})\\&=\mu_2\boldsymbol{\Gamma}_2^{\mathrm{T}}\left(\boldsymbol{B}_z^i(\boldsymbol{B}_z^i)^{\mathrm{T}}+\boldsymbol{B}_z^j(\boldsymbol{B}_z^j)^{\mathrm{T}}\right)\boldsymbol{\Gamma}_2\\&\leqslant\mu_2\boldsymbol{I}\\&\quad 4(\boldsymbol{K}_1^i-\boldsymbol{K}_{10}^i)^{\mathrm{T}}(\boldsymbol{K}_1^i-\boldsymbol{K}_{10}^i)+4(\boldsymbol{K}_1^j-\boldsymbol{K}_{10}^j)^{\mathrm{T}}(\boldsymbol{K}_1^j-\boldsymbol{K}_{10}^j)\\&=\mu_3\boldsymbol{\Gamma}_3^{\mathrm{T}}\boldsymbol{\Gamma}_3\\&\leqslant\mu_3\boldsymbol{I}\end{aligned}$$

因而

$$
\begin{aligned}
&\boldsymbol{\Psi}_{11}^{ij}-(\boldsymbol{\Psi}_{21}^{ij})^{\mathrm{T}}(\boldsymbol{\Psi}_{22}^{ij})^{-1}\boldsymbol{\Psi}_{21}^{ij}+2(\boldsymbol{P}_{11}-\boldsymbol{P}_{110})\boldsymbol{B}_s^i(\boldsymbol{B}_s^i)^{\mathrm{T}}(\boldsymbol{P}_{11}-\boldsymbol{P}_{110})\\
&\quad+2(\boldsymbol{P}_{11}-\boldsymbol{P}_{110})\boldsymbol{B}_s^j(\boldsymbol{B}_s^j)^{\mathrm{T}}(\boldsymbol{P}_{11}-\boldsymbol{P}_{110})+2(\boldsymbol{P}_{21}-\boldsymbol{P}_{210})^{\mathrm{T}}\boldsymbol{B}_z^i(\boldsymbol{B}_z^i)^{\mathrm{T}}(\boldsymbol{P}_{21}-\boldsymbol{P}_{210})\\
&\quad+2(\boldsymbol{P}_{21}-\boldsymbol{P}_{210})^{\mathrm{T}}\boldsymbol{B}_z^j(\boldsymbol{B}_z^j)^{\mathrm{T}}(\boldsymbol{P}_{21}-\boldsymbol{P}_{210})+4(\boldsymbol{K}_1^i-\boldsymbol{K}_{10}^i)^{\mathrm{T}}(\boldsymbol{K}_1^i-\boldsymbol{K}_{10}^i)\\
&\quad+4(\boldsymbol{K}_1^j-\boldsymbol{K}_{10}^j)^{\mathrm{T}}(\boldsymbol{K}_1^j-\boldsymbol{K}_{10}^j)\\
&\leqslant\boldsymbol{\Psi}_{11}^{ij}-(\boldsymbol{\Psi}_{21}^{ij})^{\mathrm{T}}(\boldsymbol{\Psi}_{22}^{ij})^{-1}\boldsymbol{\Psi}_{21}^{ij}+\mu_1\boldsymbol{I}+\mu_2\boldsymbol{I}+\mu_3\boldsymbol{I}\\
&<\boldsymbol{O}
\end{aligned}
$$

即

$$
\begin{aligned}
&\boldsymbol{\Omega}_{11}^{ij}+\left(\boldsymbol{A}_{zs}^i+\boldsymbol{A}_{zs}^j+\boldsymbol{B}_z^i\boldsymbol{K}_1^j+\boldsymbol{B}_z^j\boldsymbol{K}_1^i\right)^{\mathrm{T}}\boldsymbol{P}_{22}\left(\boldsymbol{A}_{zs}^i+\boldsymbol{A}_{zs}^j+\boldsymbol{B}_z^i\boldsymbol{K}_1^j+\boldsymbol{B}_z^j\boldsymbol{K}_1^i\right)-(\boldsymbol{\Psi}_{21}^{ij})^{\mathrm{T}}\left(\boldsymbol{\Psi}_{22}^{ij}\right)^{-1}\boldsymbol{\Psi}_{21}^{ij}\\
&\quad+2\left[\left(\boldsymbol{B}_s^i\right)^{\mathrm{T}}\boldsymbol{P}_{11}+\boldsymbol{K}_1^j\right]^{\mathrm{T}}\left[\left(\boldsymbol{B}_s^i\right)^{\mathrm{T}}\boldsymbol{P}_{11}+\boldsymbol{K}_1^j\right]+2\left[\left(\boldsymbol{B}_s^j\right)^{\mathrm{T}}\boldsymbol{P}_{11}+\boldsymbol{K}_1^i\right]^{\mathrm{T}}\left[\left(\boldsymbol{B}_s^j\right)^{\mathrm{T}}\boldsymbol{P}_{11}+\boldsymbol{K}_1^i\right]\\
&\quad+2\left[\left(\boldsymbol{B}_z^i\right)^{\mathrm{T}}\boldsymbol{P}_{21}+\boldsymbol{K}_1^j\right]^{\mathrm{T}}\left[\left(\boldsymbol{B}_s^i\right)^{\mathrm{T}}\boldsymbol{P}_{21}+\boldsymbol{K}_1^j\right]+2\left[\left(\boldsymbol{B}_s^j\right)^{\mathrm{T}}\boldsymbol{P}_{21}+\boldsymbol{K}_1^i\right]^{\mathrm{T}}\left[\left(\boldsymbol{B}_z^i\right)^{\mathrm{T}}\boldsymbol{P}_{21}+\boldsymbol{K}_1^i\right]<\boldsymbol{O}
\end{aligned}
$$

即可得式（4.16a）。

算法 4.1　矩阵不等式（4.15）的迭代算法

---

1. 初始化：选定初值 $\boldsymbol{P}_{110}$、$\boldsymbol{P}_{210}$ 和 $\boldsymbol{K}_{10}^i$。

2. 求解如下关于 $\boldsymbol{P}_{11}$、$\boldsymbol{P}_{21}$ 和 $\boldsymbol{K}_1^i$ 的广义特征值问题（generalized eigen value problem，GEVP）:

min　α

s.t.

$$
\begin{bmatrix}
\boldsymbol{\Omega}_{11}^{ij}-\alpha\boldsymbol{P}_{11} & * & * & * & * & * & *\\
(\boldsymbol{B}_s^i)^{\mathrm{T}}\boldsymbol{P}_{11}+\boldsymbol{K}_1^j & -(1/2)\boldsymbol{I} & * & * & * & * & *\\
(\boldsymbol{B}_s^j)^{\mathrm{T}}\boldsymbol{P}_{11}+\boldsymbol{K}_1^j & \boldsymbol{O} & -(1/2)\boldsymbol{I} & * & * & * & *\\
(\boldsymbol{B}_z^i)^{\mathrm{T}}\boldsymbol{P}_{21}+\boldsymbol{K}_1^j & \boldsymbol{O} & \boldsymbol{O} & -(1/2)\boldsymbol{I} & * & * & *\\
(\boldsymbol{B}_z^i)^{\mathrm{T}}\boldsymbol{P}_{21}+\boldsymbol{K}_1^i & \boldsymbol{O} & \boldsymbol{O} & \boldsymbol{O} & -(1/2)\boldsymbol{I} & * & *\\
\boldsymbol{A}_{zs}^i+\boldsymbol{A}_{zs}^j+\boldsymbol{B}_z^i\boldsymbol{K}_1^j+\boldsymbol{B}_z^j\boldsymbol{K}_1^i & \boldsymbol{O} & \boldsymbol{O} & \boldsymbol{O} & \boldsymbol{O} & -\boldsymbol{P}_{22}^{-1} & *\\
\boldsymbol{\Psi}_{21}^{ij} & \boldsymbol{O} & \boldsymbol{O} & \boldsymbol{O} & \boldsymbol{O} & \boldsymbol{O} & \boldsymbol{\Psi}_{22}^{ij}
\end{bmatrix}<\boldsymbol{O}
\tag{4.18}
$$

假设获得的最优值为 α^t。

3. 如果 $\alpha^t<0$，则此时获得的 $\boldsymbol{P}_{11}$、$\boldsymbol{P}_{21}$ 和 $\boldsymbol{K}_1^i$ 即为可行解，算法退出，否则执行下一步。

4. 求解如下关于 $\boldsymbol{P}_{11}$、$\boldsymbol{P}_{21}$ 和 $\boldsymbol{K}_1^i$ 的优化问题，其中 α^t 由第 2 步确定：

min　trace($\boldsymbol{P}_{11}$)

s.t.

$$\begin{bmatrix} \boldsymbol{\Omega}_{11}^{ij}-\alpha^t\boldsymbol{P}_{11} & * & * & * & * & * & * \\ (\boldsymbol{B}_s^i)^{\mathrm{T}}\boldsymbol{P}_{11}+\boldsymbol{K}_1^j & -(1/2)\boldsymbol{I} & * & * & * & * & * \\ (\boldsymbol{B}_s^j)^{\mathrm{T}}\boldsymbol{P}_{11}+\boldsymbol{K}_1^j & \boldsymbol{O} & -(1/2)\boldsymbol{I} & * & * & * & * \\ (\boldsymbol{B}_z^i)^{\mathrm{T}}\boldsymbol{P}_{21}+\boldsymbol{K}_1^j & \boldsymbol{O} & \boldsymbol{O} & -(1/2)\boldsymbol{I} & * & * & * \\ (\boldsymbol{B}_z^i)^{\mathrm{T}}\boldsymbol{P}_{21}+\boldsymbol{K}_1^i & \boldsymbol{O} & \boldsymbol{O} & \boldsymbol{O} & -(1/2)\boldsymbol{I} & * & * \\ \boldsymbol{A}_{zs}^i+\boldsymbol{A}_{zs}^j+\boldsymbol{B}_z^i\boldsymbol{K}_1^j+\boldsymbol{B}_z^j\boldsymbol{K}_1^i & \boldsymbol{O} & \boldsymbol{O} & \boldsymbol{O} & \boldsymbol{O} & -\boldsymbol{P}_{22}^{-1} & * \\ \boldsymbol{\Psi}_{21}^{ij} & \boldsymbol{O} & \boldsymbol{O} & \boldsymbol{O} & \boldsymbol{O} & \boldsymbol{O} & \boldsymbol{\Psi}_{22}^{ij} \end{bmatrix} < \boldsymbol{O} \tag{4.19}$$

5. 如果 $\left\|\boldsymbol{P}_{11}-\boldsymbol{P}_{110}\right\|_{\mathrm{F}}>\phi$，其中 ϕ 为预先设定的门限，则重置 $\boldsymbol{P}_{110}=\boldsymbol{P}_{11}$，$\boldsymbol{P}_{210}=\boldsymbol{P}_{21}$，$\boldsymbol{K}_{10}^i=\boldsymbol{K}_1^i$，$t=t+1$，并返回第 2 步，否则，方法失效，退出。

注 4.3　虽然定理 4.3 为充要条件，但利用算法 4.1 获得可行解还依赖于初值 $\boldsymbol{P}_{110}$、$\boldsymbol{P}_{210}$ 和 $\boldsymbol{K}_{10}^i$ 的选择。这里可以通过求解对应名义系统（nominal system）的离散 Riccati 方程来获得初值，具体过程为：首先进行如下定义，即

$$\boldsymbol{A}_0=\frac{1}{r}\sum_{i=1}^{r}\boldsymbol{A}^i=\begin{bmatrix}\boldsymbol{A}_{ss0} & \boldsymbol{A}_{sz0}\\ \boldsymbol{A}_{zs0} & \boldsymbol{A}_{zz0}\end{bmatrix},\quad \boldsymbol{B}_0=\frac{1}{r}\sum_{i=1}^{r}\boldsymbol{B}^i=\begin{bmatrix}\boldsymbol{B}_{s0}\\ \boldsymbol{B}_{z0}\end{bmatrix}$$

选定 $\boldsymbol{Q}\in\mathbb{R}^{n_s+n_z}$，$\boldsymbol{R}\in\mathbb{R}^{m\times m}$ 且 $\boldsymbol{Q}=\begin{bmatrix}\boldsymbol{Q}_{11} & \boldsymbol{Q}_{21}^{\mathrm{T}}\\ \boldsymbol{Q}_{21} & \boldsymbol{Q}_{22}\end{bmatrix}>\boldsymbol{O}$，$\boldsymbol{R}>\boldsymbol{O}$，求解如下广义离散 Riccati 方程：

$$\begin{aligned}\boldsymbol{O}=&\boldsymbol{A}_{ss0}^{\mathrm{T}}\boldsymbol{P}_{110}+\boldsymbol{P}_{110}\boldsymbol{A}_{ss0}+\boldsymbol{A}_{zs0}^{\mathrm{T}}\boldsymbol{P}_{210}+\boldsymbol{P}_{210}^{\mathrm{T}}\boldsymbol{A}_{zs0}+\boldsymbol{A}_{zs0}^{\mathrm{T}}\boldsymbol{P}_{220}\boldsymbol{A}_{zs0}+\boldsymbol{Q}_{11}\\ &-\left(\boldsymbol{P}_{110}\boldsymbol{B}_{s0}+\boldsymbol{P}_{210}^{\mathrm{T}}\boldsymbol{B}_{z0}+\boldsymbol{A}_{210}^{\mathrm{T}}\boldsymbol{P}_{220}\boldsymbol{B}_{z0}\right)\left(\boldsymbol{R}+\boldsymbol{B}_{z0}^{\mathrm{T}}\boldsymbol{P}_{220}\boldsymbol{B}_{z0}\right)^{-1}\\ &\cdot\left(\boldsymbol{P}_{110}\boldsymbol{B}_{s0}+\boldsymbol{P}_{210}^{\mathrm{T}}\boldsymbol{B}_{z0}+\boldsymbol{A}_{210}^{\mathrm{T}}\boldsymbol{P}_{220}\boldsymbol{B}_{z0}\right)^{\mathrm{T}}\end{aligned}\tag{4.20a}$$

$$\begin{aligned}\boldsymbol{P}_{210}^{\mathrm{T}}=&\boldsymbol{P}_{110}\boldsymbol{A}_{sz0}+\boldsymbol{P}_{210}^{\mathrm{T}}\boldsymbol{A}_{zz0}+\boldsymbol{A}_{zs0}^{\mathrm{T}}P_{220}A_{220}\\ &-\left(\boldsymbol{P}_{110}\boldsymbol{B}_{s0}+\boldsymbol{P}_{210}^{\mathrm{T}}\boldsymbol{B}_{z0}+\boldsymbol{A}_{zs0}^{\mathrm{T}}\boldsymbol{P}_{220}\boldsymbol{B}_{z0}\right)\left(\boldsymbol{R}+\boldsymbol{B}_{z0}^{\mathrm{T}}\boldsymbol{P}_{220}\boldsymbol{B}_{z0}\right)^{-1}\left(\boldsymbol{B}_{z0}^{\mathrm{T}}\boldsymbol{P}_{220}\boldsymbol{A}_{zz0}\right)\end{aligned}\tag{4.20b}$$

$$\boldsymbol{P}_{220}=\boldsymbol{A}_{zz0}^{\mathrm{T}}\boldsymbol{P}_{220}\boldsymbol{A}_{zz0}+\boldsymbol{Q}_{22}-\left(\boldsymbol{A}_{zz0}^{\mathrm{T}}\boldsymbol{P}_{220}\boldsymbol{B}_{z0}\right)\left(\boldsymbol{R}+\boldsymbol{B}_{z0}^{\mathrm{T}}\boldsymbol{P}_{220}\boldsymbol{B}_{z0}\right)^{-1}\left(\boldsymbol{A}_{zz0}^{\mathrm{T}}\boldsymbol{P}_{220}\boldsymbol{B}_{z0}\right)^{\mathrm{T}}\tag{4.20c}$$

即可得到初值 $\boldsymbol{P}_{110}$、$\boldsymbol{P}_{210}$ 和 $\boldsymbol{K}_{10}^i$。进一步，通过改变 $\boldsymbol{Q}$、$\boldsymbol{R}$ 即可获得不同的初值。

注 4.4　算法 4.1 中，如果使用 MATLAB 工具求解，则第 2 步可以使用函数 gevp( )，第 4 步可以使用函数 mincx( )。

注 4.5　如需设计仅依赖于慢变量的部分状态反馈控制器，当不等式：

$$(\boldsymbol{A}_{zz}^i+\boldsymbol{A}_{zz}^j)^{\mathrm{T}}\boldsymbol{P}_{22}(\boldsymbol{A}_{zz}^i+\boldsymbol{A}_{zz}^j)-4\boldsymbol{P}_{zz}<\boldsymbol{O},\quad 1\leqslant i\leqslant j\leqslant r$$

存在公共解 $\boldsymbol{P}_{22}^*>\boldsymbol{O}$ 时，实际上相当于可以令 $\boldsymbol{K}_2^i=\boldsymbol{O}$（$1\leqslant i\leqslant r$），从而可将 $\boldsymbol{K}_2^i=\boldsymbol{O}$ 和 $\boldsymbol{P}_{22}^*$ 代入算法 4.1 中得到控制增益 $\boldsymbol{K}_1^i$，而控制律为

$$u(k)=\sum_{i=1}^{r}\mu_i K_1^i x_s(k)$$

4.3　H_∞分析与综合

考虑带外部干扰的情况，可将式（4.2）所示的离散模糊奇异摄动系统推广为

$$x(k+1)=\sum_{i=1}^{r}\mu_i(\xi(k))\Big(A_\varepsilon^i x(k)+B_\varepsilon^i u(k)+D_\varepsilon^i w(k)\Big) \tag{4.21}$$

其中，$w(k)\in\mathbb{R}^q$为干扰输入向量；$D_\varepsilon^i=\begin{bmatrix}\varepsilon D_1^i\\ D_2^i\end{bmatrix}$，$D_1^i$、$D_2^i$为具有适当维数的矩阵。

采用H_∞技术，目的有如下两点。

（Per 4.1）稳定性：当$w(t)\equiv 0$时，闭环系统（4.12）保持渐近稳定。

（Per 4.2）干扰抑制性能：对于任意有界干扰$w(k)$，有

$$\varepsilon\sum_{k=0}^{N-1}\Big(x^{\mathrm T}(k)Qx(k)+u^{\mathrm T}(k)Ru(k)\Big)<x_s^{\mathrm T}(0)P_{11}x_s(0)+\varepsilon\cdot\rho^2\sum_{k=0}^{N-1}\Big(w^{\mathrm T}(k)w(k)\Big)+O(\varepsilon) \tag{4.22}$$

其中，标量ρ为事先设定的干扰抑制水平；Q、R和P_{11}为加权矩阵；$N\in(0,+\infty)$为任意时刻。

采用式（4.6）的模糊控制器，可得闭环系统为

$$x(k+1)=\sum_{i=1}^{r}\mu_i^2\Big(G_\varepsilon^{ii}x(k)+D_\varepsilon^i w(k)\Big)+\sum_{\substack{i,j=1\\ i<j}}^{r}\mu_i\mu_j\Big((G_\varepsilon^{ij}+G_\varepsilon^{ji})x(k)+(D_\varepsilon^i+D_\varepsilon^j)w(k)\Big) \tag{4.23}$$

其中，$G_\varepsilon^{ii}=A_\varepsilon^i+B_\varepsilon^i K^i$；$G_\varepsilon^{ij}=A_\varepsilon^i+B_\varepsilon^i K^j$；$G_\varepsilon^{ji}=A_\varepsilon^j+B_\varepsilon^j K^i$。

引理 4.3　如果存在公共矩阵$P>O$，满足对任意$1\leqslant i\leqslant j\leqslant r$：

$$\begin{bmatrix}\begin{pmatrix}(G_\varepsilon^{ij}+G_\varepsilon^{ji})^{\mathrm T}P(G_\varepsilon^{ij}+G_\varepsilon^{ji})-4P+Q\\ +(K^i)^{\mathrm T}R(K^i)+(K^j)^{\mathrm T}R(K^j)\end{pmatrix} & * \\ (D_\varepsilon^i+D_\varepsilon^j)^{\mathrm T}P(G_\varepsilon^{ij}+G_\varepsilon^{ji}) & \begin{pmatrix}(D_\varepsilon^i+D_\varepsilon^j)^{\mathrm T}P(D_\varepsilon^i+D_\varepsilon^j)\\ -4\rho^2 I\end{pmatrix}\end{bmatrix}<O \tag{4.24}$$

则闭环系统（4.21）保持渐近稳定且

$$\sum_{k=0}^{N-1}\Big(x^{\mathrm T}(k)Qx(k)+u^{\mathrm T}(k)Ru(k)\Big)<x^{\mathrm T}(0)Px(0)+\rho^2\sum_{k=0}^{N-1}w^{\mathrm T}(k)w(k)$$

定理 4.4 如果存在公共矩阵 $\boldsymbol{P}_{11}>\boldsymbol{O}$、$\boldsymbol{P}_{22}>\boldsymbol{O}$，以及 $\boldsymbol{P}_{21}$ 满足对任意 $1\leqslant i\leqslant j\leqslant r$：

$$\begin{bmatrix}\boldsymbol{\Phi}_{11}^{ij} & * & * \\ \boldsymbol{\Phi}_{21}^{ij} & \boldsymbol{\Phi}_{22}^{ij} & * \\ \boldsymbol{\Phi}_{31}^{ij} & \boldsymbol{\Phi}_{32}^{ij} & \boldsymbol{\Phi}_{33}^{ij}\end{bmatrix}<\boldsymbol{O} \tag{4.25}$$

其中

$$\begin{aligned}\boldsymbol{\Phi}_{11}^{ij} &= 2(\boldsymbol{A}_{ss}^{i}+\boldsymbol{A}_{ss}^{j})^{\mathrm{T}}\boldsymbol{P}_{11}+2\boldsymbol{P}_{11}(\boldsymbol{A}_{ss}^{i}+\boldsymbol{A}_{ss}^{j})+2(\boldsymbol{A}_{zs}^{i}+\boldsymbol{A}_{zs}^{j})^{\mathrm{T}}\boldsymbol{P}_{21}+2\boldsymbol{P}_{21}^{\mathrm{T}}(\boldsymbol{A}_{zs}^{i}+\boldsymbol{A}_{zs}^{j}) \\ &\quad +(\boldsymbol{A}_{zs}^{i}+\boldsymbol{A}_{zs}^{j}+\boldsymbol{B}_{z}^{i}\boldsymbol{K}_{1}^{j}+\boldsymbol{B}_{z}^{i}\boldsymbol{K}_{1}^{j})^{\mathrm{T}}\boldsymbol{P}_{22}(\boldsymbol{A}_{zs}^{i}+\boldsymbol{A}_{zs}^{j}+\boldsymbol{B}_{z}^{i}\boldsymbol{K}_{1}^{j}+\boldsymbol{B}_{z}^{i}\boldsymbol{K}_{1}^{j}) \\ &\quad +2(\boldsymbol{B}_{s}^{i}\boldsymbol{K}_{1}^{j}+\boldsymbol{B}_{s}^{j}\boldsymbol{K}_{1}^{i})^{\mathrm{T}}\boldsymbol{P}_{11}+2\boldsymbol{P}_{11}(\boldsymbol{B}_{s}^{i}\boldsymbol{K}_{1}^{j}+\boldsymbol{B}_{s}^{j}\boldsymbol{K}_{1}^{i}) \\ &\quad +2(\boldsymbol{B}_{z}^{i}\boldsymbol{K}_{1}^{j}+\boldsymbol{B}_{z}^{j}\boldsymbol{K}_{1}^{i})^{\mathrm{T}}\boldsymbol{P}_{21}+2\boldsymbol{P}_{21}^{\mathrm{T}}(\boldsymbol{B}_{z}^{i}\boldsymbol{K}_{1}^{j}+\boldsymbol{B}_{z}^{j}\boldsymbol{K}_{1}^{i}) \\ &\quad +4\boldsymbol{Q}_{11}+2(\boldsymbol{K}_{1}^{i})^{\mathrm{T}}\boldsymbol{P}\boldsymbol{K}_{1}^{i}+2(\boldsymbol{K}_{1}^{j})^{\mathrm{T}}\boldsymbol{R}\boldsymbol{K}_{1}^{j}\end{aligned} \tag{4.26a}$$

$$\begin{aligned}\boldsymbol{\Phi}_{21}^{ij} &= 2(\boldsymbol{A}_{sz}^{i}+\boldsymbol{A}_{sz}^{j})^{\mathrm{T}}\boldsymbol{P}_{11}+2(\boldsymbol{B}_{s}^{i}\boldsymbol{K}_{2}^{j}+\boldsymbol{B}_{s}^{j}\boldsymbol{K}_{2}^{i})^{\mathrm{T}}\boldsymbol{P}_{11} \\ &\quad +2(\boldsymbol{A}_{zz}^{i}+\boldsymbol{A}_{zz}^{j})^{\mathrm{T}}\boldsymbol{P}_{21}+2(\boldsymbol{B}_{z}^{i}\boldsymbol{K}_{2}^{j}+\boldsymbol{B}_{z}^{j}\boldsymbol{K}_{2}^{i})^{\mathrm{T}}\boldsymbol{P}_{21} \\ &\quad +(\boldsymbol{A}_{zz}^{i}+\boldsymbol{A}_{zz}^{j})^{\mathrm{T}}\boldsymbol{P}_{22}(\boldsymbol{B}_{z}^{i}\boldsymbol{K}_{1}^{j}+\boldsymbol{B}_{z}^{j}\boldsymbol{K}_{1}^{i})+(\boldsymbol{B}_{z}^{i}\boldsymbol{K}_{2}^{j}+\boldsymbol{B}_{z}^{j}\boldsymbol{K}_{2}^{i})^{\mathrm{T}}\boldsymbol{P}_{22}(\boldsymbol{A}_{zs}^{i}+\boldsymbol{A}_{zs}^{j}) \\ &\quad +(\boldsymbol{A}_{zz}^{i}+\boldsymbol{A}_{zz}^{j})^{\mathrm{T}}\boldsymbol{P}_{22}(\boldsymbol{A}_{zs}^{i}+\boldsymbol{A}_{zs}^{j})+(\boldsymbol{B}_{z}^{i}\boldsymbol{K}_{2}^{j}+\boldsymbol{B}_{z}^{j}\boldsymbol{K}_{2}^{i})^{\mathrm{T}}\boldsymbol{P}_{22}(\boldsymbol{B}_{z}^{i}\boldsymbol{K}_{2}^{j}+\boldsymbol{B}_{z}^{j}\boldsymbol{K}_{2}^{i}) \\ &\quad -4\boldsymbol{P}_{21}+4\boldsymbol{Q}_{21}+2(\boldsymbol{K}_{2}^{i})^{\mathrm{T}}\boldsymbol{R}\boldsymbol{K}_{1}^{i}+2(\boldsymbol{K}_{2}^{j})^{\mathrm{T}}\boldsymbol{R}\boldsymbol{K}_{1}^{j}\end{aligned} \tag{4.26b}$$

$$\begin{aligned}\boldsymbol{\Phi}_{22}^{ij} &= (\boldsymbol{A}_{zz}^{i}+\boldsymbol{B}_{z}^{i}\boldsymbol{K}_{2}^{j}+\boldsymbol{A}_{zz}^{j}+\boldsymbol{B}_{z}^{j}\boldsymbol{K}_{2}^{i})^{\mathrm{T}}\boldsymbol{P}_{22}(\boldsymbol{A}_{zz}^{i}+\boldsymbol{B}_{z}^{i}\boldsymbol{K}_{2}^{j}+\boldsymbol{A}_{zz}^{j}+\boldsymbol{B}_{z}^{j}\boldsymbol{K}_{2}^{i})-4\boldsymbol{P}_{22} \\ &\quad +4\boldsymbol{Q}_{22}+2(\boldsymbol{K}_{2}^{i})^{\mathrm{T}}\boldsymbol{R}\boldsymbol{K}_{2}^{i}+2(\boldsymbol{K}_{2}^{j})^{\mathrm{T}}\boldsymbol{R}\boldsymbol{K}_{2}^{j}\end{aligned} \tag{4.26c}$$

$$\begin{aligned}\boldsymbol{\Phi}_{31}^{ij} &= 2(\boldsymbol{D}_{s}^{i}+\boldsymbol{D}_{s}^{j})^{\mathrm{T}}\boldsymbol{P}_{11}+2(\boldsymbol{D}_{z}^{i}+\boldsymbol{D}_{z}^{j})^{\mathrm{T}}\boldsymbol{P}_{21}+(\boldsymbol{D}_{z}^{i}+\boldsymbol{D}_{z}^{j})^{\mathrm{T}}\boldsymbol{P}_{22}(\boldsymbol{A}_{zs}^{i}+\boldsymbol{B}_{z}^{i}\boldsymbol{K}_{1}^{j}+\boldsymbol{A}_{zs}^{j}+\boldsymbol{B}_{z}^{j}\boldsymbol{K}_{1}^{i}) \\ &\quad -4\boldsymbol{P}_{21}+4\boldsymbol{Q}_{21}+2(\boldsymbol{K}_{2}^{i})^{\mathrm{T}}\boldsymbol{R}\boldsymbol{K}_{1}^{i}+2(\boldsymbol{K}_{2}^{j})^{\mathrm{T}}\boldsymbol{R}\boldsymbol{K}_{1}^{j}\end{aligned} \tag{4.26d}$$

$$\boldsymbol{\Phi}_{32}^{ij} = (\boldsymbol{D}_{z}^{i}+\boldsymbol{D}_{z}^{j})^{\mathrm{T}}\boldsymbol{P}_{22}(\boldsymbol{A}_{zz}^{i}+\boldsymbol{B}_{z}^{i}\boldsymbol{K}_{2}^{j}+\boldsymbol{A}_{zz}^{j}+\boldsymbol{B}_{z}^{j}\boldsymbol{K}_{2}^{i}) \tag{4.26e}$$

$$\boldsymbol{\Phi}_{33}^{ij} = (\boldsymbol{D}_{z}^{i}+\boldsymbol{D}_{z}^{j})^{\mathrm{T}}\boldsymbol{P}_{22}(\boldsymbol{D}_{z}^{i}+\boldsymbol{D}_{z}^{j})-4\rho^{2}\boldsymbol{I} \tag{4.26f}$$

则存在 $\varepsilon^{*}>0$，$\forall\varepsilon\in(0,\varepsilon^{*}]$，对于闭环系统（4.23），稳定性条件（Per 4.1）和 H_{∞} 性能（Per 4.2）可得到满足。

证明：定义 $\boldsymbol{P}_{\varepsilon}=\begin{bmatrix}\boldsymbol{P}_{11}/\varepsilon & \boldsymbol{P}_{21}^{\mathrm{T}} \\ \boldsymbol{P}_{21} & \boldsymbol{P}_{22}\end{bmatrix}$，同理，$\exists\varepsilon_{0}^{*}>0$，$\forall\varepsilon\in(0,\varepsilon_{0}^{*}]$，$\boldsymbol{P}_{\varepsilon}>\boldsymbol{O}$。进一步，将 $\boldsymbol{P}_{\varepsilon}$ 代入式（4.24）中，展开可得

$$\begin{bmatrix} \begin{pmatrix} (\boldsymbol{G}_\varepsilon^{ij}+\boldsymbol{G}_\varepsilon^{ji})^{\mathrm{T}}\boldsymbol{P}_\varepsilon(\boldsymbol{G}_\varepsilon^{ij}+\boldsymbol{G}_\varepsilon^{ji})-4\boldsymbol{P}_\varepsilon+\boldsymbol{Q} \\ +(\boldsymbol{K}^i)^{\mathrm{T}}\boldsymbol{R}\boldsymbol{K}^i+(\boldsymbol{K}^j)^{\mathrm{T}}\boldsymbol{R}\boldsymbol{K}^j \end{pmatrix} & * \\ (\boldsymbol{D}_\varepsilon^i+\boldsymbol{D}_\varepsilon^j)^{\mathrm{T}}\boldsymbol{P}_\varepsilon(\boldsymbol{G}_\varepsilon^{ij}+\boldsymbol{G}_\varepsilon^{ji}) & \begin{pmatrix} (\boldsymbol{D}_\varepsilon^i+\boldsymbol{D}_\varepsilon^j)^{\mathrm{T}}\boldsymbol{P}_\varepsilon(\boldsymbol{D}_\varepsilon^i+\boldsymbol{D}_\varepsilon^j) \\ -4\rho^2\boldsymbol{I} \end{pmatrix} \end{bmatrix}$$

$$=\begin{bmatrix} \boldsymbol{\Phi}_{11}^{ij} & * & * \\ \boldsymbol{\Phi}_{21}^{ij} & \boldsymbol{\Phi}_{22}^{ij} & * \\ \boldsymbol{\Phi}_{31}^{ij} & \boldsymbol{\Phi}_{32}^{ij} & \boldsymbol{\Phi}_{33}^{ij} \end{bmatrix}+\boldsymbol{H}(\varepsilon)$$

由式（4.25）可知$\exists\varepsilon_1^*>0$，$\forall\varepsilon\in(0,\varepsilon_1^*]$：

$$\begin{bmatrix} \begin{pmatrix} (\boldsymbol{G}_\varepsilon^{ij}+\boldsymbol{G}_\varepsilon^{ji})^{\mathrm{T}}\boldsymbol{P}_\varepsilon(\boldsymbol{G}_\varepsilon^{ij}+\boldsymbol{G}_\varepsilon^{ji})-4\boldsymbol{P}_\varepsilon+\boldsymbol{Q} \\ +(\boldsymbol{K}^i)^{\mathrm{T}}\boldsymbol{R}\boldsymbol{K}^i+(\boldsymbol{K}^j)^{\mathrm{T}}\boldsymbol{R}\boldsymbol{K}^j \end{pmatrix} & * \\ (\boldsymbol{D}_\varepsilon^i+\boldsymbol{D}_\varepsilon^j)^{\mathrm{T}}\boldsymbol{P}_\varepsilon(\boldsymbol{G}_\varepsilon^{ij}+\boldsymbol{G}_\varepsilon^{ji}) & \begin{pmatrix} (\boldsymbol{D}_\varepsilon^i+\boldsymbol{D}_\varepsilon^j)^{\mathrm{T}}\boldsymbol{P}_\varepsilon(\boldsymbol{D}_\varepsilon^i+\boldsymbol{D}_\varepsilon^j) \\ -4\rho^2\boldsymbol{I} \end{pmatrix} \end{bmatrix}<\boldsymbol{O}$$

因此，由引理 4.3 知，只需取$\varepsilon^*=\max(\varepsilon_0^*,\varepsilon_1^*)$，则$\forall\varepsilon\in(0,\varepsilon^*]$，闭环模糊系统（4.23）保持渐近稳定，且

$$\sum_{k=0}^{N-1}\left(\boldsymbol{x}^{\mathrm{T}}(k)\boldsymbol{Q}\boldsymbol{x}(k)+\boldsymbol{u}^{\mathrm{T}}(k)\boldsymbol{R}\boldsymbol{u}(k)\right)<\boldsymbol{x}^{\mathrm{T}}(0)\boldsymbol{P}_\varepsilon\boldsymbol{x}(0)+\rho^2\sum_{k=0}^{N-1}\boldsymbol{w}^{\mathrm{T}}(k)\boldsymbol{w}(k)$$

由于

$$\begin{aligned}\boldsymbol{x}^{\mathrm{T}}(0)\boldsymbol{P}_\varepsilon\boldsymbol{x}(0)=&\,\varepsilon^{-1}\boldsymbol{x}_s^{\mathrm{T}}(0)\boldsymbol{P}_{11}\boldsymbol{x}_s(0)+\boldsymbol{x}_z^{\mathrm{T}}(0)\boldsymbol{P}_{21}\boldsymbol{x}_s(0)+\boldsymbol{x}_s^{\mathrm{T}}(0)\boldsymbol{P}_{21}^{\mathrm{T}}\boldsymbol{x}_z(0)\\&+\boldsymbol{x}_z^{\mathrm{T}}(0)\boldsymbol{P}_{22}\boldsymbol{x}_z(0)\end{aligned}$$

所以可得

$$\begin{aligned}&\varepsilon\sum_{k=0}^{N-1}\left(\boldsymbol{x}^{\mathrm{T}}(k)\boldsymbol{Q}\boldsymbol{x}(k)+\boldsymbol{u}^{\mathrm{T}}(k)\boldsymbol{R}\boldsymbol{u}(k)\right)\\&<\boldsymbol{x}_s^{\mathrm{T}}(0)\boldsymbol{P}_{11}\boldsymbol{x}_s(0)+\varepsilon\cdot\rho^2\sum_{k=0}^{N-1}\left(\boldsymbol{w}^{\mathrm{T}}(k)\boldsymbol{w}(k)\right)\\&\quad+\varepsilon\cdot\left(\boldsymbol{x}_z^{\mathrm{T}}(0)\boldsymbol{P}_{21}\boldsymbol{x}_s(0)+\boldsymbol{x}_s^{\mathrm{T}}(0)\boldsymbol{P}_{21}^{\mathrm{T}}\boldsymbol{x}_z(0)+\boldsymbol{x}_z^{\mathrm{T}}(0)\boldsymbol{P}_{22}\boldsymbol{x}_z(0)\right)\\&=\boldsymbol{x}_s^{\mathrm{T}}(0)\boldsymbol{P}_{11}\boldsymbol{x}_s(0)+\varepsilon\cdot\rho^2\sum_{k=0}^{N-1}\left(\boldsymbol{w}^{\mathrm{T}}(k)\boldsymbol{w}(k)\right)+O(\varepsilon)\end{aligned}$$

注 4.6　性能指标即式（4.22）中的$\boldsymbol{x}_s^{\mathrm{T}}(0)\boldsymbol{P}_{11}\boldsymbol{x}_s(0)+O(\varepsilon)$本质上由系统的非零初值产生。因而可视为初值对式（4.22）的干扰。当初值为零时，其H_∞性能化为如下标准形式：

$$\varepsilon\sum_{k=0}^{N-1}\left(\boldsymbol{x}^{\mathrm{T}}(k)\boldsymbol{Q}\boldsymbol{x}(k)+\boldsymbol{u}^{\mathrm{T}}(k)\boldsymbol{R}\boldsymbol{u}(k)\right)<\varepsilon\cdot\rho^2\sum_{k=0}^{N-1}\boldsymbol{w}^{\mathrm{T}}(k)\boldsymbol{w}(k)\tag{4.27}$$

对式（4.25）的求解可以类似算法 4.1，但会涉及一些特殊问题，这些问题将在第 5 章结合时滞离散模糊奇异摄动系统的 H_∞ 控制一并讨论。

4.4 仿真例子

考虑如下两规则组成的模糊奇异摄动模型。

规则 1：如果 $x_{ss}(k)$ 是 F_1^i，则

$$\begin{cases} \boldsymbol{x}_s(k+1) = (\boldsymbol{I}_n + \varepsilon\,\boldsymbol{A}_{ss}^1)\boldsymbol{x}_s(k) + \varepsilon\,\boldsymbol{A}_{sz}^1\boldsymbol{x}_z(k) + \varepsilon\,\boldsymbol{B}_s^1 u(k) \\ \boldsymbol{x}_z(k+1) = \boldsymbol{A}_{zs}^1\boldsymbol{x}_s(k) + A_{zz}^1\boldsymbol{x}_z(k) + B_z^1 u(k) \end{cases}$$

规则 2：如果 $x_{ss}(k)$ 是 F_2^i，则

$$\begin{cases} \boldsymbol{x}_s(k+1) = (\boldsymbol{I}_n + \varepsilon\,\boldsymbol{A}_{ss}^2)\boldsymbol{x}_s(k) + \varepsilon\,\boldsymbol{A}_{sz}^2\boldsymbol{x}_z(k) + \varepsilon\,\boldsymbol{B}_s^2 u(k) \\ \boldsymbol{x}_z(k+1) = \boldsymbol{A}_{zs}^2\boldsymbol{x}_s(k) + A_{zz}^2\boldsymbol{x}_z(k) + B_z^2 u(k) \end{cases}$$

模型中 $\boldsymbol{x}_s(k) = \begin{pmatrix} x_{ss}(k) & x_{sz}(k) \end{pmatrix}^{\mathrm{T}}$，且

$$\boldsymbol{A}_{ss}^1 = \begin{bmatrix} 0.5 & 1.0 \\ 0.7 & 0.5 \end{bmatrix},\quad \boldsymbol{A}_{sz}^1 = \begin{bmatrix} 1.0 \\ 0.0 \end{bmatrix},\quad \boldsymbol{A}_{zs}^1 = \begin{bmatrix} 0 & 1.0 \end{bmatrix},\quad A_{zz}^1 = 0.5,\quad \boldsymbol{B}_s^1 = \begin{bmatrix} 1.0 \\ 1.0 \end{bmatrix},\quad B_z^1 = 1.0$$

$$\boldsymbol{A}_{ss}^2 = \begin{bmatrix} 0.8 & 1.2 \\ 1.0 & 0.5 \end{bmatrix},\quad \boldsymbol{A}_{sz}^2 = \begin{bmatrix} 1.0 \\ 0.6 \end{bmatrix},\quad \boldsymbol{A}_{zs}^2 = \begin{bmatrix} 1.0 & 1.0 \end{bmatrix},\quad A_{zz}^2 = 0.8,\quad \boldsymbol{B}_s^2 = \begin{bmatrix} 2.0 \\ 1.0 \end{bmatrix},\quad B_z^2 = 1.0$$

模糊集合 F_1^i 和 F_2^i 的隶属度函数分别为

$$\mu_1(x_{ss}(k)) = 1 - \frac{x_{ss}^2(k)}{2.56},\quad \mu_2(x_{ss}(k)) = 1 - \mu_1(x_{ss}(t))$$

首先，由式（4.12）～式（4.14）解得 $P_{22} = 0.1108$，$K_2^1 = -0.2333$，$K_2^2 = -0.6667$。在算法 4.1 中，取辅助矩阵 $\boldsymbol{Q} = \mathrm{diag}(0.1, 0.1, 0.1)$，$R = 1$，从而求解 Riccati 方程得到初值：

$$\boldsymbol{P}_{110} = \begin{bmatrix} 0.1863 & 0.1571 \\ 0.1571 & 0.3867 \end{bmatrix},\quad \boldsymbol{P}_{210} = \begin{bmatrix} 0.4349 & 0.5435 \end{bmatrix},\quad \boldsymbol{K}_0 = \begin{bmatrix} -0.7398 & -0.9230 \end{bmatrix}$$

仅需一次迭代即可获得可行解 $\alpha = -0.1845$，$\boldsymbol{P}_{11} = \begin{bmatrix} 0.3315 & 0.1793 \\ 0.1793 & 0.7177 \end{bmatrix}$，$\boldsymbol{P}_{21} = \begin{bmatrix} 0.1404 & 0.1230 \end{bmatrix}$，$\boldsymbol{K}_1^1 = \begin{bmatrix} -0.9315 & -1.3098 \end{bmatrix}$，$\boldsymbol{K}_1^2 = \begin{bmatrix} -1.2011 & -1.2600 \end{bmatrix}$。

进一步，考虑降阶控制器，首先由注 4.6，在式（4.12）～式（4.14）中令 $\boldsymbol{K}_2^1 = \boldsymbol{K}_2^2 = \boldsymbol{0}$ 解得可行解 $P_{22} = 3.1307$。

仍以 $\boldsymbol{P}_{110}$、$\boldsymbol{P}_{210}$、$\boldsymbol{K}_0$ 作为初值，迭代 35 次可以得到可行解 $\alpha = -0.0729$，

$\boldsymbol{P}_{11R}=\begin{bmatrix}0.2650 & 0.2009\\0.2009 & 0.2062\end{bmatrix}$，$\boldsymbol{P}_{21R}=\begin{bmatrix}2.4625 & 1.0289\end{bmatrix}$，$\boldsymbol{K}_{1R}^{1}=\begin{bmatrix}-0.1904 & -0.6338\end{bmatrix}$，$\boldsymbol{K}_{1R}^{2}=\begin{bmatrix}-0.9292 & -0.9315\end{bmatrix}$。

序列$\{\alpha^{t}\}$随迭代次数的变化可见图 4.1。

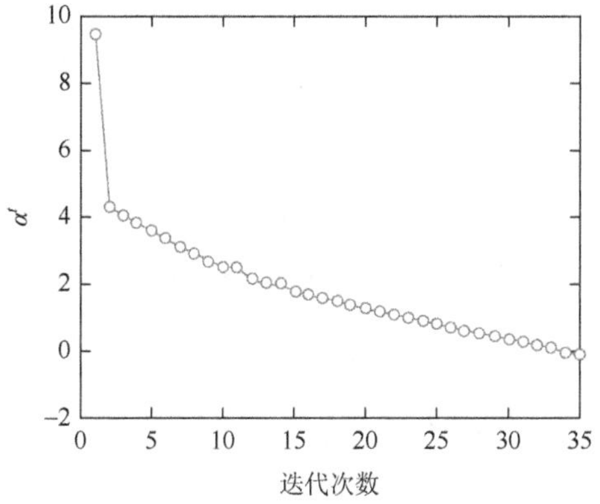

图 4.1　迭代过程

所以可构造全阶控制器$\boldsymbol{u}_F(k)$和部分状态反馈控制器$\boldsymbol{u}_R(k)$如下：

$$\boldsymbol{u}_F(k)=(\mu_1\boldsymbol{K}_1^1+\mu_2\boldsymbol{K}_1^2)\boldsymbol{x}_s(k)+(\mu_1\boldsymbol{K}_2^1+\mu_2\boldsymbol{K}_2^2)\boldsymbol{x}_z(k)$$
$$\boldsymbol{u}_R(k)=(\mu_1\boldsymbol{K}_{1R}^1+\mu_2\boldsymbol{K}_{1R}^2)\boldsymbol{x}_s(k)$$

考虑系统的初值$[1,\ 1,\ 0]^{\mathrm{T}}$，当$\varepsilon=0.1$、$\varepsilon=0.2$、$\varepsilon=0.5$、$\varepsilon=1.0$时，闭环系统响应分别见图 4.2～图 4.5，其中实线为$\boldsymbol{u}_F(k)$的控制效果，虚线为$\boldsymbol{u}_R(k)$的控制效果。从图中可以看出，当ε较小时，闭环系统稳定，但$\boldsymbol{u}_F(k)$的控制效果优于$\boldsymbol{u}_R(k)$，而当$\varepsilon=1.0$时，系统趋于不稳定。本章控制器设计主要利用 MATLAB LMI Toolbox 完成。

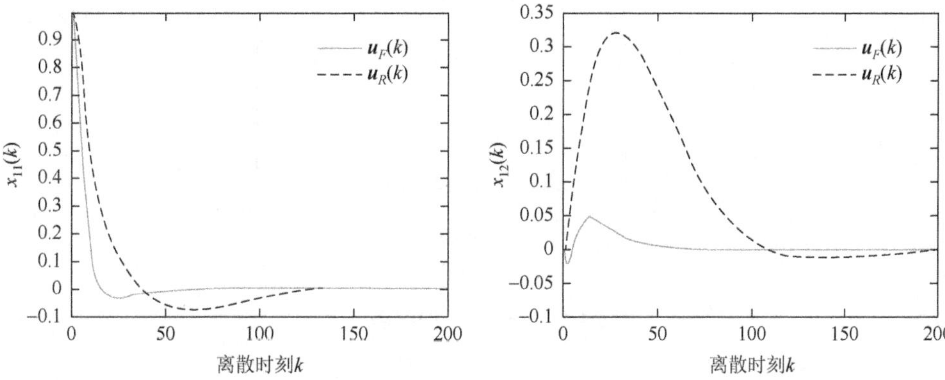

(a) $x_{11}(k)$　　(b) $x_{12}(k)$

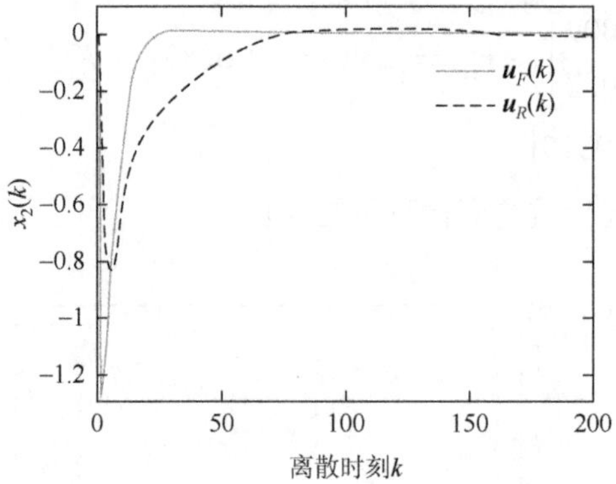

(c) $x_2(k)$

图 4.2　$\varepsilon=0.1$ 时的状态响应

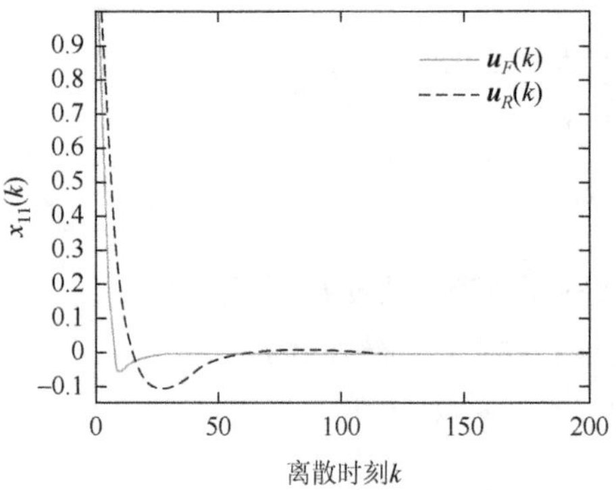

(a) $x_{11}(k)$

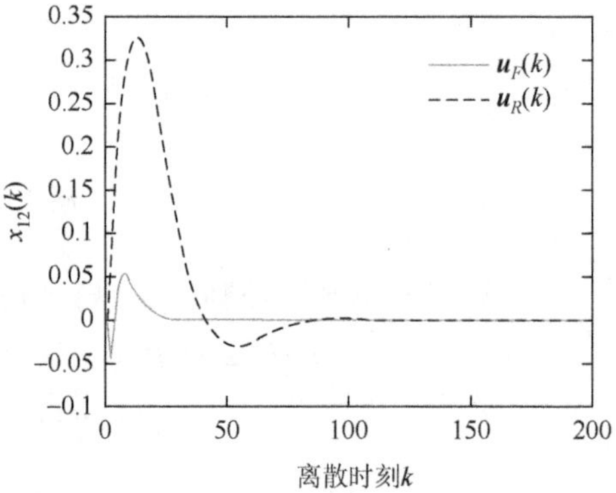

(b) $x_{12}(k)$

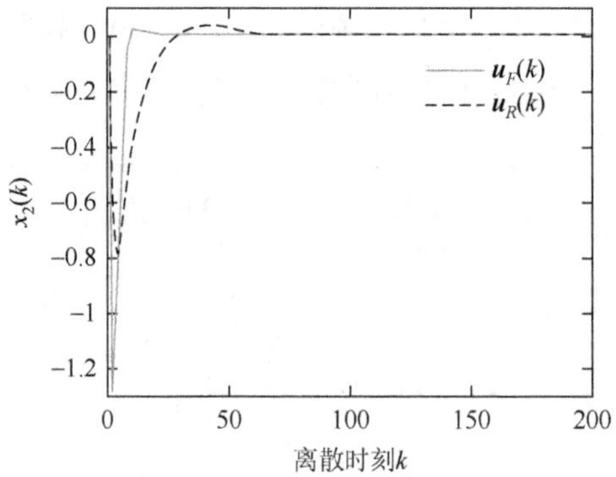

(c) $x_2(k)$

图 4.3　$\varepsilon=0.2$ 时的状态响应

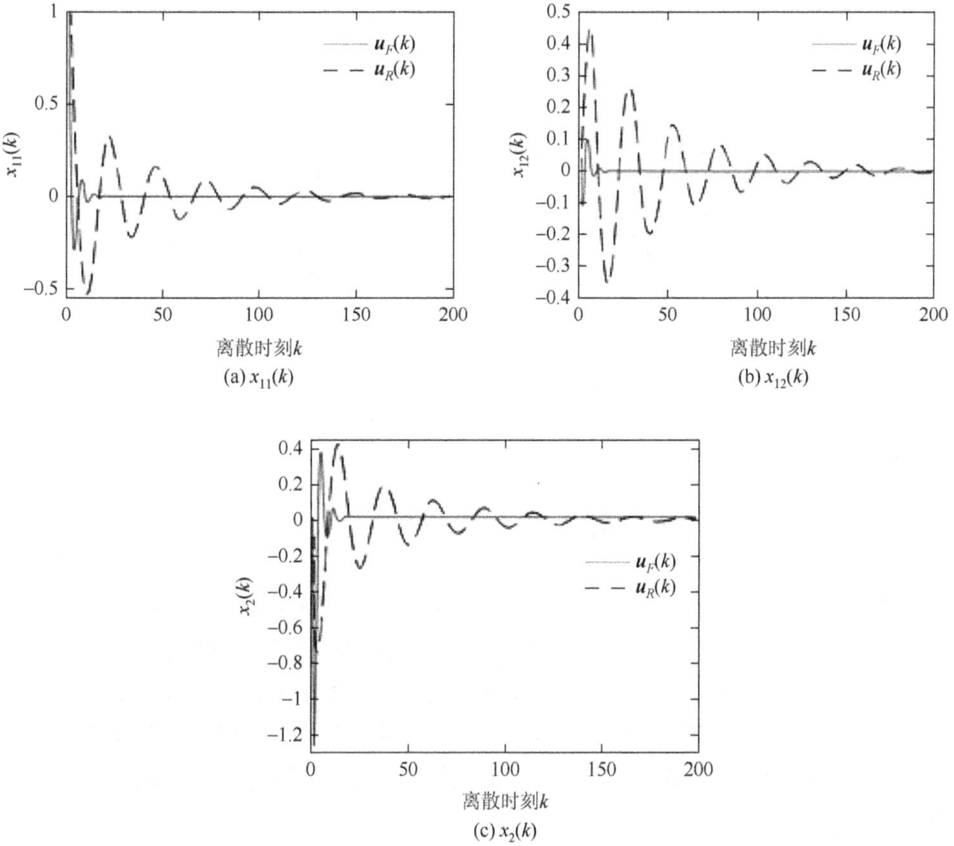

(a) $x_{11}(k)$　(b) $x_{12}(k)$

(c) $x_2(k)$

图 4.4　$\varepsilon = 0.5$ 时的状态响应

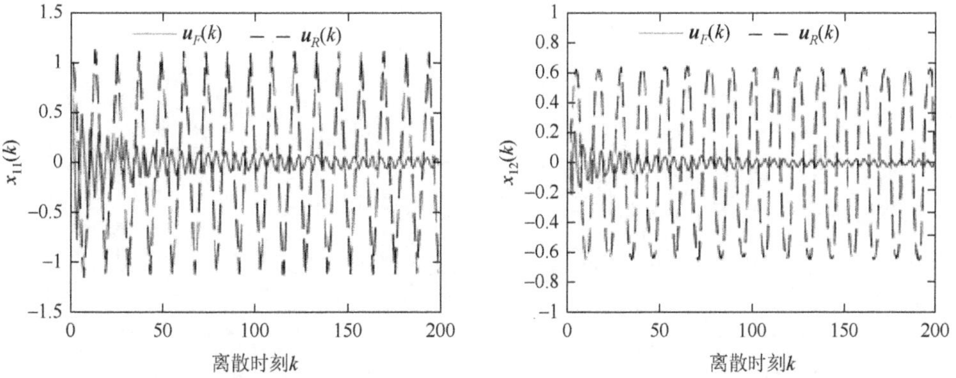

(a) $x_{11}(k)$　(b) $x_{12}(k)$

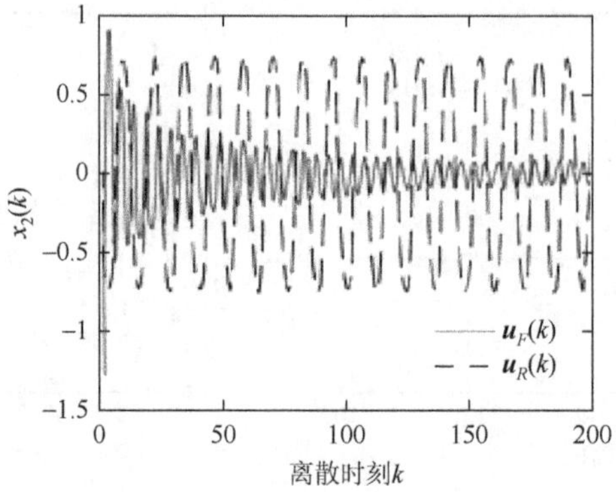

(c) $x_2(k)$

图 4.5　$\varepsilon=1.0$ 时的状态响应

4.5　本 章 小 结

本章研究快采样情形下的离散模糊奇异摄动系统的稳定性与 H_∞ 分析和综合问题，其中分析问题可以归结于一组 LMI，而综合问题可以归结为一组 BMI。对于这组BMI，可以利用迭代线性矩阵不等式(iterative linear matrix inequality，ILMI)技术迭代求解。在求解过程中对增益矩阵做适当约束即可获得部分状态反馈控制器。另外，值得指出的是，这里提出的设计方法对离散线性奇异摄动系统也同样有参考意义。

第 5 章　模糊奇异摄动模型的多目标鲁棒控制

模糊奇异摄动模型及其控制方法为解决多时标非线性系统的分析与控制问题提供了一种新的途径，避免了传统方法中可能存在的数值计算病态问题。文献[86]和文献[87]先后研究了模糊奇异摄动模型 H_∞ 控制、区域极点配置条件下以及最优二次型指标的鲁棒控制方法，使闭环系统对外界干扰具有一定的抑制能力，同时优化系统的控制性能。但是以上这些控制方法都是针对模糊奇异摄动模型仅含有单一摄动参数的情形进行鲁棒控制器的设计。本章将研究含有多摄动参数模糊奇异摄动模型的多目标鲁棒控制问题，基于干扰抑制性能指标和二次型指标，以 LMI 的形式给出多目标鲁棒控制器多摄动参数无关解的求解条件。在此基础上，针对模糊奇异摄动模型的多目标鲁棒控制器的优化设计问题建立多目标优化模型，并给出基于分布估计算法的求解控制增益优化步骤。

5.1　问 题 阐 述

考虑外部干扰作用下，含有多摄动参数模糊奇异摄动模型的第 i 条规则如下。

规则 i：如果 $\xi_1(t)$ 是 F_1^i，$\xi_2(t)$ 是 $F_2^i,\cdots,\xi_g(t)$ 是 F_g^i，则

$$\begin{cases}\dot{\boldsymbol{x}}_s(t)=\boldsymbol{A}_{ss}^i\boldsymbol{x}_s(t)+\boldsymbol{A}_{sz}^i\boldsymbol{x}_z(t)+\boldsymbol{B}_s^i\boldsymbol{u}(t)+\boldsymbol{D}_s^i\boldsymbol{w}(t)\\ \boldsymbol{\Lambda}_\varepsilon\dot{\boldsymbol{x}}_z(t)=\boldsymbol{A}_{zs}^i\boldsymbol{x}_s(t)+\boldsymbol{A}_{zz}^i\boldsymbol{x}_z(t)+\boldsymbol{B}_z^i\boldsymbol{u}(t)+\boldsymbol{D}_z^i\boldsymbol{w}(t)\end{cases},\quad i=1,2,\cdots,r \tag{5.1}$$

其中，摄动参数矩阵 Λ_ε 如式（2.2）定义，$\boldsymbol{\varepsilon}=\begin{bmatrix}\varepsilon_1 & \varepsilon_2 & \cdots & \varepsilon_H\end{bmatrix}$，$0<\varepsilon_h\ll 1$，$h=1,2,\cdots,H$，$\varepsilon_h$ 为多个不同的小摄动参数；$\boldsymbol{x}_s(t)\in\mathbb{R}^{n_s}$、$\boldsymbol{x}_z(t)\in\mathbb{R}^{n_z}$ 分别为慢、快状态向量，其中快状态向量可以根据对应的不同摄动参数进一步划分为若干子向量，$\boldsymbol{x}_z(t)=[\boldsymbol{x}_{z_1}^{\mathrm{T}}(t)\quad \boldsymbol{x}_{z_2}^{\mathrm{T}}(t)\quad\cdots\quad \boldsymbol{x}_{z_H}^{\mathrm{T}}(t)]^{\mathrm{T}}$；$\boldsymbol{u}(t)\in\mathbb{R}^m$ 为控制向量；$\boldsymbol{w}(t)\in\mathbb{R}^q$ 为外部干扰向量；$F_j^i\ (j=1,2,\cdots,g)$ 为模糊集合；r 为规则数目；$\boldsymbol{A}_{ss}^i\in\mathbb{R}^{n_s\times n_s}$、$\boldsymbol{A}_{sz}^i\in\mathbb{R}^{n_s\times n_z}$、$\boldsymbol{A}_{zs}^i\in\mathbb{R}^{n_z\times n_s}$、$\boldsymbol{A}_{zz}^i\in\mathbb{R}^{n_z\times n_z}$、$\boldsymbol{B}_s^i\in\mathbb{R}^{n_s\times m}$、$\boldsymbol{B}_z^i\in\mathbb{R}^{n_z\times m}$ 为具有适当维数的矩阵；$\xi_1(t),\cdots,\xi_g(t)$ 为可测变量。

给定 $\boldsymbol{x}_s(t)$，$\boldsymbol{x}_z(t)$，$\boldsymbol{u}(t)$，利用标准的模糊推理方法——单点模糊化、乘积推理和加权平均清晰化，整个模糊系统可表达为

$$\boldsymbol{E}_\varepsilon\dot{\boldsymbol{x}}(t)=\sum_{i=1}^r\mu_i\big(\boldsymbol{\xi}(t)\big)\Big(\boldsymbol{A}^i\boldsymbol{x}(t)+\boldsymbol{B}^i\boldsymbol{u}(t)+\boldsymbol{D}^i\boldsymbol{w}(t)\Big) \tag{5.2}$$

其中，$\mu_i(\xi(t))=\dfrac{v_i(\xi(t))}{\sum_{i=1}^{r}v_i(\xi(t))}$，$v_i(\xi(t))=\prod_{j=1}^{g}F_j^i(\xi_j(t))$；$\sum_{i=1}^{r}\mu_i(\xi(t))=1$；

$\boldsymbol{E}_\varepsilon=\begin{bmatrix}\boldsymbol{I}_{n_s\times n_s} & \boldsymbol{O}\\ \boldsymbol{O} & \boldsymbol{\Lambda}_\varepsilon\end{bmatrix}$；$\boldsymbol{x}(t)=\begin{bmatrix}\boldsymbol{x}_s(t)\\ \boldsymbol{x}_z(t)\end{bmatrix}$；$\boldsymbol{A}^i=\begin{bmatrix}\boldsymbol{A}_{ss}^i & \boldsymbol{A}_{sz}^i\\ \boldsymbol{A}_{zs}^i & \boldsymbol{A}_{zz}^i\end{bmatrix}$；$\boldsymbol{B}^i=\begin{bmatrix}\boldsymbol{B}_s^i\\ \boldsymbol{B}_z^i\end{bmatrix}$；$\boldsymbol{D}^i=\begin{bmatrix}\boldsymbol{D}_s^i\\ \boldsymbol{D}_z^i\end{bmatrix}$。为了方便表示，以下采用记号$\mu_i=\mu_i(\xi(t))$。

基于PDC思想，假设模糊状态反馈控制器的前件变量和模糊模型的前件变量是一样的，则模糊控制器的规则如下。

规则 j：如果 $\xi_1(t)$ 是 F_1^j, $\xi_2(t)$ 是 $F_2^j,\cdots,\xi_g(t)$ 是 F_g^j，则

$$\boldsymbol{u}(t)=\boldsymbol{K}_s^j\boldsymbol{x}_s(t)+\boldsymbol{K}_z^j\boldsymbol{x}_z(t),\quad j=1,2,\cdots,r \tag{5.3}$$

整个模糊控制器为

$$\boldsymbol{u}(t)=\sum_{j=1}^{r}\mu_j\left(\boldsymbol{K}_s^j\boldsymbol{x}_s(t)+\boldsymbol{K}_z^j\boldsymbol{x}_z(t)\right)=\sum_{i=1}^{r}\mu_j\cdot\boldsymbol{K}^j\boldsymbol{x}(t) \tag{5.4}$$

其中，$\boldsymbol{K}^j=[\boldsymbol{K}_s^j\quad\boldsymbol{K}_z^j]$，闭环系统可描述为

$$\boldsymbol{E}_\varepsilon\dot{\boldsymbol{x}}(t)=\sum_{i=1}^{r}\sum_{j=1}^{r}\mu_i\mu_j\left(\boldsymbol{G}^{ij}\boldsymbol{x}(t)+\boldsymbol{D}^i\boldsymbol{w}(t)\right) \tag{5.5}$$

其中，$\boldsymbol{G}^{ij}=\boldsymbol{A}^i+\boldsymbol{B}^i\boldsymbol{K}^j$。

模糊系统（5.5）需满足假设5.1以保证局部可控性[82]。

假设 5.1　对于每一组$(\boldsymbol{A}_\varepsilon^i,\boldsymbol{B}_\varepsilon^i)$，$i=1,2,\cdots,r$，均有

$$\operatorname{rank}[\boldsymbol{B}_\varepsilon^i\quad \boldsymbol{A}_\varepsilon^i\boldsymbol{B}_\varepsilon^i\quad\cdots\quad(\boldsymbol{A}_\varepsilon^i)^{n_s+n_z-1}\boldsymbol{B}_\varepsilon^i]=n_s+n_z \tag{5.6}$$

其中，$\boldsymbol{A}_\varepsilon^i=\begin{bmatrix}\boldsymbol{A}_{ss}^i & \boldsymbol{A}_{sz}^i\\ \boldsymbol{\Lambda}_\varepsilon^{-1}\boldsymbol{A}_{zs}^i & \boldsymbol{\Lambda}_\varepsilon^{-1}\boldsymbol{A}_{zz}^i\end{bmatrix}$；$\boldsymbol{B}_\varepsilon^i=\begin{bmatrix}\boldsymbol{B}_s^i\\ \boldsymbol{\Lambda}_\varepsilon^{-1}\boldsymbol{B}_z^i\end{bmatrix}$。

采用H_∞鲁棒控制技术，目的有两点。

（Per 5.1）稳定性：当$\boldsymbol{w}(t)\equiv\boldsymbol{0}$时，系统（5.2）保持渐近稳定。

（Per 5.2）干扰抑制性能：对于任意有界干扰$\boldsymbol{w}(t)$，有

$$\begin{aligned}&\int_0^{t_f}\left(\boldsymbol{x}^{\mathrm{T}}(t)\boldsymbol{Q}_1\boldsymbol{x}(t)+\boldsymbol{u}^{\mathrm{T}}(t)\boldsymbol{R}_1\boldsymbol{u}(t)\right)\mathrm{d}t\\ &<\gamma^2\int_0^{t_f}\boldsymbol{w}^{\mathrm{T}}(t)\boldsymbol{w}(t)\mathrm{d}t+\boldsymbol{x}_s^{\mathrm{T}}(0)\boldsymbol{P}_{1,ss}\boldsymbol{x}_s(0)+O(\varepsilon)\end{aligned} \tag{5.7}$$

其中，标量γ^2为干扰抑制水平，γ越小，则系统对外部干扰的抑制能力越强；$\boldsymbol{Q}_1$和$\boldsymbol{R}_1$为加权矩阵；$\boldsymbol{P}_{1,ss}$为与李雅普诺夫函数有关的参数矩阵；$t_f\in(0,+\infty)$为任意时刻。

为了进一步实现对系统性能的优化，选取在最优控制中具有广泛工程背景的二次型性能指标，对系统动态性能和控制量的能量予以综合考虑，指标形式为

$$\int_0^{t_f}\left(\boldsymbol{x}^{\mathrm{T}}(t)\boldsymbol{Q}_2\boldsymbol{x}(t)+\boldsymbol{u}^{\mathrm{T}}(t)\boldsymbol{R}_2\boldsymbol{u}(t)\right)\mathrm{d}t<\boldsymbol{x}_s^{\mathrm{T}}(0)\boldsymbol{P}_{2,ss}\boldsymbol{x}_s(0)+O(\varepsilon) \tag{5.8}$$

其中，$\boldsymbol{Q}_2$ 和 $\boldsymbol{R}_2$ 为加权矩阵；$\boldsymbol{P}_{2,ss}$ 为与李雅普诺夫函数有关的参数矩阵。$\boldsymbol{x}_s^{\mathrm{T}}(0)\boldsymbol{P}_{2,ss}\boldsymbol{x}_s(0)$ 越小，系统的动态性能以及控制能量的综合指标越小。

本章控制器的设计目标是使由多摄动参数模糊奇异摄动模型描述的多时标系统能够同时满足 H_∞ 鲁棒控制中的稳定性条件和干扰抑制性能指标以及最优控制中的二次型性能指标，以实现对系统干扰抑制性能、动态性能以及控制量幅值的综合优化。

5.2　多目标鲁棒控制器设计

为了设计多参数模糊奇异摄动系统的鲁棒控制器，我们引入如下定理。

定理 5.1　对于含有多摄动参数的闭环系统（5.5）和状态反馈控制矩阵 $\boldsymbol{K}^j$，如果存在公共矩阵 $\boldsymbol{P}_{1,ss}^{\mathrm{T}}=\boldsymbol{P}_{1,ss}>\boldsymbol{O}$，$\boldsymbol{P}_{1,zz}^{\mathrm{T}}=\boldsymbol{P}_{1,zz}>\boldsymbol{O}$ 和 $\boldsymbol{P}_{1,sz}$ 满足：

$$\boldsymbol{\varXi}_1^{ii}<\boldsymbol{O},\quad i=1,2,\cdots,r \tag{5.9}$$

$$\boldsymbol{\varXi}_1^{ij}<\boldsymbol{O},\quad i,j=1,2,\cdots,r\ \text{且}\ i<j \tag{5.10}$$

其中

$$\boldsymbol{\varXi}_1^{ii}=\begin{bmatrix}(\boldsymbol{A}^i+\boldsymbol{B}^i\boldsymbol{K}^i)^{\mathrm{T}}\boldsymbol{P}_1+\boldsymbol{P}_1^{\mathrm{T}}(\boldsymbol{A}^i+\boldsymbol{B}^i\boldsymbol{K}^i)+\boldsymbol{Q}_1+(\boldsymbol{K}^i)^{\mathrm{T}}\boldsymbol{R}_1\boldsymbol{K}^i & *\\ (\boldsymbol{D}^i)^{\mathrm{T}}\boldsymbol{P}_1 & -\gamma^2\boldsymbol{I}\end{bmatrix}$$

$$\boldsymbol{\varXi}_1^{ij}=\begin{bmatrix}\begin{pmatrix}(\boldsymbol{A}^i+\boldsymbol{B}^i\boldsymbol{K}^j+\boldsymbol{A}^j+\boldsymbol{B}^j\boldsymbol{K}^i)^{\mathrm{T}}\boldsymbol{P}_1+\boldsymbol{P}_1^{\mathrm{T}}(\boldsymbol{A}^i+\boldsymbol{B}^i\boldsymbol{K}^j+\boldsymbol{A}^j+\boldsymbol{B}^j\boldsymbol{K}^i)\\ +2\boldsymbol{Q}_1+(\boldsymbol{K}^i)^{\mathrm{T}}\boldsymbol{R}_1\boldsymbol{K}^i+(\boldsymbol{K}^j)^{\mathrm{T}}\boldsymbol{R}_1\boldsymbol{K}^j\end{pmatrix} & *\\ (\boldsymbol{D}^i+\boldsymbol{D}^j)^{\mathrm{T}}\boldsymbol{P}_1 & -2\gamma^2\boldsymbol{I}\end{bmatrix}$$

$$\boldsymbol{P}_1=\begin{bmatrix}\boldsymbol{P}_{1,ss} & \boldsymbol{O}\\ \boldsymbol{P}_{1,zs} & \boldsymbol{P}_{1,zz}\end{bmatrix},\quad \boldsymbol{P}_{1,zz}=\mathrm{diag}\left(\boldsymbol{P}_{1,z_1z_1},\boldsymbol{P}_{1,z_2z_2},\cdots,\boldsymbol{P}_{1,z_Hz_H}\right)$$

则存在 $\varepsilon_h^*>0$，$\forall\varepsilon_h\in(0,\varepsilon_h^*]$，$h=1,2,\cdots,H$，对于闭环系统（5.5），稳定性条件（Per 5.1）和 H_∞ 性能指标（Per 5.2）均可得到满足。

证明： 令 $\boldsymbol{P}_{\varepsilon 1}=\begin{bmatrix}\boldsymbol{P}_{1,ss} & \boldsymbol{P}_{1,zs}^{\mathrm{T}}\boldsymbol{\varLambda}_\varepsilon\\ \boldsymbol{P}_{1,zs} & \boldsymbol{P}_{1,zz}\end{bmatrix}$，其中 $\boldsymbol{P}_{1,ss}$ 为正定对称矩阵，$\boldsymbol{P}_{1,zz}$ 为正定对称块对角矩阵，则有

$$\boldsymbol{E}_\varepsilon\boldsymbol{P}_{\varepsilon 1}=\begin{bmatrix}\boldsymbol{P}_{1,ss} & \boldsymbol{P}_{1,zs}^{\mathrm{T}}\boldsymbol{\varLambda}_\varepsilon\\ \boldsymbol{\varLambda}_\varepsilon\boldsymbol{P}_{1,zs} & \boldsymbol{P}_{1,zz}\boldsymbol{\varLambda}_\varepsilon\end{bmatrix}=\boldsymbol{P}_{\varepsilon 1}^{\mathrm{T}}\boldsymbol{E}_\varepsilon>\boldsymbol{O} \tag{5.11}$$

选择李雅普诺夫函数为

$$V(\boldsymbol{x}(t))=\boldsymbol{x}^{\mathrm{T}}(t)\boldsymbol{E}_\varepsilon\boldsymbol{P}_{\varepsilon 1}\boldsymbol{x}(t) \tag{5.12}$$

则

$$\dot{V}(\boldsymbol{x}(t))=\sum_{i=1}^{r}\mu_i^2\begin{bmatrix}\boldsymbol{x}(t)\\ \boldsymbol{w}(t)\end{bmatrix}^{\mathrm{T}}\begin{bmatrix}(\boldsymbol{G}^{ii})^{\mathrm{T}}\boldsymbol{P}_{\varepsilon1}+\boldsymbol{P}_{\varepsilon1}^{\mathrm{T}}\boldsymbol{G}^{ii} & *\\ (\boldsymbol{D}^{i})^{\mathrm{T}}\boldsymbol{P}_{\varepsilon1} & \boldsymbol{O}\end{bmatrix}\begin{bmatrix}\boldsymbol{x}(t)\\ \boldsymbol{w}(t)\end{bmatrix}$$
$$+\sum_{\substack{i,j=1\\ i<j}}^{r}\mu_i\mu_j\begin{bmatrix}\boldsymbol{x}(t)\\ \boldsymbol{w}(t)\end{bmatrix}^{\mathrm{T}}\begin{bmatrix}(\boldsymbol{G}^{ij}+\boldsymbol{G}^{ji})^{\mathrm{T}}\boldsymbol{P}_{\varepsilon1}+\boldsymbol{P}_{\varepsilon1}^{\mathrm{T}}(\boldsymbol{G}^{ij}+\boldsymbol{G}^{ji}) & *\\ (\boldsymbol{D}^{i}+\boldsymbol{D}^{j})^{\mathrm{T}}\boldsymbol{P}_{\varepsilon1} & \boldsymbol{O}\end{bmatrix}\begin{bmatrix}\boldsymbol{x}(t)\\ \boldsymbol{w}(t)\end{bmatrix} \tag{5.13}$$

令

$$\begin{aligned}J_{\infty}&=\int_0^{t_f}\left(\boldsymbol{x}^{\mathrm{T}}(t)\boldsymbol{Q}_1\boldsymbol{x}(t)+\boldsymbol{u}^{\mathrm{T}}(t)\boldsymbol{R}_1\boldsymbol{u}(t)-\gamma^2\boldsymbol{w}^{\mathrm{T}}(t)\boldsymbol{w}(t)\right)\mathrm{d}t\\&=\int_0^{t_f}\left(\boldsymbol{x}^{\mathrm{T}}(t)\boldsymbol{Q}_1\boldsymbol{x}(t)+\boldsymbol{u}^{\mathrm{T}}(t)\boldsymbol{R}_1\boldsymbol{u}(t)-\gamma^2\boldsymbol{w}^{\mathrm{T}}(t)\boldsymbol{w}(t)+\dot{V}(\boldsymbol{x}(t))\right)\mathrm{d}t\\&\quad+V(\boldsymbol{x}(0))-V(\boldsymbol{x}(t_f))\end{aligned} \tag{5.14}$$

显然$V(\boldsymbol{x}(t_f))\geqslant 0$，再由文献[73]可知

$$\begin{aligned}&\left(\sum_{i=1}^{r}\mu_i(\boldsymbol{K}^i)^{\mathrm{T}}\right)\boldsymbol{R}_1\left(\sum_{i=1}^{r}\mu_i\boldsymbol{K}^i\right)\\&\leqslant\sum_{i=1}^{r}\mu_i^2(\boldsymbol{K}^i)^{\mathrm{T}}\boldsymbol{R}_1\boldsymbol{K}^i+\sum_{\substack{i,j=1\\ i<j}}^{r}\mu_i\mu_j\left((\boldsymbol{K}^i)^{\mathrm{T}}\boldsymbol{R}_1(\boldsymbol{K}^i)+(\boldsymbol{K}^j)^{\mathrm{T}}\boldsymbol{R}_1\boldsymbol{K}^j\right)\end{aligned} \tag{5.15}$$

可得

$$\begin{aligned}J_{\infty}&\leqslant\int_0^{t_f}\left(\sum_{i=1}^{r}\mu_i^2\begin{bmatrix}\boldsymbol{x}(t)\\ \boldsymbol{w}(t)\end{bmatrix}^{\mathrm{T}}\boldsymbol{\varXi}_{\varepsilon1}^{ii}\begin{bmatrix}\boldsymbol{x}(t)\\ \boldsymbol{w}(t)\end{bmatrix}+\sum_{\substack{i,j=1\\ i<j}}^{r}\mu_i\mu_j\begin{bmatrix}\boldsymbol{x}(t)\\ \boldsymbol{w}(t)\end{bmatrix}^{\mathrm{T}}\boldsymbol{\varXi}_{\varepsilon1}^{ij}\begin{bmatrix}\boldsymbol{x}(t)\\ \boldsymbol{w}(t)\end{bmatrix}\right)\mathrm{d}t\\&\quad+V(\boldsymbol{x}(0))\end{aligned} \tag{5.16}$$

其中

$$\boldsymbol{\varXi}_{\varepsilon1}^{ii}=\begin{bmatrix}\left((\boldsymbol{A}^i+\boldsymbol{B}^i\boldsymbol{K}^i)^{\mathrm{T}}\boldsymbol{P}_{\varepsilon1}+\boldsymbol{P}_{\varepsilon1}^{\mathrm{T}}(\boldsymbol{A}^i+\boldsymbol{B}^i\boldsymbol{K}^i)+\boldsymbol{Q}_1+(\boldsymbol{K}^i)^{\mathrm{T}}\boldsymbol{R}_1\boldsymbol{K}^i\right) & *\\ (\boldsymbol{D}^i)^{\mathrm{T}}\boldsymbol{P}_{\varepsilon1} & -\gamma^2\boldsymbol{I}\end{bmatrix}$$

$$\boldsymbol{\varXi}_{\varepsilon1}^{ij}=\begin{bmatrix}\begin{pmatrix}(\boldsymbol{A}^i+\boldsymbol{B}^i\boldsymbol{K}^j+\boldsymbol{A}^j+\boldsymbol{B}^j\boldsymbol{K}^i)^{\mathrm{T}}\boldsymbol{P}_{\varepsilon1}+\boldsymbol{P}_{\varepsilon1}^{\mathrm{T}}(\boldsymbol{A}^i+\boldsymbol{B}^i\boldsymbol{K}^j+\boldsymbol{A}^j+\boldsymbol{B}^j\boldsymbol{K}^i)\\ +2\boldsymbol{Q}_1+(\boldsymbol{K}^i)^{\mathrm{T}}\boldsymbol{R}_1\boldsymbol{K}^i+(\boldsymbol{K}^j)^{\mathrm{T}}\boldsymbol{R}_1\boldsymbol{K}^j\end{pmatrix} & *\\ (\boldsymbol{D}^i+\boldsymbol{D}^j)^{\mathrm{T}}\boldsymbol{P}_{\varepsilon1} & -2\gamma^2\boldsymbol{I}\end{bmatrix}$$

显然 $\boldsymbol{\varXi}_{\varepsilon1}^{ii}=\boldsymbol{\varXi}_1^{ii}+\boldsymbol{H}(\varepsilon)$，$\boldsymbol{\varXi}_{\varepsilon1}^{ij}=\boldsymbol{\varXi}_1^{ij}+\boldsymbol{H}(\varepsilon)$，故存在 $\varepsilon_h^*>0$，$\forall\varepsilon_h\in(0,\varepsilon_h^*]$，$h=1,2,\cdots,H$，满足：

$$\boldsymbol{\varXi}_{\varepsilon1}^{ii}<\boldsymbol{O},\quad i=1,2,\cdots,r \tag{5.17}$$

$$\boldsymbol{\varXi}_{\varepsilon1}^{ij}<\boldsymbol{O},\quad i,j=1,2,\cdots,r\text{ 且 }i<j \tag{5.18}$$

则得到

$$J_{\infty} < V(\boldsymbol{x}(0)) \tag{5.19}$$

即

$$\int_0^{t_f}\left(\boldsymbol{x}^{\mathrm{T}}(t)\boldsymbol{Q}_1\boldsymbol{x}(t)+\boldsymbol{u}^{\mathrm{T}}(t)\boldsymbol{R}_1\boldsymbol{u}(t)\right)\mathrm{d}t < V(\boldsymbol{x}(0))+\gamma^2\int_0^{t_f}\boldsymbol{w}^{\mathrm{T}}(t)\boldsymbol{w}(t)\mathrm{d}t \tag{5.20}$$

由

$$V(\boldsymbol{x}(0))=\boldsymbol{x}^{\mathrm{T}}(0)\boldsymbol{E}_{\varepsilon}\boldsymbol{P}_{\varepsilon1}\boldsymbol{x}(0)=\boldsymbol{x}_s^{\mathrm{T}}(t)\boldsymbol{P}_{1,ss}\boldsymbol{x}_s(t)+O(\varepsilon) \tag{5.21}$$

可知 H_{∞} 性能指标，即式（5.7）能够得到满足。最后，由于式（5.17）和式（5.18）暗含：

$$(\boldsymbol{A}^i+\boldsymbol{B}^i\boldsymbol{K}^i)^{\mathrm{T}}\boldsymbol{P}_{\varepsilon1}+\boldsymbol{P}_{\varepsilon1}^{\mathrm{T}}(\boldsymbol{A}^i+\boldsymbol{B}^i\boldsymbol{K}^i)+\boldsymbol{Q}_1+(\boldsymbol{K}^i)^{\mathrm{T}}\boldsymbol{R}_1\boldsymbol{K}^i < \boldsymbol{O} \tag{5.22}$$

$$\begin{aligned}&(\boldsymbol{A}^i+\boldsymbol{B}^i\boldsymbol{K}^j+\boldsymbol{A}^j+\boldsymbol{B}^j\boldsymbol{K}^i)^{\mathrm{T}}\boldsymbol{P}_{\varepsilon1}+\boldsymbol{P}_{\varepsilon1}^{\mathrm{T}}(\boldsymbol{A}^i+\boldsymbol{B}^i\boldsymbol{K}^j+\boldsymbol{A}^j+\boldsymbol{B}^j\boldsymbol{K}^i)\\&+2\boldsymbol{Q}_1+(\boldsymbol{K}^i)^{\mathrm{T}}\boldsymbol{R}_1\boldsymbol{K}^i+(\boldsymbol{K}^j)^{\mathrm{T}}\boldsymbol{R}_1\boldsymbol{K}^j < \boldsymbol{O}\end{aligned} \tag{5.23}$$

所以当 $\boldsymbol{w}(t)\equiv\boldsymbol{0}$ 时，有

$$\begin{aligned}\dot{V}(\boldsymbol{x}(t))=&\sum_{i=1}^{r}\mu_i^2\boldsymbol{x}^{\mathrm{T}}(t)\left((\boldsymbol{G}^{ii})^{\mathrm{T}}\boldsymbol{P}_{\varepsilon1}+\boldsymbol{P}_{\varepsilon1}^{\mathrm{T}}\boldsymbol{G}^{ii}\right)\boldsymbol{x}(t)\\&+\sum_{\substack{i,j=1\\i<j}}^{r}\mu_i\mu_j\boldsymbol{x}^{\mathrm{T}}(t)\left((\boldsymbol{G}^{ij}+\boldsymbol{G}^{ji})^{\mathrm{T}}\boldsymbol{P}_{\varepsilon1}+\boldsymbol{P}_{\varepsilon1}^{\mathrm{T}}(\boldsymbol{G}^{ij}+\boldsymbol{G}^{ji})\right)\boldsymbol{x}(t) < 0\end{aligned} \tag{5.24}$$

因此闭环系统保持渐近稳定。

定理 5.1 中的式（5.9）和式（5.10）为双线性矩阵不等式，下面将其转化为 LMI 形式，以便利用 MATLAB 的 LMI 工具箱求解控制器增益 $\boldsymbol{K}^j$。令 $\boldsymbol{X}_1=(\boldsymbol{P}_1)^{-1}$，$\boldsymbol{M}^i=\boldsymbol{K}^i\boldsymbol{X}_1$，$\boldsymbol{M}^j=\boldsymbol{K}^j\boldsymbol{X}_1$，对式（5.9）和式（5.10）左右两侧同时左乘 $\mathrm{diag}\{\boldsymbol{X}_1^{\mathrm{T}},\boldsymbol{I}\}$ 和右乘 $\mathrm{diag}\{\boldsymbol{X}_1,\boldsymbol{I}\}$，则有

$$\begin{bmatrix}(\boldsymbol{A}^i\boldsymbol{X}_1+\boldsymbol{B}^i\boldsymbol{M}^i)^{\mathrm{T}}+\boldsymbol{A}^i\boldsymbol{X}_1+\boldsymbol{B}^i\boldsymbol{M}^i+\boldsymbol{X}_1^{\mathrm{T}}\boldsymbol{Q}_1\boldsymbol{X}_1+(\boldsymbol{M}^i)^{\mathrm{T}}\boldsymbol{R}_1\boldsymbol{M}^i & *\\(\boldsymbol{D}^i)^{\mathrm{T}} & -\gamma^2\boldsymbol{I}\end{bmatrix} < \boldsymbol{O} \tag{5.25}$$

$$\begin{bmatrix}\begin{pmatrix}(\boldsymbol{A}^i\boldsymbol{X}_1+\boldsymbol{B}^i\boldsymbol{M}^j+\boldsymbol{A}^j\boldsymbol{X}_1+\boldsymbol{B}^j\boldsymbol{M}^i)^{\mathrm{T}}+\boldsymbol{A}^i\boldsymbol{X}_1\\+\boldsymbol{B}^i\boldsymbol{M}^j+\boldsymbol{A}^j\boldsymbol{X}_1+\boldsymbol{B}^j\boldsymbol{M}^i+2\boldsymbol{X}_1^{\mathrm{T}}\boldsymbol{Q}_1\boldsymbol{X}_1\\+(\boldsymbol{M}^i)^{\mathrm{T}}\boldsymbol{R}_1\boldsymbol{M}^i+(\boldsymbol{M}^j)^{\mathrm{T}}\boldsymbol{R}_1\boldsymbol{M}^j\end{pmatrix} & *\\(\boldsymbol{D}^i+\boldsymbol{D}^j)^{\mathrm{T}} & -2\gamma^2\boldsymbol{I}\end{bmatrix} < \boldsymbol{O} \tag{5.26}$$

对式（5.25）应用两次 Schur 补定理[86]，得到

$$\begin{aligned}&(\boldsymbol{A}^i\boldsymbol{X}_1+\boldsymbol{B}^i\boldsymbol{M}^i)^{\mathrm{T}}+\boldsymbol{A}^i\boldsymbol{X}_1+\boldsymbol{B}^i\boldsymbol{M}^i+\boldsymbol{X}_1^{\mathrm{T}}\boldsymbol{Q}_1\boldsymbol{X}_1+(\boldsymbol{M}^i)^{\mathrm{T}}\boldsymbol{R}_1\boldsymbol{M}^i\\&+\boldsymbol{D}^i(\gamma^2\boldsymbol{I})^{-1}(\boldsymbol{D}^i)^{\mathrm{T}} < \boldsymbol{O}\end{aligned} \tag{5.27}$$

$$(\boldsymbol{A}^i\boldsymbol{X}_1+\boldsymbol{B}^i\boldsymbol{M}^i)^{\mathrm{T}}+\boldsymbol{A}^i\boldsymbol{X}_1+\boldsymbol{B}^i\boldsymbol{M}^i \\ +\begin{bmatrix}\boldsymbol{X}_1^{\mathrm{T}} & (\boldsymbol{M}^i)^{\mathrm{T}} & \boldsymbol{D}^i\end{bmatrix}\begin{bmatrix}\boldsymbol{Q}_1 & \boldsymbol{O} & \boldsymbol{O}\\ \boldsymbol{O} & \boldsymbol{R}_1 & \boldsymbol{O}\\ \boldsymbol{O} & \boldsymbol{O} & (\gamma^2\boldsymbol{I})^{-1}\end{bmatrix}\begin{bmatrix}\boldsymbol{X}_1\\ \boldsymbol{M}^i\\ (\boldsymbol{D}^i)^{\mathrm{T}}\end{bmatrix}<\boldsymbol{O} \tag{5.28}$$

$$\begin{bmatrix}(\boldsymbol{A}^i\boldsymbol{X}_1+\boldsymbol{B}^i\boldsymbol{M}^i)^{\mathrm{T}}+\boldsymbol{A}^i\boldsymbol{X}_1+\boldsymbol{B}^i\boldsymbol{M}^i & * & * & *\\ \boldsymbol{X}_1 & -(\boldsymbol{Q}_1)^{-1} & * & *\\ \boldsymbol{M}^i & \boldsymbol{O} & -(\boldsymbol{R}_1)^{-1} & *\\ (\boldsymbol{D}^i)^{\mathrm{T}} & \boldsymbol{O} & \boldsymbol{O} & -\gamma^2\boldsymbol{I}\end{bmatrix}<\boldsymbol{O} \tag{5.29}$$

对于式（5.26），同样应用两次 Schur 补定理可以得到

$$\begin{bmatrix}\boldsymbol{\Phi}_1^{ij} & * & * & * & *\\ \boldsymbol{X}_1 & -(2\boldsymbol{Q}_1)^{-1} & * & * & *\\ \boldsymbol{M}^i & \boldsymbol{O} & -(\boldsymbol{R}_1)^{-1} & * & *\\ \boldsymbol{M}^j & \boldsymbol{O} & \boldsymbol{O} & -(\boldsymbol{R}_1)^{-1} & *\\ (\boldsymbol{D}^i+\boldsymbol{D}^j)^{\mathrm{T}} & \boldsymbol{O} & \boldsymbol{O} & \boldsymbol{O} & -2\gamma^2\boldsymbol{I}\end{bmatrix}<\boldsymbol{O} \tag{5.30}$$

其中，$\boldsymbol{\Phi}_1^{ij}=(\boldsymbol{A}^i\boldsymbol{X}_1+\boldsymbol{B}^i\boldsymbol{M}^j+\boldsymbol{A}^j\boldsymbol{X}_1+\boldsymbol{B}^j\boldsymbol{M}^i)^{\mathrm{T}}+\boldsymbol{A}^i\boldsymbol{X}_1+\boldsymbol{B}^i\boldsymbol{M}^j+\boldsymbol{A}^j\boldsymbol{X}_1+\boldsymbol{B}^j\boldsymbol{M}^i$。

进一步，为了考虑二次型优化指标，我们引入如下定理。

定理 5.2 对于闭环系统（5.5）和状态反馈控制矩阵 $\boldsymbol{K}^j$，当 $\boldsymbol{w}(t)\equiv\boldsymbol{0}$ 时，如果存在公共矩阵 $\boldsymbol{P}_{2,ss}^{\mathrm{T}}=\boldsymbol{P}_{2,ss}>\boldsymbol{O}$，$\boldsymbol{P}_{2,zz}^{\mathrm{T}}=\boldsymbol{P}_{2,zz}>\boldsymbol{O}$ 和 $\boldsymbol{P}_{2,zs}$ 满足：

$$\boldsymbol{\varXi}_2^{ii}<\boldsymbol{O},\quad i=1,2,\cdots,r \tag{5.31}$$

$$\boldsymbol{\varXi}_2^{ij}<\boldsymbol{O},\quad i,j=1,2,\cdots,r \text{ 且 } i<j \tag{5.32}$$

其中

$$\boldsymbol{\varXi}_2^{ii}=(\boldsymbol{A}^i+\boldsymbol{B}^i\boldsymbol{K}^i)^{\mathrm{T}}\boldsymbol{P}_2+\boldsymbol{P}_2^{\mathrm{T}}(\boldsymbol{A}^i+\boldsymbol{B}^i\boldsymbol{K}^i)+\boldsymbol{Q}_2+(\boldsymbol{K}^i)^{\mathrm{T}}\boldsymbol{R}_2\boldsymbol{K}^i$$

$$\boldsymbol{\varXi}_2^{ij}=(\boldsymbol{A}^i+\boldsymbol{B}^i\boldsymbol{K}^j+\boldsymbol{A}^j+\boldsymbol{B}^j\boldsymbol{K}^i)^{\mathrm{T}}\boldsymbol{P}_2+\boldsymbol{P}_2^{\mathrm{T}}(\boldsymbol{A}^i+\boldsymbol{B}^i\boldsymbol{K}^j+\boldsymbol{A}^j+\boldsymbol{B}^j\boldsymbol{K}^i)+2\boldsymbol{Q}_2+(\boldsymbol{K}^i)^{\mathrm{T}}\boldsymbol{R}_2\boldsymbol{K}^i \\ +(\boldsymbol{K}^j)^{\mathrm{T}}\boldsymbol{R}_2\boldsymbol{K}^j$$

$$\boldsymbol{P}_2=\begin{bmatrix}\boldsymbol{P}_{2,ss} & \boldsymbol{O}\\ \boldsymbol{P}_{2,zs} & \boldsymbol{P}_{2,zz}\end{bmatrix},\quad \boldsymbol{P}_{2,zz}=\mathrm{diag}\{\boldsymbol{P}_{2,z_1z_1},\boldsymbol{P}_{2,z_2z_2},\cdots,\boldsymbol{P}_{2,z_Hz_H}\}$$

则存在 $\varepsilon_h^*>0$，$\forall\varepsilon_h\in(0,\varepsilon_h^*]$，$h=1,2,\cdots,H$，使闭环系统（5.5）满足最优控制中的二次型性能指标，即式（5.8）。

证明： 令 $\boldsymbol{P}_{\varepsilon2}=\begin{bmatrix}\boldsymbol{P}_{2,ss} & \boldsymbol{P}_{2,zs}^{\mathrm{T}}\boldsymbol{\varLambda}_\varepsilon\\ \boldsymbol{P}_{2,zs} & \boldsymbol{P}_{2,zz}\end{bmatrix}$，其中 $\boldsymbol{P}_{2,ss}$ 为正定对称矩阵，$\boldsymbol{P}_{2,zz}$ 为正定对称块对角矩阵，则有

$$\boldsymbol{E}_\varepsilon\boldsymbol{P}_{\varepsilon2}=\begin{bmatrix}\boldsymbol{P}_{2,ss} & \boldsymbol{P}_{2,zs}^{\mathrm{T}}\boldsymbol{\varLambda}_\varepsilon\\ \boldsymbol{\varLambda}_\varepsilon\boldsymbol{P}_{2,zs} & \boldsymbol{P}_{2,zz}\boldsymbol{\varLambda}_\varepsilon\end{bmatrix}=\boldsymbol{P}_{\varepsilon2}^{\mathrm{T}}\boldsymbol{E}_\varepsilon>\boldsymbol{O} \tag{5.33}$$

选择李雅普诺夫函数为

$$V(\boldsymbol{x}(t))=\boldsymbol{x}^{\mathrm{T}}(t)\boldsymbol{E}_{\varepsilon}\boldsymbol{P}_{\varepsilon 2}\boldsymbol{x}(t) \tag{5.34}$$

则

$$\begin{aligned}\dot{V}(\boldsymbol{x}(t))=&\sum_{i=1}^{r}\mu_i^2\boldsymbol{x}^{\mathrm{T}}(t)\Big((\boldsymbol{G}^{ii})^{\mathrm{T}}\boldsymbol{P}_{\varepsilon 2}+\boldsymbol{P}_{\varepsilon 2}^{\mathrm{T}}\boldsymbol{G}^{ii}\Big)\boldsymbol{x}(t)\\&+\sum_{\substack{i,j=1\\ i<j}}^{r}\mu_i\mu_j\boldsymbol{x}^{\mathrm{T}}(t)\Big((\boldsymbol{G}^{ij}+\boldsymbol{G}^{ji})^{\mathrm{T}}\boldsymbol{P}_{\varepsilon 2}+\boldsymbol{P}_{\varepsilon 2}^{\mathrm{T}}(\boldsymbol{G}^{ij}+\boldsymbol{G}^{ji})\Big)\boldsymbol{x}(t)\end{aligned} \tag{5.35}$$

令

$$\begin{aligned}J_Q&=\int_0^{t_f}\Big(\boldsymbol{x}^{\mathrm{T}}(t)\boldsymbol{Q}_2\boldsymbol{x}(t)+\boldsymbol{u}^{\mathrm{T}}(t)\boldsymbol{R}_2\boldsymbol{u}(t)\Big)\mathrm{d}t\\&=\int_0^{t_f}\Big(\boldsymbol{x}^{\mathrm{T}}(t)\boldsymbol{Q}_2\boldsymbol{x}(t)+\boldsymbol{u}^{\mathrm{T}}(t)\boldsymbol{R}_2\boldsymbol{u}(t)+\dot{V}(\boldsymbol{x}(t))\Big)\mathrm{d}t+V(\boldsymbol{x}(0))-V(\boldsymbol{x}(t_f))\end{aligned} \tag{5.36}$$

显然$V(\boldsymbol{x}(t_f))\geqslant 0$，再由式（5.15）可得

$$J_Q\leqslant\int_0^{t_f}\left(\sum_{i=1}^{r}\mu_i^2\boldsymbol{x}^{\mathrm{T}}(t)\boldsymbol{\varXi}_{\varepsilon 2}^{ii}\boldsymbol{x}(t)+\sum_{\substack{i,j=1\\ i<j}}^{r}\mu_i\mu_j\boldsymbol{x}^{\mathrm{T}}(t)\boldsymbol{\varXi}_{\varepsilon 2}^{ij}\boldsymbol{x}(t)\right)\mathrm{d}t+V(\boldsymbol{x}(0)) \tag{5.37}$$

其中

$$\begin{aligned}\boldsymbol{\varXi}_{\varepsilon 2}^{ii}=&(\boldsymbol{A}^i+\boldsymbol{B}^i\boldsymbol{K}^i)^{\mathrm{T}}\boldsymbol{P}_{\varepsilon 2}+\boldsymbol{P}_{\varepsilon 2}^{\mathrm{T}}(\boldsymbol{A}^i+\boldsymbol{B}^i\boldsymbol{K}^i)+\boldsymbol{Q}_2+(\boldsymbol{K}^i)^{\mathrm{T}}\boldsymbol{R}_2\boldsymbol{K}^i\\ \boldsymbol{\varXi}_{\varepsilon 2}^{ij}=&(\boldsymbol{A}^i+\boldsymbol{B}^i\boldsymbol{K}^j+\boldsymbol{A}^j+\boldsymbol{B}^j\boldsymbol{K}^i)^{\mathrm{T}}\boldsymbol{P}_{\varepsilon 2}+\boldsymbol{P}_{\varepsilon 2}^{\mathrm{T}}(\boldsymbol{A}^i+\boldsymbol{B}^i\boldsymbol{K}^j+\boldsymbol{A}^j+\boldsymbol{B}^j\boldsymbol{K}^i)+2\boldsymbol{Q}_2\\&+(\boldsymbol{K}^i)^{\mathrm{T}}\boldsymbol{R}_2\boldsymbol{K}^i+(\boldsymbol{K}^j)^{\mathrm{T}}\boldsymbol{R}_2\boldsymbol{K}^j\end{aligned}$$

显然 $\boldsymbol{\varXi}_{\varepsilon 2}^{ii}=\boldsymbol{\varXi}_2^{ii}+\boldsymbol{H}(\boldsymbol{\varepsilon})$，$\boldsymbol{\varXi}_{\varepsilon 2}^{ij}=\boldsymbol{\varXi}_2^{ij}+\boldsymbol{H}(\boldsymbol{\varepsilon})$，故存在 $\varepsilon_h^*>0$，$\forall\varepsilon_h\in(0,\varepsilon_h^*]$，$h=1,2,\cdots,H$，满足：

$$\boldsymbol{\varXi}_{\varepsilon 2}^{ii}<\boldsymbol{O},\quad i=1,2,\cdots,r \tag{5.38}$$

$$\boldsymbol{\varXi}_{\varepsilon 2}^{ij}<\boldsymbol{O},\quad i,j=1,2,\cdots,r\text{且}i<j \tag{5.39}$$

则得到

$$J_Q<V(\boldsymbol{x}(0)) \tag{5.40}$$

即

$$\int_0^{t_f}\Big(\boldsymbol{x}^{\mathrm{T}}(t)\boldsymbol{Q}_2\boldsymbol{x}(t)+\boldsymbol{u}^{\mathrm{T}}(t)\boldsymbol{R}_2\boldsymbol{u}(t)\Big)\mathrm{d}t<V(\boldsymbol{x}(0)) \tag{5.41}$$

由

$$V(\boldsymbol{x}(0))=\boldsymbol{x}^{\mathrm{T}}(0)\boldsymbol{E}_{\varepsilon}\boldsymbol{P}_{\varepsilon 2}\boldsymbol{x}(0)=\boldsymbol{x}_s^{\mathrm{T}}(0)\boldsymbol{P}_{2,ss}\boldsymbol{x}_s(0)+O(\varepsilon) \tag{5.42}$$

可知二次型最优控制性能指标，即式（5.8）成立。

将定理 5.2 中的式（5.31）和式（5.32）转化为 LMI 形式，以便利用 MATLAB 的 LMI 工具箱直接求解。令 $\boldsymbol{X}_2=\boldsymbol{P}_2^{-1}$，$\boldsymbol{M}^i=\boldsymbol{K}^i\boldsymbol{X}_2$，$\boldsymbol{M}^j=\boldsymbol{K}^j\boldsymbol{X}_2$，对式（5.31）和式（5.32）左右两侧同时左乘 $\mathrm{diag}\{\boldsymbol{X}_2^{\mathrm{T}},\boldsymbol{I}\}$ 和右乘 $\mathrm{diag}\{\boldsymbol{X}_2,\boldsymbol{I}\}$，则有

$$(\boldsymbol{A}^i\boldsymbol{X}_2+\boldsymbol{B}^i\boldsymbol{M}^i)^{\mathrm{T}}+\boldsymbol{A}^i\boldsymbol{X}_2+\boldsymbol{B}^i\boldsymbol{M}^i+\boldsymbol{X}_2^{\mathrm{T}}\boldsymbol{Q}_2\boldsymbol{X}_2+(\boldsymbol{M}^i)^{\mathrm{T}}\boldsymbol{R}_2\boldsymbol{M}^i<\boldsymbol{O} \tag{5.43}$$

$$\begin{aligned}&(\boldsymbol{A}^i\boldsymbol{X}_2+\boldsymbol{B}^i\boldsymbol{M}^j+\boldsymbol{A}^j\boldsymbol{X}_2+\boldsymbol{B}^j\boldsymbol{M}^i)^{\mathrm{T}}+\boldsymbol{A}^i\boldsymbol{X}_2+\boldsymbol{B}^i\boldsymbol{M}^j+\boldsymbol{A}^j\boldsymbol{X}_2+\boldsymbol{B}^j\boldsymbol{M}^i\\&+2\boldsymbol{X}_2^{\mathrm{T}}\boldsymbol{Q}_2\boldsymbol{X}_2+(\boldsymbol{M}^i)^{\mathrm{T}}\boldsymbol{R}_2\boldsymbol{M}^i+(\boldsymbol{M}^j)^{\mathrm{T}}\boldsymbol{R}_2\boldsymbol{M}^j<\boldsymbol{O}\end{aligned} \tag{5.44}$$

对式（5.43）和式（5.44）应用两次 Schur 补定理得到

$$\begin{bmatrix}(\boldsymbol{A}^i\boldsymbol{X}_2+\boldsymbol{B}^i\boldsymbol{M}^i)^{\mathrm{T}}+\boldsymbol{A}^i\boldsymbol{X}_2+\boldsymbol{B}^i\boldsymbol{M}^i & * & *\\ \boldsymbol{X}_2 & -(\boldsymbol{Q}_2)^{-1} & *\\ \boldsymbol{M}^i & 0 & -(\boldsymbol{R}_2)^{-1}\end{bmatrix}<\boldsymbol{O} \tag{5.45}$$

$$\begin{bmatrix}\boldsymbol{\Phi}_2^{ij} & * & * & *\\ \boldsymbol{X}_2 & -(2\boldsymbol{Q}_2)^{-1} & * & *\\ \boldsymbol{M}^i & 0 & -(\boldsymbol{R}_2)^{-1} & *\\ \boldsymbol{M}^j & 0 & 0 & -(\boldsymbol{R}_2)^{-1}\end{bmatrix}<\boldsymbol{O} \tag{5.46}$$

其中，$\boldsymbol{\Phi}_2^{ij}=(\boldsymbol{A}^i\boldsymbol{X}_2+\boldsymbol{B}^i\boldsymbol{M}^j+\boldsymbol{A}^j\boldsymbol{X}_2+\boldsymbol{B}^j\boldsymbol{M}^i)^{\mathrm{T}}+\boldsymbol{A}^i\boldsymbol{X}_2+\boldsymbol{B}^i\boldsymbol{M}^j+\boldsymbol{A}^j\boldsymbol{X}_2+\boldsymbol{B}^j\boldsymbol{M}^i$。

定理 5.1 和定理 5.2 分别给出了含有多摄动参数闭环系统满足 H_∞ 性能指标和二次型最优控制性能指标时控制器需要满足的条件。其中 H_∞ 性能指标体现了系统对外部干扰的抑制能力，H_∞ 性能指标中的 γ 越小，系统对外部干扰的抑制能力越强。在二次型最优控制性能指标中，当 $\boldsymbol{x}_s^{\mathrm{T}}(0)\boldsymbol{P}_{2,ss}\boldsymbol{x}_s(0)$ 越小时，系统的动态性能和控制能量的综合指标越小。为了实现系统的多目标鲁棒控制，定义性能指标为

$$J_1=\gamma^2,\quad J_2=\boldsymbol{x}_s^{\mathrm{T}}(0)\boldsymbol{P}_{2,ss}\boldsymbol{x}_s(0),\quad J_3=\max_{t\in[t_0,t_f]}\sqrt{\boldsymbol{u}^{\mathrm{T}}(t)\boldsymbol{u}(t)} \tag{5.47}$$

其中，指标 J_1 表示系统对外部干扰的抑制能力；J_2 是结合二次型最优控制指标，是对系统动态性能和控制量的综合考虑。此外，在二次型最优控制指标中，仅利用控制量的积分值表示了控制的能量，为此定义性能指标 J_3，以避免由于过度改善系统动态性能或提高干扰抑制能力而造成控制量过大的情况。

在控制器的求解过程中，如果改变 γ、$\boldsymbol{Q}_2$ 和 $\boldsymbol{R}_2$，利用定理 5.1 和定理 5.2 中的控制器求解条件可以得到不同的控制增益 $\boldsymbol{K}^j$，相应地可以得到一组性能指标 J_1、J_2 和 J_3，对这三个性能指标进行多目标的综合优化，可以实现对系统干扰抑制能力、动态性能以及控制量幅值的综合优化。基于这种思想，针对由模糊奇异摄动模型描述的多时标非线性系统的多目标鲁棒控制问题，建立优化模型为

$$\begin{gathered}\min\left[J_1(\gamma,\boldsymbol{Q}_2,\boldsymbol{R}_2)\quad J_2(\gamma,\boldsymbol{Q}_2,\boldsymbol{R}_2)\quad J_3(\gamma,\boldsymbol{Q}_2,\boldsymbol{R}_2)\right]\\ \text{s.t.}\quad \boldsymbol{X}=\boldsymbol{X}_1=\boldsymbol{X}_2>\boldsymbol{O}\\ \text{式（5.29）、式（5.45），}\ i=1,2,\cdots,r\\ \text{式（5.30）、式（5.46），}\ i,j=1,2,\cdots,r\ \text{且}\ i<j\end{gathered} \tag{5.48}$$

在优化模型（5.48）中，通过引入等式约束 $\boldsymbol{X}=\boldsymbol{X}_1=\boldsymbol{X}_2$，使控制器同时满足定理 5.1 和定理 5.2 中的求解条件，以保证闭环系统能够同时满足 H_∞ 性能指标和

二次型最优控制的性能指标，式（5.29）和式（5.30）是考虑H_∞性能指标时需要满足的条件，式（5.45）和式（5.46）是考虑二次型最优控制性能指标时需要满足的条件。优化模型（5.48）是一个多目标优化模型，如前所述，各性能指标之间相互制约、存在冲突，下面建立两种折中优化模型以实现问题的求解。

第一种优化模型是基于加权的思想，将多目标优化问题转化为单目标优化问题，即

$$\begin{aligned} &\min \quad \alpha J_1 + \beta J_2 + \eta J_3 \\ &\text{s.t.} \quad \boldsymbol{X} = \boldsymbol{X}_1 = \boldsymbol{X}_2 > \boldsymbol{O} \\ &\text{式（5.29）、式（5.45）}, \quad i = 1,2,\cdots,r \\ &\text{式（5.30）、式（5.46）}, \quad i,j = 1,2,\cdots,r \text{ 且 } i < j \end{aligned} \tag{5.49}$$

其中，α、β和η为权重系数。通过选择不同的权重系数，可以各有侧重地实现对J_1、J_2和J_3三个性能指标的综合优化。

第二种优化模型是基于最小化可行性能指标向量和独立最优性能指标向量之间距离的思想，将多目标优化问题转化为单目标优化问题。可行性能指标向量被定义为$\left[J_1(\gamma,\boldsymbol{Q}_2,\boldsymbol{R}_2) \quad J_2(\gamma,\boldsymbol{Q}_2,\boldsymbol{R}_2) \quad J_3(\gamma,\boldsymbol{Q}_2,\boldsymbol{R}_2)\right]$，它是由任意一组同时满足$H_\infty$性能指标和二次型最优控制性能指标的控制器计算得到的三个性能指标J_1、J_2和J_3所构成的向量；独立最优向量$\left[J_1^* \quad J_2^* \quad J_3^*\right]$是由对每一个性能指标进行独立优化时得到的性能指标值所构成的向量，$J_k^*(k=1,2,3)$为不考虑其他两个性能指标时，对控制器进行优化设计所得到的指标值，第二种优化模型如下：

$$\begin{aligned} &\min \quad \sqrt{\left(\frac{J_1(\boldsymbol{X},\gamma)-J_1^*}{J_1^*}\right)^2 + \left(\frac{J_2(\boldsymbol{X},\gamma)-J_2^*}{J_2^*}\right)^2 + \left(\frac{J_3(\boldsymbol{X},\gamma)-J_3^*}{J_3^*}\right)^2} \\ &\text{s.t.} \quad \boldsymbol{X} = \boldsymbol{X}_1 = \boldsymbol{X}_2 > \boldsymbol{O} \\ &\text{式（5.29）、式（5.45）}, \quad i = 1,2,\cdots,r \\ &\text{式（5.30）、式（5.46）}, \quad i,j = 1,2,\cdots,r \text{ 且 } i < j \end{aligned} \tag{5.50}$$

在针对多目标鲁棒控制问题建立的优化模型（5.49）和优化模型（5.50）中，选定不同的γ、$\boldsymbol{Q}_2$和$\boldsymbol{R}_2$，利用 MATLAB 的 LMI 工具箱计算式(5.29)、式(5.30)、式（5.45）和式（5.46），会得到不同的公共矩阵$\boldsymbol{X}$和$\boldsymbol{M}^j$，从而得到不同的控制增益$\boldsymbol{K}^j$，最终得到不同的控制效果，优化模型中的目标函数值也会随之不同。即通过调整决策变量γ、$\boldsymbol{Q}_2$和$\boldsymbol{R}_2$，可以实现对系统的干扰抑制性能、动态性能以及控制量的综合优化，这属于连续域多变量多极值优化问题，本章将采用进化算法中的分布估计算法求解这一问题。

进化算法是求解多极值优化问题的有效工具。分布估计算法（estimation of distribution algorithm，EDA）是进化计算领域中一个崭新的分支，这种算法能够显式地表示变量之间的关系，能快速、准确、可靠地解决传统遗传算法束手无策的一类优

化问题[88]。在分布估计算法中，没有遗传算法中传统的交叉、变异等操作，取而代之的是概率模型的学习和采样，即通过一个概率模型描述候选解在空间的分布，采用统计学习手段从群体宏观的角度建立一个描述解分布的概率模型，然后对概率模型随机采样产生新的种群，如此反复进行，实现种群的进化，从而对问题进行求解。

利用分布估计算法优化多目标鲁棒控制器参数的步骤如下。

（1）随机产生初始种群：以 γ 、$\boldsymbol{Q}_2$ 和 $\boldsymbol{R}_2$ 作为个体，采用正实数编码方式。

（2）计算各个体的评估值：采用优化模型（5.49）或优化模型（5.50）中的优化目标函数作为个体的适应度函数。

（3）选择部分较优的个体：根据评估值进行排序，保留适应度较优的个体，舍弃适应度差的个体。

（4）产生新的群体：概率模型取为高斯模型，根据选择的较优个体计算均值和方差，再由得到的均值和方差进行高斯采样生成新的群体。

（5）重复执行第（2）步到第（4）步，直至满足终止条件，选择最佳个体作为算法的结果。

算法流程图如图 5.1 所示。

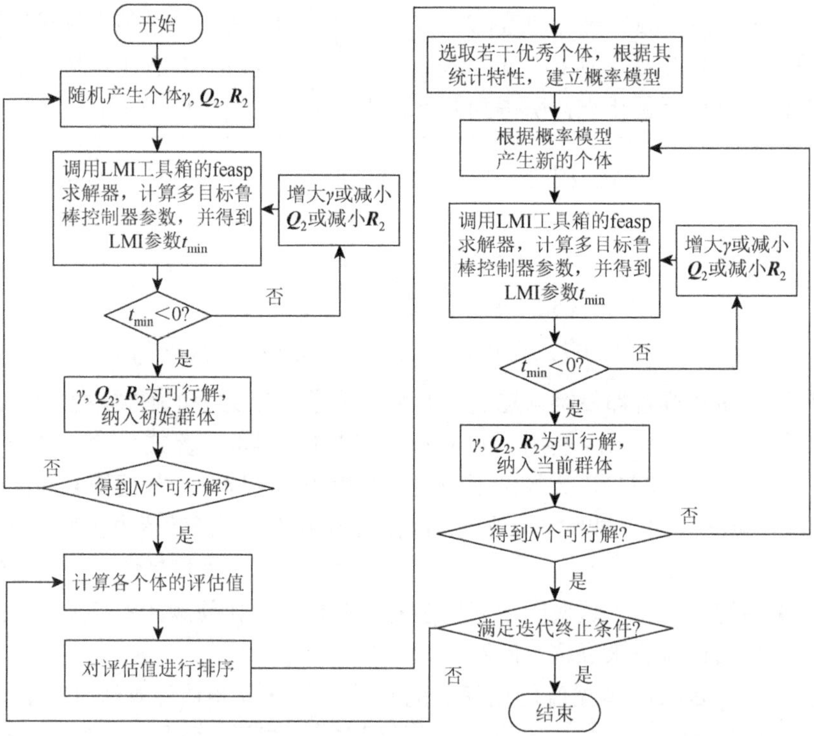

图 5.1　优化多目标鲁棒控制器参数的分布估计算法流程图

5.3 仿真验证

考虑含有两个摄动参数、由两条规则组成的模糊奇异摄动模型。

规则 1：如果 $x_1(t)$ 是 F^1，则

$$\begin{cases}\dot{x}_s(t)=A_{ss}^1 x_s(t)+\boldsymbol{A}_{sz}^1\boldsymbol{x}_z(t)+B_s^1\boldsymbol{u}(t)+D_s^1\boldsymbol{w}(t)\\ \varLambda_\varepsilon\dot{\boldsymbol{x}}_z(t)=\boldsymbol{A}_{zs}^1 x_s(t)+\boldsymbol{A}_{zz}^1\boldsymbol{x}_z(t)+\boldsymbol{B}_z^1\boldsymbol{u}(t)+\boldsymbol{D}_z^1\boldsymbol{w}(t)\end{cases} \tag{5.51}$$

规则 2：如果 $x_1(t)$ 是 F^2，则

$$\begin{cases}\dot{x}_s(t)=A_{ss}^2 x_s(t)+\boldsymbol{A}_{sz}^2\boldsymbol{x}_z(t)+B_s^2\boldsymbol{u}(t)+D_s^2\boldsymbol{w}(t)\\ \varLambda_\varepsilon\dot{\boldsymbol{x}}_z(t)=\boldsymbol{A}_{zs}^2 x_s(t)+\boldsymbol{A}_{zz}^2\boldsymbol{x}_z(t)+\boldsymbol{B}_z^2\boldsymbol{u}(t)+\boldsymbol{D}_z^2\boldsymbol{w}(t)\end{cases}$$

式中，$x_s(t)=x_1(t)$；$\boldsymbol{x}_z(t)=[x_2(t)\quad x_3(t)]^{\mathrm{T}}$；摄动参数矩阵为 $\varLambda_\varepsilon=\begin{bmatrix}0.011 & 0\\ 0 & 0.0011\end{bmatrix}$；$A_{ss}^1=0.2$；$\boldsymbol{A}_{sz}^1=[-1.1\quad 0]$；$A_{ss}^2=0.5$；$\boldsymbol{A}_{sz}^2=[-0.3\quad 0]$；$B_s^1=0.8$；$B_s^2=1$；$\boldsymbol{A}_{zs}^1=\begin{bmatrix}0.61\\ -0.6\end{bmatrix}$；$\boldsymbol{A}_{zz}^1=\begin{bmatrix}-0.8 & -0.2\\ 0.31 & -2.8\end{bmatrix}$；$\boldsymbol{A}_{zs}^2=\begin{bmatrix}1.11\\ -0.52\end{bmatrix}$；$\boldsymbol{A}_{zz}^2=\begin{bmatrix}-0.5 & -0.32\\ 0.47 & -2.1\end{bmatrix}$；$\boldsymbol{B}_z^1=\begin{bmatrix}0\\ 0.1\end{bmatrix}$；$\boldsymbol{B}_z^2=\begin{bmatrix}0\\ 0.2\end{bmatrix}$；$D_s^1=0.2$；$\boldsymbol{D}_z^1=\begin{bmatrix}0.5\\ 1\end{bmatrix}$；$D_s^2=0.2$；$\boldsymbol{D}_z^2=\begin{bmatrix}0.5\\ 1\end{bmatrix}$。

模糊集合 F^1 和 F^2 的隶属度函数分别为

$$\mu_1(x_1(t))=(1+\sin(x_1(t)))/2,\quad \mu_2(x_1(t))=1-\mu(x_1(t)) \tag{5.52}$$

考虑外部干扰为 $w(t)=\sin(10t)\mathrm{e}^{-0.1t}$，给定 $\gamma=10$，$\boldsymbol{Q}_2=\mathrm{diag}\{0.01,0.01,0.01\}$，$R_2=0.01$，求解满足定理 5.1 和定理 5.2 的多目标鲁棒控制器，得到

$$\boldsymbol{P}=\begin{bmatrix}0.0603 & 0 & 0\\ -0.0245 & 0.0199 & 0\\ 0.0044 & 0 & 0.0396\end{bmatrix},\quad \boldsymbol{K}^1=[-2.9758\quad 0.5890\quad -0.0399]$$

$$\boldsymbol{K}^2=[-3.1824\quad 0.1965\quad -0.0909]$$

控制仿真结果如图 5.2 的实线部分所示。为与多目标鲁棒控制的结果进行比较，在相同实验条件下将文献[89]提出的 H_∞ 鲁棒控制用于同样的被控对象，仿真结果如图 5.2 中的虚线部分所示。

从仿真结果可以看出，多目标鲁棒控制器起到了综合优化系统控制性能的作用，在图 5.2 所示的综合优化结果中，在控制量相当的情况下，系统的动态性能优于 H_∞ 鲁棒控制。

下面利用 EDA 对上述多目标鲁棒控制器的参数进行优化设计，以实现不同的控制效果。选取 $\alpha=1$，$\beta=1$，$\eta=1$，基于优化模型（5.49）得到的优化结果是

$\gamma_{\text{opt}}=0.8516$，$\boldsymbol{Q}_{2\text{opt}}=0.0387\boldsymbol{I}_{3\times3}$，$R_{2\text{opt}}=0.0444$，目标函数和各性能指标的优化过程如图 5.3 所示。

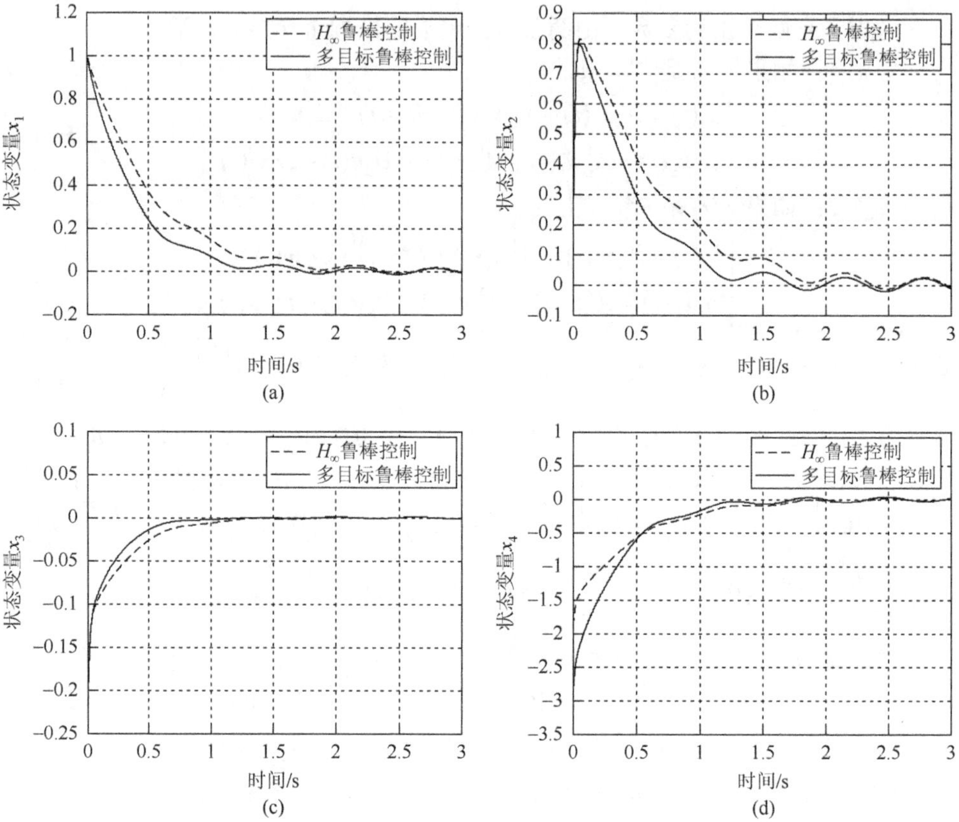

图 5.2　基于多目标鲁棒控制方法的闭环系统响应曲线

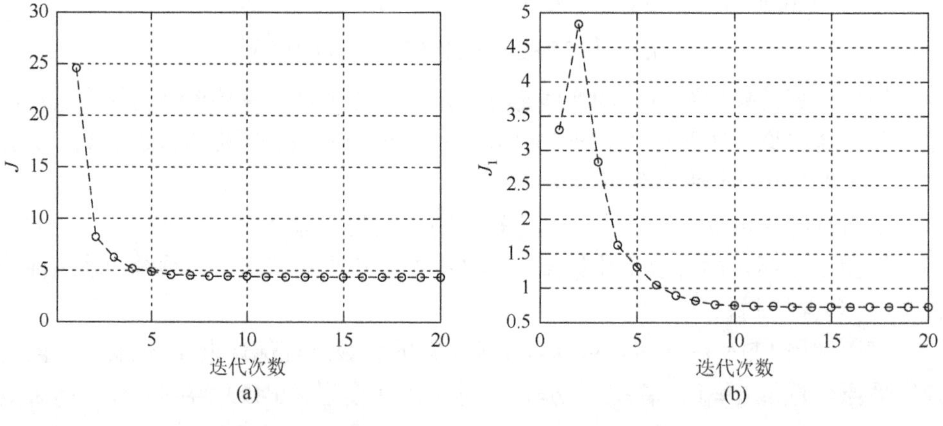

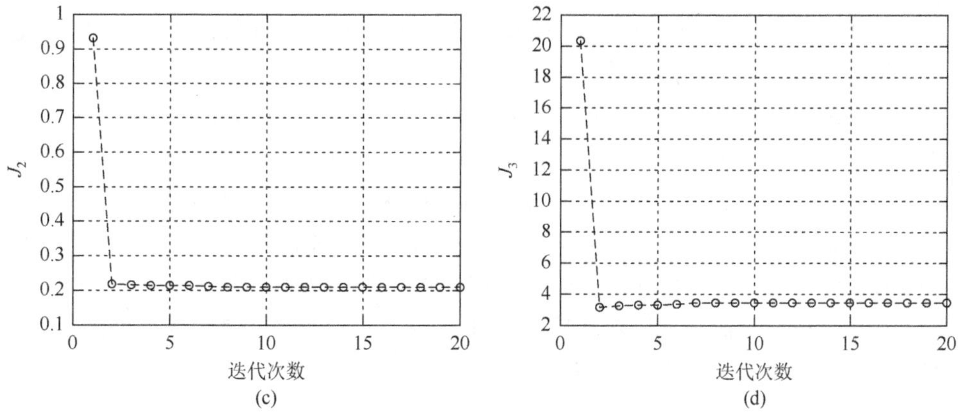

图 5.3　基于第一种优化模型得到目标函数和各性能指标的优化过程

在采用第一种优化模型进行优化计算时，选定不同的权重系数，优化结果会随之不同，如表 5.1 所示。

表 5.1　不同权重系数优化结果比较

情形	权重系数	J_1^*	J_2^*	J_3^*	γ_{opt}	$Q_{2\text{opt}}$	$R_{2\text{opt}}$
1	$\alpha=1$， $\beta=1$， $\eta=1$	0.7252	0.2093	3.4137	0.8516	0.0387	0.0444
2	$\alpha=100$， $\beta=1$， $\eta=1$	0.0324	0.3071	7.0598	0.1799	0.0794	0.0478
3	$\alpha=1$， $\beta=100$， $\eta=1$	1.9745	0.0635	5.9484	1.4052	0.0421	0.0043
4	$\alpha=1$， $\beta=1$， $\eta=100$	1.8304	0.0792	1.9195	1.3529	0.0175	0.0404
5	$\alpha=1$， $\beta=100$， $\eta=100$	2.9293	0.1373	3.1535	1.7115	0.0354	0.0452
6	$\alpha=100$， $\beta=1$， $\eta=100$	0.1404	0.0828	1.9748	0.3747	0.0192	0.0390
7	$\alpha=100$， $\beta=100$， $\eta=1$	0.0200	0.1474	8.2407	0.1416	0.0421	0.0192

由表 5.1 的结果可以看出当增大某一项性能指标的权重系数时，优化结果中这一项性能指标值会随之减小，相应的优化目标会得到改善，例如，对比表 5.1 中的情形 1 和 2，当增大α时，J_1会变小，相应的干扰抑制水平γ也会变小，此时系统对外部干扰的抑制能力增强；对比表 5.1 中的情形 1 和 3，当增大β时，J_2会变小，即系统动态性能和控制能量的综合指标会相应减小；对比表 5.1 中的情形 1 和 4，当增大η时，J_3会变小，控制系统的控制量幅值随之减小。一般地，当系统的干扰抑制水平变小，即鲁棒能力增强时，控制量会随之增大，对于动态性能也是如此，系统的动态性能变好，控制量也会随之增大，反之亦然。所以一味地追求某一个性能指标非常好，将会以损失其他性能指标为代价。

下面基于第二种优化模型（5.50），利用 EDA 对多目标鲁棒控制器的参数进行综合优化，首先计算独立最优向量$\begin{bmatrix} J_1^* & J_2^* & J_3^* \end{bmatrix}$。

由表 5.2 所示的计算结果可知，$J_1^* = 0.0198$，$J_2^* = 0.0548$，$J_3^* = 1.7967$。在此基础上，基于 EDA 求解优化模型（5.50），得到控制器参数的综合优化结果为 $\gamma_{\text{opt}} = 0.1812$，$\boldsymbol{Q}_{2\text{opt}} = 0.0735\boldsymbol{I}_{3\times 3}$，$R_{2\text{opt}} = 0.0374$，各性能指标的优化结果为 $J_1 = 0.0328$，$J_2 = 0.2366$，$J_3 = 6.7063$。对比表 5.2 中的数据可以看出，虽然综合优化后每一个性能指标的结果略大于独立优化时的结果，但是相应的其他性能指标一般都要小于独立优化时的性能指标。基于第二种优化模型得到目标函数和各性能指标的优化过程如图 5.4 所示。

表 5.2　独立最优向量的计算结果

情形	权重系数	J_1^*	J_2^*	J_3^*	γ_{opt}	$\boldsymbol{Q}_{2\text{opt}}$	$R_{2\text{opt}}$
8	$\alpha=1$，$\beta=0$，$\eta=0$	0.0198	0.4246	5.0176	0.1407	0.0439	0.0499
9	$\alpha=0$，$\beta=1$，$\eta=0$	2.2510	0.0548	12.1842	1.5003	0.0498	0.0007
10	$\alpha=0$，$\beta=0$，$\eta=1$	2.3355	0.0734	1.7967	1.5282	0.0174	0.0475

图 5.5 是基于第一种优化模型和第二种优化模型计算得到的多目标鲁棒控制器的控制仿真结果。

从图 5.5 中可以看出基于不同优化模型得到的多目标鲁棒控制器都起到了综合优化系统控制性能的作用。在图 5.5 所示的结果中，多目标鲁棒控制的动态性能优于 H_∞ 鲁棒控制，控制量随之有所增加，但保证了控制量幅值不是很大。这里，采用第二种优化模型不需要设定权重系数，控制器参数直接由程序求得。

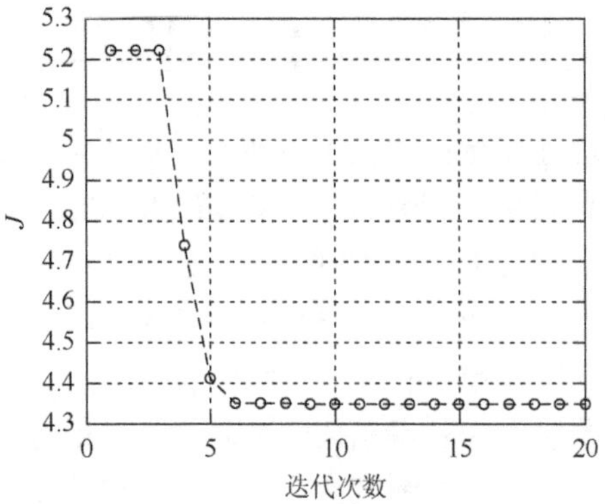

(a)

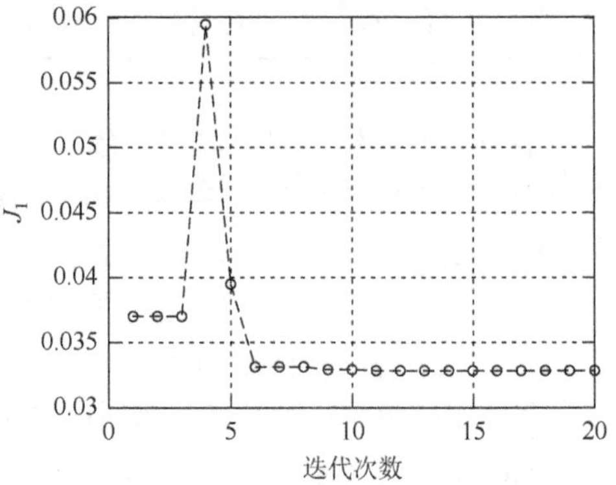

(b)

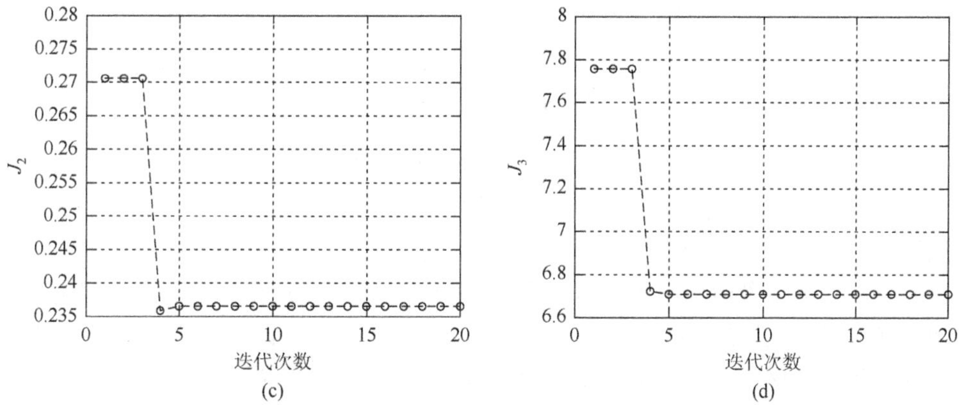

图 5.4　基于第二种优化模型得到目标函数和各性能指标的优化过程

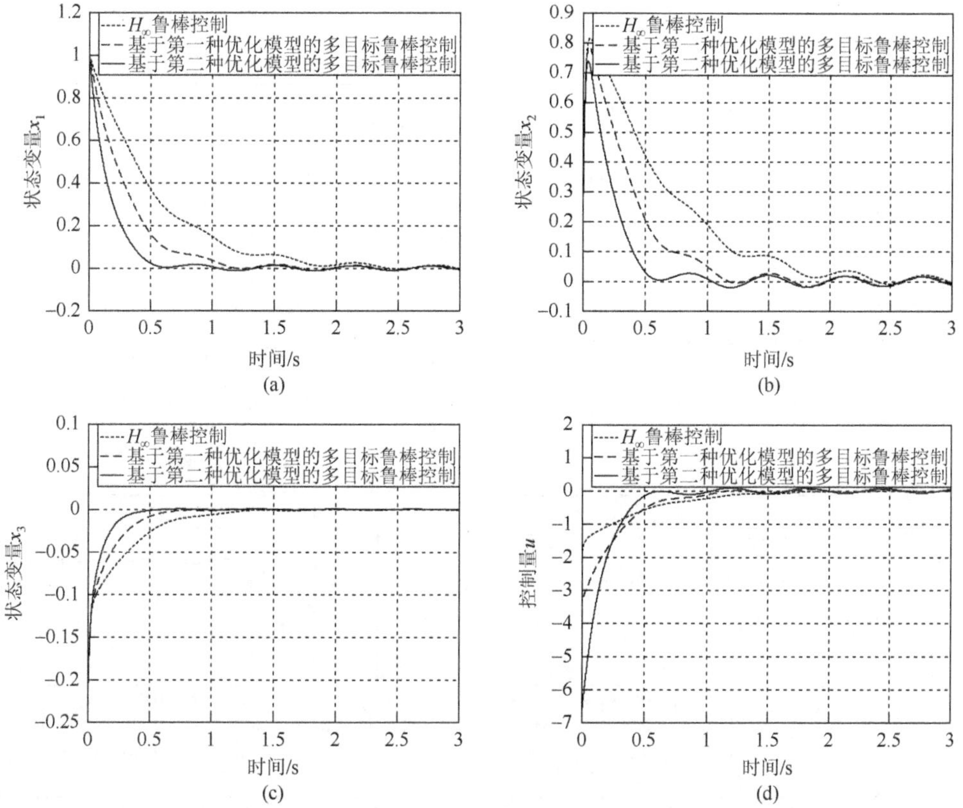

图 5.5　基于不同优化模型得到多目标鲁棒控制器的闭环系统响应曲线

下面给出采用同一个多目标鲁棒控制器对于含有不同摄动参数多时标系统的控制仿真结果。采用第二种优化模型，控制器的计算结果为

$$P=\begin{bmatrix}0.2365 & 0 & 0\\ -0.1960 & 0.0923 & 0\\ 0.0028 & 0 & 0.0286\end{bmatrix},\quad K^1=\begin{bmatrix}-6.7094 & 0.0310 & -0.0026\end{bmatrix}$$

$$K^2=\begin{bmatrix}-7.3162 & 0.0584 & -0.0088\end{bmatrix}$$

图 5.6 为含有不同摄动参数 ε_1 和 ε_2 的多时标系统的响应曲线。基于本章的方法可以得到多目标鲁棒控制器设计的多摄动参数无关解，从图 5.6 中的仿真结果可以看出，即使采用同一个多目标鲁棒控制器，摄动参数在一定范围内变化时，同样能够得到较好的控制效果。此外，本章所提出的控制方法同样适用于模糊奇异摄动模型中仅含有单一摄动参数的情形，这时，摄动参数矩阵 Λ_ε 变为标量，相应地只要将定理 5.1 中的 $P_{1,zz}$ 和定理 5.2 中的 $P_{2,zz}$ 变为正定对称矩阵的形式，即可利用优化模型（5.49）或优化模型（5.50）求解含有单一摄动参数的模糊奇异摄动模型多目标鲁棒控制器。

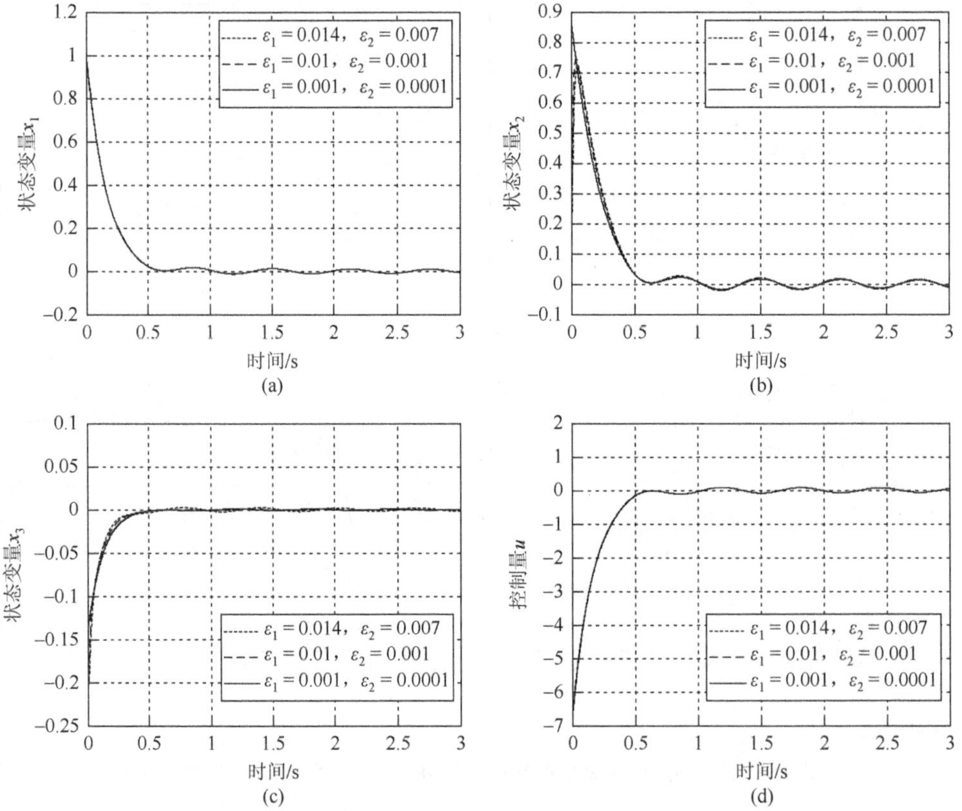

图 5.6　采用同一控制器时含有不同摄动参数多时标系统的响应曲线

5.4　本 章 小 结

本章针对含有多摄动参数的模糊奇异摄动模型，研究了其多目标鲁棒控制器的设计，提出的多目标鲁棒控制方法与摄动参数无关，且能够使系统对外部干扰具有一定的鲁棒性，实现了对系统动态性能和控制量的综合优化；建立了多目标鲁棒控制问题的数学优化模型，并设计了基于分布估计算法的优化步骤求解控制增益，其中利用本章第二种优化模型求解控制器时不需要事先设定各性能指标的权重系数。

第6章　参数不确定模糊奇异摄动模型的多目标鲁棒控制

在对实际系统进行分析与控制时，往往很难得到被控对象的精确动力学模型。此外，随着系统所处工作条件或工作环境的变化以及控制系统中元器件的老化或损坏，被控对象的动力学特性也会发生变化，偏离初始建模时所得到的标称特性。这些因素的影响都会导致模型的参数在一定范围内发生变化。针对这些问题，现有结果仅局限于系统含有单一摄动参数的情形。本章将第 5 章提出的控制器设计方法进一步推广到具有参数不确定性多摄动参数模糊奇异摄动模型的多目标鲁棒控制器设计中，使模型参数在一定范围内发生变化时，系统仍然能够对外部干扰具有一定的抑制能力，并且实现对动态性能和控制量的综合优化。

6.1　问 题 阐 述

当模型具有参数不确定性并且考虑外部干扰情况时，模糊奇异摄动模型的第 i 条模糊规则如下。

规则 i：如果 $\xi_1(t)$ 是 F_1^i，$\xi_2(t)$ 是 $F_2^i,\cdots$，$\xi_g(t)$ 是 F_g^i，则

$$\boldsymbol{E}_\varepsilon\dot{\boldsymbol{x}}(t)=(\boldsymbol{A}^i+\Delta\boldsymbol{A}^i)\boldsymbol{x}(t)+(\boldsymbol{B}^i+\Delta\boldsymbol{B}^i)\boldsymbol{u}(t)+\boldsymbol{D}^i\boldsymbol{w}(t),\quad i=1,2,\cdots,r \tag{6.1}$$

其中，$\Delta\boldsymbol{A}^i$ 和 $\Delta\boldsymbol{B}^i$ 是适当维数的不确定矩阵，并满足下面的假设。

假设 6.1　不确定参数是范数有界的：

$$\Delta\boldsymbol{A}^i=\boldsymbol{H}^i\boldsymbol{L}^i(t)\boldsymbol{E}_1^i,\quad \Delta\boldsymbol{B}^i=\boldsymbol{H}^i\boldsymbol{L}^i(t)\boldsymbol{E}_2^i \tag{6.2}$$

其中，$\boldsymbol{L}^i(t)$ 是未知时变矩阵，并满足：

$$\left\|\boldsymbol{L}^i(t)\right\|<1 \tag{6.3}$$

$\boldsymbol{H}^i$、$\boldsymbol{E}_1^i$ 和 $\boldsymbol{E}_2^i$ 是适当维数的定常矩阵，反映了模型不确定性的结构，即不确定参数是如何影响系统模型的。

在式（6.1）中，$\boldsymbol{E}_\varepsilon$、$\boldsymbol{\varepsilon}$ 的定义与式（5.2）相同，而 $\boldsymbol{x}(t)=\begin{bmatrix}\boldsymbol{x}_s(t)\\ \boldsymbol{x}_z(t)\end{bmatrix}$，$\boldsymbol{A}^i=\begin{bmatrix}\boldsymbol{A}_{ss}^i & \boldsymbol{A}_{sz}^i\\ \boldsymbol{A}_{zs}^i & \boldsymbol{A}_{zz}^i\end{bmatrix}$，$\boldsymbol{B}^i=\begin{bmatrix}\boldsymbol{B}_s^i\\ \boldsymbol{B}_z^i\end{bmatrix}$，$\boldsymbol{D}^i=\begin{bmatrix}\boldsymbol{D}_s^i\\ \boldsymbol{D}_z^i\end{bmatrix}$。$\boldsymbol{x}_s(t)\in\mathbb{R}^{n_s}$、$\boldsymbol{x}_z(t)\in\mathbb{R}^{n_z}$ 分别为慢、快

状态向量，其中快状态向量可以根据对应的不同摄动参数进一步划分为若干子向量，$\boldsymbol{x}_z(t)=[\boldsymbol{x}_{z_1}^{\mathrm{T}}(t)\quad \boldsymbol{x}_{z_2}^{\mathrm{T}}(t)\quad \cdots\quad \boldsymbol{x}_{z_H}^{\mathrm{T}}(t)]^{\mathrm{T}}$，$\boldsymbol{u}(t)\in\mathbb{R}^m$ 为控制向量，$\boldsymbol{w}(t)\in\mathbb{R}^q$ 为外部干扰向量，$F_j^i\ (j=1,2,\cdots,g)$ 为模糊集合，r 为规则数目。$\boldsymbol{A}_{ss}^i\in\mathbb{R}^{n_s\times n_s}$、$\boldsymbol{A}_{sz}^i\in\mathbb{R}^{n_s\times n_z}$、$\boldsymbol{A}_{zs}^i\in\mathbb{R}^{n_z\times n_s}$、$\boldsymbol{A}_{zz}^i\in\mathbb{R}^{n_z\times n_z}$、$\boldsymbol{B}_s^i\in\mathbb{R}^{n_s\times m}$、$\boldsymbol{B}_z^i\in\mathbb{R}^{n_z\times m}$ 为具有适当维数的矩阵，$\xi_1(t),\cdots,\xi_g(t)$ 为可测变量。

给定 $\boldsymbol{x}_s(t),\boldsymbol{x}_z(t),\boldsymbol{u}(t)$，利用标准的模糊推理方法——单点模糊化、乘积推理和加权平均清晰化，整个模糊系统可表达为

$$\boldsymbol{E}_\varepsilon\dot{\boldsymbol{x}}(t)=\sum_{i=1}^{r}\mu_i(\xi(t))((\boldsymbol{A}^i+\Delta\boldsymbol{A}^i)\boldsymbol{x}(t)+(\boldsymbol{B}^i+\Delta\boldsymbol{B}^i)\boldsymbol{u}(t)+\boldsymbol{D}^i\boldsymbol{w}(t)) \tag{6.4}$$

其中，$\mu_i(\xi(t))=\dfrac{v_i(\xi(t))}{\sum_{i=1}^{r}v_i(\xi(t))}$，$v_i(\xi(t))=\prod_{j=1}^{g}F_j^i(\xi_j(t))$；$\sum_{i=1}^{r}\mu_i(\xi(t))=1$，为了方便表示，以下采用记号 $\mu_i=\mu_i(\xi(t))$。模糊控制器的规则与式（5.3）和式（5.4）相同。

本章控制器的设计目标是使由多摄动参数模糊奇异摄动模型描述的多时标系统在模型参数存在不确定性时，仍然满足 H_∞ 鲁棒控制中的稳定性条件、干扰抑制性能指标即式（5.7）以及最优控制中的二次型性能指标即式（5.8），以实现对系统干扰抑制、动态性能和控制量的综合优化。

6.2　多目标鲁棒控制器设计

为分析结构化不确定性对控制系统的影响，首先回顾以下引理。

引理 6.1[90]　对于任意矩阵 $\boldsymbol{H}$、$\boldsymbol{E}$、$\boldsymbol{L}(t)$ 和常数 $\beta>0$，如果 $\boldsymbol{L}^{\mathrm{T}}(t)\boldsymbol{L}(t)\leqslant\boldsymbol{I}$，则

$$\boldsymbol{H}\boldsymbol{L}(t)\boldsymbol{E}+(\boldsymbol{H}\boldsymbol{L}(t)\boldsymbol{E})^{\mathrm{T}}\leqslant\beta\boldsymbol{H}\boldsymbol{H}^{\mathrm{T}}+\beta^{-1}\boldsymbol{E}^{\mathrm{T}}\boldsymbol{E} \tag{6.5}$$

在此基础上，我们可以建立如下设计鲁棒控制器的定理。

定理 6.1　对于模糊系统（6.1）和状态反馈控制矩阵 $\boldsymbol{K}^j$，如果存在公共矩阵 $\boldsymbol{P}_{3,ss}^{\mathrm{T}}=\boldsymbol{P}_{3,ss}>\boldsymbol{O}$，$\boldsymbol{P}_{3,zz}^{\mathrm{T}}=\boldsymbol{P}_{3,zz}>\boldsymbol{O}$ 和 $\boldsymbol{P}_{3,zs}$ 满足：

$$\boldsymbol{\varXi}_3^{ii}<\boldsymbol{O},\quad i=1,2,\cdots,r \tag{6.6}$$

$$\boldsymbol{\varXi}_3^{ij}<\boldsymbol{O},\quad i,j=1,2,\cdots,r\text{且}i<j \tag{6.7}$$

其中

$$\boldsymbol{\varXi}_3^{ii}=\begin{bmatrix}\begin{pmatrix}(\boldsymbol{A}^i+\boldsymbol{B}^i\boldsymbol{K}^i)^{\mathrm{T}}\boldsymbol{P}_3+\boldsymbol{P}_3^{\mathrm{T}}(\boldsymbol{A}^i+\boldsymbol{B}^i\boldsymbol{K}^i)+\boldsymbol{P}_3^{\mathrm{T}}\boldsymbol{H}^i(\boldsymbol{H}^i)^{\mathrm{T}}\boldsymbol{P}_3\\+(\boldsymbol{E}_1^i+\boldsymbol{E}_2^i\boldsymbol{K}^i)^{\mathrm{T}}(\boldsymbol{E}_1^i+\boldsymbol{E}_2^i\boldsymbol{K}^i)+\boldsymbol{Q}_1+(\boldsymbol{K}^i)^{\mathrm{T}}\boldsymbol{R}_1\boldsymbol{K}^i\end{pmatrix} & * \\ (\boldsymbol{D}^i)^{\mathrm{T}}\boldsymbol{P}_3 & -\gamma^2\boldsymbol{I}\end{bmatrix}$$

$$\boldsymbol{\Xi}_3^{ij}=\begin{bmatrix}\begin{pmatrix}(\boldsymbol{A}^i+\boldsymbol{B}^i\boldsymbol{K}^j+\boldsymbol{A}^j+\boldsymbol{B}^j\boldsymbol{K}^i)^{\mathrm{T}}\boldsymbol{P}_3+\boldsymbol{P}_3^{\mathrm{T}}(\boldsymbol{A}^i+\boldsymbol{B}^i\boldsymbol{K}^j+\boldsymbol{A}^j+\boldsymbol{B}^j\boldsymbol{K}^i)\\+\boldsymbol{P}_3^{\mathrm{T}}\boldsymbol{H}^i(\boldsymbol{H}^i)^{\mathrm{T}}\boldsymbol{P}_3+(\boldsymbol{E}_1^i+\boldsymbol{E}_2^i\boldsymbol{K}^j)^{\mathrm{T}}(\boldsymbol{E}_1^i+\boldsymbol{E}_2^i\boldsymbol{K}^j)+\boldsymbol{P}_3^{\mathrm{T}}\boldsymbol{H}^j(\boldsymbol{H}^j)^{\mathrm{T}}\boldsymbol{P}_3\\+(\boldsymbol{E}_1^j+\boldsymbol{E}_2^j\boldsymbol{K}^i)^{\mathrm{T}}(\boldsymbol{E}_1^j+\boldsymbol{E}_2^j\boldsymbol{K}^i)+2\boldsymbol{Q}_1+(\boldsymbol{K}^i)^{\mathrm{T}}\boldsymbol{R}_1\boldsymbol{K}^i+(\boldsymbol{K}^j)^{\mathrm{T}}\boldsymbol{R}_1\boldsymbol{K}^j\end{pmatrix} & * \\ (\boldsymbol{D}^i+\boldsymbol{D}^j)^{\mathrm{T}}\boldsymbol{P}_3 & -2\gamma^2\boldsymbol{I}\end{bmatrix}$$

$$\boldsymbol{P}_3=\begin{bmatrix}\boldsymbol{P}_{3,ss} & \boldsymbol{O}\\ \boldsymbol{P}_{3,zs} & \boldsymbol{P}_{3,zz}\end{bmatrix},\quad \boldsymbol{P}_{3,zz}=\mathrm{diag}\{\boldsymbol{P}_{3,z_1z_1},\boldsymbol{P}_{3,z_2z_2},\cdots,\boldsymbol{P}_{3,z_Hz_H}\}$$

则存在 $\varepsilon_h^*>0$ ，$\forall\varepsilon_h\in(0,\varepsilon_h^*]$ ，$h=1,2,\cdots,H$ ，对于闭环系统（6.1），稳定性条件（Per 5.1）和 H_∞ 性能指标（Per 5.2）均可得到满足。

证明：令 $\boldsymbol{P}_{\varepsilon 3}=\begin{bmatrix}\boldsymbol{P}_{3,ss} & \boldsymbol{P}_{3,zs}^{\mathrm{T}}\boldsymbol{\Lambda}_\varepsilon\\ \boldsymbol{P}_{3,zs} & \boldsymbol{P}_{3,zz}\end{bmatrix}$，其中 $\boldsymbol{P}_{3,ss}$ 为正定对称矩阵，$\boldsymbol{P}_{3,zz}$ 为正定对称块对角矩阵，则有

$$\boldsymbol{E}_\varepsilon\boldsymbol{P}_{\varepsilon 3}=\begin{bmatrix}\boldsymbol{P}_{3,ss} & \boldsymbol{P}_{3,zs}^{\mathrm{T}}\boldsymbol{\Lambda}_\varepsilon\\ \boldsymbol{\Lambda}_\varepsilon\boldsymbol{P}_{3,zs} & \boldsymbol{P}_{3,zz}\boldsymbol{\Lambda}_\varepsilon\end{bmatrix}=\boldsymbol{P}_{\varepsilon 3}^{\mathrm{T}}\boldsymbol{E}_\varepsilon>\boldsymbol{O}\tag{6.8}$$

选择李雅普诺夫函数为

$$V(\boldsymbol{x}(t))=\boldsymbol{x}^{\mathrm{T}}(t)\boldsymbol{E}_\varepsilon\boldsymbol{P}_{\varepsilon 3}\boldsymbol{x}(t)\tag{6.9}$$

则由引理 6.1 可得

$$\begin{aligned}\dot V(\boldsymbol{x}(t))&=\dot{\boldsymbol{x}}^{\mathrm{T}}(t)\boldsymbol{E}_\varepsilon\boldsymbol{P}_{\varepsilon 3}\boldsymbol{x}(t)+\boldsymbol{x}^{\mathrm{T}}(t)\boldsymbol{P}_{\varepsilon 3}^{\mathrm{T}}\boldsymbol{E}_\varepsilon\dot{\boldsymbol{x}}(t)\\&\leqslant\sum_{i=1}^{r}\mu_i^2(\boldsymbol{x}^{\mathrm{T}}(t)((\boldsymbol{A}^i)^{\mathrm{T}}\boldsymbol{P}_{\varepsilon 3}+\boldsymbol{P}_{\varepsilon 3}^{\mathrm{T}}\boldsymbol{A}^i+(\boldsymbol{B}^i\boldsymbol{K}^i)^{\mathrm{T}}\boldsymbol{P}_{\varepsilon 3}+\boldsymbol{P}_{\varepsilon 3}^{\mathrm{T}}(\boldsymbol{B}^i\boldsymbol{K}^i)\\&\quad+\boldsymbol{P}_{\varepsilon 3}^{\mathrm{T}}\boldsymbol{H}^i(\boldsymbol{H}^i)^{\mathrm{T}}\boldsymbol{P}_{\varepsilon 3}+(\boldsymbol{E}_1^i+\boldsymbol{E}_2^i\boldsymbol{K}^i)^{\mathrm{T}}(\boldsymbol{E}_1^i+\boldsymbol{E}_2^i\boldsymbol{K}^i))\boldsymbol{x}(t)\\&\quad+\boldsymbol{w}^{\mathrm{T}}(t)(\boldsymbol{D}^i)^{\mathrm{T}}\boldsymbol{P}_{\varepsilon 3}\boldsymbol{x}(t)+\boldsymbol{x}^{\mathrm{T}}(t)\boldsymbol{P}_{\varepsilon 3}^{\mathrm{T}}\boldsymbol{D}^i\boldsymbol{w}(t))\\&\quad+\sum_{\substack{i,j=1\\i<j}}^{r}\mu_i\mu_j(\boldsymbol{x}^{\mathrm{T}}(t)((\boldsymbol{A}^i)^{\mathrm{T}}\boldsymbol{P}_{\varepsilon 3}+\boldsymbol{P}_{\varepsilon 3}^{\mathrm{T}}\boldsymbol{A}^i+(\boldsymbol{B}^i\boldsymbol{K}^j)^{\mathrm{T}}\boldsymbol{P}_{\varepsilon 3}+\boldsymbol{P}_{\varepsilon 3}^{\mathrm{T}}(\boldsymbol{B}^i\boldsymbol{K}^j)\\&\quad+(\boldsymbol{A}^j)^{\mathrm{T}}\boldsymbol{P}_{\varepsilon 3}+\boldsymbol{P}_{\varepsilon 3}^{\mathrm{T}}\boldsymbol{A}^j+(\boldsymbol{B}^j\boldsymbol{K}^i)^{\mathrm{T}}\boldsymbol{P}_{\varepsilon 3}+\boldsymbol{P}_{\varepsilon 3}^{\mathrm{T}}(\boldsymbol{B}^j\boldsymbol{K}^i)\\&\quad+\boldsymbol{P}_{\varepsilon 3}^{\mathrm{T}}\boldsymbol{H}^i(\boldsymbol{H}^i)^{\mathrm{T}}\boldsymbol{P}_{\varepsilon 3}+(\boldsymbol{E}_1^i+\boldsymbol{E}_2^i\boldsymbol{K}^j)^{\mathrm{T}}(\boldsymbol{E}_1^i+\boldsymbol{E}_2^i\boldsymbol{K}^j)\\&\quad+\boldsymbol{P}_{\varepsilon 3}^{\mathrm{T}}\boldsymbol{H}^j(\boldsymbol{H}^j)^{\mathrm{T}}\boldsymbol{P}_{\varepsilon 3}+(\boldsymbol{E}_1^j+\boldsymbol{E}_2^j\boldsymbol{K}^i)^{\mathrm{T}}(\boldsymbol{E}_1^j+\boldsymbol{E}_2^j\boldsymbol{K}^i))\boldsymbol{x}(t)\\&\quad+\boldsymbol{w}^{\mathrm{T}}(t)(\boldsymbol{D}^i)^{\mathrm{T}}\boldsymbol{P}_{\varepsilon 3}\boldsymbol{x}(t)+\boldsymbol{x}^{\mathrm{T}}(t)\boldsymbol{P}_{\varepsilon 3}^{\mathrm{T}}\boldsymbol{D}^i\boldsymbol{w}(t)\\&\quad+\boldsymbol{w}^{\mathrm{T}}(t)(\boldsymbol{D}^j)^{\mathrm{T}}\boldsymbol{P}_{\varepsilon 3}\boldsymbol{x}(t)+\boldsymbol{x}^{\mathrm{T}}(t)\boldsymbol{P}_{\varepsilon 3}^{\mathrm{T}}\boldsymbol{D}^j\boldsymbol{w}(t))\end{aligned}\tag{6.10}$$

由式（5.14）和式（5.15）以及 $V(\boldsymbol{x}(t_f))\geqslant 0$ ，得到

$$J_{\infty} \leqslant \int_{0}^{t_f} \left\{ \sum_{i=1}^{r} \mu_i^2 \begin{bmatrix} \boldsymbol{x}(t) \\ \boldsymbol{w}(t) \end{bmatrix}^{\mathrm{T}} \boldsymbol{\varXi}_{\varepsilon 3}^{ii} \begin{bmatrix} \boldsymbol{x}(t) \\ \boldsymbol{w}(t) \end{bmatrix}^{\mathrm{T}} + \sum_{\substack{i,j=1 \\ i<j}}^{r} \mu_i \mu_j \begin{bmatrix} \boldsymbol{x}(t) \\ \boldsymbol{w}(t) \end{bmatrix}^{\mathrm{T}} \boldsymbol{\varXi}_{\varepsilon 3}^{ij} \begin{bmatrix} \boldsymbol{x}(t) \\ \boldsymbol{w}(t) \end{bmatrix} \right\} \mathrm{d}t \\ +V(\boldsymbol{x}(0)) \tag{6.11}$$

其中

$$\boldsymbol{\varXi}_{\varepsilon 3}^{ii} = \begin{bmatrix} \begin{pmatrix} (\boldsymbol{A}^i + \boldsymbol{B}^i \boldsymbol{K}^i)^{\mathrm{T}} \boldsymbol{P}_{\varepsilon 3} + \boldsymbol{P}_{\varepsilon 3}^{\mathrm{T}} (\boldsymbol{A}^i + \boldsymbol{B}^i \boldsymbol{K}^i) + \boldsymbol{P}_{\varepsilon 3}^{\mathrm{T}} \boldsymbol{H}^i (\boldsymbol{H}^i)^{\mathrm{T}} \boldsymbol{P}_{\varepsilon 3} \\ +(\boldsymbol{E}_1^i + \boldsymbol{E}_2^i \boldsymbol{K}^i)^{\mathrm{T}} (\boldsymbol{E}_1^i + \boldsymbol{E}_2^i \boldsymbol{K}^i) + \boldsymbol{Q}_1 + (\boldsymbol{K}^i)^{\mathrm{T}} \boldsymbol{R}_1 \boldsymbol{K}^i \end{pmatrix} & * \\ (\boldsymbol{D}^i)^{\mathrm{T}} \boldsymbol{P}_{\varepsilon 3} & -\gamma^2 \boldsymbol{I} \end{bmatrix}$$

$$\boldsymbol{\varXi}_{\varepsilon 3}^{ij} = \begin{bmatrix} \begin{pmatrix} (\boldsymbol{A}^i + \boldsymbol{B}^i \boldsymbol{K}^j + \boldsymbol{A}^j + \boldsymbol{B}^j \boldsymbol{K}^i)^{\mathrm{T}} \boldsymbol{P}_{\varepsilon 3} + \boldsymbol{P}_{\varepsilon 3}^{\mathrm{T}} (\boldsymbol{A}^i + \boldsymbol{B}^i \boldsymbol{K}^j + \boldsymbol{A}^j + \boldsymbol{B}^j \boldsymbol{K}^i) \\ +\boldsymbol{P}_{\varepsilon 3}^{\mathrm{T}} \boldsymbol{H}^i (\boldsymbol{H}^i)^{\mathrm{T}} \boldsymbol{P}_{\varepsilon 3} + (\boldsymbol{E}_1^i + \boldsymbol{E}_2^i \boldsymbol{K}^j)^{\mathrm{T}} (\boldsymbol{E}_1^i + \boldsymbol{E}_2^i \boldsymbol{K}^j) + \boldsymbol{P}_{\varepsilon 3}^{\mathrm{T}} \boldsymbol{H}^j (\boldsymbol{H}^j)^{\mathrm{T}} \boldsymbol{P}_{\varepsilon 3} \\ +(\boldsymbol{E}_1^j + \boldsymbol{E}_2^j \boldsymbol{K}^i)^{\mathrm{T}} (\boldsymbol{E}_1^j + \boldsymbol{E}_2^j \boldsymbol{K}^i) + 2\boldsymbol{Q}_1 + (\boldsymbol{K}^i)^{\mathrm{T}} \boldsymbol{R}_1 \boldsymbol{K}^i + (\boldsymbol{K}^j)^{\mathrm{T}} \boldsymbol{R}_1 \boldsymbol{K}^j \end{pmatrix} & * \\ (\boldsymbol{D}^i + \boldsymbol{D}^j)^{\mathrm{T}} \boldsymbol{P}_{\varepsilon 3} & -2\gamma^2 \boldsymbol{I} \end{bmatrix}$$

显然 $\boldsymbol{\varXi}_{\varepsilon 3}^{ii} = \boldsymbol{\varXi}_{3}^{ii} + \boldsymbol{H}(\boldsymbol{\varepsilon})$， $\boldsymbol{\varXi}_{\varepsilon 3}^{ij} = \boldsymbol{\varXi}_{3}^{ij} + \boldsymbol{H}(\boldsymbol{\varepsilon})$，故存在 $\varepsilon_h^* > 0$， $\forall \varepsilon_h \in (0, \varepsilon_h^*]$， $h = 1,2,\cdots,H$，满足：

$$\boldsymbol{\varXi}_{\varepsilon 3}^{ii} < \boldsymbol{O}, \quad i = 1,2,\cdots,r \tag{6.12}$$

$$\boldsymbol{\varXi}_{\varepsilon 3}^{ij} < \boldsymbol{O}, \quad i,j = 1,2,\cdots,r \text{ 且 } i < j \tag{6.13}$$

则得到

$$J_{\infty} < V(\boldsymbol{x}(0)) \tag{6.14}$$

再由

$$V(\boldsymbol{x}(0)) = \boldsymbol{x}_s^{\mathrm{T}}(0) \boldsymbol{P}_{3,ss} \boldsymbol{x}_s(0) + O(\boldsymbol{\varepsilon}) \tag{6.15}$$

可知 H_{∞} 性能指标，即式（5.7）成立。最后，由于式（6.12）和式（6.13）暗含：

$$(\boldsymbol{A}^i + \boldsymbol{B}^i \boldsymbol{K}^i)^{\mathrm{T}} \boldsymbol{P}_{\varepsilon 3} + \boldsymbol{P}_{\varepsilon 3}^{\mathrm{T}} (\boldsymbol{A}^i + \boldsymbol{B}^i \boldsymbol{K}^i) + \boldsymbol{Q}_1 + (\boldsymbol{K}^i)^{\mathrm{T}} \boldsymbol{R}_1 \boldsymbol{K}^i < \boldsymbol{O} \tag{6.16}$$

$$(\boldsymbol{A}^i + \boldsymbol{B}^i \boldsymbol{K}^j + \boldsymbol{A}^j + \boldsymbol{B}^j \boldsymbol{K}^i)^{\mathrm{T}} \boldsymbol{P}_{\varepsilon 3} + \boldsymbol{P}_{\varepsilon 3}^{\mathrm{T}} (\boldsymbol{A}^i + \boldsymbol{B}^i \boldsymbol{K}^j + \boldsymbol{A}^j + \boldsymbol{B}^j \boldsymbol{K}^i) \\ +2\boldsymbol{Q}_1 + (\boldsymbol{K}^i)^{\mathrm{T}} \boldsymbol{R}_1 \boldsymbol{K}^i + (\boldsymbol{K}^j)^{\mathrm{T}} \boldsymbol{R}_1 \boldsymbol{K}^j < \boldsymbol{O} \tag{6.17}$$

故当 $\boldsymbol{w}(\boldsymbol{t}) \equiv \boldsymbol{0}$ 时，有

$$\dot{V}(\boldsymbol{x}(t)) = \dot{\boldsymbol{x}}^{\mathrm{T}}(t) \boldsymbol{E}_{\varepsilon} \boldsymbol{P}_{\varepsilon 3} \boldsymbol{x}(t) + \boldsymbol{x}^{\mathrm{T}}(t) \boldsymbol{P}_{\varepsilon 3}^{\mathrm{T}} \boldsymbol{E}_{\varepsilon} \dot{\boldsymbol{x}}(t) < 0 \tag{6.18}$$

因此闭环系统保持渐近稳定。

将式（6.6）和式（6.7）转化为 LMI 形式，以便利用 MATLAB 的 LMI 工具箱直接求解。令 $\boldsymbol{X}_3 = (\boldsymbol{P}_3)^{-1}$， $\boldsymbol{M}^i = \boldsymbol{K}^i \boldsymbol{X}_3$， $\boldsymbol{M}^j = \boldsymbol{K}^j \boldsymbol{X}_3$，对式（6.6）和式（6.7）左右两侧同时左乘 $\mathrm{diag}\{\boldsymbol{X}_3^{\mathrm{T}}, \boldsymbol{I}\}$ 和右乘 $\mathrm{diag}\{\boldsymbol{X}_3, \boldsymbol{I}\}$，并利用 Schur 补定理可以得到

$$\begin{bmatrix} \begin{pmatrix} (A^iX_3+B^iM^i)^{\mathrm T}+A^iX_3 \\ +B^iM^i+H^i(H^i)^{\mathrm T} \end{pmatrix} & * & * & * & * \\ E_1^iX_3+E_2^iM^i & -I & * & * & * \\ X_3 & O & -(Q_1)^{-1} & * & * \\ M^i & O & O & -(R_1)^{-1} & * \\ (D^i)^{\mathrm T} & O & O & O & -\gamma^2 I \end{bmatrix} < O \tag{6.19}$$

$$\begin{bmatrix} \Phi_{3,11}^{ij} & * & * & * & * & * & * \\ E_1^iX_3+E_2^iM^j & -I & * & * & * & * & * \\ E_1^jX_3+E_2^jM^i & O & -I & * & * & * & * \\ X_3 & O & O & -(2Q_3)^{-1} & * & * & * \\ M^i & O & O & O & -(R_3)^{-1} & * & * \\ M^j & O & O & O & O & -(R_3)^{-1} & * \\ (D^i+D^j)^{\mathrm T} & O & O & O & O & O & -2\gamma^2 I \end{bmatrix} \tag{6.20}$$

其中

$$\Phi_{3,11}^{ij}=(A^iX_3+B^iM^j+A^jX_3+B^jM^i)^{\mathrm T}+A^iX_3+B^iM^j+A^jX_3+B^jM^i+H^i(H^i)^{\mathrm T} +H^j(H^j)^{\mathrm T}$$

进一步，我们利用如下定理分析不确定系统的二次型性能指标。

定理 6.2　对于模糊系统（6.1）和状态反馈控制矩阵 K^j，当 $w(t)\equiv 0$ 时，如果存在公共矩阵 $P_{4,ss}^{\mathrm T}=P_{4,ss}>O$，$P_{4,zz}^{\mathrm T}=P_{4,zz}>O$ 和 $P_{4,zs}$，满足：

$$\Xi_4^{ii}<O,\quad i=1,2,\cdots,r \tag{6.21}$$

$$\Xi_4^{ij}<O,\quad i,j=1,2,\cdots,r\ 且\ i<j \tag{6.22}$$

其中

$$\Xi_4^{ii}=(A^i+B^iK^i)^{\mathrm T}P_4+P_4^{\mathrm T}(A^i+B^iK^i)+P_4^{\mathrm T}H^i(H^i)^{\mathrm T}P_4+(E_1^i+E_2^iK^i)^{\mathrm T}(E_1^i+E_2^iK^i) +Q_2+(K^i)^{\mathrm T}R_2K^i$$

$$\begin{aligned}\Xi_4^{ij}=&(A^i+B^iK^j+A^j+B^jK^i)^{\mathrm T}P_4+P_4^{\mathrm T}(A^i+B^iK^j+A^j+B^jK^i)+P_4^{\mathrm T}H^i(H^i)^{\mathrm T}P_4\\&+(E_1^i+E_2^iK^j)^{\mathrm T}(E_1^i+E_2^iK^j)+P_4^{\mathrm T}H^j(H^j)^{\mathrm T}P_4+(E_1^j+E_2^jK^i)^{\mathrm T}(E_1^j+E_2^jK^i)\\&+2Q_2+(K^i)^{\mathrm T}R_2K^i+(K^j)^{\mathrm T}R_2K^j\end{aligned}$$

$$P_4=\begin{bmatrix} P_{4,ss} & O \\ P_{4,zs} & P_{4,zz}\end{bmatrix},\quad P_{4,zz}=\mathrm{diag}\{P_{4,z_1z_1},P_{4,z_2z_2},\cdots,P_{4,z_Hz_H}\}$$

则存在 $\varepsilon_h^*>0$，$\forall\varepsilon_h\in(0,\varepsilon_h^*]$，$h=1,2,\cdots,H$，使闭环系统（6.1）满足最优控制中的二次型性能指标即式（5.8）。

证明：令 $\boldsymbol{P}_{\varepsilon 4}=\begin{bmatrix}\boldsymbol{P}_{4,ss} & \boldsymbol{P}_{4,zs}^{\mathrm{T}}\boldsymbol{\Lambda}_{\varepsilon}\\ \boldsymbol{P}_{4,zs} & \boldsymbol{P}_{4,zz}\end{bmatrix}$，其中 $\boldsymbol{P}_{4,ss}$ 为正定对称矩阵，$\boldsymbol{P}_{4,zz}$ 为正定对称块对角矩阵，则有

$$\boldsymbol{E}_{\varepsilon}\boldsymbol{P}_{\varepsilon 4}=\begin{bmatrix}\boldsymbol{P}_{4,ss} & \boldsymbol{P}_{4,zs}^{\mathrm{T}}\boldsymbol{\Lambda}_{\varepsilon}\\ \boldsymbol{\Lambda}_{\varepsilon}\boldsymbol{P}_{4,zs} & \boldsymbol{P}_{4,zz}\boldsymbol{\Lambda}_{\varepsilon}\end{bmatrix}=\boldsymbol{P}_{\varepsilon 4}^{\mathrm{T}}\boldsymbol{E}_{\varepsilon}>\boldsymbol{O} \tag{6.23}$$

选择李雅普诺夫函数为

$$V(\boldsymbol{x}(t))=\boldsymbol{x}^{\mathrm{T}}(t)\boldsymbol{E}_{\varepsilon}\boldsymbol{P}_{\varepsilon 4}\boldsymbol{x}(t) \tag{6.24}$$

则由引理 6.1 可得

$$\begin{aligned}\dot{V}(\boldsymbol{x}(t))&=\dot{\boldsymbol{x}}^{\mathrm{T}}(t)\boldsymbol{E}_{\varepsilon}\boldsymbol{P}_{\varepsilon 4}\boldsymbol{x}(t)+\boldsymbol{x}^{\mathrm{T}}(t)\boldsymbol{P}_{\varepsilon 4}^{\mathrm{T}}\boldsymbol{E}_{\varepsilon}\dot{\boldsymbol{x}}(t)\\
&\leqslant\sum_{i=1}^{r}\mu_i^2\boldsymbol{x}^{\mathrm{T}}(t)((\boldsymbol{A}^i)^{\mathrm{T}}\boldsymbol{P}_{\varepsilon 4}+\boldsymbol{P}_{\varepsilon 4}^{\mathrm{T}}\boldsymbol{A}^i+(\boldsymbol{B}^i\boldsymbol{K}^i)^{\mathrm{T}}\boldsymbol{P}_{\varepsilon 4}+\boldsymbol{P}_{\varepsilon 4}^{\mathrm{T}}(\boldsymbol{B}^i\boldsymbol{K}^i)\\
&\quad+\boldsymbol{P}_{\varepsilon 4}^{\mathrm{T}}\boldsymbol{H}^i(\boldsymbol{H}^i)^{\mathrm{T}}\boldsymbol{P}_{\varepsilon 4}+(\boldsymbol{E}_1^i+\boldsymbol{E}_2^i\boldsymbol{K}^i)^{\mathrm{T}}(\boldsymbol{E}_1^i+\boldsymbol{E}_2^i\boldsymbol{K}^i))\boldsymbol{x}(t)\\
&\quad+\sum_{\substack{i,j=1\\ i<j}}^{r}\mu_i\mu_j\boldsymbol{x}^{\mathrm{T}}(t)((\boldsymbol{A}^i)^{\mathrm{T}}\boldsymbol{P}_{\varepsilon 4}+\boldsymbol{P}_{\varepsilon 4}^{\mathrm{T}}\boldsymbol{A}^i+(\boldsymbol{B}^i\boldsymbol{K}^j)^{\mathrm{T}}\boldsymbol{P}_{\varepsilon 4}+\boldsymbol{P}_{\varepsilon 4}^{\mathrm{T}}(\boldsymbol{B}^i\boldsymbol{K}^j)\\
&\quad+(\boldsymbol{A}^j)^{\mathrm{T}}\boldsymbol{P}_{\varepsilon 4}+\boldsymbol{P}_{\varepsilon 4}^{\mathrm{T}}\boldsymbol{A}^j+(\boldsymbol{B}^j\boldsymbol{K}^i)^{\mathrm{T}}\boldsymbol{P}_{\varepsilon 4}+\boldsymbol{P}_{\varepsilon 4}^{\mathrm{T}}(\boldsymbol{B}^j\boldsymbol{K}^i)\\
&\quad+\boldsymbol{P}_{\varepsilon 4}^{\mathrm{T}}\boldsymbol{H}^i(\boldsymbol{H}^i)^{\mathrm{T}}\boldsymbol{P}_{\varepsilon 4}+(\boldsymbol{E}_1^i+\boldsymbol{E}_2^i\boldsymbol{K}^j)^{\mathrm{T}}(\boldsymbol{E}_1^i+\boldsymbol{E}_2^i\boldsymbol{K}^j)\\
&\quad+\boldsymbol{P}_{\varepsilon 4}^{\mathrm{T}}\boldsymbol{H}^j(\boldsymbol{H}^j)^{\mathrm{T}}\boldsymbol{P}_{\varepsilon 4}+(\boldsymbol{E}_1^j+\boldsymbol{E}_2^j\boldsymbol{K}^i)^{\mathrm{T}}(\boldsymbol{E}_1^j+\boldsymbol{E}_2^j\boldsymbol{K}^i))\boldsymbol{x}(t)\end{aligned} \tag{6.25}$$

由式（5.36）和式（5.15）以及 $V(\boldsymbol{x}(t_f))\geqslant 0$，可得

$$J_Q\leqslant\int_0^{t_f}\left\{\sum_{i=1}^{r}\mu_i^2\boldsymbol{x}^{\mathrm{T}}(t)\boldsymbol{\varXi}_{\varepsilon 4}^{ii}\boldsymbol{x}(t)+\sum_{\substack{i,j=1\\ i<j}}^{r}\mu_i\mu_j\boldsymbol{x}^{\mathrm{T}}(t)\boldsymbol{\varXi}_{\varepsilon 4}^{ij}\boldsymbol{x}(t)\right\}\mathrm{d}t+V(\boldsymbol{x}(0)) \tag{6.26}$$

其中

$$\begin{aligned}\boldsymbol{\varXi}_{\varepsilon 4}^{ii}&=(\boldsymbol{A}^i+\boldsymbol{B}^i\boldsymbol{K}^i)^{\mathrm{T}}\boldsymbol{P}_{\varepsilon 4}+\boldsymbol{P}_{\varepsilon 4}^{\mathrm{T}}(\boldsymbol{A}^i+\boldsymbol{B}^i\boldsymbol{K}^i)+\boldsymbol{P}_{\varepsilon 4}^{\mathrm{T}}\boldsymbol{H}^i(\boldsymbol{H}^i)^{\mathrm{T}}\boldsymbol{P}_{\varepsilon 4}+(\boldsymbol{E}_1^i+\boldsymbol{E}_2^i\boldsymbol{K}^i)^{\mathrm{T}}(\boldsymbol{E}_1^i+\boldsymbol{E}_2^i\boldsymbol{K}^i)\\
&\quad+\boldsymbol{Q}_2+(\boldsymbol{K}^i)^{\mathrm{T}}\boldsymbol{R}_2\boldsymbol{K}^i\\
\boldsymbol{\varXi}_{\varepsilon 4}^{ij}&=(\boldsymbol{A}^i+\boldsymbol{B}^i\boldsymbol{K}^j+\boldsymbol{A}^j+\boldsymbol{B}^j\boldsymbol{K}^i)^{\mathrm{T}}\boldsymbol{P}_{\varepsilon 4}+\boldsymbol{P}_{\varepsilon 4}^{\mathrm{T}}(\boldsymbol{A}^i+\boldsymbol{B}^i\boldsymbol{K}^j+\boldsymbol{A}^j+\boldsymbol{B}^j\boldsymbol{K}^i)+\boldsymbol{P}_{\varepsilon 4}^{\mathrm{T}}\boldsymbol{H}^i(\boldsymbol{H}^i)^{\mathrm{T}}\boldsymbol{P}_{\varepsilon 4}\\
&\quad+(\boldsymbol{E}_1^i+\boldsymbol{E}_2^i\boldsymbol{K}^j)^{\mathrm{T}}(\boldsymbol{E}_1^i+\boldsymbol{E}_2^i\boldsymbol{K}^j)+\boldsymbol{P}_{\varepsilon 4}^{\mathrm{T}}\boldsymbol{H}^j(\boldsymbol{H}^j)^{\mathrm{T}}\boldsymbol{P}_{\varepsilon 4}+(\boldsymbol{E}_1^j+\boldsymbol{E}_2^j\boldsymbol{K}^i)^{\mathrm{T}}(\boldsymbol{E}_1^j+\boldsymbol{E}_2^j\boldsymbol{K}^i)\\
&\quad+2\boldsymbol{Q}_2+(\boldsymbol{K}^i)^{\mathrm{T}}\boldsymbol{R}_2\boldsymbol{K}^i+(\boldsymbol{K}^j)^{\mathrm{T}}\boldsymbol{R}_2\boldsymbol{K}^j\end{aligned}$$

显然 $\boldsymbol{\varXi}_{\varepsilon 4}^{ii}=\boldsymbol{\varXi}_4^{ii}+\boldsymbol{H}(\boldsymbol{\varepsilon})$，$\boldsymbol{\varXi}_{\varepsilon 4}^{ij}=\boldsymbol{\varXi}_4^{ij}+\boldsymbol{H}(\boldsymbol{\varepsilon})$，故存在 $\varepsilon_h^*>0$，$\forall\varepsilon_h\in(0,\varepsilon_h^*]$，$h=1,2,\cdots,H$，满足：

$$\boldsymbol{\varXi}_{\varepsilon 4}^{ii}<\boldsymbol{O},\quad i=1,2,\cdots,r \tag{6.27}$$

$$\boldsymbol{\varXi}_{\varepsilon 4}^{ij}<\boldsymbol{O},\quad i,j=1,2,\cdots,r\text{ 且 }i<j \tag{6.28}$$

则得到

$$J_Q < V(\boldsymbol{x}(0)) \tag{6.29}$$

再由

$$V(\boldsymbol{x}(0)) = \boldsymbol{x}_s^{\mathrm{T}}(0)\boldsymbol{P}_{4,ss}\boldsymbol{x}_s(0) + O(\boldsymbol{\varepsilon}) \tag{6.30}$$

可知二次型最优控制性能指标，即式（5.8）成立。

将式（6.21）和式（6.22）转化为 LMI 形式，以便利用 MATLAB 的 LMI 工具箱直接求解。令 $\boldsymbol{X}_4 = (\boldsymbol{P}_4)^{-1}$，$\boldsymbol{M}^i = \boldsymbol{K}^i\boldsymbol{X}_4$，$\boldsymbol{M}^j = \boldsymbol{K}^j\boldsymbol{X}_4$，对式(6.21)和式(6.22)左右两侧同时左乘 $\mathrm{diag}\{\boldsymbol{X}_4^{\mathrm{T}},\boldsymbol{I}\}$ 和右乘 $\mathrm{diag}\{\boldsymbol{X}_4,\boldsymbol{I}\}$，并利用 Schur 补定理可以得到

$$\begin{bmatrix} \begin{pmatrix} (\boldsymbol{A}^i\boldsymbol{X}_4 + \boldsymbol{B}^i\boldsymbol{M}^i)^{\mathrm{T}} + \boldsymbol{A}^i\boldsymbol{X}_4 \\ +\boldsymbol{B}^i\boldsymbol{M}^i + \boldsymbol{H}^i(\boldsymbol{H}^i)^{\mathrm{T}} \end{pmatrix} & * & * & * \\ \boldsymbol{E}_1^i\boldsymbol{X}_4 + \boldsymbol{E}_2^i\boldsymbol{M}^i & -\boldsymbol{I} & * & * \\ \boldsymbol{X}_4 & \boldsymbol{O} & -(\boldsymbol{Q}_2)^{-1} & * \\ \boldsymbol{M}^i & \boldsymbol{O} & \boldsymbol{O} & -(\boldsymbol{R}_2)^{-1} \end{bmatrix} < \boldsymbol{O} \tag{6.31}$$

$$\begin{bmatrix} \boldsymbol{\Phi}_{4,11}^{ij} & * & * & * & * & * \\ \boldsymbol{E}_1^i\boldsymbol{X}_4 + \boldsymbol{E}_2^i\boldsymbol{M}^j & -\boldsymbol{I} & * & * & * & * \\ \boldsymbol{E}_1^j\boldsymbol{X}_4 + \boldsymbol{E}_2^j\boldsymbol{M}^i & \boldsymbol{O} & -\boldsymbol{I} & * & * & * \\ \boldsymbol{X}_4 & \boldsymbol{O} & \boldsymbol{O} & -(2\boldsymbol{Q}_2)^{-1} & * & * \\ \boldsymbol{M}^i & \boldsymbol{O} & \boldsymbol{O} & \boldsymbol{O} & -(\boldsymbol{R}_2)^{-1} & * \\ \boldsymbol{M}^j & \boldsymbol{O} & \boldsymbol{O} & \boldsymbol{O} & \boldsymbol{O} & -(\boldsymbol{R}_2)^{-1} \end{bmatrix} < \boldsymbol{O} \tag{6.32}$$

其中

$$\boldsymbol{\Phi}_{4,11}^{ij} = (\boldsymbol{A}^i\boldsymbol{X}_4 + \boldsymbol{B}^i\boldsymbol{M}^j + \boldsymbol{A}^j\boldsymbol{X}_4 + \boldsymbol{B}^j\boldsymbol{M}^i)^{\mathrm{T}} + \boldsymbol{A}^i\boldsymbol{X}_4 + \boldsymbol{B}^i\boldsymbol{M}^j + \boldsymbol{A}^j\boldsymbol{X}_4 + \boldsymbol{B}^j\boldsymbol{M}^i + \boldsymbol{H}^i(\boldsymbol{H}^i)^{\mathrm{T}} + \boldsymbol{H}^j(\boldsymbol{H}^j)^{\mathrm{T}}$$

定理 6.1 和定理 6.2 分别给出了模型具有参数不确定性时含多摄动参数的闭环系统分别满足 H_∞ 性能指标和二次型最优控制性能指标时控制器需要满足的条件，在此基础上设计多目标鲁棒控制器的思路与第 5 章基本相同。定义性能指标为

$$J_1 = \gamma^2, \quad J_2 = \boldsymbol{x}_s^{\mathrm{T}}(0)\boldsymbol{P}_{2,ss}\boldsymbol{x}_s(0), \quad J_3 = \max_{t\in[t_0,t_f]}\sqrt{\boldsymbol{u}^{\mathrm{T}}(t)\boldsymbol{u}(t)} \tag{6.33}$$

当模型具有参数不确定性时，建立模糊奇异摄动模型多目标鲁棒控制问题的优化模型为

$$\min\left[J_1(\gamma,\boldsymbol{Q}_2,\boldsymbol{R}_2) \quad J_2(\gamma,\boldsymbol{Q}_2,\boldsymbol{R}_2) \quad J_3(\gamma,\boldsymbol{Q}_2,\boldsymbol{R}_2)\right]$$
$$\text{s.t.} \quad \boldsymbol{X} = \boldsymbol{X}_1 = \boldsymbol{X}_2 > \boldsymbol{O}$$
$$\text{式（6.19）、式（6.31）}, \quad i = 1,2,\cdots,r$$

$$\text{式（6.20）、式（6.32）}，\quad i,j=1,2,\cdots,r \text{ 且 } i<j \tag{6.34}$$

对于式（6.34）所示的多目标优化模型，同样可以基于加权思想和可行性能指标向量与独立最优性能指标向量之间距离最小化的思想，建立两种与第 5 章中的优化模型（5.49）和优化模型（5.50）相似的折中优化模型，并采用如图 5.1 所示的分布估计算法流程进行多目标鲁棒控制器的求解。

6.3 仿真验证

考虑含有两个摄动参数的两规则模糊奇异摄动模型，与第 5 章例子不同的是增加了模型中的参数不确定项。

$$\begin{aligned}&\text{规则 1：如果 } \boldsymbol{x}_1(t) \text{ 是 } F^1\text{，则}\\&\qquad \boldsymbol{E}_\varepsilon\dot{\boldsymbol{x}}(t)=(\boldsymbol{A}^1+\Delta\boldsymbol{A}^1)\boldsymbol{x}(t)+(\boldsymbol{B}^1+\Delta\boldsymbol{B}^1)\boldsymbol{u}(t)+\boldsymbol{D}^1\boldsymbol{w}(t)\\&\text{规则 2：如果 } \boldsymbol{x}_1(t) \text{ 是 } F^2\text{，则}\\&\qquad \boldsymbol{E}_\varepsilon\dot{\boldsymbol{x}}(t)=(\boldsymbol{A}^2+\Delta\boldsymbol{A}^2)\boldsymbol{x}(t)+(\boldsymbol{B}^2+\Delta\boldsymbol{B}^2)\boldsymbol{u}(t)+\boldsymbol{D}^2\boldsymbol{w}(t)\end{aligned} \tag{6.35}$$

其中，$\boldsymbol{A}^1=\begin{bmatrix}0.2 & -1.1 & 0\\ 0.61 & -0.8 & -0.2\\ -0.6 & 0.31 & -2.8\end{bmatrix}$；$\boldsymbol{A}^2=\begin{bmatrix}0.5 & -0.3 & 0\\ 1.11 & -0.5 & -0.32\\ -0.52 & 0.47 & -2.1\end{bmatrix}$；$\boldsymbol{B}^1=\begin{bmatrix}1 & 0 & 0.01\end{bmatrix}^{\mathrm{T}}$；$\boldsymbol{B}^2=\begin{bmatrix}1 & 0 & 0.02\end{bmatrix}^{\mathrm{T}}$；$\boldsymbol{D}^1=\boldsymbol{D}^2=\begin{bmatrix}0.2 & 0.5 & 1\end{bmatrix}^{\mathrm{T}}$；$\boldsymbol{E}_\varepsilon=\mathrm{diag}\{1,0.011,0.0011\}$；考虑外部干扰 $w(t)=\sin(10t)\mathrm{e}^{-0.1t}$；对于模型中的参数不确定项 $\Delta\boldsymbol{A}^i=\boldsymbol{H}^i\boldsymbol{L}^i(t)\boldsymbol{E}_1^i$；$\Delta\boldsymbol{B}^i=\boldsymbol{H}^i\boldsymbol{L}^i(t)\boldsymbol{E}_2^i$，考虑 $\boldsymbol{H}^i=\mathrm{diag}\{0.4,0.4,0.4\}$，$\boldsymbol{E}_1^i=\begin{bmatrix}1 & 1 & 0\\ 1 & 1 & 1\\ 1 & 1 & 1\end{bmatrix}$，$\boldsymbol{E}_2^i=\begin{bmatrix}1 & 0 & 1\end{bmatrix}^{\mathrm{T}}$，$\boldsymbol{L}^i(t)=\mathrm{diag}\{\sin(t),\sin(t),\sin(t)\}$，$i=1,2$。

模糊集合 F^1 和 F^2 的隶属度函数分别为

$$\mu_1(\boldsymbol{x}_1(t))=(1+\sin(\boldsymbol{x}_1(t)))/2,\quad \mu_2(\boldsymbol{x}_1(t))=1-\mu_1(\boldsymbol{x}_1(t)) \tag{6.36}$$

采用第二种优化模型，首先利用分布估计算法计算得到 $J_1^*=6.8773$，$J_2^*=2.1622$，$J_3^*=2.5920$，然后再次利用分布估计算法得到决策变量的优化结果为 $\gamma_{\mathrm{opt}}=2.7616$，$\boldsymbol{Q}_{2\mathrm{opt}}=0.0007\boldsymbol{I}_{3\times3}$，$R_{2\mathrm{opt}}=0.0221$。图 6.1 所示为目标函数和各性能指标的优化过程。采用参数 $\gamma_{\mathrm{opt}}=2.7616$，$\boldsymbol{Q}_{2\mathrm{opt}}=0.0007\boldsymbol{I}_{3\times3}$，$\boldsymbol{R}_{2\mathrm{opt}}=0.0221$，求解满足定理 6.1 和定理 6.2 的多目标鲁棒控制器，得到

$$\boldsymbol{P}=\begin{bmatrix}2.9850 & 0 & 0\\ -5.5638 & 2.9693 & 0\\ 0.3815 & 0 & 0.7393\end{bmatrix},\quad \boldsymbol{K}^1=\begin{bmatrix}-2.4710 & -0.9938 & -0.5019\end{bmatrix}$$

$$\boldsymbol{K}^2 = \begin{bmatrix} -2.4667 & -0.9992 & -0.5045 \end{bmatrix}$$

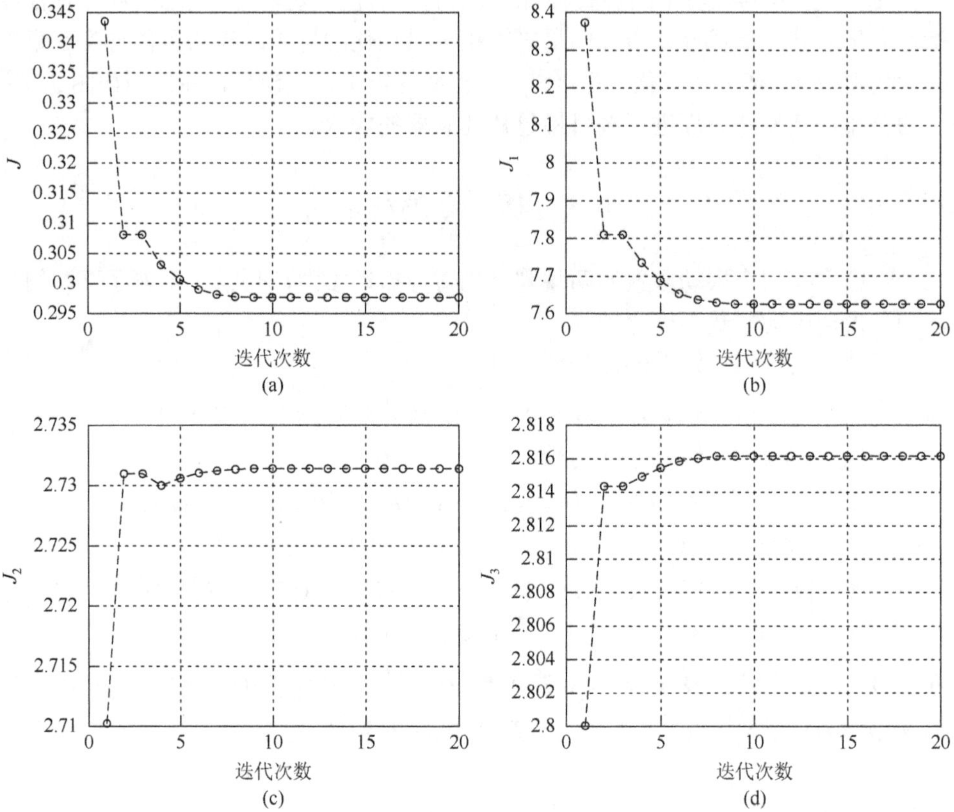

图 6.1　目标函数和各性能指标的优化过程

图 6.2 所示为模型具有参数不确定性时的闭环系统响应曲线。

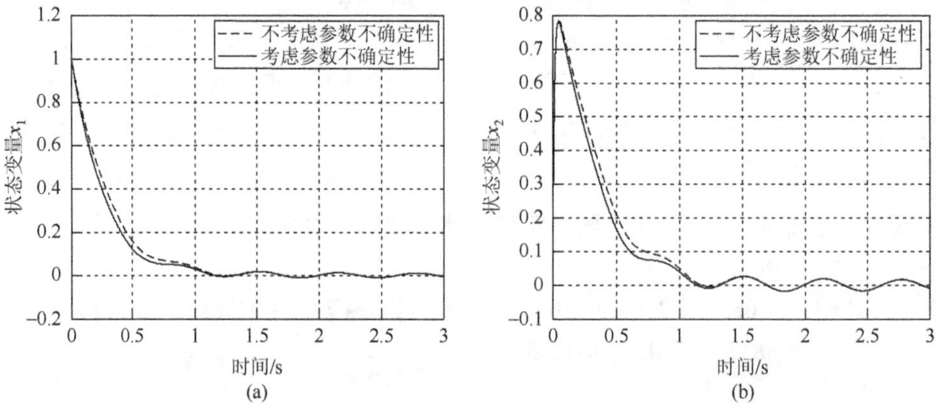

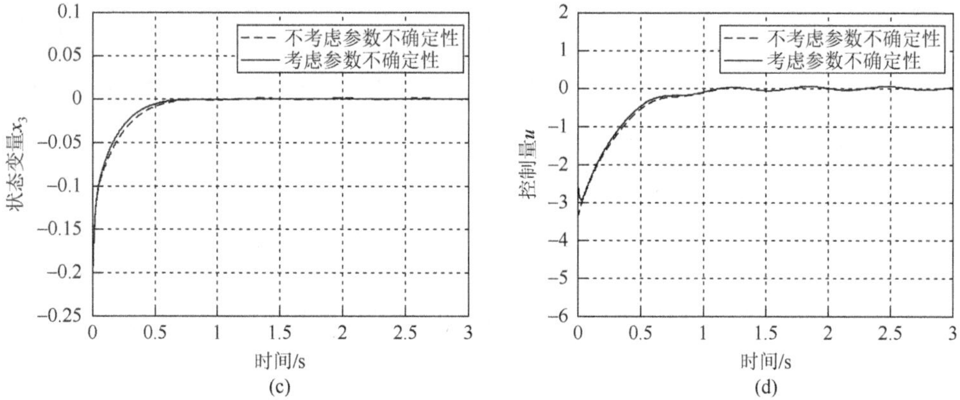

图 6.2　模型具有参数不确定性时的闭环系统响应曲线

在本章的控制器设计中，由于被控对象每条模糊规则所描述的子系统中都含有不确定矩阵项，针对这样的子系统设计的控制器与不含不确定矩阵时设计的控制器相比鲁棒性会更强一些。利用这一特性，对于同一个非线性系统，可以用数量较少的模糊规则进行描述，此时，较之多规则描述的模糊奇异摄动模型，本章提出的多目标鲁棒控制方法，仍然能够使系统达到较好的效果。因此考虑模型参数在一定范围内变化的控制器设计方法，扩大了每条规则对局部区域动力学特性的控制能力，达到了减少模糊规则数目的效果，下面结合算例说明这一问题。

对于仿真模型（6.35），只保留第一条模糊规则，得到控制器的计算结果为

$$\boldsymbol{P}=\begin{bmatrix} 0.7644 & 0 & 0 \\ -1.1809 & 1.5940 & 0 \\ 0.4849 & 0 & 0.5424 \end{bmatrix},\quad \boldsymbol{K}=\begin{bmatrix} -1.3878 & -1.0128 & -0.5181 \end{bmatrix}$$

图 6.3 为减少模糊规则数目后，对仿真模型（6.35）在不含 $\Delta \boldsymbol{A}^i$ 和 $\Delta \boldsymbol{B}^i$ 时，即

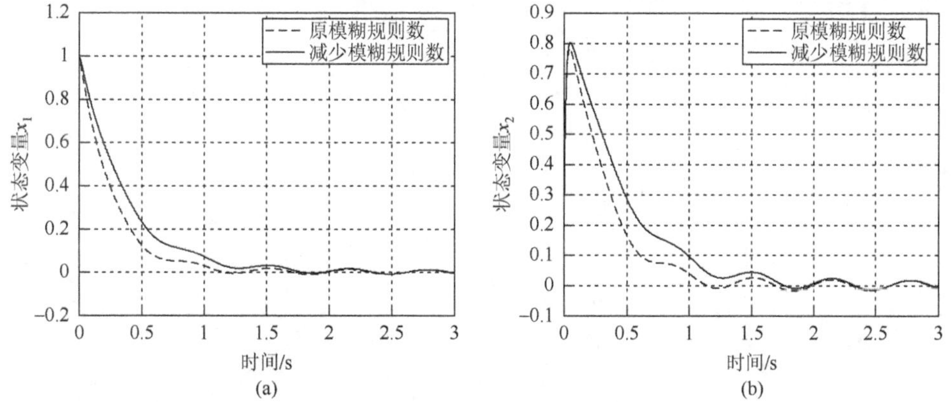

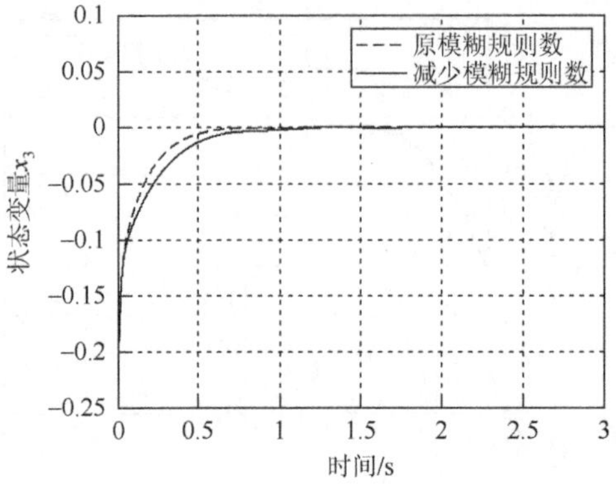

(c)

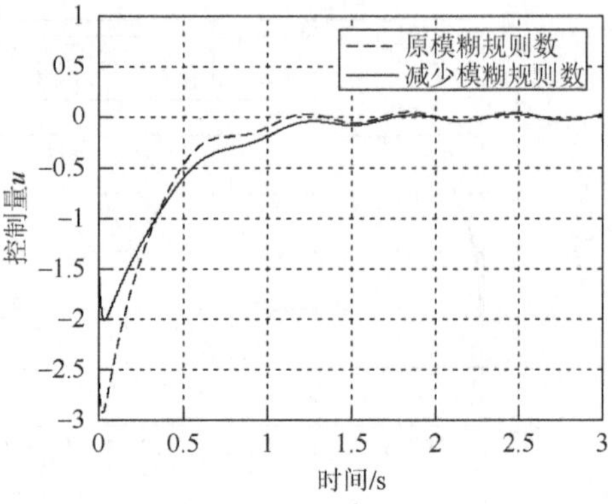

(d)

图 6.3　减少模糊规则后闭环系统的响应曲线

第 5 章中同样的多时标被控对象进行控制的响应曲线。从图 6.3 可以看出减少模糊规则后，利用参数不确定模糊奇异摄动模型的多目标鲁棒控制器仍然能够稳定控制原来的非线性系统。

6.4　本 章 小 结

本章在第 5 章工作的基础上，研究了具有参数不确定性的模糊奇异摄动模型多目标鲁棒控制方法，将模型的参数不确定性表达为 LMI 中的参数，直接在控制器的设计条件中予以考虑，从而将问题转化为带有 LMI 约束的多目标优化问题。较之第 5 章中多规则描述的模糊奇异摄动模型，本章提出的多目标鲁棒控制方法，采用较少的模糊规则时仍然能够使第 5 章中同样的被控对象得到较好的控制效果。因此考虑模型参数在一定范围内变化的控制器设计方法，提高了每条规则对局部区域动力学特性的控制能力，达到了减少模糊规则数目的效果，仿真结果验证了方法的有效性。

第 7 章　模糊奇异摄动模型的多目标鲁棒控制器与观测器设计

第 5 章和第 6 章中提出的控制器设计方法都需要假设系统的状态完全可量测，但是在实际控制系统中有时很难由传感器测量获得所有的状态变量。解决这一问题的有效途径是设计观测器来估计状态变量的大小，只要保证状态变量的估计值逼近实际值，就能利用状态变量的估计值设计状态反馈控制器，实现相应的控制目标。文献[91]基于系统快慢分解的思路，设计了多时标系统的观测器，但只能用于标准型奇异摄动系统。文献[92]在不需要系统分解的前提下设计观测器，但是需要的假设条件比较多、保守性较强，而且上述文献都只研究了模型仅含有单一摄动参数的情形。本章将针对多摄动参数模糊奇异摄动模型设计一种能同时估计系统快、慢变量的观测器，且不需要对系统进行快慢分解，提出的方法可以用于非标准奇异摄动系统的控制器设计。

7.1　问 题 阐 述

考虑外部干扰作用下，含有多摄动参数模糊奇异摄动模型的第 i 条规则如下。

规则 i：如果 $\boldsymbol{\xi}_1(t)$ 是 F_1^i，$\boldsymbol{\xi}_2(t)$ 是 F_2^i，…，$\boldsymbol{\xi}_g(t)$ 是 F_g^i，这时

$$\begin{cases}\dot{\boldsymbol{x}}_s(t)=\boldsymbol{A}_{ss}^i\boldsymbol{x}_s(t)+\boldsymbol{A}_{sz}^i\boldsymbol{x}_z(t)+\boldsymbol{B}_s^i\boldsymbol{u}(t)+\boldsymbol{D}_s^i\boldsymbol{w}(t)\\ \boldsymbol{\varLambda}_\varepsilon\dot{\boldsymbol{x}}(t)=\boldsymbol{A}_{zs}^i\boldsymbol{x}_s(t)+\boldsymbol{A}_{zz}^i\boldsymbol{x}_z(t)+\boldsymbol{B}_z^i\boldsymbol{u}(t)+\boldsymbol{D}_z^i\boldsymbol{w}(t),\quad i=1,2,\cdots,r\\ \boldsymbol{y}(t)=\boldsymbol{C}_s\boldsymbol{x}_s(t)+\boldsymbol{C}_z\boldsymbol{x}_z(t)\end{cases}\tag{7.1}$$

其中，变量、参数向量和矩阵定义与式（5.1）相同。此外，$\boldsymbol{y}(t)\in\mathbb{R}^p$ 是系统的输出向量，$\boldsymbol{C}_s\in\mathbb{R}^{p\times n_s}$、$\boldsymbol{C}_z\in\mathbb{R}^{p\times n_z}$ 分别是对应慢、快变量的输出矩阵。

给定 $\boldsymbol{x}_s(t),\boldsymbol{x}_z(t),\boldsymbol{u}(t)$，利用标准的模糊推理方法——单点模糊化、乘积推理和加权平均清晰化，整个模糊系统可表达为

$$\boldsymbol{E}_\varepsilon\dot{\boldsymbol{x}}(t)=\sum_{i=1}^r\mu_i(\boldsymbol{\xi}(t))\left(\boldsymbol{A}^i\boldsymbol{x}(t)+\boldsymbol{B}^i\boldsymbol{u}(t)+\boldsymbol{D}^i\boldsymbol{w}(t)\right)\tag{7.2}$$

$$\boldsymbol{y}(t)=\boldsymbol{C}\boldsymbol{x}(t)\tag{7.3}$$

其中，$\mu_i(\boldsymbol{\xi}(t))=\dfrac{v_i(\boldsymbol{\xi}(t))}{\sum_{i=1}^{r}v_i(\boldsymbol{\xi}(t))}$，$v_i(\boldsymbol{\xi}(t))=\prod_{j=1}^{g}F_j^i\left(\boldsymbol{\xi}_j(t)\right)$；$\sum_{i=1}^{r}\mu_i(\boldsymbol{\xi}(t))=1$；

$\boldsymbol{E}_\varepsilon=\begin{bmatrix}\boldsymbol{I}_{n_s\times n_s} & \boldsymbol{O}\\ \boldsymbol{O} & \boldsymbol{\Lambda}_\varepsilon\end{bmatrix}$；$\boldsymbol{x}(t)=\begin{bmatrix}\boldsymbol{x}_s(t)\\ \boldsymbol{x}_z(t)\end{bmatrix}$；$\boldsymbol{A}^i=\begin{bmatrix}\boldsymbol{A}_{ss}^i & \boldsymbol{A}_{sz}^i\\ \boldsymbol{A}_{zs}^i & \boldsymbol{A}_{zz}^i\end{bmatrix}$；$\boldsymbol{B}^i=\begin{bmatrix}\boldsymbol{B}_s^i\\ \boldsymbol{B}_z^i\end{bmatrix}$；$\boldsymbol{C}=\begin{bmatrix}\boldsymbol{C}_s & \boldsymbol{C}_z\end{bmatrix}$；

$\boldsymbol{D}^i=\begin{bmatrix}\boldsymbol{D}_s^i\\ \boldsymbol{D}_z^i\end{bmatrix}$。为了方便表示，以下采用记号 $\mu_i=\mu_i(\boldsymbol{\xi}(t))$。

系统的模糊观测器由局部模型的加权平均值推导得到，假设模糊观测器的前件变量和模糊模型的前件变量是一样的，则模糊观测器的规则如下。

规则 i：如果 $\boldsymbol{\xi}_1(t)$ 是 F_1^i，$\boldsymbol{\xi}_2(t)$ 是 $F_2^i,\cdots$，$\boldsymbol{\xi}_g(t)$ 是 F_g^i，这时

$$\begin{cases}\boldsymbol{E}_\varepsilon\dot{\hat{\boldsymbol{x}}}(t)=\boldsymbol{A}^i\hat{\boldsymbol{x}}(t)+\boldsymbol{B}^i\boldsymbol{u}(t)+\boldsymbol{L}^i(\boldsymbol{y}(t)-\hat{\boldsymbol{y}}(t)),\quad i=1,2,\cdots,r\\ \hat{\boldsymbol{y}}(t)=\boldsymbol{C}_s\hat{\boldsymbol{x}}_s(t)+\boldsymbol{C}_z\hat{\boldsymbol{x}}_z(t)\end{cases}\tag{7.4}$$

其中，$\boldsymbol{L}^i=\left(\left(\boldsymbol{L}_s^i\right)^{\mathrm{T}}\ \left(\boldsymbol{L}_z^i\right)^{\mathrm{T}}\right)^{\mathrm{T}}$，$\boldsymbol{L}^i\in\mathbb{R}^{(n_s+n_z)\times p}$，$\boldsymbol{L}_s^i\in\mathbb{R}^{n_s\times p}$，$\boldsymbol{L}_z^i\in\mathbb{R}^{n_z\times p}$，对模糊规则合成得到模糊观测器的方程为

$$\begin{aligned}\boldsymbol{E}_\varepsilon\dot{\hat{\boldsymbol{x}}}(t)&=\sum_{i=1}^{r}\mu_i(\boldsymbol{A}^i\hat{\boldsymbol{x}}(t)+\boldsymbol{B}^i\boldsymbol{u}(t))+\sum_{i=1}^{r}\mu_i\boldsymbol{L}^i(\boldsymbol{y}(t)-\hat{\boldsymbol{y}}(t))\\&=\sum_{i=1}^{r}\mu_i(\boldsymbol{A}^i\hat{\boldsymbol{x}}(t)+\boldsymbol{B}^i\boldsymbol{u}(t)+\boldsymbol{L}^i\boldsymbol{C}(\boldsymbol{x}(t)-\hat{\boldsymbol{x}}(t)))\end{aligned}\tag{7.5}$$

基于 PDC 思想，假设模糊状态反馈控制器的前件变量和模糊模型的前件变量是一样的，则模糊控制器的规则如下。

规则 i：如果 $\boldsymbol{\xi}_1(t)$ 是 F_1^i，$\boldsymbol{\xi}_2(t)$ 是 $F_2^i,\cdots$，$\boldsymbol{\xi}_g(t)$ 是 F_g^i，这时

$$\boldsymbol{u}(t)=\boldsymbol{K}_s^j\dot{\hat{\boldsymbol{x}}}_s(t)+\boldsymbol{K}_z^j\hat{\boldsymbol{x}}_z(t),\quad j=1,2,\cdots,r\tag{7.6}$$

整个模糊控制器为

$$\boldsymbol{u}(t)=\sum_{j=1}^{r}\mu_j\left(\boldsymbol{K}_s^j\dot{\hat{\boldsymbol{x}}}_s(t)+\boldsymbol{K}_z^j\hat{\boldsymbol{x}}_z(t)\right)=\sum_{i=1}^{r}\mu_j\boldsymbol{K}^j\hat{\boldsymbol{x}}(t)\tag{7.7}$$

其中，$\boldsymbol{K}^j=\begin{bmatrix}\boldsymbol{K}_s^j & \boldsymbol{K}_z^j\end{bmatrix}$。由式（7.2）和式（7.3）组成的模糊系统需满足假设 7.1 和假设 7.2 以保证局部可控性和局部可观性[8, 82]。

假设 7.1　对于每一组 $(\boldsymbol{A}_\varepsilon^i,\boldsymbol{B}_\varepsilon^i)$，$i=1,2,\cdots,r$，均有

$$\operatorname{rank}\begin{bmatrix}\boldsymbol{B}_\varepsilon^i & \boldsymbol{A}_\varepsilon^i\boldsymbol{B}_\varepsilon^i & \cdots & \left(\boldsymbol{A}_\varepsilon^i\right)^{n_s+n_z-1}\boldsymbol{B}_\varepsilon^i\end{bmatrix}=n_s+n_z\tag{7.8}$$

其中，$\boldsymbol{A}_\varepsilon^i=\begin{bmatrix}\boldsymbol{A}_{ss}^i & \boldsymbol{A}_{sz}^i\\ \boldsymbol{\Lambda}_\varepsilon^{-1}\boldsymbol{A}_{zs}^i & \boldsymbol{\Lambda}_\varepsilon^{-1}\boldsymbol{A}_{zz}^i\end{bmatrix}$；$\boldsymbol{B}_\varepsilon^i=\begin{bmatrix}\boldsymbol{B}_s^i\\ \boldsymbol{\Lambda}_\varepsilon^{-1}\boldsymbol{B}_z^i\end{bmatrix}$。

假设 7.2　对于每一组 $(\boldsymbol{A}_{\varepsilon}^{i},\boldsymbol{C})$，$i=1,2,\cdots,r$，均有

$$\operatorname{rank}\begin{bmatrix}\boldsymbol{C}^{\mathrm{T}} & \left(\boldsymbol{A}_{\varepsilon}^{i}\right)^{\mathrm{T}}\boldsymbol{C}^{\mathrm{T}} & \cdots & \left(\left(\boldsymbol{A}_{\varepsilon}^{i}\right)^{n_s+n_z-1}\right)^{\mathrm{T}}\boldsymbol{C}^{\mathrm{T}}\end{bmatrix}^{\mathrm{T}}=n_s+n_z \tag{7.9}$$

定义估计误差为

$$\boldsymbol{e}_s(t)=\boldsymbol{x}_s(t)-\hat{\boldsymbol{x}}_s(t) \tag{7.10}$$

$$\boldsymbol{e}_z(t)=\boldsymbol{x}_z(t)-\hat{\boldsymbol{x}}_z(t) \tag{7.11}$$

$$\boldsymbol{e}(t)=\boldsymbol{x}(t)-\hat{\boldsymbol{x}}(t) \tag{7.12}$$

对式（7.12）两边同时乘以 $\boldsymbol{E}_{\varepsilon}$ 并求导，得到

$$\boldsymbol{E}_{\varepsilon}\dot{\boldsymbol{e}}(t)=\boldsymbol{E}_{\varepsilon}\dot{\boldsymbol{x}}(t)-\boldsymbol{E}_{\varepsilon}\dot{\hat{\boldsymbol{x}}}(t)=\sum_{i=1}^{r}\mu_i((\boldsymbol{A}^i-\boldsymbol{L}^i\boldsymbol{C})\boldsymbol{e}(t)+\boldsymbol{D}^i\boldsymbol{w}(t)) \tag{7.13}$$

则增广系统可以写为

$$\begin{bmatrix}\boldsymbol{E}_{\varepsilon} & \boldsymbol{O}\\ \boldsymbol{O} & \boldsymbol{E}_{\varepsilon}\end{bmatrix}\begin{bmatrix}\dot{\hat{\boldsymbol{x}}}(t)\\ \dot{\boldsymbol{e}}(t)\end{bmatrix}=\begin{bmatrix}\sum_{i=1}^{r}\mu_i\left(\boldsymbol{A}^i\hat{\boldsymbol{x}}(t)+\boldsymbol{B}^i\boldsymbol{u}(t)+\boldsymbol{L}^i\boldsymbol{C}\boldsymbol{e}(t)\right)\\ \sum_{i=1}^{r}\mu_i\left((\boldsymbol{A}^i-\boldsymbol{L}^i\boldsymbol{C})\boldsymbol{e}(t)+\boldsymbol{D}^i\boldsymbol{w}(t)\right)\end{bmatrix} \tag{7.14}$$

增广闭环系统可被重新写为

$$\tilde{\boldsymbol{E}}_{\varepsilon}\dot{\tilde{\boldsymbol{x}}}(t)=\sum_{i=1}^{r}\sum_{j=1}^{r}\mu_i\mu_j(\tilde{\boldsymbol{G}}^{ij}\tilde{\boldsymbol{x}}(t)+\tilde{\boldsymbol{D}}^i\boldsymbol{w}(t)) \tag{7.15}$$

其中，$\tilde{\boldsymbol{x}}(t)=\begin{bmatrix}\hat{\boldsymbol{x}}(t)\\ \boldsymbol{e}(t)\end{bmatrix}$；$\tilde{\boldsymbol{G}}^{ij}=\begin{bmatrix}\boldsymbol{A}^i+\boldsymbol{B}^i\boldsymbol{K}^j & \boldsymbol{L}^i\boldsymbol{C}\\ \boldsymbol{O} & \boldsymbol{A}^i-\boldsymbol{L}^i\boldsymbol{C}\end{bmatrix}$；$\tilde{\boldsymbol{D}}^i=\begin{bmatrix}\boldsymbol{0}\\ \boldsymbol{D}^i\end{bmatrix}$；$\tilde{\boldsymbol{E}}_{\varepsilon}=\begin{bmatrix}\boldsymbol{E}_{\varepsilon} & \boldsymbol{O}\\ \boldsymbol{O} & \boldsymbol{E}_{\varepsilon}\end{bmatrix}$。

对于状态不完全可量测的系统，采用 H_{∞} 鲁棒控制技术的目的有两点。

（Per 7.1）稳定性：当 $\boldsymbol{w}(t)\equiv\boldsymbol{0}$ 时，系统（7.15）保持渐近稳定。

（Per 7.2）干扰抑制性能：对于任意有界干扰 $\boldsymbol{w}(t)$，有

$$\begin{aligned}\int_0^{t_f}\tilde{\boldsymbol{x}}^{\mathrm{T}}(t)\tilde{\boldsymbol{Q}}_1\tilde{\boldsymbol{x}}(t)\mathrm{d}t<\gamma^2\int_0^{t_f}\boldsymbol{w}^{\mathrm{T}}(t)\boldsymbol{w}(t)\mathrm{d}t+\hat{\boldsymbol{x}}_s^{\mathrm{T}}(0)\boldsymbol{P}_{x1,ss}\hat{\boldsymbol{x}}_s(0)\\ +\boldsymbol{e}_s^{\mathrm{T}}(0)\boldsymbol{P}_{e1,ss}\boldsymbol{e}_s(0)+O(\varepsilon)\end{aligned} \tag{7.16}$$

其中，标量 γ 为干扰抑制水平；$\tilde{\boldsymbol{Q}}_1$ 为加权矩阵；这里 $\tilde{\boldsymbol{Q}}_1=\operatorname{diag}\left\{\tilde{\boldsymbol{Q}}_{1,11},\tilde{\boldsymbol{Q}}_{1,22}\right\}$ 为对角阵；$\boldsymbol{P}_{x1,ss}$ 和 $\boldsymbol{P}_{e1,ss}$ 为与李雅普诺夫函数有关的参数矩阵；$t_f\in(0,+\infty)$ 为任意时刻。

为了进一步实现对系统动态性能和控制能量的综合优化，选取最优控制中的二次型性能指标为

$$\begin{aligned}&\int_0^{t_f}\left(\tilde{\boldsymbol{x}}^{\mathrm{T}}(t)\tilde{\boldsymbol{Q}}_2\tilde{\boldsymbol{x}}(t)+\boldsymbol{u}^{\mathrm{T}}(t)\tilde{\boldsymbol{R}}_2\boldsymbol{u}(t)\right)\mathrm{d}t\\ &<\hat{\boldsymbol{x}}_s^{\mathrm{T}}(0)\boldsymbol{P}_{x2,ss}\hat{\boldsymbol{x}}_s(0)+\boldsymbol{e}_s^{\mathrm{T}}(0)\boldsymbol{P}_{e2,ss}\boldsymbol{e}_s(0)+O(\varepsilon)\end{aligned} \tag{7.17}$$

其中，$\tilde{\boldsymbol{Q}}_2$ 和 $\tilde{\boldsymbol{R}}_2$ 为加权矩阵，$\tilde{\boldsymbol{Q}}_2=\mathrm{diag}\left\{\tilde{\boldsymbol{Q}}_{2,11},\tilde{\boldsymbol{Q}}_{2,22}\right\}$ 为对角阵；$\boldsymbol{P}_{x2,ss}$ 和 $\boldsymbol{P}_{e2,ss}$ 为与李雅普诺夫函数有关的参数矩阵。

本章控制器的设计目标是使由多摄动参数模糊奇异摄动模型描述的多时标系统，在系统状态不完全可量测的情形下，仍能同时满足 H_∞ 鲁棒控制中的稳定性条件、干扰抑制性能指标即式(7.16)和最优控制中的二次型性能指标即式(7.17)，以实现对系统干扰抑制性能、动态性能以及控制量幅值的综合优化。

7.2　多目标鲁棒控制器与观测器设计

定理 7.1　对于模糊系统（7.15）和状态反馈控制矩阵 $\boldsymbol{K}^j$，如果存在公共矩阵 $\boldsymbol{P}_{x1,ss}^{\mathrm{T}}=\boldsymbol{P}_{x1,ss}>\boldsymbol{O}$，$\boldsymbol{P}_{x1,zz}^{\mathrm{T}}=\boldsymbol{P}_{x1,zz}>\boldsymbol{O}$，$\boldsymbol{P}_{e1,ss}^{\mathrm{T}}=\boldsymbol{P}_{e1,ss}>\boldsymbol{O}$，$\boldsymbol{P}_{e1,zz}^{\mathrm{T}}=\boldsymbol{P}_{e1,zz}>\boldsymbol{O}$ 和 $\boldsymbol{P}_{x1,zs}$ 、$\boldsymbol{P}_{e1,zs}$ 满足：

$$\tilde{\boldsymbol{\Xi}}_1^{ii}<\boldsymbol{O},\quad i=1,2,\cdots,r \tag{7.18}$$

$$\tilde{\boldsymbol{\Xi}}_1^{ij}<\boldsymbol{O},\quad i,j=1,2,\cdots,r\ \text{且}\ i<j \tag{7.19}$$

其中

$$\tilde{\boldsymbol{\Xi}}_1^{ii}=\begin{bmatrix}\begin{pmatrix}(\boldsymbol{A}^i+\boldsymbol{B}^i\boldsymbol{K}^i)^{\mathrm{T}}\boldsymbol{P}_{x1}\\+\boldsymbol{P}_{x1}^{\mathrm{T}}(\boldsymbol{A}^i+\boldsymbol{B}^i\boldsymbol{K}^i)+\widetilde{\boldsymbol{Q}}_{1,11}\end{pmatrix} & * & *\\ (\boldsymbol{L}^i\boldsymbol{C})^{\mathrm{T}}\boldsymbol{P}_{x1} & \begin{pmatrix}(\boldsymbol{A}^i-\boldsymbol{L}^i\boldsymbol{C})^{\mathrm{T}}\boldsymbol{P}_{e1}\\+\boldsymbol{P}_{e1}^{\mathrm{T}}(\boldsymbol{A}^i-\boldsymbol{L}^i\boldsymbol{C})+\widetilde{\boldsymbol{Q}}_{1,22}\end{pmatrix} & *\\ \boldsymbol{O} & (\boldsymbol{D}^i)^{\mathrm{T}}\boldsymbol{P}_{e1} & -\gamma^2\boldsymbol{I}\end{bmatrix}$$

$$\tilde{\boldsymbol{\Xi}}_1^{ij}=\begin{bmatrix}\begin{pmatrix}(\boldsymbol{A}^i+\boldsymbol{B}^i\boldsymbol{K}^j+\boldsymbol{A}^j+\boldsymbol{B}^j\boldsymbol{K}^i)^{\mathrm{T}}\boldsymbol{P}_{x1}\\+\boldsymbol{P}_{x1}^{\mathrm{T}}(\boldsymbol{A}^i+\boldsymbol{B}^i\boldsymbol{K}^j+\boldsymbol{A}^j+\boldsymbol{B}^j\boldsymbol{K}^i)\\+2\widetilde{\boldsymbol{Q}}_{1,11}\end{pmatrix} & * & *\\ (\boldsymbol{L}^i\boldsymbol{C}+\boldsymbol{L}^j\boldsymbol{C})^{\mathrm{T}}\boldsymbol{P}_{x1} & \begin{pmatrix}(\boldsymbol{A}^i-\boldsymbol{L}^i\boldsymbol{C}+\boldsymbol{A}^j-\boldsymbol{L}^j\boldsymbol{C})^{\mathrm{T}}\boldsymbol{P}_{e1}\\+\boldsymbol{P}_{e1}^{\mathrm{T}}(\boldsymbol{A}^i-\boldsymbol{L}^i\boldsymbol{C}+\boldsymbol{A}^j-\boldsymbol{L}^j\boldsymbol{C})\\+2\widetilde{\boldsymbol{Q}}_{1,22}\end{pmatrix} & *\\ \boldsymbol{O} & (\boldsymbol{D}^i+\boldsymbol{D}^j)^{\mathrm{T}}\boldsymbol{P}_{e1} & -2\gamma^2\boldsymbol{I}\end{bmatrix}$$

$$\boldsymbol{P}_{x1}=\begin{bmatrix}\boldsymbol{P}_{x1,ss} & \boldsymbol{O}\\ \boldsymbol{P}_{x1,zs} & \boldsymbol{P}_{x1,zz}\end{bmatrix},\quad \boldsymbol{P}_{e1}=\begin{bmatrix}\boldsymbol{P}_{e1,ss} & \boldsymbol{O}\\ \boldsymbol{P}_{e1,zs} & \boldsymbol{P}_{e1,zz}\end{bmatrix},\quad \boldsymbol{P}_{x1,zz}=\mathrm{diag}\{\boldsymbol{P}_{x1,z_1z_1},\boldsymbol{P}_{x1,z_2z_2},\cdots,\boldsymbol{P}_{x1,z_Hz_H}\}$$

$$P_{e1,zz} = \text{diag}\{P_{e1,z_1z_1}, P_{e1,z_2z_2}, \cdots, P_{e1,z_Hz_H}\}$$

则存在 $\varepsilon_h^* > 0$，$\forall \varepsilon_h \in (0, \varepsilon_h^*]$，$h = 1, 2, \cdots, H$，对于闭环系统（7.15），稳定性条件（Per 7.1）和 H_∞ 性能指标（Per 7.2）均可得到满足。

证明：令

$$\tilde{P}_{\varepsilon 1} = \begin{bmatrix} P_{\varepsilon x1} & O \\ O & P_{\varepsilon e1} \end{bmatrix}, \quad P_{\varepsilon x1} = \begin{bmatrix} P_{x1,ss} & P_{x1,zs}^{\mathrm{T}} \Lambda_\varepsilon \\ P_{x1,zs} & P_{x1,zz} \end{bmatrix}, \quad P_{\varepsilon e1} = \begin{bmatrix} P_{e1,ss} & P_{e1,zs}^{\mathrm{T}} \Lambda_\varepsilon \\ P_{e1,zs} & P_{e1,zz} \end{bmatrix}$$

其中，$P_{x1,ss}$ 和 $P_{e1,ss}$ 为正定对称矩阵；$P_{x1,zz}$ 和 $P_{e1,zz}$ 为正定对称块对角矩阵，则有

$$\tilde{E}_\varepsilon \tilde{P}_{\varepsilon 1} = \begin{bmatrix} E_\varepsilon P_{\varepsilon x1} & O \\ O & E_\varepsilon P_{\varepsilon e1} \end{bmatrix} = \begin{bmatrix} P_{\varepsilon x1}^{\mathrm{T}} E_\varepsilon & O \\ O & P_{\varepsilon e1}^{\mathrm{T}} E_\varepsilon \end{bmatrix} = \tilde{P}_{\varepsilon 1}^{\mathrm{T}} \tilde{E}_\varepsilon > O \tag{7.20}$$

选择李雅普诺夫函数为

$$V(\tilde{x}(t)) = \tilde{x}^{\mathrm{T}}(t) \tilde{E}_\varepsilon \tilde{P}_{\varepsilon 1} \tilde{x}(t) \tag{7.21}$$

则

$$\begin{aligned} \dot{V}(\hat{x}(t)) = & \sum_{i=1}^{r} \mu_i^2 \begin{bmatrix} \tilde{x}(t) \\ w(t) \end{bmatrix}^{\mathrm{T}} \begin{bmatrix} (\tilde{G}^{ii})^{\mathrm{T}} \tilde{P}_{\varepsilon 1} + \tilde{P}_{\varepsilon 1}^{\mathrm{T}} \tilde{G}^{ii} & * \\ (\tilde{D}^i)^{\mathrm{T}} \tilde{P}_{\varepsilon 1} & O \end{bmatrix} \begin{bmatrix} \tilde{x}(t) \\ w(t) \end{bmatrix} \\ & + \sum_{\substack{i,j=1 \\ i<j}}^{r} \mu_i \mu_j \begin{bmatrix} \tilde{x}(t) \\ w(t) \end{bmatrix}^{\mathrm{T}} \begin{bmatrix} (\tilde{G}^{ij} + \tilde{G}^{ji})^{\mathrm{T}} \tilde{P}_{\varepsilon 1} + \tilde{P}_{\varepsilon 1}^{\mathrm{T}} (\tilde{G}^{ij} + \tilde{G}^{ji}) & * \\ (\tilde{D}^i + \tilde{D}^j)^{\mathrm{T}} \tilde{P}_{\varepsilon 1} & O \end{bmatrix} \begin{bmatrix} \tilde{x}(t) \\ w(t) \end{bmatrix} \end{aligned} \tag{7.22}$$

令

$$J_\infty = \int_0^{t_f} \left(\tilde{x}^{\mathrm{T}}(t) \tilde{Q}_1 \tilde{x}(t) - \gamma^2 w^{\mathrm{T}}(t) w(t) \right) \mathrm{d}t \tag{7.23}$$

由 $V\left(\tilde{x}(t_f)\right) \geqslant 0$，可得

$$\begin{aligned} J_\infty \leqslant & \int_0^{t_f} \left\{ \sum_{i=1}^{r} \mu_i^2 \begin{bmatrix} \hat{x}(t) \\ e(t) \\ w(t) \end{bmatrix}^{\mathrm{T}} \tilde{\Xi}_{\varepsilon 1}^{ii} \begin{bmatrix} \hat{x}(t) \\ e(t) \\ w(t) \end{bmatrix} + \sum_{\substack{i,j=1 \\ i<j}}^{r} \mu_i \mu_j \begin{bmatrix} \hat{x}(t) \\ e(t) \\ w(t) \end{bmatrix}^{\mathrm{T}} \tilde{\Xi}_{\varepsilon 1}^{ij} \begin{bmatrix} \hat{x}(t) \\ e(t) \\ w(t) \end{bmatrix} \right\} \mathrm{d}t \\ & + V(\tilde{x}(0)) \end{aligned} \tag{7.24}$$

其中

$$\tilde{\Xi}_{\varepsilon 1}^{ii} = \begin{bmatrix} \begin{pmatrix} (A^i + B^i K^i)^{\mathrm{T}} P_{\varepsilon x1} \\ + P_{\varepsilon x1}^{\mathrm{T}} (A^i + B^i K^i) + \tilde{Q}_{1,11} \end{pmatrix} & * & * \\ (L^i C)^{\mathrm{T}} P_{\varepsilon x1} & \begin{pmatrix} (A^i - L^i C)^{\mathrm{T}} P_{\varepsilon e1} \\ + P_{\varepsilon e1}^{\mathrm{T}} (A^i - L^i C) + \tilde{Q}_{1,22} \end{pmatrix} & * \\ O & (D^i)^{\mathrm{T}} P_{\varepsilon e1} & -\gamma^2 I \end{bmatrix}$$

$$\tilde{\boldsymbol{\Xi}}_{\varepsilon1}^{ij}=\begin{bmatrix}\begin{pmatrix}(\boldsymbol{A}^i+\boldsymbol{B}^i\boldsymbol{K}^j+\boldsymbol{A}^j+\boldsymbol{B}^j\boldsymbol{K}^i)^{\mathrm{T}}\boldsymbol{P}_{\varepsilon x1}\\+\boldsymbol{P}_{\varepsilon x1}^{\mathrm{T}}(\boldsymbol{A}^i+\boldsymbol{B}^i\boldsymbol{K}^j+\boldsymbol{A}^j+\boldsymbol{B}^j\boldsymbol{K}^i)\\+2\tilde{\boldsymbol{Q}}_{1,11}\end{pmatrix} & * & *\\(\boldsymbol{L}^i\boldsymbol{C}+\boldsymbol{L}^j\boldsymbol{C})^{\mathrm{T}}\boldsymbol{P}_{\varepsilon x1} & \begin{pmatrix}(\boldsymbol{A}^i-\boldsymbol{L}^i\boldsymbol{C}+\boldsymbol{A}^j-\boldsymbol{L}^j\boldsymbol{C})^{\mathrm{T}}\boldsymbol{P}_{\varepsilon e1}\\+\boldsymbol{P}_{\varepsilon e1}^{\mathrm{T}}(\boldsymbol{A}^i-\boldsymbol{L}^i\boldsymbol{C}+\boldsymbol{A}^j-\boldsymbol{L}^j\boldsymbol{C})\\+2\tilde{\boldsymbol{Q}}_{1,22}\end{pmatrix} & *\\\boldsymbol{O} & (\boldsymbol{D}^i+\boldsymbol{D}^j)^{\mathrm{T}}\boldsymbol{P}_{\varepsilon e1} & -2\gamma^2\boldsymbol{I}\end{bmatrix}$$

显然 $\tilde{\boldsymbol{\Xi}}_{\varepsilon1}^{ii}=\tilde{\boldsymbol{\Xi}}_{1}^{ii}+\boldsymbol{H}(\boldsymbol{\varepsilon})$，$\tilde{\boldsymbol{\Xi}}_{\varepsilon1}^{ij}=\tilde{\boldsymbol{\Xi}}_{1}^{ij}+\boldsymbol{H}(\boldsymbol{\varepsilon})$，故存在 $\varepsilon_h^*>0$，$\forall\varepsilon_h\in(0,\varepsilon_h^*]$，$h=1,2,\cdots,H$，满足：

$$\tilde{\boldsymbol{\Xi}}_{\varepsilon1}^{ii}<\boldsymbol{O},\quad i=1,2,\cdots,r \tag{7.25}$$

$$\tilde{\boldsymbol{\Xi}}_{\varepsilon1}^{ij}<\boldsymbol{O},\quad i,j=1,2,\cdots,r\text{ 且 }i<j \tag{7.26}$$

则得到

$$J_\infty<V(\tilde{\boldsymbol{x}}(0)) \tag{7.27}$$

再由

$$V(\tilde{\boldsymbol{x}}(0))=\hat{\boldsymbol{x}}_s^{\mathrm{T}}(0)\boldsymbol{P}_{x,11}\hat{\boldsymbol{x}}_s(0)+\boldsymbol{e}_s^{\mathrm{T}}(0)\boldsymbol{P}_{e1,11}\boldsymbol{e}_s(0)+O(\varepsilon) \tag{7.28}$$

可知 H_∞ 性能指标，即式（7.16）能够得到满足。最后，由于式（7.25）和式（7.26）暗含：

$$\begin{bmatrix}\begin{pmatrix}(\boldsymbol{A}^i+\boldsymbol{B}^i\boldsymbol{K}^i)^{\mathrm{T}}\boldsymbol{P}_{\varepsilon x1}\\+\boldsymbol{P}_{\varepsilon x1}^{\mathrm{T}}(\boldsymbol{A}^i+\boldsymbol{B}^i\boldsymbol{K}^i)+\tilde{\boldsymbol{Q}}_{1,11}\end{pmatrix} & *\\(\boldsymbol{L}^i\boldsymbol{C})^{\mathrm{T}}\boldsymbol{P}_{\varepsilon x1} & \begin{pmatrix}(\boldsymbol{A}^i-\boldsymbol{L}^i\boldsymbol{C})^{\mathrm{T}}\boldsymbol{P}_{\varepsilon e1}\\+\boldsymbol{P}_{\varepsilon e1}^{\mathrm{T}}(\boldsymbol{A}^i-\boldsymbol{L}^i\boldsymbol{C})+\tilde{\boldsymbol{Q}}_{1,22}\end{pmatrix}\end{bmatrix}<\boldsymbol{O} \tag{7.29}$$

$$\begin{bmatrix}\boldsymbol{\Phi}_{11}^{ij} & *\\(\boldsymbol{L}^i\boldsymbol{C}+\boldsymbol{L}^j\boldsymbol{C})^{\mathrm{T}}\boldsymbol{P}_{\varepsilon x1} & \boldsymbol{\Phi}_{22}^{ij}\end{bmatrix}<\boldsymbol{O} \tag{7.30}$$

其中

$$\boldsymbol{\Phi}_{11}^{ij}=(\boldsymbol{A}^i+\boldsymbol{B}^i\boldsymbol{K}^j+\boldsymbol{A}^j+\boldsymbol{B}^j\boldsymbol{K}^i)^{\mathrm{T}}\boldsymbol{P}_{\varepsilon x1}+\boldsymbol{P}_{\varepsilon x1}^{\mathrm{T}}(\boldsymbol{A}^i+\boldsymbol{B}^i\boldsymbol{K}^j+\boldsymbol{A}^j+\boldsymbol{B}^j\boldsymbol{K}^i)+2\tilde{\boldsymbol{Q}}_{1,11}$$

$$\boldsymbol{\Phi}_{22}^{ij}=(\boldsymbol{A}^i-\boldsymbol{L}^i\boldsymbol{C}+\boldsymbol{A}^j-\boldsymbol{L}^j\boldsymbol{C})^{\mathrm{T}}\boldsymbol{P}_{\varepsilon e1}+\boldsymbol{P}_{\varepsilon e1}^{\mathrm{T}}(\boldsymbol{A}^i-\boldsymbol{L}^i\boldsymbol{C}+\boldsymbol{A}^j-\boldsymbol{L}^j\boldsymbol{C})+2\tilde{\boldsymbol{Q}}_{1,22}$$

所以当 $\boldsymbol{w}(t)\equiv\boldsymbol{0}$ 时，有

$$\dot{V}(\tilde{\boldsymbol{x}}(t))=\dot{\tilde{\boldsymbol{x}}}^{\mathrm{T}}(t)\tilde{\boldsymbol{E}}_\varepsilon\tilde{\boldsymbol{P}}_{\varepsilon1}\tilde{\boldsymbol{x}}(t)+\tilde{\boldsymbol{x}}^{\mathrm{T}}(t)\tilde{\boldsymbol{P}}_{\varepsilon1}^{\mathrm{T}}\tilde{\boldsymbol{E}}_\varepsilon\dot{\tilde{\boldsymbol{x}}}(t)<0 \tag{7.31}$$

因此闭环系统保持渐近稳定。

令 $\boldsymbol{X}_{x1}=\boldsymbol{P}_{x1}^{-1}$，$\boldsymbol{M}^i=\boldsymbol{K}^i\boldsymbol{X}_{x1}$，$\boldsymbol{N}^i=\boldsymbol{P}_{e1}^{\mathrm{T}}\boldsymbol{L}^i$，$\boldsymbol{M}^j=\boldsymbol{K}^j\boldsymbol{X}_{x1}$，$\boldsymbol{N}^j=\boldsymbol{P}_{e1}^{\mathrm{T}}\boldsymbol{L}^j$，对式（7.18）和式（7.19）左右两侧同时左乘 $\mathrm{diag}\{\boldsymbol{X}_{x1}^{\mathrm{T}},\boldsymbol{I},\boldsymbol{I}\}$ 和右乘 $\mathrm{diag}\{\boldsymbol{X}_{x1},\boldsymbol{I},\boldsymbol{I}\}$，并利用 Schur 补定理可以得到

$$\begin{bmatrix} \boldsymbol{\Phi}_{111}^{ii} & * & * & * \\ (\boldsymbol{L}^i\boldsymbol{C})^{\mathrm{T}} & \boldsymbol{\Phi}_{112}^{ii} & * & * \\ \boldsymbol{X}_{x1} & \boldsymbol{O} & -(\tilde{\boldsymbol{Q}}_{1,11})^{-1} & * \\ \boldsymbol{O} & (\boldsymbol{D}^i)^{\mathrm{T}}\boldsymbol{P}_{e1} & \boldsymbol{O} & -\gamma^2\boldsymbol{I} \end{bmatrix}<\boldsymbol{O} \tag{7.32}$$

$$\begin{bmatrix} \boldsymbol{\Phi}_{121}^{ij} & * & * & * \\ (\boldsymbol{L}^i\boldsymbol{C}+\boldsymbol{L}^j\boldsymbol{C})^{\mathrm{T}} & \boldsymbol{\Phi}_{122}^{ij} & * & * \\ \boldsymbol{X}_{x1} & \boldsymbol{O} & -(2\tilde{\boldsymbol{Q}}_{1,11})^{-1} & * \\ \boldsymbol{O} & (\boldsymbol{D}^i+\boldsymbol{D}^j)^{\mathrm{T}}\boldsymbol{P}_{e1} & \boldsymbol{O} & -2\gamma^2\boldsymbol{I} \end{bmatrix}<\boldsymbol{O} \tag{7.33}$$

其中

$$\boldsymbol{\Phi}_{111}^{ii}=\left(\boldsymbol{A}^i\boldsymbol{X}_{x1}+\boldsymbol{B}^i\boldsymbol{M}^i\right)^{\mathrm{T}}+\left(\boldsymbol{A}^i\boldsymbol{X}_{x1}+\boldsymbol{B}^i\boldsymbol{M}^i\right)$$

$$\boldsymbol{\Phi}_{112}^{ii}=(\boldsymbol{A}^i)^{\mathrm{T}}\boldsymbol{P}_{e1}-(\boldsymbol{N}^i\boldsymbol{C})^{\mathrm{T}}+\boldsymbol{P}_{e1}^{\mathrm{T}}\boldsymbol{A}^i-\boldsymbol{N}^i\boldsymbol{C}+\tilde{\boldsymbol{Q}}_{1,22}$$

$$\boldsymbol{\Phi}_{121}^{ij}=\left(\boldsymbol{A}^i\boldsymbol{X}_{x1}+\boldsymbol{B}^i\boldsymbol{M}^j+\boldsymbol{A}^j\boldsymbol{X}_{x1}+\boldsymbol{B}^j\boldsymbol{M}^i\right)^{\mathrm{T}}+\left(\boldsymbol{A}^i\boldsymbol{X}_{x1}+\boldsymbol{B}^i\boldsymbol{M}^j+\boldsymbol{A}^j\boldsymbol{X}_{x1}+\boldsymbol{B}^j\boldsymbol{M}^i\right)$$

$$\boldsymbol{\Phi}_{122}^{ij}=(\boldsymbol{A}^i)^{\mathrm{T}}\boldsymbol{P}_{e1}-(\boldsymbol{N}^i\boldsymbol{C})^{\mathrm{T}}+(\boldsymbol{A}^j)^{\mathrm{T}}\boldsymbol{P}_{e1}-(\boldsymbol{N}^j\boldsymbol{C})^{\mathrm{T}}+\boldsymbol{P}_{e1}^{\mathrm{T}}\boldsymbol{A}^i-\boldsymbol{N}^i\boldsymbol{C}+\boldsymbol{P}_{e1}^{\mathrm{T}}\boldsymbol{A}^j-\boldsymbol{N}^j\boldsymbol{C}+2\tilde{\boldsymbol{Q}}_{1,22}$$

这里，式（7.32）和式（7.33）是非凸的，不能利用 MATLAB 的 LMI 工具箱直接求解。考虑到式（7.34）和式（7.35）显然成立，可以采用两步法，首先利用 LMI 的求解方法由式（7.34）和式（7.35）求得 $\boldsymbol{P}_{e1}$ 和 $\boldsymbol{N}^j$，从而求得观测器增益 $\boldsymbol{L}^j$，然后将其代入式（7.32）和式（7.33）中，求得 $\boldsymbol{P}_{x1}$ 和 $\boldsymbol{M}^j$，进而最终求得控制器增益 $\boldsymbol{K}^j$。

$$(\boldsymbol{A}^i)^{\mathrm{T}}\boldsymbol{P}_{e1}-(\boldsymbol{N}^i\boldsymbol{C})^{\mathrm{T}}+\boldsymbol{P}_{e1}^{\mathrm{T}}\boldsymbol{A}^i-\boldsymbol{N}^i\boldsymbol{C}+\tilde{\boldsymbol{Q}}_{1,22}<\boldsymbol{O} \tag{7.34}$$

$$\begin{aligned}&(\boldsymbol{A}^i)^{\mathrm{T}}\boldsymbol{P}_{e1}-(\boldsymbol{N}^i\boldsymbol{C})^{\mathrm{T}}+(\boldsymbol{A}^j)^{\mathrm{T}}\boldsymbol{P}_{e1}-(\boldsymbol{N}^j\boldsymbol{C})^{\mathrm{T}}\\&+\boldsymbol{P}_{e1}^{\mathrm{T}}\boldsymbol{A}^i-\boldsymbol{N}^i\boldsymbol{C}+\boldsymbol{P}_{e1}^{\mathrm{T}}\boldsymbol{A}^j-\boldsymbol{N}^j\boldsymbol{C}+2\tilde{\boldsymbol{Q}}_{1,22}<\boldsymbol{O}\end{aligned} \tag{7.35}$$

定理 7.2　对于模糊系统（7.15）和状态反馈控制矩阵 $\boldsymbol{K}^j$，当 $w(t)\equiv\boldsymbol{0}$ 时，如果存在公共矩阵 $\boldsymbol{P}_{x2,ss}^{\mathrm{T}}=\boldsymbol{P}_{x2,ss}>\boldsymbol{O}$，$\boldsymbol{P}_{x2,zz}^{\mathrm{T}}=\boldsymbol{P}_{x2,zz}>\boldsymbol{O}$，$\boldsymbol{P}_{e2,ss}^{\mathrm{T}}=\boldsymbol{P}_{e2,ss}>\boldsymbol{O}$，$\boldsymbol{P}_{e2,zz}^{\mathrm{T}}=\boldsymbol{P}_{e2,zz}>\boldsymbol{O}$ 和 $\boldsymbol{P}_{x2,zs}$、$\boldsymbol{P}_{e2,zs}$ 满足：

$$\tilde{\boldsymbol{\Xi}}_2^{ii}<\boldsymbol{O},\quad i=1,2,\cdots,r \tag{7.36}$$

$$\tilde{\boldsymbol{\Xi}}_2^{ij}<\boldsymbol{O},\quad i,j=1,2,\cdots,r\text{ 且 }i<j \tag{7.37}$$

其中

$$\tilde{\boldsymbol{\Xi}}_2^{ii}=\begin{bmatrix}\begin{pmatrix}(\boldsymbol{A}^i+\boldsymbol{B}^i\boldsymbol{K}^i)^{\mathrm{T}}\boldsymbol{P}_{x2}+\boldsymbol{P}_{x2}^{\mathrm{T}}(\boldsymbol{A}^i+\boldsymbol{B}^i\boldsymbol{K}^i)\\+(\boldsymbol{K}^i)^{\mathrm{T}}\tilde{\boldsymbol{R}}_2(\boldsymbol{K}^i)+\tilde{\boldsymbol{Q}}_{2,11}\end{pmatrix} & *\\(\boldsymbol{L}^i\boldsymbol{C})^{\mathrm{T}}\boldsymbol{P}_{x2} & \begin{pmatrix}(\boldsymbol{A}^i-\boldsymbol{L}^i\boldsymbol{C})^{\mathrm{T}}\boldsymbol{P}_{e2}\\+\boldsymbol{P}_{e2}^{\mathrm{T}}(\boldsymbol{A}^i-\boldsymbol{L}^i\boldsymbol{C})+\tilde{\boldsymbol{Q}}_{2,22}\end{pmatrix}\end{bmatrix}$$

$$\tilde{\boldsymbol{\Xi}}_2^{ij}=\begin{bmatrix}\begin{pmatrix}(\boldsymbol{A}^i+\boldsymbol{B}^i\boldsymbol{K}^j+\boldsymbol{A}^j+\boldsymbol{B}^j\boldsymbol{K}^i)^{\mathrm{T}}\boldsymbol{P}_{x2}+\boldsymbol{P}_{x2}^{\mathrm{T}}(\boldsymbol{A}^i\\+\boldsymbol{B}^i\boldsymbol{K}^j+\boldsymbol{A}^j+\boldsymbol{B}^j\boldsymbol{K}^i)+(\boldsymbol{K}^i)^{\mathrm{T}}\tilde{\boldsymbol{R}}_2(\boldsymbol{K}^i)\\+(\boldsymbol{K}^j)^{\mathrm{T}}\tilde{\boldsymbol{R}}_2(\boldsymbol{K}^j)+2\tilde{\boldsymbol{Q}}_{2,11}\end{pmatrix} & *\\(\boldsymbol{L}^i\boldsymbol{C}+\boldsymbol{L}^j\boldsymbol{C})^{\mathrm{T}}\boldsymbol{P}_{x2} & \begin{pmatrix}(\boldsymbol{A}^i-\boldsymbol{L}^i\boldsymbol{C}+\boldsymbol{A}^j-\boldsymbol{L}^j\boldsymbol{C})^{\mathrm{T}}\boldsymbol{P}_{e2}\\+\boldsymbol{P}_{e2}^{\mathrm{T}}(\boldsymbol{A}^i-\boldsymbol{L}^i\boldsymbol{C}+\boldsymbol{A}^j-\boldsymbol{L}^j\boldsymbol{C})\\+2\tilde{\boldsymbol{Q}}_{2,22}\end{pmatrix}\end{bmatrix}$$

$$\boldsymbol{P}_{x2}=\begin{bmatrix}\boldsymbol{P}_{x2,ss} & \boldsymbol{O}\\\boldsymbol{P}_{x2,zs} & \boldsymbol{P}_{x2,zz}\end{bmatrix},\qquad \boldsymbol{P}_{e2}=\begin{bmatrix}\boldsymbol{P}_{e2,ss} & \boldsymbol{O}\\\boldsymbol{P}_{e2,es} & \boldsymbol{P}_{e2,zz}\end{bmatrix}$$

$$\boldsymbol{P}_{x2,zz}=\mathrm{diag}\{\boldsymbol{P}_{x2,z_1z_1},\boldsymbol{P}_{x2,z_2z_2},\cdots,\boldsymbol{P}_{x2,z_Hz_H}\},\qquad \boldsymbol{P}_{e2,zz}=\mathrm{diag}\{\boldsymbol{P}_{e2,z_1z_1},\boldsymbol{P}_{e2,z_2z_2},\cdots,\boldsymbol{P}_{e2,z_Hz_H}\}$$

则存在$\varepsilon_h^*>0$，$\forall\varepsilon_h\in(0,\varepsilon_h^*]$，$h=1,2,\cdots,H$，使闭环系统（7.15）满足最优控制中的二次型性能指标，即式（7.17）。

证明：令

$$\tilde{\boldsymbol{P}}_{\varepsilon2}=\begin{bmatrix}\boldsymbol{P}_{\varepsilon x2} & \boldsymbol{O}\\\boldsymbol{O} & \boldsymbol{P}_{\varepsilon e2}\end{bmatrix},\qquad \boldsymbol{P}_{\varepsilon x2}=\begin{bmatrix}\boldsymbol{P}_{x2,ss} & \boldsymbol{P}_{x2,zs}^{\mathrm{T}}\boldsymbol{\varLambda}_\varepsilon\\\boldsymbol{P}_{x2,zs} & \boldsymbol{P}_{x2,zz}\end{bmatrix},\qquad \boldsymbol{P}_{\varepsilon e2}=\begin{bmatrix}\boldsymbol{P}_{e2,ss} & \boldsymbol{P}_{e2,zs}^{\mathrm{T}}\boldsymbol{\varLambda}_\varepsilon\\\boldsymbol{P}_{e2,zs} & \boldsymbol{P}_{e2,zz}\end{bmatrix}$$

其中，$\boldsymbol{P}_{x2,ss}$和$\boldsymbol{P}_{e2,ss}$为正定对称矩阵；$\boldsymbol{P}_{x2,zz}$和$\boldsymbol{P}_{e2,zz}$为正定对称块对角矩阵，则有

$$\tilde{\boldsymbol{E}}_\varepsilon\tilde{\boldsymbol{P}}_{\varepsilon2}=\begin{bmatrix}\boldsymbol{E}_\varepsilon\boldsymbol{P}_{\varepsilon x2} & \boldsymbol{O}\\\boldsymbol{O} & \boldsymbol{E}_\varepsilon\boldsymbol{P}_{\varepsilon e2}\end{bmatrix}=\begin{bmatrix}\boldsymbol{P}_{\varepsilon x2}^{\mathrm{T}}\boldsymbol{E}_\varepsilon & \boldsymbol{O}\\\boldsymbol{O} & \boldsymbol{P}_{\varepsilon e2}^{\mathrm{T}}\boldsymbol{E}_\varepsilon\end{bmatrix}=\tilde{\boldsymbol{P}}_{\varepsilon2}^{\mathrm{T}}\tilde{\boldsymbol{E}}_\varepsilon>\boldsymbol{O}\tag{7.38}$$

选择李雅普诺夫函数为

$$V(\tilde{\boldsymbol{x}}(t))=\tilde{\boldsymbol{x}}^{\mathrm{T}}(t)\tilde{\boldsymbol{E}}_\varepsilon\tilde{\boldsymbol{P}}_{\varepsilon2}\tilde{\boldsymbol{x}}(t)\tag{7.39}$$

则

$$\begin{aligned}\dot{V}(\tilde{\boldsymbol{x}}(t))=&\sum_{i=1}^{r}\mu_i^2\tilde{\boldsymbol{x}}^{\mathrm{T}}(t)\left((\boldsymbol{G}^{ii})^{\mathrm{T}}\tilde{\boldsymbol{P}}_{\varepsilon2}+\tilde{\boldsymbol{P}}_{\varepsilon2}^{\mathrm{T}}\tilde{\boldsymbol{G}}^{ii}\right)\tilde{\boldsymbol{x}}(t)\\&+\sum_{\substack{i,j=1\\i<j}}^{r}\mu_i\mu_j\tilde{\boldsymbol{x}}^{\mathrm{T}}(t)\left((\tilde{\boldsymbol{G}}^{ij}+\tilde{\boldsymbol{G}}^{ji})^{\mathrm{T}}\tilde{\boldsymbol{P}}_{\varepsilon2}+\tilde{\boldsymbol{P}}_{\varepsilon2}^{\mathrm{T}}(\tilde{\boldsymbol{G}}^{ij}+\tilde{\boldsymbol{G}}^{ji})\right)\tilde{\boldsymbol{x}}(t)\end{aligned}\tag{7.40}$$

令

$$J_Q=\int_0^{t_f}\left(\tilde{\boldsymbol{x}}^{\mathrm{T}}(t)\tilde{\boldsymbol{Q}}_2\tilde{\boldsymbol{x}}(t)+\boldsymbol{u}^{\mathrm{T}}(t)\tilde{\boldsymbol{R}}_2\boldsymbol{u}(t)\right)\mathrm{d}t\tag{7.41}$$

设 $\tilde{\boldsymbol{K}}^j = \begin{bmatrix} \boldsymbol{K}^j & \boldsymbol{O} \end{bmatrix}$，则有

$$\boldsymbol{u}(t) = \sum_{i=1}^{r} \mu_j \cdot \boldsymbol{K}^j \hat{\boldsymbol{x}}(t) = \sum_{i=1}^{r} \mu_j \cdot \tilde{\boldsymbol{K}}^j \tilde{\boldsymbol{x}}(t) \tag{7.42}$$

由文献[89]知

$$\begin{aligned}&\left(\sum_{i=1}^{r} \mu_i (\tilde{\boldsymbol{K}}^i)^{\mathrm{T}}\right) \tilde{\boldsymbol{R}}_2 \left(\sum_{i=1}^{r} \mu_i \tilde{\boldsymbol{K}}^i\right) \\ &\leqslant \sum_{i=1}^{r} \mu_i^2 (\tilde{\boldsymbol{K}}^i)^{\mathrm{T}} \tilde{\boldsymbol{R}}_2 \tilde{\boldsymbol{K}}^i + \sum_{\substack{i,j=1 \\ i<j}}^{r} \mu_i \mu_j \left((\tilde{\boldsymbol{K}}^i)^{\mathrm{T}} \tilde{\boldsymbol{R}}_2 \tilde{\boldsymbol{K}}^i + (\tilde{\boldsymbol{K}}^j)^{\mathrm{T}} \tilde{\boldsymbol{R}}_2 \tilde{\boldsymbol{K}}^j\right)\end{aligned} \tag{7.43}$$

再由 $V(\tilde{\boldsymbol{x}}(t_f)) \geqslant 0$，可得

$$\begin{aligned}J_Q \leqslant &\int_0^{t_f} \left(\sum_{i=1}^{r} \mu_i^2 \begin{bmatrix} \hat{\boldsymbol{x}}(t) \\ \boldsymbol{e}(t) \end{bmatrix}^{\mathrm{T}} \tilde{\boldsymbol{\Xi}}_{\varepsilon 2}^{ii} \begin{bmatrix} \hat{\boldsymbol{x}}(t) \\ \boldsymbol{e}(t) \end{bmatrix} + \sum_{\substack{i,j=1 \\ i<j}}^{r} \mu_i \mu_j \begin{bmatrix} \hat{\boldsymbol{x}}(t) \\ \boldsymbol{e}(t) \end{bmatrix}^{\mathrm{T}} \tilde{\boldsymbol{\Xi}}_{\varepsilon 2}^{ij} \begin{bmatrix} \hat{\boldsymbol{x}}(t) \\ \boldsymbol{e}(t) \end{bmatrix} \right) \mathrm{d}t \\ &+ V(\tilde{\boldsymbol{x}}(0))\end{aligned} \tag{7.44}$$

其中

$$\tilde{\boldsymbol{\Xi}}_{\varepsilon 2}^{ii} = \begin{bmatrix} \begin{pmatrix} (\boldsymbol{A}^i + \boldsymbol{B}^i \boldsymbol{K}^i)^{\mathrm{T}} \boldsymbol{P}_{\varepsilon x2} + \boldsymbol{P}_{\varepsilon x2}^{\mathrm{T}} (\boldsymbol{A}^i + \boldsymbol{B}^i \boldsymbol{K}^i) \\ +(\boldsymbol{K}^i)^{\mathrm{T}} \widetilde{\boldsymbol{R}}_2 (\boldsymbol{K}^i) + \tilde{\boldsymbol{Q}}_{2,11} \end{pmatrix} & * \\ (\boldsymbol{L}^i \boldsymbol{C})^{\mathrm{T}} \boldsymbol{P}_{\varepsilon x2} & \begin{pmatrix} (\boldsymbol{A}^i - \boldsymbol{L}^i \boldsymbol{C})^{\mathrm{T}} \boldsymbol{P}_{\varepsilon e2} \\ +\boldsymbol{P}_{\varepsilon e2}^{\mathrm{T}} (\boldsymbol{A}^i - \boldsymbol{L}^i \boldsymbol{C}) + \tilde{\boldsymbol{Q}}_{2,22} \end{pmatrix} \end{bmatrix}$$

$$\tilde{\boldsymbol{\Xi}}_{\varepsilon 2}^{ij} = \begin{bmatrix} \begin{pmatrix} (\boldsymbol{A}^i + \boldsymbol{B}^i \boldsymbol{K}^j + \boldsymbol{A}^j + \boldsymbol{B}^j \boldsymbol{K}^i)^{\mathrm{T}} \boldsymbol{P}_{\varepsilon x2} + \boldsymbol{P}_{\varepsilon x2}^{\mathrm{T}} (\boldsymbol{A}^i \\ +\boldsymbol{B}^i \boldsymbol{K}^j + \boldsymbol{A}^j + \boldsymbol{B}^j \boldsymbol{K}^i) + (\boldsymbol{K}^i)^{\mathrm{T}} \widetilde{\boldsymbol{R}}_2 (\boldsymbol{K}^i) \\ +(\boldsymbol{K}^j)^{\mathrm{T}} \widetilde{\boldsymbol{R}}_2 (\boldsymbol{K}^j) + 2\tilde{\boldsymbol{Q}}_{2,11} \end{pmatrix} & * \\ (\boldsymbol{L}^i \boldsymbol{C} + \boldsymbol{L}^j \boldsymbol{C})^{\mathrm{T}} \boldsymbol{P}_{\varepsilon x2} & \begin{pmatrix} (\boldsymbol{A}^i - \boldsymbol{L}^i \boldsymbol{C} + \boldsymbol{A}^j - \boldsymbol{L}^j \boldsymbol{C})^{\mathrm{T}} \boldsymbol{P}_{\varepsilon e2} \\ +\boldsymbol{P}_{\varepsilon e2}^{\mathrm{T}} (\boldsymbol{A}^i - \boldsymbol{L}^i \boldsymbol{C} + \boldsymbol{A}^j - \boldsymbol{L}^j \boldsymbol{C}) \\ +2\tilde{\boldsymbol{Q}}_{2,22} \end{pmatrix} \end{bmatrix}$$

显然 $\tilde{\boldsymbol{\Xi}}_{\varepsilon 2}^{ii} = \tilde{\boldsymbol{\Xi}}_{2}^{ii} + \boldsymbol{H}(\boldsymbol{\varepsilon})$，$\tilde{\boldsymbol{\Xi}}_{\varepsilon 2}^{ij} = \tilde{\boldsymbol{\Xi}}_{2}^{ij} + \boldsymbol{H}(\boldsymbol{\varepsilon})$，故存在 $\varepsilon_h^* > 0$，$\forall \varepsilon_h \in \left(0, \varepsilon_h^*\right]$，$h = 1, 2, \cdots, H$，满足：

$$\tilde{\boldsymbol{\Xi}}_{\varepsilon 2}^{ii} < \boldsymbol{O}, \quad i = 1, 2, \cdots, r \tag{7.45}$$

$$\tilde{\boldsymbol{\Xi}}_{\varepsilon 2}^{ij} < \boldsymbol{O}, \quad i, j = 1, 2, \cdots, r \text{ 且 } i < j \tag{7.46}$$

则得到

$$J_Q < V(\tilde{\boldsymbol{x}}(0)) \tag{7.47}$$

再由

$$V(\tilde{\boldsymbol{x}}(0)) = \hat{\boldsymbol{x}}_s^{\mathrm{T}}(0)\boldsymbol{P}_{x2,11}\hat{\boldsymbol{x}}_s(0) + \boldsymbol{e}_s^{\mathrm{T}}(0)\boldsymbol{P}_{e2,11}\boldsymbol{e}_s(0) + O(\boldsymbol{\varepsilon}) \tag{7.48}$$

可知二次型最优控制性能指标，即式（7.17）能够得到满足。

令 $\boldsymbol{X}_{x2} = \boldsymbol{P}_{x2}^{-1}, \boldsymbol{M}^i = \boldsymbol{K}^i\boldsymbol{X}_{x2}, \boldsymbol{N}^i = \boldsymbol{P}_{e2}^{\mathrm{T}}\boldsymbol{L}^i, \boldsymbol{M}^j = \boldsymbol{K}^j\boldsymbol{X}_{x2}, \boldsymbol{N}^j = \boldsymbol{P}_{e2}^{\mathrm{T}}\boldsymbol{L}^j$，对式（7.36）和式（7.37）左右两侧同时左乘 $\mathrm{diag}\left\{\boldsymbol{X}_{x2}^{\mathrm{T}}, \boldsymbol{I}\right\}$ 和右乘 $\mathrm{diag}\left\{\boldsymbol{X}_{x2}, \boldsymbol{I}\right\}$，并利用 Schur 补定理可以得到

$$\begin{bmatrix} \boldsymbol{\Phi}_{211}^{ii} & * & * & * \\ \boldsymbol{M}^i & -(\tilde{\boldsymbol{R}}_2)^{-1} & * & * \\ \boldsymbol{X}_{x2} & \boldsymbol{O} & -(\tilde{\boldsymbol{Q}}_{2,11})^{-1} & * \\ (\boldsymbol{L}^i\boldsymbol{C})^{\mathrm{T}} & \boldsymbol{O} & \boldsymbol{O} & \boldsymbol{\Phi}_{212}^{ii} \end{bmatrix} < \boldsymbol{O} \tag{7.49}$$

$$\begin{bmatrix} \boldsymbol{\Phi}_{221}^{ij} & * & * & * \\ \boldsymbol{M}^i & -(\tilde{\boldsymbol{R}}_2)^{-1} & * & * \\ \boldsymbol{M}^j & \boldsymbol{O} & -(2\tilde{\boldsymbol{Q}}_{1,11})^{-1} & * \\ (\boldsymbol{L}^i\boldsymbol{C} + \boldsymbol{L}^j\boldsymbol{C})^{\mathrm{T}} & (\boldsymbol{D}^i + \boldsymbol{D}^j)^{\mathrm{T}}\boldsymbol{P}_{e1} & \boldsymbol{O} & -2\gamma^2\boldsymbol{I} \end{bmatrix} < \boldsymbol{O} \tag{7.50}$$

$$\begin{bmatrix} \boldsymbol{\Phi}_{221}^{ij} & * & * & * & * \\ \boldsymbol{M}^i & -(\tilde{\boldsymbol{R}}_2)^{-1} & * & * & * \\ \boldsymbol{M}^j & \boldsymbol{O} & -(\tilde{\boldsymbol{R}}_2)^{-1} & * & * \\ \boldsymbol{X}_{x2} & \boldsymbol{O} & \boldsymbol{O} & -(2\tilde{\boldsymbol{Q}}_{2,11})^{-1} & * \\ (\boldsymbol{L}^i\boldsymbol{C} + \boldsymbol{L}^j\boldsymbol{C})^{\mathrm{T}} & \boldsymbol{O} & \boldsymbol{O} & \boldsymbol{O} & \boldsymbol{\Phi}_{222}^{ij} \end{bmatrix} < \boldsymbol{O} \tag{7.51}$$

其中

$$\boldsymbol{\Phi}_{211}^{ii} = \left(\boldsymbol{A}^i\boldsymbol{X}_{x2} + \boldsymbol{B}^i\boldsymbol{M}^i\right)^{\mathrm{T}} + \left(\boldsymbol{A}^i\boldsymbol{X}_{x2} + \boldsymbol{B}^i\boldsymbol{M}^i\right)$$

$$\boldsymbol{\Phi}_{212}^{ii} = (\boldsymbol{A}^i)^{\mathrm{T}}\boldsymbol{P}_{e2} - (\boldsymbol{N}^i\boldsymbol{C})^{\mathrm{T}} + \boldsymbol{P}_{e2}^{\mathrm{T}}\boldsymbol{A}^i - \boldsymbol{N}^i\boldsymbol{C} + \tilde{\boldsymbol{Q}}_{2,22}$$

$$\boldsymbol{\Phi}_{221}^{ij} = (\boldsymbol{A}^i\boldsymbol{X}_{x2} + \boldsymbol{B}^i\boldsymbol{M}^j + \boldsymbol{A}^j\boldsymbol{X}_{x2} + \boldsymbol{B}^j\boldsymbol{M}^i)^{\mathrm{T}} + (\boldsymbol{A}^i\boldsymbol{X}_{x2} + \boldsymbol{B}^i\boldsymbol{M}^j + \boldsymbol{A}^j\boldsymbol{X}_{x2} + \boldsymbol{B}^j\boldsymbol{M}^i)$$

$$\boldsymbol{\Phi}_{222}^{ij} = (\boldsymbol{A}^i)^{\mathrm{T}}\boldsymbol{P}_{e2} - (\boldsymbol{N}^i\boldsymbol{C})^{\mathrm{T}} + (\boldsymbol{A}^j)^{\mathrm{T}}\boldsymbol{P}_{e2} - (\boldsymbol{N}^j\boldsymbol{C})^{\mathrm{T}} + \boldsymbol{P}_{e2}^{\mathrm{T}}\boldsymbol{A}^i - \boldsymbol{N}^i\boldsymbol{C} + \boldsymbol{P}_{e2}^{\mathrm{T}}\boldsymbol{A}^j - \boldsymbol{N}^j\boldsymbol{C} + 2\tilde{\boldsymbol{Q}}_{2,22}$$

这里，式（7.49）和式（7.50）是非凸的，不能利用 MATLAB 的 LMI 工具箱直接求解。考虑到式（7.52）和式（7.53）显然成立，可以采用两步法，首先利用 LMI 的求解方法由式（7.52）和式（7.53）求得 $\boldsymbol{P}_{e2}$ 和 $\boldsymbol{N}^j$，从而求得观测器增益 $\boldsymbol{L}^j$，然后将其代入式（7.49）和式（7.50）中，求得 $\boldsymbol{P}_{x2}$ 和 $\boldsymbol{M}^j$，进而最终求得控制器增益 $\boldsymbol{K}^j$。

$$(\boldsymbol{A}^i)^{\mathrm{T}}\boldsymbol{P}_{e2} - (\boldsymbol{N}^i\boldsymbol{C})^{\mathrm{T}} + \boldsymbol{P}_{e2}^{\mathrm{T}}\boldsymbol{A}^i - \boldsymbol{N}^i\boldsymbol{C} + \tilde{\boldsymbol{Q}}_{2,22} < \boldsymbol{O} \tag{7.52}$$

$$\begin{aligned} &(\boldsymbol{A}^i)^{\mathrm{T}}\boldsymbol{P}_{e2} - (\boldsymbol{N}^i\boldsymbol{C})^{\mathrm{T}} + (\boldsymbol{A}^j)^{\mathrm{T}}\boldsymbol{P}_{e2} - (\boldsymbol{N}^j\boldsymbol{C})^{\mathrm{T}} + \boldsymbol{P}_{e2}^{\mathrm{T}}\boldsymbol{A}^i - \boldsymbol{N}^i\boldsymbol{C} \\ &+ \boldsymbol{P}_{e2}^{\mathrm{T}}\boldsymbol{A}^j - \boldsymbol{N}^j\boldsymbol{C} + 2\tilde{\boldsymbol{Q}}_{2,22} < \boldsymbol{O} \end{aligned} \tag{7.53}$$

定理 7.1 和定理 7.2 给出了状态不完全可量测时带有模糊观测器的含多摄动参

数闭环系统分别满足 H_∞ 性能指标和最优控制中二次型性能指标时控制器和观测器需要满足的条件，在此基础上设计多目标鲁棒控制器的思路与第 5 章基本相同。定义性能指标为

$$J_1=\gamma^2,\quad J_2=\hat{\boldsymbol{x}}_s^{\mathrm{T}}(0)\boldsymbol{P}_{x2,ss}\hat{\boldsymbol{x}}_s(0)+\boldsymbol{e}_s^{\mathrm{T}}(0)\boldsymbol{P}_{e2,ss}\boldsymbol{e}_s(0),\quad J_3=\max_{t\in[t_0,t_f]}\sqrt{\boldsymbol{u}^{\mathrm{T}}(t)\boldsymbol{u}(t)} \tag{7.54}$$

建立状态不完全可量测时模糊奇异摄动模型多目标鲁棒控制的优化模型为

$$\begin{aligned}&\min\ \left[J_1(\gamma,\tilde{\boldsymbol{Q}}_{2,11},\tilde{\boldsymbol{R}}_2)\quad J_2(\gamma,\tilde{\boldsymbol{Q}}_{2,11},\tilde{\boldsymbol{R}}_2)\quad J_3(\gamma,\tilde{\boldsymbol{Q}}_{2,11},\tilde{\boldsymbol{R}}_2)\right]\\&\text{s.t.}\ \boldsymbol{X}_x=\boldsymbol{X}_{x1}=\boldsymbol{X}_{x2}>\boldsymbol{O}\\&\qquad \boldsymbol{X}_e=\boldsymbol{X}_{e1}=\boldsymbol{X}_{e2}>\boldsymbol{O}\\&\qquad\quad \text{式（7.32）、式（7.49），}\quad i=1,2,\cdots,r\\&\qquad \text{式（7.33）、式（7.50），}\quad i,j=1,2,\cdots,r\ \text{且}\ i<j\end{aligned} \tag{7.55}$$

对于式（7.55）所示的多目标优化模型，同样可以基于加权思想，将多目标优化问题转化为单目标优化问题进行求解；也可以采用可行性能指标向量与独立最优性能指标向量之间距离最小化的思想，建立折中优化模型进行求解。

7.3 仿真验证

考虑含有两个摄动参数的两规则模糊奇异摄动模型，模型和主要参数同第 5 章。

规则 1：如果 $x_2(t)$ 是 F^1，则

$$\begin{cases}\dot{\boldsymbol{x}}_s(t)=A_{ss}^1\boldsymbol{x}_s(t)+A_{sz}^1\boldsymbol{x}_z(t)+B_s^1\boldsymbol{u}(t)+D_s^1\boldsymbol{w}(t)\\ \boldsymbol{\Lambda}_\varepsilon\dot{\boldsymbol{x}}_z(t)=\boldsymbol{A}_{zs}^1\boldsymbol{x}_z(t)+\boldsymbol{A}_{zz}^1\boldsymbol{x}_z(t)+\boldsymbol{B}_z^1\boldsymbol{u}(t)+\boldsymbol{D}_z^1\boldsymbol{w}(t)\\ \boldsymbol{y}(t)=\boldsymbol{C}_s\boldsymbol{x}_s(t)+\boldsymbol{C}_z\boldsymbol{x}_z(t)\end{cases}$$

规则 2：如果 $x_2(t)$ 是 F^2，则

$$\begin{cases}\dot{\boldsymbol{x}}_s(t)=A_{ss}^2\boldsymbol{x}_s(t)+A_{sz}^2\boldsymbol{x}_z(t)+B_s^2\boldsymbol{u}(t)+D_s^2\boldsymbol{w}(t)\\ \boldsymbol{\Lambda}_\varepsilon\dot{\boldsymbol{x}}_z(t)=\boldsymbol{A}_{zs}^2\boldsymbol{x}_z(t)+\boldsymbol{A}_{zz}^2\boldsymbol{x}_z(t)+\boldsymbol{B}_z^2\boldsymbol{u}(t)+\boldsymbol{D}_z^2\boldsymbol{w}(t)\\ \boldsymbol{y}(t)=\boldsymbol{C}_s\boldsymbol{x}_s(t)+\boldsymbol{C}_z\boldsymbol{x}_z(t)\end{cases} \tag{7.56}$$

其中，$\boldsymbol{x}_s(t)=x_1(t)$；$\boldsymbol{x}_z(t)=\begin{bmatrix}x_2(t) & x_3(t)\end{bmatrix}^{\mathrm{T}}$；摄动参数矩阵为 $\boldsymbol{\Lambda}_\varepsilon=\begin{bmatrix}0.11 & 0\\ 0 & 0.011\end{bmatrix}$；

$A_{ss}^1=0.2$；$\boldsymbol{A}_{sz}^1=\begin{bmatrix}-1.1 & 0\end{bmatrix}$；$A_{ss}^2=0.5$；$\boldsymbol{A}_{sz}^2=\begin{bmatrix}-0.3 & 0\end{bmatrix}$；$B_s^1=0.8$；$B_s^2=1$；

$\boldsymbol{A}_{zs}^1=\begin{bmatrix}0.61\\ -0.6\end{bmatrix}$；$\boldsymbol{A}_{zz}^1=\begin{bmatrix}-0.8 & -0.2\\ 0.31 & -2.8\end{bmatrix}$；$\boldsymbol{A}_{zs}^2=\begin{bmatrix}1.11\\ -0.52\end{bmatrix}$；$\boldsymbol{A}_{zz}^2=\begin{bmatrix}-0.5 & -0.32\\ 0.47 & -2.1\end{bmatrix}$；$\boldsymbol{B}_z^1=\begin{bmatrix}0\\ 0.1\end{bmatrix}$；

$\boldsymbol{B}_z^2=\begin{bmatrix}0\\0.2\end{bmatrix}$；$D_s^1=0.2$；$\boldsymbol{D}_z^1=\begin{bmatrix}0\\0.1\end{bmatrix}$；$D_s^2=0$；$\boldsymbol{D}_z^2=\begin{bmatrix}0\\0.1\end{bmatrix}$。考虑外部干扰 $w(t)=\sin(10t)\mathrm{e}^{-0.1t}$，假设慢变量 $x_1(t)$ 和快变量中的 $x_3(t)$ 都不可量测，则有 $\boldsymbol{C}_s=0$，$\boldsymbol{C}_z=[1\quad 0]$。模糊集合 F^1 和 F^2 的隶属度函数分别为

$$\mu_1(x_2(t))=(1+\sin(x_2(t)))/2,\quad \mu_2(x_2(t))=1-\mu_1(x_2(t)) \tag{7.57}$$

首先，利用 MATLAB 的 LMI 工具箱求解式（7.34）、式（7.35）、式（7.52）和式（7.53），得到观测器的计算结果为

$$\boldsymbol{P}_e=\begin{bmatrix}1.5223\times10^6 & 0 & 0\\ -1.2575\times10^6 & 1.5013\times10^6 & 0\\ 0.0758\times10^6 & 0 & 0.2519\times10^6\end{bmatrix}$$

$$\boldsymbol{N}_1=\begin{bmatrix}2.7076\times10^5\\ -6.0060\times10^5\\ -2.2217\times10^5\end{bmatrix},\quad \boldsymbol{N}_2=\begin{bmatrix}1.8741\times10^6\\ -1.5021\times10^5\\ -3.6202\times10^5\end{bmatrix}$$

$$\boldsymbol{L}_1=\begin{bmatrix}-0.1087\\ -0.4001\\ -0.8819\end{bmatrix},\quad \boldsymbol{L}_2=\begin{bmatrix}1.2200\\ -0.1001\\ -1.4370\end{bmatrix}$$

当 $x_1(t)$ 的初始估计误差为 0 时，采用第二种优化模型，首先利用分布估计算法计算得到 $J_1^*=843.9470$，$J_2^*=0.0022$，$J_3^*=0.5168$，然后再次利用分布估计算法得到决策变量的优化结果为 $\gamma_{\text{opt}}=43.7606$，$\tilde{\boldsymbol{Q}}_{2,11\text{opt}}=0.0003\boldsymbol{I}_{3\times3}$，$\tilde{R}_{2\text{opt}}=0.0061$。图 7.1 所示为 $e_1(0)=0$ 时目标函数和各性能指标的优化过程。采用参数 $\gamma_{\text{opt}}=43.7606$，$\tilde{\boldsymbol{Q}}_{2,11\text{opt}}=0.0003\boldsymbol{I}_{3\times3}$，$\tilde{R}_{2\text{opt}}=0.0061$，求解满足定理 7.1 和定理 7.2 的多目标鲁棒控制器，得到

$$\boldsymbol{P}_x=\begin{bmatrix}0.0136 & 0 & 0\\ -0.0167 & 0.0075 & 0\\ 0.0002 & 0 & 0.0020\end{bmatrix},\quad \boldsymbol{K}^1=[-2.8099\quad -0.0333\quad -0.0331]$$

$$\boldsymbol{K}^2=[-2.1900\quad -0.3833\quad -0.0383]$$

当 $x_1(t)$ 的初始估计误差为 1 时，采用第二种优化模型，首先利用分布估计算法得到 $J_1^*=843.9470$，$J_2^*=1.5222\times10^6$，$J_3^*=0.0755$，然后再次利用分布估计算法得到决策变量的优化结果为 $\gamma_{\text{opt}}=37.1613$，$\tilde{\boldsymbol{Q}}_{2,11\text{opt}}=0.0025\boldsymbol{I}_{3\times3}$，$\tilde{R}_{2\text{opt}}=0.0958$。图 7.2 所示为 $e_1(0)=1$ 时目标函数和各性能指标的优化过程。

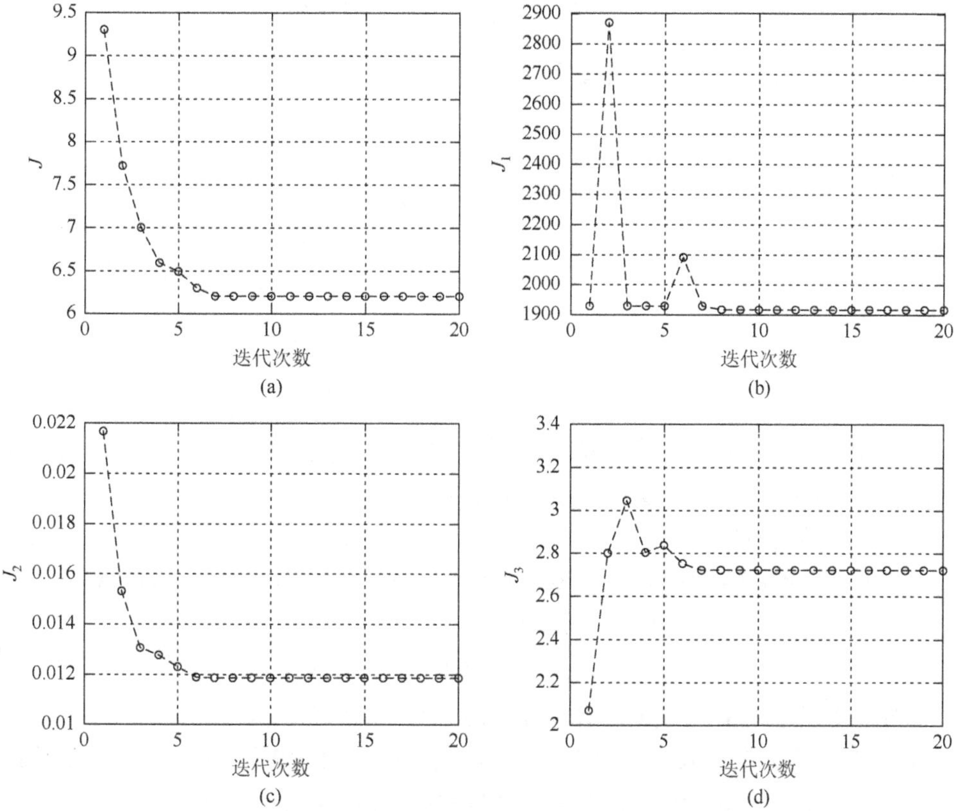

图 7.1　$e_1(0)=0$ 时目标函数和各性能指标的优化过程

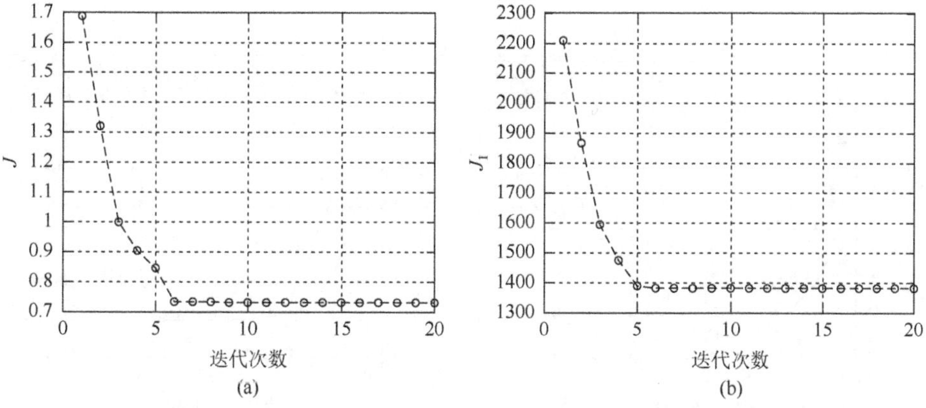

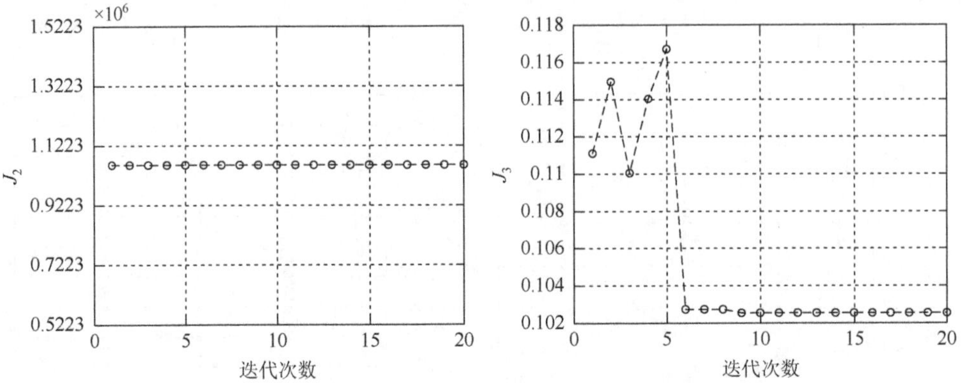

(c)　(d)

图 7.2　$e_1(0)=1$ 时目标函数和各性能指标的优化过程

采用参数 $\gamma_{\text{opt}}=37.1613$，$\tilde{\boldsymbol{Q}}_{2,11\text{opt}}=0.0025\boldsymbol{I}_{3\times3}$，$\tilde{R}_{2\text{opt}}=0.0958$，求解满足定理 7.1 和定理 7.2 的多目标鲁棒控制器，得到

$$\boldsymbol{P}_x=\begin{bmatrix}0.0412 & 0 & 0\\ -0.0387 & 0.0096 & 0\\ 0.0021 & 0 & 0.0020\end{bmatrix},\quad \boldsymbol{K}^1=\begin{bmatrix}-0.5160 & 0.0054 & -0.0050\end{bmatrix}$$

$$\boldsymbol{K}^2=\begin{bmatrix}-0.3604 & -0.0519 & 0.0035\end{bmatrix}$$

图 7.3 所示为 $\boldsymbol{x}_1(t)$ 初始估计误差不同时的控制仿真结果。在图 7.3 中，虚线是 $\boldsymbol{x}_1(t)$ 初始估计误差为 1 时的闭环系统响应曲线，与实线所示的 $\boldsymbol{x}_1(t)$ 初始估计误差为 0 时的响应曲线相比，闭环系统的调节时间略有增加。主要原因是基于观测值反馈的控制器在观测器的初始输出量为 0 时，初始控制量会比较小，并且由于观测器初始状态存在比较大的误差，闭环系统的调节时间会相应地变长一些。

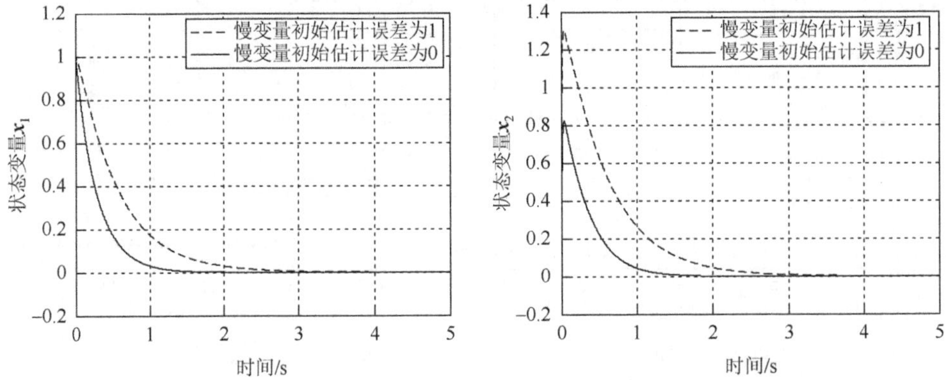

(a)　(b)

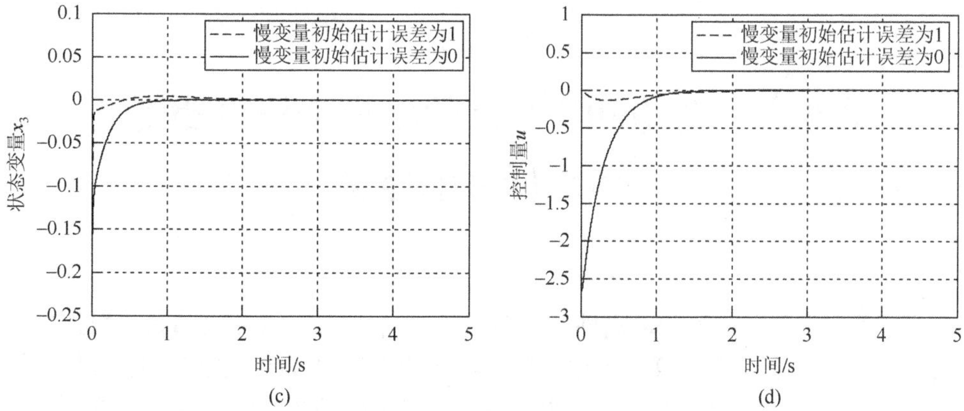

图 7.3　$e_1(0)$ 不相同时的闭环系统响应曲线

7.4　本 章 小 结

本章研究了状态不完全可量测情形下的模糊奇异摄动模型多目标鲁棒控制问题，给出了观测器和控制器设计的多摄动参数无关解，可以对系统快、慢变量同时进行估计。在所提出的观测器 LMI 求解条件中，参数矩阵 $\tilde{\boldsymbol{Q}}_{1,11}$ 与 $\tilde{\boldsymbol{Q}}_{1,22}$、$\tilde{\boldsymbol{Q}}_{2,11}$ 与 $\tilde{\boldsymbol{Q}}_{2,22}$ 可以不相同，降低了传统方法中单摄动参数情形时观测器求解条件的保守性。在状态不完全可量测多目标鲁棒控制问题的优化模型中含有非凸的双线性矩阵不等式约束，利用两步法分别求解观测器增益和控制器增益，仿真结果验证了方法的有效性。

第 8 章　含饱和执行器的模糊奇异摄动模型多目标鲁棒控制

在保证系统稳定性和动态性能的前提下，控制系统往往不希望执行器提供过大的控制量。第 5 章～第 7 章中的控制器设计方法通过定义性能指标 J_3 使控制量幅值尽可能小。但是实际系统中受器件本身的物理限制等因素的影响，还广泛存在着执行器的饱和效应。这一效应往往会严重恶化闭环系统的性能，甚至导致闭环系统不稳定。从稳定性的角度分析，当执行器存在饱和效应时，闭环系统以往的稳定性条件将不再成立，特别是当系统含有小摄动参数时，稳定性分析变得更为复杂。本章将基于压缩不变集理论，给出模糊奇异摄动模型含有饱和执行器时的闭环控制系统稳定性条件，并研究执行器存在饱和效应时的多目标鲁棒控制方法，将该情形下的控制器设计转化为易于计算的摄动参数无关 LMI 求解问题。

8.1　问 题 阐 述

考虑存在执行器饱和效应和外部干扰情况时，多摄动参数模糊奇异摄动模型的第 i 条模糊规则如下。

规则 i：如果 $\boldsymbol{\xi}_1(t)$ 是 F_1^i, $\boldsymbol{\xi}_2(t)$ 是 $F_2^i,\cdots$, $\boldsymbol{\xi}_g(t)$ 是 F_g^i, 则

$$\begin{cases} \dot{\boldsymbol{x}}_s(t) = \boldsymbol{A}_{ss}^i \boldsymbol{x}_s(t) + \boldsymbol{A}_{sz}^i \boldsymbol{x}_z(t) + \boldsymbol{B}_s^i \boldsymbol{\sigma}(\boldsymbol{u}(t)) + \boldsymbol{D}_s^i \boldsymbol{w}(t) \\ \boldsymbol{\Lambda}_\varepsilon \dot{\boldsymbol{x}}_z(t) = \boldsymbol{A}_{zs}^i \boldsymbol{x}_s(t) + \boldsymbol{A}_{zz}^i \boldsymbol{x}_Z(t) + \boldsymbol{B}_z^i \boldsymbol{\sigma}(\boldsymbol{u}(t)) + \boldsymbol{D}_z^i \boldsymbol{w}(t) \end{cases}, \qquad i = 1,2,\cdots,r \quad (8.1)$$

其中，变量、参数向量和矩阵的定义与式（5.1）相同，函数 $\boldsymbol{\sigma}: \mathbb{R}^m \to \mathbb{R}^m$ 为标准饱和函数，即

$$\boldsymbol{\sigma}(\boldsymbol{u}) = (\boldsymbol{\sigma}(\boldsymbol{u}_1), \boldsymbol{\sigma}(\boldsymbol{u}_2), \cdots, \boldsymbol{\sigma}(\boldsymbol{u}_m))^{\mathrm{T}} \quad (8.2)$$

其中，$\boldsymbol{\sigma}(\boldsymbol{u}_i) = \mathrm{sign}(\boldsymbol{u}_i)\min\{1, |\boldsymbol{u}_i|\}$。本书中，标量饱和函数和向量饱和函数均用 $\boldsymbol{\sigma}$ 表示。

给定 $\boldsymbol{x}_s(t),\boldsymbol{x}_z(t),\boldsymbol{u}(t)$，利用标准的模糊推理方法——单点模糊化、乘积推理和加权平均清晰化，整个模糊系统可表达为

$$\boldsymbol{E}_\varepsilon\dot{\boldsymbol{x}}(t)=\sum_{i=1}^{r}\mu_i(\boldsymbol{\xi}(t))(\boldsymbol{A}^i\boldsymbol{x}(t)+\boldsymbol{B}^i\boldsymbol{\sigma}(\boldsymbol{u}(t))+\boldsymbol{D}^i\boldsymbol{w}(t)) \tag{8.3}$$

其中，$\mu_i(\boldsymbol{\xi}(t))$、$\boldsymbol{E}_\varepsilon$、$\boldsymbol{A}^i$、$\boldsymbol{B}^i$、$\boldsymbol{D}^i$ 的定义与式（5.2）相同。设控制器形式为

$$\boldsymbol{u}(t)=\boldsymbol{K}\boldsymbol{x}(t) \tag{8.4}$$

令 $\boldsymbol{k}_p$ 是矩阵 $\boldsymbol{K}$ 的第 p 行，并定义集合：

$$\boldsymbol{\Gamma}(\boldsymbol{K})=\left\{\boldsymbol{x}(t)\in\mathbb{R}^n:\left|\boldsymbol{k}_p\boldsymbol{x}(t)\leqslant 1\right|,\ p=1,2,\cdots,m\right\} \tag{8.5}$$

如果每一维的控制量 $\boldsymbol{u}_p(t)(p=1,2,\cdots,m)$ 没有饱和，则 $\boldsymbol{x}(t)\in\boldsymbol{\Gamma}(\boldsymbol{K})$，此时闭环系统为

$$\boldsymbol{E}_\varepsilon\dot{\boldsymbol{x}}(t)=\sum_{i=1}^{r}\mu_i((\boldsymbol{A}^i+\boldsymbol{B}^i\boldsymbol{K})\boldsymbol{x}(t)) \tag{8.6}$$

对于初始状态 $\boldsymbol{x}(0)=\boldsymbol{x}_0\in\mathbb{R}^{n_s+n_z}$，定义闭环系统（8.6）的状态轨迹为 $\varphi(t,\boldsymbol{x}_0)$，则对于任意初始状态 $\boldsymbol{x}_0$，闭环系统（8.6）的吸引域 $\varPsi\subset\mathbb{R}^n$ 被定义为

$$\boldsymbol{S}:=\{\boldsymbol{x}_0\in\mathbb{R}^n:\lim\nolimits_{t\to\infty}\varphi(t,\boldsymbol{x}_0)=0\} \tag{8.7}$$

如果从该集合出发的所有轨迹仍然保持在该集合内，则这个集合称为不变集。设 $\boldsymbol{P}\in\mathbb{R}^{(n_s+n_z)\times(n_s+n_z)}$ 为正定矩阵，其形式为

$$\boldsymbol{P}=\begin{bmatrix}\boldsymbol{P}_{ss} & \boldsymbol{O}\\ \boldsymbol{O} & \boldsymbol{P}_{zz}\end{bmatrix}\in\mathbb{R}^{(n_s+n_z)\times(n_s+n_z)} \tag{8.8}$$

其中，$\boldsymbol{P}_{ss}=\boldsymbol{P}_{ss}^{\mathrm{T}}$；$\boldsymbol{P}_{zz}=\boldsymbol{P}_{zz}^{\mathrm{T}}$，且 $\boldsymbol{P}_{zz}=\operatorname{diag}\{\boldsymbol{P}_{z_1z_1},\boldsymbol{P}_{z_2z_2},\cdots,\boldsymbol{P}_{z_Hz_H}\}$。令

$$\boldsymbol{P}_\varepsilon=\boldsymbol{E}_\varepsilon\boldsymbol{P}=\begin{bmatrix}\boldsymbol{I} & \boldsymbol{O}\\ \boldsymbol{O} & \boldsymbol{\varLambda}_\varepsilon\end{bmatrix}\begin{bmatrix}\boldsymbol{P}_{ss} & \boldsymbol{O}\\ \boldsymbol{O} & \boldsymbol{P}_{zz}\end{bmatrix}=\begin{bmatrix}\boldsymbol{P}_{ss} & \boldsymbol{O}\\ \boldsymbol{O} & \boldsymbol{\varLambda}_\varepsilon\boldsymbol{P}_{zz}\end{bmatrix}=\boldsymbol{P}\boldsymbol{E}_\varepsilon \tag{8.9}$$

定义

$$\varOmega(\boldsymbol{P}_\varepsilon)=\{\boldsymbol{x}(t)\in\mathbb{R}^{(n_s+n_z)\times(n_s+n_z)}:\boldsymbol{x}^{\mathrm{T}}(t)\boldsymbol{P}_\varepsilon\boldsymbol{x}(t)\leqslant\rho\} \tag{8.10}$$

设 $V(\boldsymbol{x}(t))=\boldsymbol{x}^{\mathrm{T}}(t)\boldsymbol{P}_\varepsilon\boldsymbol{x}(t)$，如果对于 $\boldsymbol{x}\in\varOmega(\boldsymbol{P}_\varepsilon,\rho)\setminus\{0\}$，有

$$\dot{V}(\boldsymbol{x})<0 \tag{8.11}$$

则集合 $\Omega(\boldsymbol{P}_\varepsilon,\rho)$ 被称为压缩不变集[93]。显然，如果 $\Omega(\boldsymbol{P}_\varepsilon,\rho)$ 是压缩不变集，则它在吸引域内，这时执行器存在饱和效应时的控制器设计问题就转化为确定使 $\Omega(\boldsymbol{P}_\varepsilon,\rho)$ 满足压缩不变集的条件，并估计吸引域的问题。

引入辅助反馈矩阵 $\boldsymbol{H}\in\mathbb{R}^{m\times(n_s+n_z)}$，定义 $\boldsymbol{h}_p$ 表示 $\boldsymbol{H}$ 的第 p 行，$\boldsymbol{v}\in\mathbb{R}^m$，定义：

$$\boldsymbol{L}^q(\boldsymbol{v},\boldsymbol{K},\boldsymbol{H})=\begin{bmatrix} v_1^q\boldsymbol{k}_1+(1-v_1^q)\boldsymbol{h}_1 \\ \vdots \\ v_m^q\boldsymbol{k}_m+(1-v_m^q)\boldsymbol{h}_m \end{bmatrix} \tag{8.12}$$

令 $\varXi=\{\boldsymbol{v}^q\in\mathbb{R}^m: v_p^q=1\text{或者}0,\ p=1,2,\cdots,m;q=1,2,\cdots,2^m\}$。利用 $\boldsymbol{v}^q\in\varXi$ 来选择 $\boldsymbol{K}$ 和 $\boldsymbol{H}$ 的行向量以构成新的矩阵 $\boldsymbol{L}^q(\boldsymbol{v},\boldsymbol{K},\boldsymbol{H})$。如果 $v_p^q=1$，则 $\boldsymbol{L}^q(\boldsymbol{v},\boldsymbol{K},\boldsymbol{H})$ 的第 p 行是 $\boldsymbol{k}_p$，如果 $v_p^q=0$，则 $\boldsymbol{L}^q(\boldsymbol{v},\boldsymbol{K},\boldsymbol{H})$ 的第 p 行是 $\boldsymbol{h}_p$。

针对饱和函数的特点，本章后面的推证，需要如下引理。

引理 8.1[94] 给定 $\boldsymbol{K}$ 和 $\boldsymbol{H}$，对于 $\boldsymbol{x}\in\mathbb{R}^{n_s+n_z}$，如果 $\boldsymbol{x}\in\boldsymbol{\Gamma}(\boldsymbol{H})$，则 $\boldsymbol{\sigma}(\boldsymbol{K}\boldsymbol{x}(t))$ 可以表示为

$$\boldsymbol{\sigma}(\boldsymbol{K}\boldsymbol{x}(t))=\sum_{q=1}^{2^m}\eta_q\boldsymbol{L}^q(\boldsymbol{v},\boldsymbol{K},\boldsymbol{H})\boldsymbol{x}(t) \tag{8.13}$$

其中，$\eta_q(q=1,2,\cdots,2^m)$ 是满足 $0\leqslant\eta_q\leqslant 1$ 和 $\sum_{q=1}^{2^m}\eta_q=1$ 的标量。

对于含有饱和执行器的多时标系统，采用 H_∞ 鲁棒控制保证闭环系统的稳定性和扰动抑制性能。

（Per 8.1）稳定性：当 $\boldsymbol{w}(t)\equiv\boldsymbol{0}$ 时，系统（8.3）保持渐近稳定。

（Per 8.2）干扰抑制性能：对于任意有界干扰 $\boldsymbol{w}(t)$，有

$$\begin{aligned}&\int_0^{t_f}(\boldsymbol{x}^{\mathrm{T}}(t)\boldsymbol{Q}_1\boldsymbol{x}(t)+\boldsymbol{\sigma}(\boldsymbol{u}(t))^{\mathrm{T}}\boldsymbol{R}_1\boldsymbol{\sigma}(\boldsymbol{u}(t)))\mathrm{d}t\\ &<\gamma^2\int_0^{t_f}\boldsymbol{w}^{\mathrm{T}}(t)\boldsymbol{w}(t)\mathrm{d}t+\boldsymbol{x}_s^{\mathrm{T}}(0)\boldsymbol{P}_{1,ss}\boldsymbol{x}_s(0)+O(\boldsymbol{\varepsilon})\end{aligned} \tag{8.14}$$

其中，标量 γ^2 为干扰抑制水平；$\boldsymbol{Q}_1$ 和 $\boldsymbol{R}_1$ 为加权矩阵；$\boldsymbol{P}_{1,ss}$ 为与李雅普诺夫函数有关的参数矩阵；$t_f\in(0,+\infty)$ 为任意时刻。

为了进一步实现对系统动态性能和控制能量的综合优化，选取最优控制中的二次型性能指标为

$$\int_0^{t_f}(\boldsymbol{x}^{\mathrm{T}}(t)\boldsymbol{Q}_2\boldsymbol{x}(t)+\boldsymbol{\sigma}(\boldsymbol{u}(t))^{\mathrm{T}}\boldsymbol{R}_2\boldsymbol{\sigma}(\boldsymbol{u}(t)))\mathrm{d}t<\boldsymbol{x}_s^{\mathrm{T}}(0)\boldsymbol{P}_{2,ss}\boldsymbol{x}_s(0)+O(\boldsymbol{\varepsilon}) \tag{8.15}$$

其中，$\boldsymbol{Q}_2$ 和 $\boldsymbol{R}_2$ 为加权矩阵；$\boldsymbol{P}_{2,ss}$ 为与李雅普诺夫函数有关的参数矩阵。

本章将首先针对采用多摄动参数模糊奇异摄动模型描述的多时标非线性系统，分析执行器存在饱和效应时的稳定性条件，在此基础上设计多目标鲁棒控制器，以实现对系统干扰抑制性能和动态性能的综合优化。

8.2　稳定性分析

假设系统中不存在外部干扰，即 $\boldsymbol{w}(t)\equiv\boldsymbol{0}$，则闭环系统为

$$\boldsymbol{E}_\varepsilon\dot{\boldsymbol{x}}(t)=\sum_{i=1}^{r}\mu_i(\boldsymbol{A}^i\boldsymbol{x}(t)+\boldsymbol{B}^i\boldsymbol{\sigma}(\boldsymbol{K}\boldsymbol{x}(t))) \tag{8.16}$$

下面的定理分析了饱和执行器效应对系统性能的影响，给出了闭环系统稳定的条件。

定理 8.1　对于模糊系统（8.16）和状态反馈控制矩阵 $\boldsymbol{K}$，如果存在矩阵 $\boldsymbol{H}\in\mathbb{R}^{m\times(n_s+n_z)}$ 满足：

$$(\boldsymbol{A}^i+\boldsymbol{B}^i\boldsymbol{L}^q(\boldsymbol{v},\boldsymbol{K},\boldsymbol{H}))^{\mathrm{T}}\boldsymbol{P}+\boldsymbol{P}(\boldsymbol{A}^i+\boldsymbol{B}^i\boldsymbol{L}^q(\boldsymbol{v},\boldsymbol{K},\boldsymbol{H}))<\boldsymbol{O},\quad i=1,2,\cdots,r,\quad q=1,2,\cdots,2^m \tag{8.17}$$

且

$$\Omega(\boldsymbol{P}_\varepsilon,\rho)\subset\boldsymbol{\Gamma}(\boldsymbol{H}) \tag{8.18}$$

即对于所有 $\boldsymbol{x}\in\Omega(\boldsymbol{P}_\varepsilon,\rho)$，有 $\left|\boldsymbol{h}_p\boldsymbol{x}\right|\leqslant 1$，则 $\Omega(\boldsymbol{P}_\varepsilon,\rho)$ 是由式（8.16）和式（8.4）构成的闭环系统的压缩不变集，即 $\Omega(\boldsymbol{P}_\varepsilon,\rho)$ 在闭环系统吸引域内。

证明：选择李雅普诺夫函数为

$$V(\boldsymbol{x}(t))=\boldsymbol{x}^{\mathrm{T}}(t)\boldsymbol{P}_\varepsilon\boldsymbol{x}(t) \tag{8.19}$$

其中，$\boldsymbol{P}_\varepsilon$ 如式（8.9）所示，这里要求其满足 $\boldsymbol{P}_{ss}=\boldsymbol{P}_{ss}^{\mathrm{T}}$，$\boldsymbol{P}_{zz}=\boldsymbol{P}_{zz}^{\mathrm{T}}$。

式（8.19）两边微分得到

$$\dot{V}(\boldsymbol{x})=\sum_{i=1}^{r}\mu_i(\boldsymbol{A}^i\boldsymbol{x}(t)+\boldsymbol{B}^i\boldsymbol{\sigma}(\boldsymbol{K}\boldsymbol{x}(t)))^{\mathrm{T}}\boldsymbol{P}\boldsymbol{x}(t)+\boldsymbol{x}^{\mathrm{T}}(t)\boldsymbol{P}\sum_{i=1}^{r}\mu_i(\boldsymbol{A}^i\boldsymbol{x}(t)+\boldsymbol{B}^i\boldsymbol{\sigma}(\boldsymbol{K}\boldsymbol{x}(t))) \tag{8.20}$$

由引理 8.1，对于所有 $\boldsymbol{x}\in\boldsymbol{\Gamma}(\boldsymbol{H})$，有

$$\begin{aligned}\dot{V}(\boldsymbol{x})&=\sum_{i=1}^{r}\mu_i\left(\boldsymbol{A}^i\boldsymbol{x}(t)+\boldsymbol{B}^i\sum_{q=1}^{2^m}\eta_q\boldsymbol{L}^q(\boldsymbol{v},\boldsymbol{K},\boldsymbol{H})\boldsymbol{x}(t)\right)^{\mathrm{T}}\boldsymbol{P}\boldsymbol{x}(t)\\&\quad+\boldsymbol{x}^{\mathrm{T}}(t)\boldsymbol{P}\sum_{i=1}^{r}\mu_i\left(\boldsymbol{A}^i\boldsymbol{x}(t)+\boldsymbol{B}^i\sum_{q=1}^{2^m}\eta_q\boldsymbol{L}^q(\boldsymbol{v},\boldsymbol{K},\boldsymbol{H})\boldsymbol{x}(t)\right)\\&=\boldsymbol{x}^{\mathrm{T}}(t)\left(\sum_{i=1}^{r}\sum_{q=1}^{2^m}\mu_i\eta_q((\boldsymbol{A}^i+\boldsymbol{B}^i\boldsymbol{L}^q(\boldsymbol{v},\boldsymbol{K},\boldsymbol{H}))^{\mathrm{T}}\boldsymbol{P}\right.\\&\qquad\left.+\boldsymbol{P}(\boldsymbol{A}^i+\boldsymbol{B}^i\boldsymbol{L}^q(\boldsymbol{v},\boldsymbol{K},\boldsymbol{H})))\right)\boldsymbol{x}(t)\end{aligned}\tag{8.21}$$

由式（8.17）可得

$$\dot{V}(\boldsymbol{x})<0\tag{8.22}$$

因此，如果 $\boldsymbol{x}_0^{\mathrm{T}}\boldsymbol{P}_\varepsilon\boldsymbol{x}_0\leqslant\rho$，则当 $t\geqslant 0$ 时，有 $\boldsymbol{x}^{\mathrm{T}}(t)\boldsymbol{P}_\varepsilon\boldsymbol{x}(t)\leqslant\rho$，即 $\Omega(\boldsymbol{P}_\varepsilon,\rho)$ 是一个压缩不变集。这意味着闭环系统（8.16）在状态反馈控制器（8.4）的控制下是渐近稳定的，$\Omega(\boldsymbol{P}_\varepsilon,\rho)$ 在吸引域内。

对于所有满足压缩不变集条件的集合，应选择其中范围最大的集合，相应地得到一个保守性最小的吸引域估计。给定一个有界凸集 $\chi_R\subset\mathbb{R}^{n_s+n_z}$，对于集合 $\Theta\subset\mathbb{R}^{n_s+n_z}$，定义：

$$\lambda_R(\Theta)=\sup\{\lambda>0:\lambda\chi_R\subset\Theta\}\tag{8.23}$$

如果 $\lambda_R(\Theta)\geqslant 1$，则 $\chi_R\subset\Theta$。两种典型的凸集 χ_R 分别是椭球体：

$$\chi_R=\{\boldsymbol{x}\in\mathbb{R}^{n_s+n_z}:\boldsymbol{x}^{\mathrm{T}}\boldsymbol{R}\boldsymbol{x}\leqslant 1\},\quad \boldsymbol{R}>\boldsymbol{O}\tag{8.24}$$

和多边形：

$$\chi_R=\mathrm{cov}\{\boldsymbol{x}_0^1,\boldsymbol{x}_0^2,\cdots,\boldsymbol{x}_0^d\}\tag{8.25}$$

其中，$\boldsymbol{x}_0^1,\boldsymbol{x}_0^2,\cdots,\boldsymbol{x}_0^d$ 是 $\mathbb{R}^{n_s+n_z}$ 集合内预先给定的一组点。

由上述参考集合可知，估计保守性最小的吸引域需要从所有满足条件的集合中选择一个 $\Omega(\boldsymbol{P}_\varepsilon,\rho)$，使 $\alpha_R(\Omega(\boldsymbol{P}_\varepsilon,\rho))$ 最大。该问题可以转化为下面指标的最优化解：

$$\begin{gathered}\max_{\boldsymbol{P}_\varepsilon>\boldsymbol{O},\boldsymbol{H}}\quad\lambda\\ \text{s.t.}\quad \lambda\chi_R\subset\Omega(\boldsymbol{P}_\varepsilon,\rho)\\ \text{式（8.17）},\quad\forall i\in\{1,2,\cdots,r\},\quad q=1,2,\cdots,2^m\\ |\boldsymbol{h}_p\boldsymbol{x}|\leqslant 1,\quad p=1,2,\cdots,m\end{gathered}\tag{8.26}$$

下面将式（8.26）指标的最优化解转化为具有 LMI 约束的最优化问题。当集合 χ_R 如式（8.24）所示时，式（8.26）中的第一组约束等价于[94]

$$\{\boldsymbol{x}\in\mathbb{R}^{n_s+n_z}:\boldsymbol{x}^{\mathrm{T}}(\lambda^{-2}\boldsymbol{R})\boldsymbol{x}\leqslant 1,\boldsymbol{R}>\boldsymbol{O}\}\subset\left\{\boldsymbol{x}\in\mathbb{R}^{n_s+n_z}:\boldsymbol{x}^{\mathrm{T}}\left(\frac{\boldsymbol{P}_\varepsilon}{\rho}\right)\boldsymbol{x}\leqslant 1\right\}\tag{8.27}$$

则有

$$\lambda^{-2}\boldsymbol{R}\geqslant\frac{\boldsymbol{P}_\varepsilon}{\rho}\tag{8.28}$$

即

$$\lambda^{-2}\left(\frac{\boldsymbol{P}_\varepsilon}{\rho}\right)^{-1}\geqslant\boldsymbol{R}^{-1}\tag{8.29}$$

当集合 χ_R 如式（8.25）所示时，式（8.26）中的第一组约束等价于[94]

$$(\lambda\boldsymbol{x}_0^l)^{\mathrm{T}}\boldsymbol{P}_\varepsilon(\lambda\boldsymbol{x}_0^l)\leqslant\rho,\qquad l=1,2,\cdots,d\tag{8.30}$$

式（8.30）又等价于

$$-\lambda^{-2}+(\boldsymbol{x}_0^l)^{\mathrm{T}}\left(\frac{\boldsymbol{P}_\varepsilon}{\rho}\right)\boldsymbol{x}_0^l\leqslant\boldsymbol{O}\tag{8.31}$$

从而有

$$\begin{bmatrix}-\lambda^{-2} & (\boldsymbol{x}_0^l)^{\mathrm{T}}\\ \boldsymbol{x}_0^l & -\left(\dfrac{\boldsymbol{P}_\varepsilon}{\rho}\right)^{-1}\end{bmatrix}\leqslant\boldsymbol{O}\tag{8.32}$$

令 $\boldsymbol{X}_\varepsilon=\rho\boldsymbol{P}_\varepsilon^{-1}$，$\zeta=\lambda^{-2}$，则式（8.29）和式（8.32）可以分别写为如式（8.33）和式（8.34）所示的 LMI 形式：

$$\boldsymbol{R}^{-1}\leqslant\zeta\boldsymbol{X}_\varepsilon\tag{8.33}$$

和

$$\begin{bmatrix}-\zeta & (\boldsymbol{x}_0^l)^{\mathrm{T}}\\ \boldsymbol{x}_0^l & -\boldsymbol{X}_\varepsilon\end{bmatrix}\leqslant\boldsymbol{O}\tag{8.34}$$

对于式（8.26）中的第二组约束，引入 $\boldsymbol{E}^q$ 和 $\bar{\boldsymbol{E}}^q$ [95, 96]，其中 $\boldsymbol{E}^q$ 为对角线上的元素为 0 或者 1、其余元素为 0 的 $m\times m$ 的矩阵，$\bar{\boldsymbol{E}}^q=\boldsymbol{I}-\boldsymbol{E}^q$，则有

$$\boldsymbol{L}^q(\boldsymbol{v},\boldsymbol{K},\boldsymbol{H})=\boldsymbol{E}^q\boldsymbol{K}+\bar{\boldsymbol{E}}^q\boldsymbol{H},\quad q=1,2,\cdots,2^m \tag{8.35}$$

式（8.17）改写为

$$(\boldsymbol{A}^i+\boldsymbol{B}^i(\boldsymbol{E}^q\boldsymbol{K}+\bar{\boldsymbol{E}}^q\boldsymbol{H}))^{\mathrm{T}}\boldsymbol{P}+\boldsymbol{P}(\boldsymbol{A}^i+\boldsymbol{B}^i(\boldsymbol{E}^q\boldsymbol{K}+\bar{\boldsymbol{E}}^q\boldsymbol{H}))<\boldsymbol{O},\quad i=1,2,\cdots,r,\ q=1,2,\cdots,2^m \tag{8.36}$$

对式（8.36）左右两侧同时左乘和右乘 $\boldsymbol{X}_\varepsilon$，并令 $\boldsymbol{M}_\varepsilon=\boldsymbol{K}\boldsymbol{X}_\varepsilon$，$\boldsymbol{N}_\varepsilon=\boldsymbol{H}\boldsymbol{X}_\varepsilon$，可得

$$\begin{aligned}&(\boldsymbol{E}_\varepsilon^{-1}\boldsymbol{A}^i\boldsymbol{X}_\varepsilon+\boldsymbol{E}_\varepsilon^{-1}\boldsymbol{B}^i(\boldsymbol{E}^q\boldsymbol{M}_\varepsilon+\bar{\boldsymbol{E}}^q\boldsymbol{N}_\varepsilon))^{\mathrm{T}}\\&+(\boldsymbol{E}_\varepsilon^{-1}\boldsymbol{A}^i\boldsymbol{X}_\varepsilon+\boldsymbol{E}_\varepsilon^{-1}\boldsymbol{B}^i(\boldsymbol{E}^q\boldsymbol{M}_\varepsilon+\bar{\boldsymbol{E}}^q\boldsymbol{N}_\varepsilon))<\boldsymbol{O},\quad i=1,2,\cdots,r,\ q=1,2,\cdots,2^m\end{aligned} \tag{8.37}$$

式（8.26）中的第三组约束等价于

$$\boldsymbol{h}_p\left(\frac{\boldsymbol{P}_\varepsilon}{\rho}\right)^{-1}\boldsymbol{h}_p^{\mathrm{T}}\leqslant 1 \tag{8.38}$$

将 $\boldsymbol{h}_p=\boldsymbol{N}_{\varepsilon p}\boldsymbol{X}_\varepsilon^{-1}$ 代入式（8.38）可得

$$-1+(\boldsymbol{N}_{\varepsilon p}\boldsymbol{X}_\varepsilon^{-1})\left(\frac{\boldsymbol{P}_\varepsilon}{\rho}\right)^{-1}(\boldsymbol{N}_{\varepsilon p}\boldsymbol{X}_\varepsilon^{-1})^{\mathrm{T}}\leqslant 0 \tag{8.39}$$

由 Schur 补定理可得

$$\begin{bmatrix}-\boldsymbol{X}_\varepsilon & \boldsymbol{N}_{\varepsilon p}^{\mathrm{T}}\\ \boldsymbol{N}_{\varepsilon p} & -1\end{bmatrix}\leqslant\boldsymbol{O} \tag{8.40}$$

此时，式（8.26）的最优化求解被转化为带有 LMI 约束的最优化问题：

$$\begin{aligned}&\min_{\boldsymbol{P}_\varepsilon>\boldsymbol{O},\boldsymbol{H}}\quad \zeta\\&\text{s.t. 式（8.33）或者式（8.34），}\quad l=1,2,\cdots,d\\&\text{式（8.37），}\ \forall i\in\{1,2,\cdots,r\},\quad l=1,2,\cdots,d\\&\text{式（8.40），}\ p=1,2,\cdots,m\end{aligned} \tag{8.41}$$

在式（8.37）中，由于需要对摄动参数矩阵求逆，矩阵 $\boldsymbol{E}_\varepsilon^{-1}\boldsymbol{A}^i$ 和 $\boldsymbol{E}_\varepsilon^{-1}\boldsymbol{B}^i$ 会存在一定的病态。这类病态的 LMI 不适合用常规 LMI 工具求解，因此，下面将式（8.33）、

式（8.34）、式（8.37）和式（8.40）转化为一组不依赖多个摄动参数ε_h的 LMI。由$\Omega(\boldsymbol{P},\rho)$的定义可知，$\Omega(\boldsymbol{P},\rho)\subset\Omega(\boldsymbol{P}_\varepsilon,\rho)$，由此将最优化问题（8.26）进一步简化为摄动参数无关的最优化问题：

$$\begin{aligned}&\max_{\boldsymbol{P}>\boldsymbol{O},\boldsymbol{H}} \quad \lambda\\&\text{s.t.}\quad \lambda\chi_R\subset\Omega(\boldsymbol{P},\rho)\\&\text{式（8.17）},\quad \forall i\in\{1,2,\cdots,r\},\quad q=1,2,\cdots,2^m\\&\left|\boldsymbol{h}_p\boldsymbol{x}\right|\leqslant 1,\quad p=1,2,\cdots,m\end{aligned}\tag{8.42}$$

下面将最优化问题（8.26）转化为具有 LMI 约束的最优化问题。当集合χ_R如式（8.24）所示时，问题（8.42）中的第一组约束等价于

$$\{\boldsymbol{x}\in\mathbb{R}^{n_s+n_z}:\boldsymbol{x}^{\mathrm{T}}(\lambda^{-2}\boldsymbol{R})\boldsymbol{x}\leqslant 1,\boldsymbol{R}>\boldsymbol{O}\}\subset\left\{\boldsymbol{x}\in\mathbb{R}^{n_s+n_z}:\boldsymbol{x}^{\mathrm{T}}\left(\frac{\boldsymbol{P}}{\rho}\right)\boldsymbol{x}\leqslant 1\right\}\tag{8.43}$$

仿照式（8.33）或式（8.34）的推证方法，容易得到

$$\boldsymbol{X}=\rho\boldsymbol{P}^{-1},\quad \zeta=\lambda^{-2},\quad \boldsymbol{R}^{-1}\leqslant\zeta\boldsymbol{X}\tag{8.44}$$

和

$$\begin{bmatrix}-\zeta & (\boldsymbol{x}_0^l)^{\mathrm{T}}\\ \boldsymbol{x}_0^l & -\boldsymbol{X}\end{bmatrix}\leqslant\boldsymbol{O}\tag{8.45}$$

其中，$\boldsymbol{X}=\rho\boldsymbol{P}^{-1}$；$\zeta=\lambda^{-2}$。

对于问题（8.42）中的第二组约束，引入$\boldsymbol{E}^q$和$\bar{\boldsymbol{E}}^q$，采用类似式（8.37）的推证得到

$$(\boldsymbol{A}^i\boldsymbol{X}+\boldsymbol{B}^i(\boldsymbol{E}^q\boldsymbol{M}+\bar{\boldsymbol{E}}^q\boldsymbol{N}))^{\mathrm{T}}+(\boldsymbol{A}^i\boldsymbol{X}+\boldsymbol{B}^i(\boldsymbol{E}^q\boldsymbol{M}+\bar{\boldsymbol{E}}^q\boldsymbol{N}))<\boldsymbol{O},\quad i=1,2,\cdots,r,\quad q=1,2,\cdots,2^m\tag{8.46}$$

其中，$\boldsymbol{M}=\boldsymbol{K}\boldsymbol{X}$；$\boldsymbol{N}=\boldsymbol{H}\boldsymbol{X}$。

针对问题（8.42）中的第三组约束，采用类似式（8.40）的推证方法得到

$$\begin{bmatrix}-\boldsymbol{X} & \boldsymbol{N}_p^{\mathrm{T}}\\ \boldsymbol{N}_p & -1\end{bmatrix}\leqslant\boldsymbol{O}\tag{8.47}$$

因此，最优化问题（8.26）被转化为摄动参数无关的 LMI 约束最优化问题：

$$
\begin{aligned}
&\min_{P>O,H} \quad \zeta \\
&\text{s.t. 式（8.44）或者式（8.45）}, \quad l=1,2,\cdots,d \\
&\text{式（8.46）}, \quad \forall i\in\{1,2,\cdots,r\}, \quad q=1,2,\cdots,2^m \\
&\text{式（8.47）}, \quad p=1,2,\cdots,m
\end{aligned} \tag{8.48}
$$

至此，对于执行器存在饱和效应的闭环系统，若控制器满足摄动参数无关最优化问题（8.48）的条件，则闭环系统能够保持渐近稳定，并且可以得到保守性最小的吸引域估计。

8.3 多目标鲁棒控制器设计

引理 8.2[97]　已知矩阵 $\boldsymbol{M}_i\in\mathbb{R}^{m\times(n_s+n_z)}$，$i=1,2,\cdots,r$，半正定矩阵 $\boldsymbol{F}\in\mathbb{R}^{m\times m}$，如果 $\sum_{i=1}^{r}f_i=1$ 并且 $0\leqslant f_i\leqslant 1$，则

$$
\left(\sum_{i=1}^{r}f_i\boldsymbol{M}_i\right)^{\mathrm{T}}\boldsymbol{F}\left(\sum_{i=1}^{r}f_i\boldsymbol{M}_i\right)\leqslant\sum_{i=1}^{r}f_i\boldsymbol{M}_i^{\mathrm{T}}\boldsymbol{F}\boldsymbol{M}_i \tag{8.49}
$$

定理 8.2　对于模糊系统（8.3）和状态反馈控制矩阵 $\boldsymbol{K}$，如果存在矩阵 $\boldsymbol{H}\in\mathbb{R}^{m\times(n_s+n_z)}$ 满足：

$$
\begin{bmatrix}
\begin{pmatrix}
(\boldsymbol{A}^i+\boldsymbol{B}^i\boldsymbol{L}^q(\boldsymbol{v},\boldsymbol{K},\boldsymbol{H}))^{\mathrm{T}}\boldsymbol{P}_1+\boldsymbol{P}_1(\boldsymbol{A}^i+\boldsymbol{B}^i\boldsymbol{L}^q(\boldsymbol{v},\boldsymbol{K},\boldsymbol{H})) \\
+\boldsymbol{Q}_1+(\boldsymbol{L}^q(\boldsymbol{v},\boldsymbol{K},\boldsymbol{H}))^{\mathrm{T}}\boldsymbol{R}_1\boldsymbol{L}^q(\boldsymbol{v},\boldsymbol{K},\boldsymbol{H})
\end{pmatrix} & * \\
(\boldsymbol{D}^i)^{\mathrm{T}}\boldsymbol{P}_1 & -\gamma^2\boldsymbol{I}
\end{bmatrix}<\boldsymbol{O}, \tag{8.50}
$$

$$
i=1,2,\cdots,r, \quad q=1,2,\cdots,2^m
$$

且

$$
\Omega(\boldsymbol{P}_{\varepsilon 1},\rho)\subset\boldsymbol{\Gamma}(\boldsymbol{H}) \tag{8.51}
$$

其中，$\boldsymbol{P}_{\varepsilon 1}=\boldsymbol{E}_{\varepsilon}\boldsymbol{P}_1$；$\boldsymbol{P}_1=\mathrm{diag}\{\boldsymbol{P}_{1,ss},\boldsymbol{P}_{1,zz}\}$，$\boldsymbol{P}_{1,ss}=\boldsymbol{P}_{1,ss}^{\mathrm{T}}$，$\boldsymbol{P}_{1,zz}=\boldsymbol{P}_{1,zz}^{\mathrm{T}}$，且 $\boldsymbol{P}_{1,zz}=\mathrm{diag}\{\boldsymbol{P}_{1,z_1z_1},\boldsymbol{P}_{1,z_2z_2},\cdots,\boldsymbol{P}_{1,z_Hz_H}\}$，则 $\Omega(\boldsymbol{P}_{\varepsilon 1},\rho)$ 是闭环系统（8.3）的压缩不变集，稳定性条件（Per 8.1）和 H_∞ 性能指标（Per 8.2）均可得到满足。

证明：选择李雅普诺夫函数为

$$V(\boldsymbol{x}(t))=\boldsymbol{x}^{\mathrm{T}}(t)\boldsymbol{P}_{\varepsilon 1}\boldsymbol{x}(t) \tag{8.52}$$

令

$$J_{\infty}=\int_{0}^{t_f}(\boldsymbol{x}^{\mathrm{T}}(t)\boldsymbol{Q}_l\boldsymbol{x}(t)+\boldsymbol{\sigma}(\boldsymbol{u}(t))^{\mathrm{T}}\boldsymbol{R}_1\boldsymbol{\sigma}(\boldsymbol{u}(t))-\gamma^2\boldsymbol{w}^{\mathrm{T}}(t)\boldsymbol{w}(t))\mathrm{d}t \tag{8.53}$$

由引理 8.1，对于所有 $\boldsymbol{x}\in\boldsymbol{\Gamma}(\boldsymbol{H})$，有

$$\begin{aligned}J_{\infty}=&\int_{0}^{t_f}(\boldsymbol{x}^{\mathrm{T}}(t)\boldsymbol{Q}_1\boldsymbol{x}(t)-\gamma^2\boldsymbol{w}^{\mathrm{T}}(t)\boldsymbol{w}(t)\\&+\left(\sum_{q=1}^{2^m}\eta_q\boldsymbol{L}^q(\boldsymbol{v},\boldsymbol{K},\boldsymbol{H})\boldsymbol{x}(t)\right)^{\mathrm{T}}\boldsymbol{R}_1\left(\sum_{q=1}^{2^m}\eta_q\boldsymbol{L}^q(\boldsymbol{v},\boldsymbol{K},\boldsymbol{H})\boldsymbol{x}(t)\right)\\&+\dot{V}(\boldsymbol{x}(t)))\mathrm{d}t+V(\boldsymbol{x}(0))-V(\boldsymbol{x}(t_f))\end{aligned} \tag{8.54}$$

显然 $V(\boldsymbol{x}(t_f))\geqslant 0$，且

$$\begin{aligned}\dot{V}(\boldsymbol{x})=&\sum_{i=1}^{r}\mu_i(\boldsymbol{A}^i\boldsymbol{x}(t)+\boldsymbol{B}^i\boldsymbol{\sigma}(\boldsymbol{K}\boldsymbol{x}(t))+\boldsymbol{D}^i\boldsymbol{w}(t))^{\mathrm{T}}\boldsymbol{P}_1\boldsymbol{x}(t)\\&+\boldsymbol{x}^{\mathrm{T}}(t)\boldsymbol{P}_1\sum_{i=1}^{r}\mu_i(\boldsymbol{A}^i\boldsymbol{x}(t)+\boldsymbol{B}^i\boldsymbol{\sigma}(\boldsymbol{K}\boldsymbol{x}(t))+\boldsymbol{D}^i\boldsymbol{w}(t))\end{aligned} \tag{8.55}$$

再由引理 8.1，对于所有 $\boldsymbol{x}\in\boldsymbol{\Gamma}(\boldsymbol{H})$，有

$$\dot{V}(\boldsymbol{x})=\sum_{i=1}^{r}\sum_{q=1}^{2^m}\mu_i\eta_q\begin{bmatrix}\boldsymbol{x}(t)\\\boldsymbol{w}(t)\end{bmatrix}^{\mathrm{T}}\begin{bmatrix}\begin{pmatrix}(\boldsymbol{A}^i+\boldsymbol{B}^i\boldsymbol{L}^q(\boldsymbol{v},\boldsymbol{K},\boldsymbol{H}))^{\mathrm{T}}\boldsymbol{P}_1\\+\boldsymbol{P}_1(\boldsymbol{A}^i+\boldsymbol{B}^i\boldsymbol{L}^q(\boldsymbol{v},\boldsymbol{K},\boldsymbol{H}))\end{pmatrix} & *\\(\boldsymbol{D}^i)^{\mathrm{T}}\boldsymbol{P} & \boldsymbol{O}\end{bmatrix}\begin{bmatrix}\boldsymbol{x}(t)\\\boldsymbol{w}(t)\end{bmatrix} \tag{8.56}$$

由引理 8.2 可得

$$J_{\infty}\leqslant\int_{0}^{t_f}\sum_{i=1}^{r}\sum_{q=1}^{2^m}\mu_i\eta_q\begin{bmatrix}\boldsymbol{x}(t)\\\boldsymbol{w}(t)\end{bmatrix}^{\mathrm{T}}\boldsymbol{\Pi}_1^{iq}\begin{bmatrix}\boldsymbol{x}(t)\\\boldsymbol{w}(t)\end{bmatrix}\mathrm{d}t+V(\boldsymbol{x}(0)) \tag{8.57}$$

其中，$\boldsymbol{\Pi}_1^{iq}=\begin{bmatrix}\begin{pmatrix}(\boldsymbol{A}^i+\boldsymbol{B}^i\boldsymbol{L}^q(\boldsymbol{v},\boldsymbol{K},\boldsymbol{H}))^{\mathrm{T}}\boldsymbol{P}_1+\boldsymbol{P}_1(\boldsymbol{A}^i+\boldsymbol{B}^i\boldsymbol{L}^q(\boldsymbol{v},\boldsymbol{K},\boldsymbol{H}))\\+\boldsymbol{Q}_1+(\boldsymbol{L}^q(\boldsymbol{v},\boldsymbol{K},\boldsymbol{H}))^{\mathrm{T}}\boldsymbol{R}_1\boldsymbol{L}^q(\boldsymbol{v},\boldsymbol{K},\boldsymbol{H})\end{pmatrix} & *\\(\boldsymbol{D}^i)^{\mathrm{T}}\boldsymbol{P}_1 & -\gamma^2\boldsymbol{I}\end{bmatrix}$

由式（8.50）得

$$J_{\infty}<V(\boldsymbol{x}(0)),\quad \forall\boldsymbol{x}\in\Omega(\boldsymbol{P}_{\varepsilon 1},\rho)\setminus\{0\}\subset\boldsymbol{\Gamma}(\boldsymbol{H}) \tag{8.58}$$

再由

$$V(\boldsymbol{x}(0))=\boldsymbol{x}_s^{\mathrm{T}}(0)\boldsymbol{P}_{1,ss}\boldsymbol{x}_s(0)+O(\boldsymbol{\varepsilon}) \tag{8.59}$$

可知 H_∞ 性能指标，即式（8.14）能够得到满足。最后，由于式（8.50）暗含：

$$\begin{aligned}&(\boldsymbol{A}^i+\boldsymbol{B}^i\boldsymbol{L}^q(\boldsymbol{v},\boldsymbol{K},\boldsymbol{H}))^{\mathrm{T}}\boldsymbol{P}_1+\boldsymbol{P}_1(\boldsymbol{A}^i+\boldsymbol{B}^i\boldsymbol{L}^q(\boldsymbol{v},\boldsymbol{K},\boldsymbol{H}))\\&+\boldsymbol{Q}_1+(\boldsymbol{L}^q(\boldsymbol{v},\boldsymbol{K},\boldsymbol{H}))^{\mathrm{T}}\boldsymbol{R}_1\boldsymbol{L}^q(\boldsymbol{v},\boldsymbol{K},\boldsymbol{H})<\boldsymbol{O}\end{aligned} \tag{8.60}$$

故当 $\boldsymbol{w}(t)\equiv\boldsymbol{0}$ 时，有

$$\dot{V}(\boldsymbol{x}(t))=\dot{\boldsymbol{x}}^{\mathrm{T}}(t)\boldsymbol{E}_\varepsilon\boldsymbol{P}_1\boldsymbol{x}(t)+\boldsymbol{x}^{\mathrm{T}}(t)\boldsymbol{P}_1^{\mathrm{T}}\boldsymbol{E}_\varepsilon\dot{\boldsymbol{x}}(t)<0 \tag{8.61}$$

因此闭环系统保持渐近稳定。

将式（8.50）转化为 LMI 形式以便利用 LMI 工具箱求解，引入 $\boldsymbol{E}^q$ 和 $\bar{\boldsymbol{E}}^q$：

$$\begin{bmatrix}\begin{pmatrix}\boldsymbol{A}^i+\boldsymbol{B}^i(\boldsymbol{E}^q\boldsymbol{K}+\bar{\boldsymbol{E}}^q\boldsymbol{H})^{\mathrm{T}}\boldsymbol{P}_1\\+\boldsymbol{P}_1(\boldsymbol{A}^i+\boldsymbol{B}^i(\boldsymbol{E}^q\boldsymbol{K}+\bar{\boldsymbol{E}}^q\boldsymbol{H}))\\+\boldsymbol{Q}_1+(\boldsymbol{E}^q\boldsymbol{K}+\bar{\boldsymbol{E}}^q\boldsymbol{H})^{\mathrm{T}}\boldsymbol{R}_1(\boldsymbol{E}^q\boldsymbol{K}+\bar{\boldsymbol{E}}^q\boldsymbol{H})\end{pmatrix} & * \\ (\boldsymbol{D}^i)^{\mathrm{T}}\boldsymbol{P}_1 & -\gamma^2\boldsymbol{I}\end{bmatrix}<\boldsymbol{O} \tag{8.62}$$

令 $\boldsymbol{X}_1=\rho(\boldsymbol{P}_1)^{-1}$，$\boldsymbol{M}=\boldsymbol{K}\boldsymbol{X}_1$，$\boldsymbol{N}=\boldsymbol{H}\boldsymbol{X}_1$，对式（8.62）左右两侧同时左乘和右乘 $\mathrm{diag}\{\boldsymbol{X}_1,\boldsymbol{I}\}$，利用 Schur 补定理可得

$$\begin{bmatrix}\rho\begin{pmatrix}\boldsymbol{A}^i\boldsymbol{X}_1+\boldsymbol{X}_1(\boldsymbol{A}^i)^{\mathrm{T}}\\+\boldsymbol{B}^i\boldsymbol{E}^q\boldsymbol{M}+(\boldsymbol{B}^i\boldsymbol{E}^q\boldsymbol{M})^{\mathrm{T}}\\+\boldsymbol{B}^i\bar{\boldsymbol{E}}^q\boldsymbol{N}+(\boldsymbol{B}^i\bar{\boldsymbol{E}}^q\boldsymbol{N})^{\mathrm{T}}\end{pmatrix} & * & * & * \\ \rho(\boldsymbol{D}^i)^{\mathrm{T}} & -\gamma^2\boldsymbol{I} & * & * \\ \boldsymbol{X}_1 & \boldsymbol{O} & -(\boldsymbol{Q}_1)^{-1} & * \\ \boldsymbol{E}^q\boldsymbol{M}+\bar{\boldsymbol{E}}^q\boldsymbol{N} & \boldsymbol{O} & \boldsymbol{O} & -(\boldsymbol{R}_1)^{-1}\end{bmatrix}<\boldsymbol{O} \tag{8.63}$$

结合 8.2 节中得到的有关吸引域估计的结果，闭环系统满足 H_∞ 性能指标时的吸引域估计问题可以转化为含有 LMI 约束的优化问题：

$$\begin{aligned}&\min_{\boldsymbol{P}_1>\boldsymbol{O},\boldsymbol{H}}\quad \zeta\\&\text{s.t. 式（8.44）或者式（8.45），}\quad l=1,2,\cdots,d\\&\text{式（8.63），}\quad \forall i\in\{1,2,\cdots,r\},\quad q=1,2,\cdots,2^m\\&\text{式（8.47），}\quad p=1,2,\cdots,m\end{aligned} \tag{8.64}$$

定理 8.3　对于模糊系统（8.3）和状态反馈控制矩阵 $\boldsymbol{K}$，当 $\boldsymbol{w}(t)\equiv \boldsymbol{0}$ 时，如果存在矩阵 $\boldsymbol{H}\in\mathbb{R}^{m\times(n_s+n_z)}$ 满足：

$$\begin{aligned}&(\boldsymbol{A}^i+\boldsymbol{B}^i\boldsymbol{L}^q(\boldsymbol{v},\boldsymbol{K},\boldsymbol{H}))^{\mathrm{T}}\boldsymbol{P}_2+\boldsymbol{P}_2(\boldsymbol{A}^i+\boldsymbol{B}^i\boldsymbol{L}^q(\boldsymbol{v},\boldsymbol{K},\boldsymbol{H}))\\&+\boldsymbol{Q}_2+(\boldsymbol{L}^q(\boldsymbol{v},\boldsymbol{K},\boldsymbol{H}))^{\mathrm{T}}\boldsymbol{R}_2\boldsymbol{L}^q(\boldsymbol{v},\boldsymbol{K},\boldsymbol{H})<\boldsymbol{O}\end{aligned},\quad i=1,2,\cdots,r,\quad q=1,2,\cdots,2^m \tag{8.65}$$

且

$$\varOmega(\boldsymbol{P}_{\varepsilon 2},\rho)\subset\boldsymbol{\varGamma}(\boldsymbol{H}) \tag{8.66}$$

其中，$\boldsymbol{P}_{\varepsilon 2}=\boldsymbol{E}_\varepsilon\boldsymbol{P}_2$；$\boldsymbol{P}_2=\mathrm{diag}\{\boldsymbol{P}_{2,ss},\boldsymbol{P}_{2,zz}\}$，$\boldsymbol{P}_{2,ss}=\boldsymbol{P}_{2,ss}^{\mathrm{T}}$，$\boldsymbol{P}_{2,zz}=\boldsymbol{P}_{2,zz}^{\mathrm{T}}$，且 $\boldsymbol{P}_{2,zz}=\mathrm{diag}\{\boldsymbol{P}_{2,z_1z_1},\boldsymbol{P}_{2,z_2z_2},\cdots,\boldsymbol{P}_{2,z_Hz_H}\}$，则 $\varOmega(\boldsymbol{P}_{\varepsilon 2},\rho)$ 是闭环系统（8.3）的压缩不变集，且最优控制中的二次型性能指标即式（8.15）可得到满足。

证明：选择李雅普诺夫函数为

$$V(\boldsymbol{x}(t))=\boldsymbol{x}^{\mathrm{T}}(t)\boldsymbol{P}_{\varepsilon 2}\boldsymbol{x}(t) \tag{8.67}$$

令

$$J_Q=\int_0^{t_f}(\boldsymbol{x}^{\mathrm{T}}(t)\boldsymbol{Q}_2\boldsymbol{x}(t)+\boldsymbol{\sigma}(\boldsymbol{u}(t))^{\mathrm{T}}\boldsymbol{R}_2\sigma(\boldsymbol{u}(t)))\mathrm{d}t \tag{8.68}$$

由引理 8.1，对于所有 $\boldsymbol{x}(t)\in\boldsymbol{\varGamma}(\boldsymbol{H})$，有

$$\begin{aligned}J_Q=V(\boldsymbol{x}(0))-V(\boldsymbol{x}(t_f))+\int_0^{t_f}\Bigg(&\boldsymbol{x}^{\mathrm{T}}(t)\boldsymbol{Q}_2\boldsymbol{x}(t)+\dot V(\boldsymbol{x}(t))\\&+\left(\sum_{q=1}^{2^m}\eta_q\boldsymbol{L}^q(\boldsymbol{v},\boldsymbol{K},\boldsymbol{H})\boldsymbol{x}(t)\right)^{\mathrm{T}}\boldsymbol{R}_2\left(\sum_{q=1}^{2^m}\eta_q\boldsymbol{L}^q(\boldsymbol{v},\boldsymbol{K},\boldsymbol{H})\boldsymbol{x}(t)\right)\Bigg)\mathrm{d}t\end{aligned} \tag{8.69}$$

显然 $V(\boldsymbol{x}(t_f))\geqslant 0$，且

$$\begin{aligned}\dot V(\boldsymbol{x})=&\sum_{i=1}^{r}\mu_i(\boldsymbol{A}^i\boldsymbol{x}(t)+\boldsymbol{B}^i\boldsymbol{\sigma}(\boldsymbol{K}\boldsymbol{x}(t)))^{\mathrm{T}}\boldsymbol{P}_2\boldsymbol{x}(t)\\&+\boldsymbol{x}^{\mathrm{T}}(t)\boldsymbol{P}_2\sum_{i=1}^{r}\mu_i(\boldsymbol{A}^i\boldsymbol{x}(t)+\boldsymbol{B}^i\boldsymbol{\sigma}(\boldsymbol{K}\boldsymbol{x}(t)))\end{aligned} \tag{8.70}$$

再由引理 8.1，对于所有 $\boldsymbol{x}(t)\in\boldsymbol{\varGamma}(\boldsymbol{H})$，有

$$\begin{aligned}\dot V(\boldsymbol{x})=&\sum_{i=1}^{r}\sum_{q=1}^{2^m}\mu_i\eta_q\boldsymbol{x}^{\mathrm{T}}(t)((\boldsymbol{A}^i+\boldsymbol{B}^i\boldsymbol{L}^q(\boldsymbol{v},\boldsymbol{K},\boldsymbol{H}))^{\mathrm{T}}\boldsymbol{P}_2\\&+\boldsymbol{P}_2(\boldsymbol{A}^i+\boldsymbol{B}^i\boldsymbol{L}^q(\boldsymbol{v},\boldsymbol{K},\boldsymbol{H})))\boldsymbol{x}(t)\end{aligned} \tag{8.71}$$

由引理 8.2 可得

$$J_Q \leqslant \int_0^{t_f} \sum_{i=1}^{r} \sum_{q=1}^{2^m} \mu_i \eta_q \boldsymbol{x}^{\mathrm{T}}(t) \boldsymbol{\Pi}_2^{iq} \boldsymbol{x}(t) \mathrm{d}t + V(\boldsymbol{x}(0)) \tag{8.72}$$

其中

$$\boldsymbol{\Pi}_2^{iq} = (\boldsymbol{A}^i + \boldsymbol{B}^i \boldsymbol{L}^q(\boldsymbol{v},\boldsymbol{K},\boldsymbol{H}))^{\mathrm{T}} \boldsymbol{P}_2 + \boldsymbol{P}_2(\boldsymbol{A}^i + \boldsymbol{B}^i \boldsymbol{L}^q(\boldsymbol{v},\boldsymbol{K},\boldsymbol{H})) + \boldsymbol{Q}_2 + (\boldsymbol{L}^q(\boldsymbol{v},\boldsymbol{K},\boldsymbol{H}))^{\mathrm{T}} \boldsymbol{R}_2 \boldsymbol{L}^q(\boldsymbol{v},\boldsymbol{K},\boldsymbol{H})$$

由式（8.65）可得

$$J_Q < V(\boldsymbol{x}(0)), \quad \forall \boldsymbol{x} \in \Omega(\boldsymbol{P}_{\varepsilon 2}, \rho) \setminus \{0\} \subset \boldsymbol{\Gamma}(\boldsymbol{H}) \tag{8.73}$$

再由

$$V(\boldsymbol{x}(0)) = \boldsymbol{x}_s^{\mathrm{T}}(0) \boldsymbol{P}_{2,ss} \boldsymbol{x}_s(0) + O(\boldsymbol{\varepsilon}) \tag{8.74}$$

可知最优控制中的二次型指标，即式（8.15）能够得到满足。

将式（8.65）转化为 LMI 形式，以便利用 MATLAB 的 LMI 工具箱直接求解，引入 $\boldsymbol{E}^q$ 和 $\bar{\boldsymbol{E}}^q$ 则有

$$\begin{aligned} &(\boldsymbol{A}^i + \boldsymbol{B}^i(\boldsymbol{E}^q \boldsymbol{K} + \bar{\boldsymbol{E}}^q \boldsymbol{H}))^{\mathrm{T}} \boldsymbol{P}_2 + \boldsymbol{P}_2(\boldsymbol{A}^i + \boldsymbol{B}^i(\boldsymbol{E}^q \boldsymbol{K} + \bar{\boldsymbol{E}}^q \boldsymbol{H})) \\ &+ \boldsymbol{Q}_2 + (\boldsymbol{E}^q \boldsymbol{K} + \bar{\boldsymbol{E}}^q \boldsymbol{H})^{\mathrm{T}} \boldsymbol{R}_2 (\boldsymbol{E}^q \boldsymbol{K} + \bar{\boldsymbol{E}}^q \boldsymbol{H}) < \boldsymbol{O} \end{aligned} \tag{8.75}$$

令 $\boldsymbol{X}_2 = \rho(\boldsymbol{P}_2)^{-1}$，$\boldsymbol{M} = \boldsymbol{K}\boldsymbol{X}_2$，$\boldsymbol{N} = \boldsymbol{H}\boldsymbol{X}_2$，对式（8.75）左右两侧同时左乘和右乘 $\boldsymbol{X}_2$，利用 Schur 补定理可得

$$\begin{bmatrix} \rho\begin{pmatrix} \boldsymbol{A}^i \boldsymbol{X}_2 + \boldsymbol{X}_2(\boldsymbol{A}^i)^{\mathrm{T}} + \boldsymbol{B}^i \boldsymbol{E}^q \boldsymbol{M} \\ +(\boldsymbol{B}^i \boldsymbol{E}^q \boldsymbol{M})^{\mathrm{T}} + \boldsymbol{B}^i \bar{\boldsymbol{E}}^q \boldsymbol{N} + (\boldsymbol{B}^i \bar{\boldsymbol{E}}^q \boldsymbol{N})^{\mathrm{T}} \end{pmatrix} & * & * \\ \boldsymbol{X}_2 & -\boldsymbol{Q}_2^{-1} & * \\ \boldsymbol{E}^q \boldsymbol{M} + \bar{\boldsymbol{E}}^q \boldsymbol{N} & \boldsymbol{O} & -\boldsymbol{R}_2^{-1} \end{bmatrix} < \boldsymbol{O} \tag{8.76}$$

结合 8.2 节中得到的有关吸引域估计的结果，闭环系统满足最优控制中二次型指标的吸引域估计问题可以转化为含有 LMI 约束的优化问题：

$$\begin{aligned} &\min_{\boldsymbol{P}_2 > \boldsymbol{O}, \boldsymbol{H}} \quad \zeta \\ &\text{s.t. 式（8.44）或者式（8.45）}, \quad l = 1,2,\cdots,d \\ &\text{式（8.76）}, \quad \forall i \in \{1,2,\cdots,r\}, \quad q = 1,2,\cdots,2^m \\ &\text{式（8.47）}, \quad p = 1,2,\cdots,m \end{aligned} \tag{8.77}$$

定理 8.2 和定理 8.3 给出了执行器存在饱和效应的含多摄动参数的闭环系统分别满足 H_∞ 性能指标和最优控制中二次型性能指标时控制器需要满足的条件，在此基础上设计多目标鲁棒控制器的思路与第 5 章基本相同。定义性能指标：

$$J_1 = \gamma^2, \qquad J_2 = \boldsymbol{x}_s^{\mathrm{T}}(0) \boldsymbol{P}_{2,ss} \boldsymbol{x}_s(0) \tag{8.78}$$

针对含饱和执行器的模糊奇异摄动模型多目标鲁棒控制问题，建立主从多层规划的优化模型为

$$
\begin{gathered}
\min \quad \left[J_1(\gamma, \boldsymbol{Q}_2, \boldsymbol{R}_2) \quad J_2(\gamma, \boldsymbol{Q}_2, \boldsymbol{R}_2) \right] \\
\text{s.t.} \quad \boldsymbol{X} = \boldsymbol{X}_1 = \boldsymbol{X}_2 > \boldsymbol{O} \\
\min_{\boldsymbol{X} > \boldsymbol{O}} \quad \zeta \\
\text{s.t. 式（8.44）或者式（8.45）},\ l = 1, 2, \cdots, d \\
\text{式（8.63）与式（8.76）}, \quad \forall i \in \{1, 2, \cdots, r\}, \quad q = 1, 2, \cdots, 2^m \\
\text{式（8.47）}, \quad p = 1, 2, \cdots, m
\end{gathered} \tag{8.79}
$$

对于式（8.79）所示的多目标优化模型，同样可以基于加权思想和可行性能指标向量与独立最优性能指标向量之间距离最小化的思想，建立两种与第 5 章中优化模型（5.49）和优化模型（5.50）相似的折中优化模型，并基于分布估计算法采用 MATLAB 的 LMI 工具箱进行多目标鲁棒控制器的求解，算法流程图如图 8.1 所示。

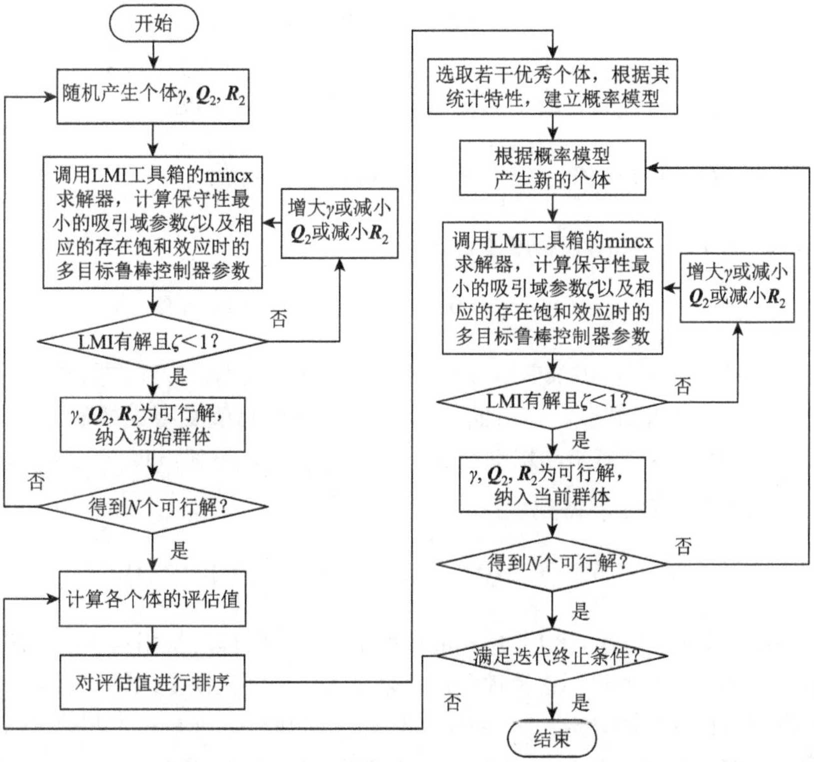

图 8.1　存在执行器饱和效应时优化多目标鲁棒控制器参数的分布估计算法流程图

8.4 仿真验证

考虑含有两个摄动参数的两规则模糊奇异摄动模型，模型和主要参数同第 5 章。

规则 1：如果 $x_1(t)$ 是 F^1，则

$$\begin{cases}\dot{x}_s(t)=A_{ss}^1x_s(t)+\boldsymbol{A}_{sz}^1\boldsymbol{x}_z(t)+B_s^1\bar{\boldsymbol{\sigma}}(\boldsymbol{u}(t))+D_s^1\boldsymbol{w}(t)\\ \boldsymbol{\Lambda}_\varepsilon\dot{\boldsymbol{x}}_z(t)=\boldsymbol{A}_{zs}^1\boldsymbol{x}_s(t)+\boldsymbol{A}_{zz}^1\boldsymbol{x}_z(t)+\boldsymbol{B}_z^1\bar{\boldsymbol{\sigma}}(\boldsymbol{u}(t))+\boldsymbol{D}_z^1\boldsymbol{w}(t)\end{cases}$$

规则 2：如果 $x_1(t)$ 是 F^2，则

$$\begin{cases}\dot{x}_s(t)=A_{ss}{}^2x_s(t)+\boldsymbol{A}_{sz}^2\boldsymbol{x}_z(t)+B_s^2\boldsymbol{\sigma}(\boldsymbol{u}(t))+D_s^2\boldsymbol{w}(t)\\ \boldsymbol{\Lambda}_\varepsilon\dot{\boldsymbol{x}}_z(t)=\boldsymbol{A}_{zs}^2x_s(t)+\boldsymbol{A}_{zz}^2\boldsymbol{x}_z(t)+\boldsymbol{B}_z^2\boldsymbol{\sigma}(\boldsymbol{u}(t))+\boldsymbol{D}_z^2\boldsymbol{w}(t)\end{cases}\tag{8.80}$$

其中，$x_s(t)=x_1(t)$；$\boldsymbol{x}_z(t)=[x_2(t)\quad x_3(t)]^{\mathrm{T}}$；摄动参数矩阵为$\boldsymbol{\Lambda}_\varepsilon=\begin{bmatrix}0.11&0\\0&0.011\end{bmatrix}$；$A_{ss}^1=0.2$；$\boldsymbol{A}_{sz}^1=[-1.1\quad 0]$；$A_{ss}^2=0.5$；$\boldsymbol{A}_{sz}^2=[-0.3\quad 0]$；$B_s^1=0.8$；$B_s^2=1$；$\boldsymbol{A}_{zs}^1=\begin{bmatrix}0.61\\-0.6\end{bmatrix}$；$\boldsymbol{A}_{zz}^1=\begin{bmatrix}-0.8&-0.2\\0.31&-2.8\end{bmatrix}$；$\boldsymbol{A}_{zs}^2=\begin{bmatrix}1.11\\-0.52\end{bmatrix}$；$\boldsymbol{A}_{zz}^2=\begin{bmatrix}-0.5&-0.32\\0.47&-2.1\end{bmatrix}$；$\boldsymbol{B}_z^1=\begin{bmatrix}0\\0.1\end{bmatrix}$；$\boldsymbol{B}_z^2=\begin{bmatrix}0\\0.2\end{bmatrix}$；$D_s^1=0.2$；$\boldsymbol{D}_z^1=\begin{bmatrix}0.5\\1\end{bmatrix}$；$D_s^2=0.2$；$\boldsymbol{D}_z^2=\begin{bmatrix}0.5\\1\end{bmatrix}$。

模糊集合 F^1 和 F^2 的隶属度函数分别为

$$\mu_1(x_1(t))=(1+\sin(x_1(t)))/2,\quad \mu_2(x_1(t))=1-\mu_1(x_1(t))\tag{8.81}$$

考虑外部干扰 $w(t)=\sin(10t)\mathrm{e}^{-0.1t}$，执行器输出幅值限制为$[-2,2]$，即 $\bar{\boldsymbol{\sigma}}(u)=\mathrm{sign}(u)\min\{2,|u|\}$。为了采用本章的方法设计执行器输出幅值受限的控制器，首先将 $\bar{\boldsymbol{\sigma}}(u)$ 转化为式（8.2）所示的标准饱和函数，这需要对控制矩阵 B_s^i 和 $\boldsymbol{B}_z^i$ 乘以相应的输出幅值限制系数 2，得到

$$\bar{B}_s^1=1.6,\quad \bar{\boldsymbol{B}}_z^1=[0\quad 0.2],\quad B_s^2=2,\quad \bar{\boldsymbol{B}}_z^2=[0\quad 0.4]$$

则式（8.80）被转化为式（8.1）所示的标准形式，这时即可采用本章的方法设计执行器存在饱和效应的多目标鲁棒控制器。采用第二种优化模型优化控制器参数，首先利用分布估计算法计算得到$J_1^*=0.9464$，$J_2^*=0.0096$，然后再次利用分布估计算法计算得到决策变量的优化结果为$\gamma_{\mathrm{opt}}=0.9952$, $\boldsymbol{Q}_{2\mathrm{opt}}=0.0009\boldsymbol{I}_{3\times3}$, $R_{2\mathrm{opt}}=0.0006$。图 8.2 所示为目标函数和各性能指标的优化过程。

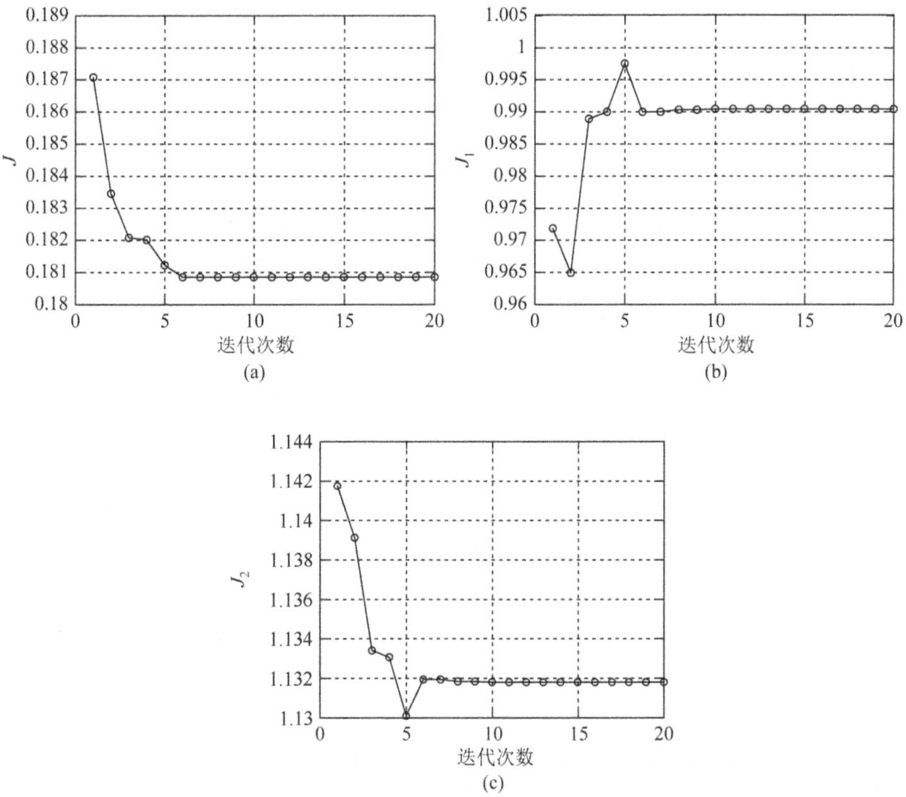

图 8.2　执行器存在饱和效应时目标函数和各性能指标的优化过程

采用参数 $\gamma_{\text{opt}} = 0.9952$，$\boldsymbol{Q}_{2\text{opt}} = 0.0009\boldsymbol{I}_{3\times3}$，$R_{2\text{opt}} = 0.0006$，满足定理 8.2 和定理 8.3 的控制器计算结果为

$$\boldsymbol{P} = \begin{bmatrix} 0.0113 & 0 & 0 \\ 0 & 0.0068 & 0 \\ 0 & 0 & 0.0019 \end{bmatrix}, \quad \boldsymbol{K} = [-51.6469 \quad -0.0020 \quad -0.1441]$$

图 8.3 为执行器存在饱和效应和无饱和效应时的多目标鲁棒控制效果。从图 8.3 可以看出，控制量被成功地限制在[−2，2]以内，并保证了闭环系统是稳定的，同时系统对外部干扰具有一定的鲁棒性，且闭环系统具有很好的动态性能。

8.5　本 章 小 结

本章研究了含饱和执行器的模糊奇异摄动模型多目标鲁棒控制问题。首先基于压缩不变集理论给出了多摄动参数模糊奇异摄动模型在执行器存在饱和效应时

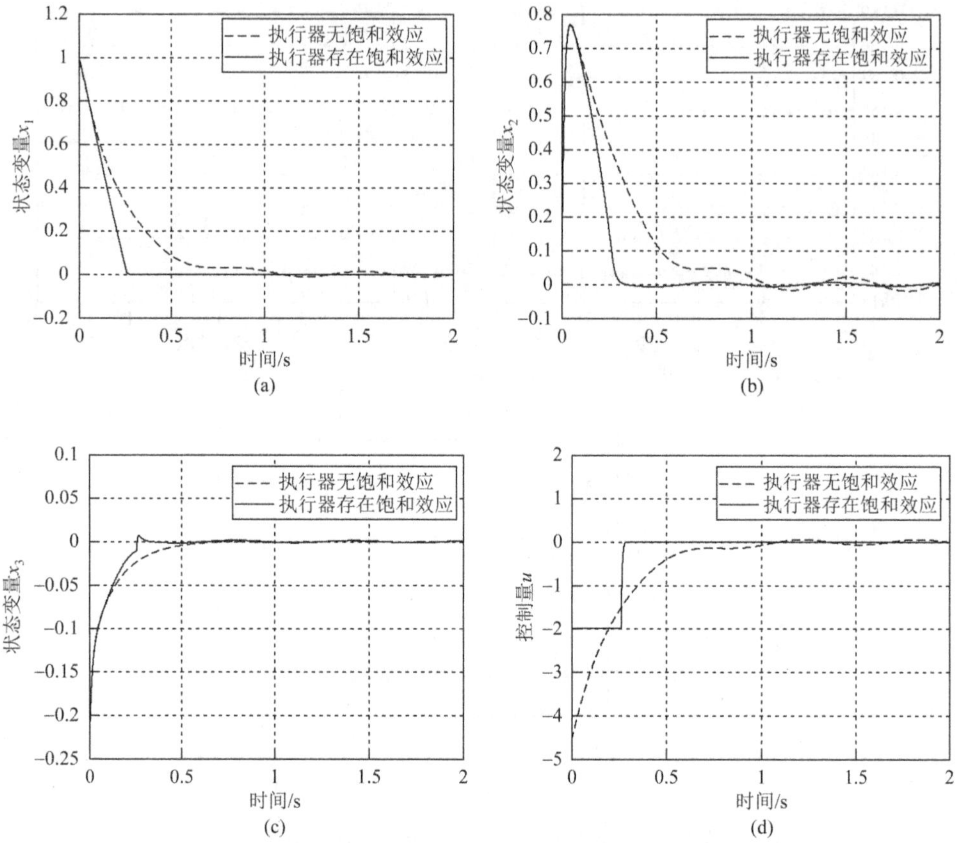

图 8.3　执行器存在饱和效应和无饱和效应时的多目标鲁棒控制效果

的闭环系统稳定性条件，在此基础上，研究了执行器输出幅值受限时的多目标鲁棒控制器设计方法，将问题转化为易于计算的摄动参数无关 LMI 求解问题。在控制器的优化设计中，建立了主从多层规划的数学模型，估计保守性最小的吸引域，在保证闭环系统稳定性的基础上，优化闭环系统的控制性能，仿真结果验证了方法的有效性。

第 9 章　交联模糊奇异摄动模型的多目标鲁棒分散控制

本书第 5 章～第 8 章研究了基于模糊奇异摄动模型的集中控制方法。由于实际系统中往往存在多个子系统相互交联的情况，为此，本章将研究交联模糊奇异摄动模型的多目标鲁棒分散控制方法。提出的多目标分散控制器使各多时标子系统即使彼此间存在交联，仍然能够保证整个闭环系统的渐近稳定性，并实现对系统干扰抑制性能、动态性能和控制量幅值的综合优化。仿真结果验证了所提出的多目标鲁棒分散控制方法的有效性。

9.1　问 题 阐 述

考虑由 N 个子系统组成的交联多时标非线性系统，设第 l 个子系统由 r_l 条模糊规则构成，其模糊奇异摄动模型的第 i 条模糊规则如下。

规则 i：如果 $\boldsymbol{\xi}_{l,1}(t)$ 是 $F_{l,1}^i$，$\boldsymbol{\xi}_{l,2}(t)$ 是 $F_{l,2}^i,\cdots,\boldsymbol{\xi}_{l,g}(t)$ 是 $F_{l,g}^i$ 则

$$\boldsymbol{E}_\varepsilon\dot{\boldsymbol{x}}_l(t)=\boldsymbol{A}_l^i\boldsymbol{x}_l(t)+\boldsymbol{B}_l^i\boldsymbol{u}_l(t)+\boldsymbol{D}_l^i\boldsymbol{w}_l(t)+\sum_{l}^{N}\boldsymbol{A}_{lh}^i\boldsymbol{x}_h(t),\quad l=1,2,\cdots,N,\quad i=1,2,\cdots,r_l \tag{9.1}$$

其中，摄动参数、相关矩阵和向量 $\boldsymbol{E}_\varepsilon$、$\boldsymbol{\Lambda}_\varepsilon$、$\boldsymbol{\varepsilon}$ 定义与前面相同；$\boldsymbol{x}_l(t)=\begin{bmatrix}\boldsymbol{x}_{l,s}(t)\\ \boldsymbol{x}_{l,z}(t)\end{bmatrix}$；$\boldsymbol{A}_l^i=\begin{bmatrix}\boldsymbol{A}_{l,ss}^i & \boldsymbol{A}_{l,sz}^i\\ \boldsymbol{A}_{l,zs}^i & \boldsymbol{A}_{l,zz}^i\end{bmatrix}$；$\boldsymbol{B}_l^i=\begin{bmatrix}\boldsymbol{B}_{l,s}^i\\ \boldsymbol{B}_{l,z}^i\end{bmatrix}$；$\boldsymbol{D}_l^i=\begin{bmatrix}\boldsymbol{D}_{l,s}^i\\ \boldsymbol{D}_{l,z}^i\end{bmatrix}$。$\boldsymbol{x}_{l,s}(t)\in\mathbb{R}^{n_s}$、$\boldsymbol{x}_{l,z}(t)\in\mathbb{R}^{n_z}$ 分别为第 l 个子系统的慢、快状态向量，其中快状态向量可以根据对应的不同摄动参数进一步划分为 $\boldsymbol{x}_{l,z}(t)=[\boldsymbol{x}_{l,z_1}^{\mathrm{T}}(t)\quad \boldsymbol{x}_{l,z_2}^{\mathrm{T}}(t)\quad\cdots\quad \boldsymbol{x}_{l,z_H}^{\mathrm{T}}(t)]^{\mathrm{T}}$，$\boldsymbol{u}_l(t)\in\mathbb{R}^m$ 为第 l 个子系统的控制向量，$\boldsymbol{w}_l(t)\in\mathbb{R}^q$ 为第 l 个子系统的外部干扰向量。$F_{l,p}^i(p=1,2,\cdots,g)$ 为模糊集合，r_l 是第 l 个子系统的模糊规则数，$\boldsymbol{A}_{l,ss}^i\in\mathbb{R}^{n_s\times n_s}$、$\boldsymbol{A}_{l,sz}^i\in\mathbb{R}^{n_s\times n_z}$、$\boldsymbol{A}_{l,zs}^i\in\mathbb{R}^{n_z\times n_s}$、$\boldsymbol{A}_{l,zz}^i\in\mathbb{R}^{n_z\times n_z}$、$\boldsymbol{B}_{l,s}^i\in\mathbb{R}^{n_s\times m}$、$\boldsymbol{B}_{l,z}^i\in\mathbb{R}^{n_z\times m}$、$\boldsymbol{D}_{l,s}^i\in\mathbb{R}^{n_s\times q}$、$\boldsymbol{D}_{l,z}^i\in\mathbb{R}^{n_z\times q}$ 为具有适当维数的矩阵，$\boldsymbol{A}_{lh}^i\in\mathbb{R}^{(n_s+n_z)\times(n_s+n_z)}$ 为第 l 个子系统和第 h 个子系统的关联矩阵，$\boldsymbol{\xi}_{l,1}(t),\cdots,\boldsymbol{\xi}_{l,g}(t)$ 为可测变量。

给定 $\boldsymbol{x}_{l,s}(t),\boldsymbol{x}_{l,z}(t),\boldsymbol{u}_l(t)$，利用标准的模糊推理方法——单点模糊化、乘积推理和加权平均清晰化，第 l 个子系统的全局模型可表达为

$$\boldsymbol{E}_\varepsilon\dot{\boldsymbol{x}}_l(t)=\sum_{i=1}^{r_l}\mu_l^i(\boldsymbol{\xi}_l(t))\left(\boldsymbol{A}_l^i\boldsymbol{x}_l(t)+\boldsymbol{B}_l^i\boldsymbol{u}_l(t)+\boldsymbol{D}_l^i\boldsymbol{w}_l(t)+\sum_{h=1,h\neq l}^{N}\boldsymbol{A}_{lh}^i\boldsymbol{x}_h(t)\right) \tag{9.2}$$

其中，$\mu_l^i(\boldsymbol{\xi}_l(t))=\dfrac{v_l^i(\boldsymbol{\xi}_l(t))}{\sum_{i=1}^{r_l}v_l^i(\boldsymbol{\xi}_l(t))}$，$v_l^i(\boldsymbol{\xi}_l(t))=\prod_{p=1}^{g}F_{l,p}^i(\boldsymbol{\xi}_{l,p}(t))$；$\sum_{i=1}^{r_l}\mu_l^i(\boldsymbol{\xi}_i(t))=1$，为方便表示，以下采用记号 $\mu_l^i=\mu_l^i(\boldsymbol{\xi}(t))$。

基于 PDC 思想，假设模糊状态反馈控制器的前件变量和模糊模型的前件变量是一样的，则第 l 个子系统的模糊控制器规则如下。

规则 j：如果 $\boldsymbol{\xi}_{l,1}(t)$ 是 $F_{l,1}^j$，$\boldsymbol{\xi}_{1,2}(t)$ 是 $F_{l,2}^j,\cdots,\boldsymbol{\xi}_{l,g}(t)$ 是 $F_{l,g}^j$，则

$$\boldsymbol{u}_l(t)=\boldsymbol{K}_l^j\boldsymbol{x}_l(t),\qquad j=1,2,\cdots,r_l \tag{9.3}$$

其中，$\boldsymbol{K}_l^j$ 是第 l 个子系统中第 j 条规则的局部增益矩阵。第 l 个子系统的整个模糊控制器为

$$\boldsymbol{u}_l(t)=\sum_{j=1}^{r_l}\mu_l^j\boldsymbol{K}_l^j\boldsymbol{x}_l(t) \tag{9.4}$$

闭环系统可被重新写为

$$\boldsymbol{E}_\varepsilon\dot{\boldsymbol{x}}_l(t)=\sum_{i=1}^{r_l}\sum_{j=1}^{r_l}\mu_l^i\mu_l^j\left((\boldsymbol{A}_l^i+\boldsymbol{B}_l^i\boldsymbol{K}_l^j)\boldsymbol{x}_l(t)+\boldsymbol{D}_l^i\boldsymbol{w}_l(t)+\sum_{h=1,h\neq l}^{N}\boldsymbol{A}_{lh}^i\boldsymbol{x}_h(t)\right) \tag{9.5}$$

对于交联系统，采用 H_∞ 鲁棒控制技术，其目的有两点。

（Per 9.1）稳定性：当 $\boldsymbol{w}(t)\equiv\boldsymbol{0}$ 时，系统（9.5）保持渐近稳定。

（Per 9.2）干扰抑制性能：对于任意有界干扰 $\boldsymbol{w}(t)$，有

$$\begin{aligned}&\sum_{l=1}^{N}\int_0^{t_f}(\boldsymbol{x}_l^{\mathrm{T}}(t)\boldsymbol{Q}_1\boldsymbol{x}_l(t)+\boldsymbol{u}_l^{\mathrm{T}}(t)\boldsymbol{R}_1\boldsymbol{u}_l(t))\mathrm{d}t\\&<\sum_{l=1}^{N}\left(\gamma^2\int_0^{t_f}\boldsymbol{w}_l^{\mathrm{T}}(t)\boldsymbol{w}_l(t)\mathrm{d}t+\boldsymbol{x}_{l,s}^{\mathrm{T}}(0)\boldsymbol{P}_{l1,ss}\boldsymbol{x}_{l,s}(0)+O(\boldsymbol{\varepsilon})\right)\end{aligned} \tag{9.6}$$

其中，标量 γ^2 为干扰抑制水平；$\boldsymbol{Q}_1$ 和 $\boldsymbol{R}_1$ 为加权矩阵；$\boldsymbol{P}_{l1,ss}$ 为与李雅普诺夫函数有关的参数矩阵；$t_f\in(0,+\infty)$ 为任意时刻。

为了进一步实现对系统动态性能和控制能量的综合优化，选取最优控制中的二次型性能指标为

$$\sum_{l=1}^{N}\int_0^{t_f}(\boldsymbol{x}_l^{\mathrm{T}}(t)\boldsymbol{Q}_2\boldsymbol{x}_l(t)+\boldsymbol{u}_l^{\mathrm{T}}(t)\boldsymbol{R}_2\boldsymbol{u}_l(t))\mathrm{d}t<\sum_{l=1}^{N}(\boldsymbol{x}_{l,s}^{\mathrm{T}}(0)\boldsymbol{P}_{l2,ss}\boldsymbol{x}_{l,s}(0)+O(\boldsymbol{\varepsilon})) \tag{9.7}$$

其中，$\boldsymbol{Q}_2$ 和 $\boldsymbol{R}_2$ 为加权矩阵；$\boldsymbol{P}_{l2,ss}$ 为与李雅普诺夫函数有关的参数矩阵。

本章控制器的设计目标是当多时标系统由多个子系统构成，且各子系统之间存在交联项时，基于多摄动参数交联模糊奇异摄动模型设计多目标鲁棒分散控制器，使交联系统仍然能够同时满足 H_∞ 鲁棒控制中的稳定性条件和干扰抑制性能指标即式（9.6）以及最优控制中的二次型性能指标即式（9.7），以实现对系统干扰抑制性能、动态性能以及控制量幅值的综合优化。

9.2　多目标鲁棒分散控制器设计

下面将研究交联模糊奇异摄动模型的多目标鲁棒分散控制，推证过程中用到如下引理。

引理 9.1　若 $\boldsymbol{y}\in\mathbb{R}^n$，$\boldsymbol{z}\in\mathbb{R}^n$，则有

$$2\boldsymbol{y}^{\mathrm{T}}\boldsymbol{z}\leqslant\boldsymbol{y}^{\mathrm{T}}\boldsymbol{y}+\boldsymbol{z}^{\mathrm{T}}\boldsymbol{z} \tag{9.8}$$

由引理 9.1 可知

$$\begin{aligned}&\sum_{l=1}^{N}\sum_{h=1,h\neq l}^{N}2\boldsymbol{x}_l^{\mathrm{T}}(t)\boldsymbol{P}_l\boldsymbol{A}_{lh}^i\boldsymbol{x}_h(t)\\ &\leqslant\sum_{l=1}^{N}(N-1)\boldsymbol{x}_l^{\mathrm{T}}(t)\boldsymbol{x}_l(t)+\sum_{l=1}^{N}\sum_{h=1,h\neq l}^{N}\boldsymbol{x}_l^{\mathrm{T}}(t)\boldsymbol{P}_l\boldsymbol{A}_{lh}^i(\boldsymbol{A}_{lh}^i)^{\mathrm{T}}\boldsymbol{P}_l\boldsymbol{x}_l(t)\end{aligned} \tag{9.9}$$

定理 9.1　对于交联系统（9.5）和状态反馈控制矩阵 $\boldsymbol{K}_l^j$，如果存在公共矩阵 $\boldsymbol{P}_{l1,ss}=\boldsymbol{P}_{l1,ss}^{\mathrm{T}}>\boldsymbol{O}$ 和 $\boldsymbol{P}_{l1,zz}=\boldsymbol{P}_{l1,zz}^{T}>\boldsymbol{O}$ 和 $\boldsymbol{P}_{l1,zs}$ 满足：

$$\boldsymbol{\varXi}_{l1}^{ii}<\boldsymbol{O}，\quad i=1,2,\cdots,r_l \tag{9.10}$$

$$\boldsymbol{\varXi}_{l1}^{ij}<\boldsymbol{O}，\quad i,j=1,2,\cdots,r_l\text{ 且 }i<j \tag{9.11}$$

其中

$$\boldsymbol{\varXi}_{l1}^{ii}=\begin{bmatrix}\begin{pmatrix}(\boldsymbol{A}_l^i)^{\mathrm{T}}\boldsymbol{P}_{l1}+\boldsymbol{P}_{l1}^{\mathrm{T}}\boldsymbol{A}_l^i+(\boldsymbol{B}_l^i\boldsymbol{K}_l^i)^{\mathrm{T}}\boldsymbol{P}_{l1}+\boldsymbol{P}_{l1}^{\mathrm{T}}(\boldsymbol{B}_l^i\boldsymbol{K}_l^i)\\ +\sum\limits_{h=1,h\neq l}^{N}\boldsymbol{P}_{l1}^{\mathrm{T}}\boldsymbol{A}_{lh}^i(\boldsymbol{A}_{lh}^i)^{\mathrm{T}}\boldsymbol{P}_{l1}+(N-1)\boldsymbol{I}+\boldsymbol{Q}_1+(\boldsymbol{K}_l^i)^{\mathrm{T}}\boldsymbol{R}_1\boldsymbol{K}_l^i\end{pmatrix} & (*)^{\mathrm{T}}\\ (\boldsymbol{D}_l^i)^{\mathrm{T}}\boldsymbol{P}_{l1} & -\gamma^2\boldsymbol{I}\end{bmatrix}$$

$$\boldsymbol{\varXi}_{l1}^{ij}=\begin{bmatrix}\begin{pmatrix}(\boldsymbol{A}_l^i)^{\mathrm{T}}\boldsymbol{P}_{l1}+\boldsymbol{P}_{l1}^{\mathrm{T}}\boldsymbol{A}_l^i+(\boldsymbol{B}_l^i\boldsymbol{K}_l^j)^{\mathrm{T}}\boldsymbol{P}_{l1}+\boldsymbol{P}_{l1}^{\mathrm{T}}\boldsymbol{B}_l^i\boldsymbol{K}_l^j+(\boldsymbol{A}_l^j)^{\mathrm{T}}\boldsymbol{P}_{l1}+\boldsymbol{P}_{l1}^{\mathrm{T}}\boldsymbol{A}_l^j\\ +(\boldsymbol{B}_l^j\boldsymbol{K}_l^i)^{\mathrm{T}}\boldsymbol{P}_{l1}+\boldsymbol{P}_{l1}^{\mathrm{T}}\boldsymbol{B}_l^j\boldsymbol{K}_l^i+(\boldsymbol{K}_l^j)^{\mathrm{T}}\boldsymbol{R}_1\boldsymbol{K}_l^j+\sum\limits_{h=1,h\neq l}^{N}\boldsymbol{P}_{l1}^{\mathrm{T}}\boldsymbol{A}_{lh}^i(\boldsymbol{A}_{lh}^i)^{\mathrm{T}}\boldsymbol{P}_{l1}\\ +(\boldsymbol{K}_l^i)^{\mathrm{T}}\boldsymbol{R}_1\boldsymbol{K}_l^i+\sum\limits_{h=1,h\neq l}^{N}\boldsymbol{P}_{l1}^{\mathrm{T}}\boldsymbol{A}_{lh}^j(\boldsymbol{A}_{lh}^j)^{\mathrm{T}}\boldsymbol{P}_{l1}+2(N-1)\boldsymbol{I}+2\boldsymbol{Q}_1\end{pmatrix} & (*)^{\mathrm{T}}\\ (\boldsymbol{D}_l^i+\boldsymbol{D}_l^j)^{\mathrm{T}}\boldsymbol{P}_{l1} & -2\gamma^2\boldsymbol{I}\end{bmatrix}$$

$$\boldsymbol{P}_{l1}=\begin{bmatrix}\boldsymbol{P}_{l1,ss} & \boldsymbol{O}\\ \boldsymbol{P}_{l1,zs} & \boldsymbol{P}_{l1,zz}\end{bmatrix},\qquad \boldsymbol{P}_{l1,zz}=\operatorname{diag}\{\boldsymbol{P}_{l1,z_1\times z_1},\boldsymbol{P}_{l1,z_2\times z_2},\cdots,\boldsymbol{P}_{l1,z_H\times z_H}\}$$

则存在 $\varepsilon_h^*>0$，$\forall\varepsilon_h\in(0,\varepsilon_h^*]$，$h=1,2,\cdots,H$，对于闭环系统（9.5），稳定性条件（Per 9.1）和 H_∞ 性能指标（Per 9.2）均可得到满足。

证明：令 $\boldsymbol{P}_{\varepsilon l1}=\begin{bmatrix}\boldsymbol{P}_{l1,ss} & \boldsymbol{P}_{l1,zs}^{\mathrm{T}}\boldsymbol{\varLambda}_\varepsilon\\ \boldsymbol{P}_{l1,zs} & \boldsymbol{P}_{l1,zz}\end{bmatrix}$，其中 $\boldsymbol{P}_{l1,ss}$ 为正定对称矩阵，$\boldsymbol{P}_{l1,zz}$ 为正定对称块对角矩阵，则有

$$\boldsymbol{E}_\varepsilon\boldsymbol{P}_{\varepsilon l1}=\begin{bmatrix}\boldsymbol{P}_{l1,ss} & \boldsymbol{P}_{l1,zs}^{\mathrm{T}}\boldsymbol{\varLambda}_\varepsilon\\ \boldsymbol{\varLambda}_\varepsilon\boldsymbol{P}_{l1,zs} & \boldsymbol{P}_{l1,zz}\boldsymbol{\varLambda}_\varepsilon\end{bmatrix}=\boldsymbol{P}_{\varepsilon l1}^{\mathrm{T}}\boldsymbol{E}_\varepsilon>\boldsymbol{O}\tag{9.12}$$

选择李雅普诺夫函数为

$$V(\boldsymbol{x}_l(t))=\sum_{l=1}^{N}\boldsymbol{x}_l^{\mathrm{T}}(t)\boldsymbol{E}_\varepsilon\boldsymbol{P}_{\varepsilon l1}\boldsymbol{x}_l(t)\tag{9.13}$$

则

$$\begin{aligned}\dot V(\boldsymbol{x}_l(t))=&\sum_{l=1}^{N}\sum_{i=1}^{r_l}\sum_{j=1}^{r_l}\mu_l^i\mu_l^j(\boldsymbol{x}_l^{\mathrm{T}}(t)(\boldsymbol{A}_l^i+\boldsymbol{B}_l^i\boldsymbol{K}_l^j)^{\mathrm{T}}\boldsymbol{P}_{\varepsilon l1}\boldsymbol{x}_l(t)\\&+\boldsymbol{x}_l^{\mathrm{T}}(t)\boldsymbol{P}_{\varepsilon l1}^{\mathrm{T}}(\boldsymbol{A}_l^i+\boldsymbol{B}_l^i\boldsymbol{K}_l^j)\boldsymbol{x}_l(t)+\left(\sum_{h=1,h\neq l}^{N}\boldsymbol{x}_l^{\mathrm{T}}(t)\boldsymbol{P}_{\varepsilon l1}^{\mathrm{T}}\boldsymbol{A}_{lh}^i\boldsymbol{x}_h(t)\right)^{\mathrm{T}}\\&+\sum_{h=1,h\neq l}^{N}\boldsymbol{x}_l^{\mathrm{T}}(t)\boldsymbol{P}_{\varepsilon l1}^{\mathrm{T}}\boldsymbol{A}_{lh}^i\boldsymbol{x}_h(t)+\boldsymbol{w}_l^{\mathrm{T}}(t)(\boldsymbol{D}_l^i)^{\mathrm{T}}\boldsymbol{P}_{\varepsilon l1}\boldsymbol{x}_l(t)+\boldsymbol{x}_l^{\mathrm{T}}(t)\boldsymbol{P}_{\varepsilon l1}^{\mathrm{T}}\boldsymbol{D}_l^i\boldsymbol{w}_l(t))\\\leqslant&\sum_{l=1}^{N}\left(\sum_{i=1}^{r_l}(\mu_l^i)^2(\boldsymbol{x}_l^{\mathrm{T}}(t)((\boldsymbol{A}_l^i+\boldsymbol{B}_l^i\boldsymbol{K}_l^i)^{\mathrm{T}}\boldsymbol{P}_{\varepsilon l1}+\boldsymbol{P}_{\varepsilon l1}^{\mathrm{T}}(\boldsymbol{A}_l^i+\boldsymbol{B}_l^i\boldsymbol{K}_l^i))\boldsymbol{x}_l(t)\right.\\&+(N-1)\boldsymbol{x}_l^{\mathrm{T}}(t)\boldsymbol{x}_l(t)+\sum_{h=1,h\neq l}^{N}\boldsymbol{x}_l^{\mathrm{T}}(t)\boldsymbol{P}_{\varepsilon l1}^{\mathrm{T}}\boldsymbol{A}_{lh}^i(\boldsymbol{A}_{lh}^i)^{\mathrm{T}}\boldsymbol{P}_{\varepsilon l1}\boldsymbol{x}_l(t)\\&+\boldsymbol{w}_l^{\mathrm{T}}(t)(\boldsymbol{D}_l^i)^{\mathrm{T}}\boldsymbol{P}_{\varepsilon l1}\boldsymbol{x}_l(t)+\boldsymbol{x}_l^{\mathrm{T}}(t)\boldsymbol{P}_{\varepsilon l1}^{\mathrm{T}}\boldsymbol{D}_l^i\boldsymbol{w}_l(t))\\&+\sum_{\substack{i,j=1\\i<j}}^{r_l}\mu_l^i\mu_l^j(\boldsymbol{x}_l^{\mathrm{T}}(t)((\boldsymbol{A}_l^i+\boldsymbol{B}_l^i\boldsymbol{K}_l^j)^{\mathrm{T}}\boldsymbol{P}_{\varepsilon l1}+\boldsymbol{P}_{\varepsilon l1}^{\mathrm{T}}(\boldsymbol{A}_l^i+\boldsymbol{B}_l^i\boldsymbol{K}_l^j))\boldsymbol{x}_l(t)\\&+(N-1)\boldsymbol{x}_l^{\mathrm{T}}(t)\boldsymbol{x}_l(t)+\sum_{h=1,h\neq l}^{N}\boldsymbol{x}_l^{\mathrm{T}}(t)\boldsymbol{P}_{\varepsilon l1}^{\mathrm{T}}\boldsymbol{A}_{lh}^i(\boldsymbol{A}_{lh}^i)^{\mathrm{T}}\boldsymbol{P}_{\varepsilon l1}\boldsymbol{x}_l(t)\\&+\boldsymbol{w}_l^{\mathrm{T}}(t)(\boldsymbol{D}_l^i)^{\mathrm{T}}\boldsymbol{P}_{\varepsilon l1}\boldsymbol{x}_l(t)+\boldsymbol{x}_l^{\mathrm{T}}(t)\boldsymbol{P}_{\varepsilon l1}^{\mathrm{T}}\boldsymbol{D}_l^i\boldsymbol{w}_l(t)\\&+\boldsymbol{x}_l^{\mathrm{T}}(t)((\boldsymbol{A}_l^j+\boldsymbol{B}_l^j\boldsymbol{K}_l^i)^{\mathrm{T}}\boldsymbol{P}_{\varepsilon l1}+\boldsymbol{P}_{\varepsilon l1}^{\mathrm{T}}(\boldsymbol{A}_l^j+\boldsymbol{B}_l^j\boldsymbol{K}_l^i))\boldsymbol{x}_l(t)\end{aligned}$$

$$
\begin{aligned}
&+(N-1)\boldsymbol{x}_l^{\mathrm{T}}(t)\boldsymbol{x}_l(t)+\sum_{h=1,h\neq l}^{N}\boldsymbol{x}_l^{\mathrm{T}}(t)\boldsymbol{P}_{\varepsilon l1}^{\mathrm{T}}\boldsymbol{A}_{lh}^j(\boldsymbol{A}_{lh}^j)^{\mathrm{T}}\boldsymbol{P}_{\varepsilon l1}\boldsymbol{x}_l(t)\\
&+\boldsymbol{w}_l^{\mathrm{T}}(t)(\boldsymbol{D}_l^j)^{\mathrm{T}}\boldsymbol{P}_{\varepsilon l1}\boldsymbol{x}_l(t)+\boldsymbol{x}_l^{\mathrm{T}}(t)\boldsymbol{P}_{\varepsilon l1}^{\mathrm{T}}\boldsymbol{D}_l^j\boldsymbol{w}_l(t)))
\end{aligned}
\tag{9.14}
$$

令

$$
J_\infty=\sum_{l=1}^{N}\int_0^{t_f}(\boldsymbol{x}_l^{\mathrm{T}}(t)\boldsymbol{Q}_1\boldsymbol{x}_l(t)+\boldsymbol{u}_l^{\mathrm{T}}(t)\boldsymbol{R}_1\boldsymbol{u}_l(t)-\gamma^2\boldsymbol{w}_l^{\mathrm{T}}(t)\boldsymbol{w}_l(t))\mathrm{d}t \tag{9.15}
$$

由 $(\boldsymbol{L}_i^k-\boldsymbol{L}_i^l)^{\mathrm{T}}\boldsymbol{R}_1(\boldsymbol{L}_i^k-\boldsymbol{L}_i^l)\geqslant\boldsymbol{O}$，可得

$$
(\boldsymbol{L}_i^k)^{\mathrm{T}}\boldsymbol{R}_1(\boldsymbol{L}_i^l)+(\boldsymbol{L}_i^l)^{\mathrm{T}}\boldsymbol{R}_1(\boldsymbol{L}_i^k)\leqslant(\boldsymbol{L}_i^k)^{\mathrm{T}}\boldsymbol{R}_1(\boldsymbol{L}_i^k)+(\boldsymbol{L}_i^l)^{\mathrm{T}}\boldsymbol{R}_1(\boldsymbol{L}_i^l) \tag{9.16}
$$

所以有

$$
\begin{aligned}
&\left[\sum_{k=1}^{r_i}\mu_i^k(\boldsymbol{L}_i^k)^{\mathrm{T}}\right]\boldsymbol{R}_1\left[\sum_{k=1}^{r_i}\mu_i^k(\boldsymbol{L}_i^k)\right]\\
&\leqslant\sum_{k=1}^{r_i}(\mu_i^k)^2(\boldsymbol{L}_i^k)^{\mathrm{T}}\boldsymbol{R}_1(\boldsymbol{L}_i^k)+\sum_{\substack{k,l=1\\k<l}}^{r_i}\mu_i^k\mu_i^l((\boldsymbol{L}_i^k)^{\mathrm{T}}\boldsymbol{R}_1(\boldsymbol{L}_i^k)+(\boldsymbol{L}_i^l)^{\mathrm{T}}\boldsymbol{R}_1(\boldsymbol{L}_i^l))
\end{aligned}
\tag{9.17}
$$

由式（9.14）、式（9.15）和式（9.17）以及 $V(\boldsymbol{x}_l(t_f))\geqslant 0$，可得

$$
\begin{aligned}
J_\infty\leqslant\sum_{l=1}^{N}\Bigg\{\int_0^{t_f}\Bigg\{&\sum_{i=1}^{r_l}(\mu_l^i)^2\begin{bmatrix}\boldsymbol{x}_l(t)\\\boldsymbol{w}_l(t)\end{bmatrix}^{\mathrm{T}}\boldsymbol{\Xi}_{\varepsilon l1}^{ii}\begin{bmatrix}\boldsymbol{x}_l(t)\\\boldsymbol{w}_l(t)\end{bmatrix}\\
&+\sum_{\substack{i,j=1\\i<j}}^{r_l}\mu_l^i\mu_l^j\begin{bmatrix}\boldsymbol{x}_l(t)\\\boldsymbol{w}_l(t)\end{bmatrix}^{\mathrm{T}}\boldsymbol{\Xi}_{\varepsilon l1}^{ij}\begin{bmatrix}\boldsymbol{x}_l(t)\\\boldsymbol{w}_l(t)\end{bmatrix}\Bigg\}\mathrm{d}t+V(\boldsymbol{x}_l(0))\Bigg\}
\end{aligned}
\tag{9.18}
$$

其中

$$
\boldsymbol{\Xi}_{\varepsilon l1}^{ii}=\begin{bmatrix}\begin{pmatrix}(\boldsymbol{A}_l^i)^{\mathrm{T}}\boldsymbol{P}_{\varepsilon l1}+\boldsymbol{P}_{\varepsilon l1}^{\mathrm{T}}\boldsymbol{A}_l^i+(\boldsymbol{B}_l^i\boldsymbol{K}_l^i)^{\mathrm{T}}\boldsymbol{P}_{\varepsilon l1}+\boldsymbol{P}_{\varepsilon l1}^{\mathrm{T}}(\boldsymbol{B}_l^i\boldsymbol{K}_l^i)\\+(N-1)\boldsymbol{I}+\sum\limits_{h=1,h\neq l}^{N}\boldsymbol{P}_{\varepsilon l1}^{\mathrm{T}}\boldsymbol{A}_{lh}^i(\boldsymbol{A}_{lh}^i)^{\mathrm{T}}\boldsymbol{P}_{\varepsilon l1}+\boldsymbol{Q}_1+(\boldsymbol{K}_l^i)^{\mathrm{T}}\boldsymbol{R}_1\boldsymbol{K}_l^i\end{pmatrix} & (*)^{\mathrm{T}}\\(\boldsymbol{D}_l^i)^{\mathrm{T}}\boldsymbol{P}_{\varepsilon l1} & -\gamma^2\boldsymbol{I}\end{bmatrix}
$$

$$
\boldsymbol{\Xi}_{\varepsilon l1}^{ij}=\begin{bmatrix}\begin{pmatrix}(\boldsymbol{A}_l^i)^{\mathrm{T}}\boldsymbol{P}_{\varepsilon l1}+\boldsymbol{P}_{\varepsilon l1}^{\mathrm{T}}\boldsymbol{A}_l^i+(\boldsymbol{B}_l^i\boldsymbol{K}_l^j)^{\mathrm{T}}\boldsymbol{P}_{\varepsilon l1}+\boldsymbol{P}_{\varepsilon l1}^{\mathrm{T}}\boldsymbol{B}_l^i\boldsymbol{K}_l^j+(\boldsymbol{A}_l^j)^{\mathrm{T}}\boldsymbol{P}_{\varepsilon l1}+\boldsymbol{P}_{\varepsilon l1}^{\mathrm{T}}\boldsymbol{A}_l^j\\+(\boldsymbol{B}_l^j\boldsymbol{K}_l^i)^{\mathrm{T}}\boldsymbol{P}_{\varepsilon l1}+\boldsymbol{P}_{\varepsilon l1}^{\mathrm{T}}\boldsymbol{B}_l^j\boldsymbol{K}_l^i+(\boldsymbol{K}_l^i)^{\mathrm{T}}\boldsymbol{R}_1\boldsymbol{K}_l^i+\sum\limits_{h=1,h\neq l}^{N}\boldsymbol{P}_{\varepsilon l1}^{\mathrm{T}}\boldsymbol{A}_{lh}^i(\boldsymbol{A}_{lh}^i)^{\mathrm{T}}\boldsymbol{P}_{\varepsilon l1}\\+\sum\limits_{h=1,h\neq l}^{N}\boldsymbol{P}_{\varepsilon l1}^{\mathrm{T}}\boldsymbol{A}_{lh}^j(\boldsymbol{A}_{lh}^j)^{\mathrm{T}}\boldsymbol{P}_{\varepsilon l1}+2(N-1)\boldsymbol{I}+2\boldsymbol{Q}_1+(\boldsymbol{K}_l^j)^{\mathrm{T}}\boldsymbol{R}_1\boldsymbol{K}_l^j\end{pmatrix} & (*)^{\mathrm{T}}\\(\boldsymbol{D}_l^i+\boldsymbol{D}_l^j)^{\mathrm{T}}\boldsymbol{P}_{\varepsilon l1} & -2\gamma^2\boldsymbol{I}\end{bmatrix}
$$

显然 $\boldsymbol{\Xi}_{\varepsilon l1}^{ii}=\boldsymbol{\Xi}_{l1}^{ii}+\boldsymbol{H}(\boldsymbol{\varepsilon})$ ，$\boldsymbol{\Xi}_{\varepsilon l1}^{ij}=\boldsymbol{\Xi}_{l1}^{ij}+\boldsymbol{H}(\boldsymbol{\varepsilon})$ ，故存在 $\varepsilon_h^*>0$ ，$\forall\varepsilon_h\in\left(0,\varepsilon_h^*\right]$ ，$h=1,2,\cdots,H$ ，满足：

$$\boldsymbol{\Xi}_{\varepsilon l1}^{ii}<\boldsymbol{O}，\ i=1,2,\cdots,r_l \tag{9.19}$$

$$\boldsymbol{\Xi}_{\varepsilon l1}^{ij}<\boldsymbol{O}，\ i,j=1,2,\cdots,r_l\text{ 且 }i<j \tag{9.20}$$

则得到

$$J_\infty<\sum_{l=1}^{N}V(\boldsymbol{x}_l(0)) \tag{9.21}$$

再由

$$V(\boldsymbol{x}_l(0))=\boldsymbol{x}_{l,s}^{\mathrm{T}}(t)\boldsymbol{P}_{l1,ss}\boldsymbol{x}_{l,s}(t)+O(\boldsymbol{\varepsilon}) \tag{9.22}$$

可知 H_∞ 性能指标，即式（9.6）能够得到满足。最后，由于式（9.19）和式（9.20）暗含：

$$\begin{aligned}&(\boldsymbol{A}_l^i)^{\mathrm{T}}\boldsymbol{P}_{\varepsilon l1}+\boldsymbol{P}_{\varepsilon l1}^{\mathrm{T}}\boldsymbol{A}_l^i+(\boldsymbol{B}_l^i\boldsymbol{K}_l^i)^{\mathrm{T}}\boldsymbol{P}_{\varepsilon l1}+\boldsymbol{P}_{\varepsilon l1}^{\mathrm{T}}(\boldsymbol{B}_l^i\boldsymbol{K}_l^i)+(N-1)\boldsymbol{I}\\&+\sum_{h=1,h\neq l}^{N}\boldsymbol{P}_{\varepsilon l1}^{\mathrm{T}}\boldsymbol{A}_{lh}^i(\boldsymbol{A}_{lh}^i)^{\mathrm{T}}\boldsymbol{P}_{\varepsilon l1}+\boldsymbol{Q}_1+(\boldsymbol{K}_l^i)^{\mathrm{T}}\boldsymbol{R}_1\boldsymbol{K}_l^i<\boldsymbol{O}\end{aligned} \tag{9.23}$$

$$\begin{aligned}&(\boldsymbol{A}_l^i)^{\mathrm{T}}\boldsymbol{P}_{\varepsilon l1}+\boldsymbol{P}_{\varepsilon l1}^{\mathrm{T}}\boldsymbol{A}_l^i+(\boldsymbol{B}_l^i\boldsymbol{K}_l^j)^{\mathrm{T}}\boldsymbol{P}_{\varepsilon l1}+\boldsymbol{P}_{\varepsilon l1}^{\mathrm{T}}\boldsymbol{B}_l^i\boldsymbol{K}_l^j+(\boldsymbol{A}_l^j)^{\mathrm{T}}\boldsymbol{P}_{\varepsilon l1}+\boldsymbol{P}_{\varepsilon l1}^{\mathrm{T}}\boldsymbol{A}_l^j\\&+(\boldsymbol{B}_l^j\boldsymbol{K}_l^i)^{\mathrm{T}}\boldsymbol{P}_{\varepsilon l1}+\boldsymbol{P}_{\varepsilon l1}^{\mathrm{T}}\boldsymbol{B}_l^j\boldsymbol{K}_l^i+\sum_{h=1,h\neq l}^{N}\boldsymbol{P}_{\varepsilon l1}^{\mathrm{T}}\boldsymbol{A}_{lh}^i(\boldsymbol{A}_{lh}^i)^{\mathrm{T}}\boldsymbol{P}_{\varepsilon l1}+2(N-1)\boldsymbol{I}\\&+\sum_{h=1,h\neq l}^{N}\boldsymbol{P}_{\varepsilon l1}^{\mathrm{T}}\boldsymbol{A}_{lh}^j(\boldsymbol{A}_{lh}^j)^{\mathrm{T}}\boldsymbol{P}_{sl1}+2\boldsymbol{Q}_1+(\boldsymbol{K}_l^j)^{\mathrm{T}}\boldsymbol{R}_1\boldsymbol{K}_l^j+(\boldsymbol{K}_l^i)^{\mathrm{T}}\boldsymbol{R}_1\boldsymbol{K}_l^i<\boldsymbol{O}\end{aligned} \tag{9.24}$$

故当 $\boldsymbol{w}(t)\equiv\boldsymbol{0}$ 时，有

$$\dot{V}(\boldsymbol{x}_l(t))=\sum_{l=1}^{N}(\dot{\boldsymbol{x}}_l^{\mathrm{T}}(t)\boldsymbol{E}_\varepsilon\boldsymbol{P}_{\varepsilon l1}\boldsymbol{x}_l(t)+\boldsymbol{x}_l^{\mathrm{T}}(t)\boldsymbol{P}_{\varepsilon l1}^{\mathrm{T}}\boldsymbol{E}_\varepsilon\dot{\boldsymbol{x}}_l(t))<\boldsymbol{O} \tag{9.25}$$

因此闭环系统保持渐近稳定。

令 $\boldsymbol{X}_{l1}=(\boldsymbol{P}_{sl1})^{-1}$，$\boldsymbol{M}_l^i=\boldsymbol{K}_l^i(\boldsymbol{P}_{sl1})^{-1}$，$\boldsymbol{M}_l^j=\boldsymbol{K}_l^j(\boldsymbol{P}_{sli})^{-1}$，对式（9.19）和式（9.20）左乘 $\mathrm{diag}\{\boldsymbol{X}_{l1}^{\mathrm{T}},\boldsymbol{I}\}$，右乘 $\mathrm{diag}\{\boldsymbol{X}_{l1}^{\mathrm{T}},\boldsymbol{I}\}$，然后利用 Schur 补定理化为 LMI 形式如下，以便利用 MATLAB 的 LMI 工具箱直接求解：

$$\begin{bmatrix}\boldsymbol{\Phi}_{l1}^{ii} & * & * & * & *\\(\boldsymbol{\Psi}_{lh}^i)^{\mathrm{T}} & -\boldsymbol{I} & * & * & *\\\boldsymbol{X}_{l1} & \boldsymbol{O} & -[(N-1)\boldsymbol{I}+\boldsymbol{Q}_1]^{-1} & * & *\\\boldsymbol{M}_l^i & \boldsymbol{O} & \boldsymbol{O} & -(\boldsymbol{R}_1)^{-1} & *\\(\boldsymbol{D}_l^i)^{\mathrm{T}} & \boldsymbol{O} & \boldsymbol{O} & \boldsymbol{O} & -\gamma^2\boldsymbol{I}\end{bmatrix}<\boldsymbol{O} \tag{9.26}$$

$$\begin{bmatrix} \boldsymbol{\Phi}_{l1}^{ij} & * & * & * & * & * & * \\ (\boldsymbol{\Psi}_{lh}^{i})^{\mathrm{T}} & -\boldsymbol{I} & * & * & * & * & * \\ (\boldsymbol{\Psi}_{lh}^{j})^{\mathrm{T}} & \boldsymbol{O} & -\boldsymbol{I} & * & * & * & * \\ \boldsymbol{X}_{l1} & \boldsymbol{O} & \boldsymbol{O} & \boldsymbol{\Phi}_{l1,44} & * & * & * \\ \boldsymbol{M}_{l}^{j} & \boldsymbol{O} & \boldsymbol{O} & \boldsymbol{O} & -(\boldsymbol{R}_1)^{-1} & * & * \\ \boldsymbol{M}_{l}^{i} & \boldsymbol{O} & \boldsymbol{O} & \boldsymbol{O} & \boldsymbol{O} & -(\boldsymbol{R}_1)^{-1} & * \\ (\boldsymbol{D}_l^i+\boldsymbol{D}_l^j)^{\mathrm{T}} & \boldsymbol{O} & \boldsymbol{O} & \boldsymbol{O} & \boldsymbol{O} & \boldsymbol{O} & -2\gamma^2\boldsymbol{I} \end{bmatrix} < \boldsymbol{O} \quad (9.27)$$

其中

$$\boldsymbol{\Phi}_{l1}^{ii} = \boldsymbol{X}_{l1}^{\mathrm{T}}(\boldsymbol{A}_l^i)^{\mathrm{T}} + \boldsymbol{A}_l^i\boldsymbol{X}_{l1} + (\boldsymbol{B}_l^i\boldsymbol{M}_l^i)^{\mathrm{T}} + \boldsymbol{B}_l^i\boldsymbol{M}_l^i, \quad \boldsymbol{\Phi}_{l1,44} = -(2(N-1)\boldsymbol{I}+2\boldsymbol{Q}_1)^{-1}$$

$$\boldsymbol{\Phi}_{l1}^{ij} = \boldsymbol{X}_{l1}^{\mathrm{T}}(\boldsymbol{A}_l^i)^{\mathrm{T}} + \boldsymbol{A}_l^i\boldsymbol{X}_{l1} + (\boldsymbol{B}_l^i\boldsymbol{M}_l^j)^{\mathrm{T}} + \boldsymbol{B}_l^i\boldsymbol{M}_l^j + \boldsymbol{X}_{l1}^{\mathrm{T}}(\boldsymbol{A}_l^j)^{\mathrm{T}} + \boldsymbol{A}_l^j\boldsymbol{X}_{l1} + (\boldsymbol{B}_l^j\boldsymbol{M}_l^i)^{\mathrm{T}} + \boldsymbol{B}_l^j\boldsymbol{M}_l^i$$

$$\boldsymbol{\Psi}_{lh}^{i} = [\boldsymbol{A}_{l,1}^i \quad \cdots \quad \boldsymbol{A}_{l,l-1}^i \quad \boldsymbol{A}_{l,l+1}^i \quad \cdots \quad \boldsymbol{A}_{l,N}^i]$$

$$\boldsymbol{\Psi}_{lh}^{j} = [\boldsymbol{A}_{l,1}^j \quad \cdots \quad \boldsymbol{A}_{l,l-1}^j \quad \boldsymbol{A}_{l,l+1}^j \quad \cdots \quad \boldsymbol{A}_{l,N}^j]$$

定理 9.2 对于交联系统（9.5）和状态反馈控制矩阵 $\boldsymbol{K}_l^j$，如果存在公共矩阵 $\boldsymbol{P}_{l2,ss} = \boldsymbol{P}_{l2,ss}^{\mathrm{T}} > \boldsymbol{O}$ 和 $\boldsymbol{P}_{l2,zz} = \boldsymbol{P}_{l2,zz}^{\mathrm{T}} > \boldsymbol{O}$ 和 $\boldsymbol{P}_{l2,zs}$ 满足：

$$\boldsymbol{\Xi}_{l2}^{ii} < \boldsymbol{O}, \quad i = 1,2,\cdots,r_l \quad (9.28)$$

$$\boldsymbol{\Xi}_{l2}^{ij} < \boldsymbol{O}, \quad i,j = 1,2,\cdots,r_l \text{ 且 } i<j \quad (9.29)$$

其中

$$\begin{aligned}\boldsymbol{\Xi}_{l2}^{ii} =\ & (\boldsymbol{A}_l^i)^{\mathrm{T}}\boldsymbol{P}_{l2} + \boldsymbol{P}_{l2}^{\mathrm{T}}\boldsymbol{A}_l^i + (\boldsymbol{B}_l^i\boldsymbol{K}_l^i)^{\mathrm{T}}\boldsymbol{P}_{l2} + \boldsymbol{P}_{l2}^{\mathrm{T}}(\boldsymbol{B}_l^i\boldsymbol{K}_l^i) + (N-1)\boldsymbol{I} + \boldsymbol{Q}_2 + \sum_{h=1,h\neq l}^{N}\boldsymbol{P}_{l2}^{\mathrm{T}}\boldsymbol{A}_{lh}^i(\boldsymbol{A}_{lh}^i)^{\mathrm{T}}\boldsymbol{P}_{l2} \\ & + (\boldsymbol{K}_l^i)^{\mathrm{T}}\boldsymbol{R}_2\boldsymbol{K}_l^i\end{aligned}$$

$$\begin{aligned}\boldsymbol{\Xi}_{l2}^{ij} =\ & (\boldsymbol{A}_l^i)^{\mathrm{T}}\boldsymbol{P}_{l2} + \boldsymbol{P}_{l2}^{\mathrm{T}}\boldsymbol{A}_l^i + (\boldsymbol{B}_l^i\boldsymbol{K}_l^j)^{\mathrm{T}}\boldsymbol{P}_{l2} + \boldsymbol{P}_{l2}^{\mathrm{T}}\boldsymbol{B}_l^i\boldsymbol{K}_l^j + (\boldsymbol{A}_l^j)^{\mathrm{T}}\boldsymbol{P}_{l2} + \boldsymbol{P}_{l2}^{\mathrm{T}}\boldsymbol{A}_l^j + (\boldsymbol{B}_l^j\boldsymbol{K}_l^i)^{\mathrm{T}}\boldsymbol{P}_{l2} \\ & + \boldsymbol{P}_{l2}^{\mathrm{T}}\boldsymbol{B}_l^j\boldsymbol{K}_l^i + \sum_{h=1,h\neq l}^{N}\boldsymbol{P}_{l2}^{\mathrm{T}}\boldsymbol{A}_{lh}^i(\boldsymbol{A}_{lh}^i)^{\mathrm{T}}\boldsymbol{P}_{l2} + \sum_{h=1,h\neq l}^{N}\boldsymbol{P}_{l2}^{\mathrm{T}}\boldsymbol{A}_{lh}^j(\boldsymbol{A}_{lh}^j)^{\mathrm{T}}\boldsymbol{P}_{l2} + 2(N-1)\boldsymbol{I} + 2\boldsymbol{Q}_2 \\ & + (\boldsymbol{K}_l^j)^{\mathrm{T}}\boldsymbol{R}_2\boldsymbol{K}_l^j + (\boldsymbol{K}_l^i)^{\mathrm{T}}\boldsymbol{R}_2\boldsymbol{K}_l^i\end{aligned}$$

$$\boldsymbol{P}_{l2} = \begin{bmatrix} \boldsymbol{P}_{l2,ss} & \boldsymbol{O} \\ \boldsymbol{P}_{l2,zs} & \boldsymbol{P}_{l2,zz} \end{bmatrix}, \qquad \boldsymbol{P}_{l2,zz} = \mathrm{diag}\{\boldsymbol{P}_{l2,z_1z_1}, \boldsymbol{P}_{l2,z_2z_2}, \cdots, \boldsymbol{P}_{l2,z_Hz_H}\}$$

则存在 $\varepsilon_h^* > 0$，$\forall\varepsilon_h \in \left(0,\varepsilon_h^*\right]$，$h = 1,2,\cdots,H$，使闭环系统（9.5）满足最优控制中的二次型性能指标，即式（9.7）。

证明： 令 $\boldsymbol{P}_{\varepsilon l2} = \begin{bmatrix} \boldsymbol{P}_{l2,ss} & \boldsymbol{P}_{l2,zs}^{\mathrm{T}}\boldsymbol{\Lambda}_{\varepsilon} \\ \boldsymbol{P}_{l2,zs} & \boldsymbol{P}_{l2,zz} \end{bmatrix}$，其中 $\boldsymbol{P}_{l2,ss}$ 为正定对称矩阵，$\boldsymbol{P}_{l2,zz}$ 为正定对称块对角矩阵，则有

$$\boldsymbol{E}_\varepsilon\boldsymbol{P}_{\varepsilon l2}=\begin{bmatrix}\boldsymbol{P}_{l2,ss} & \boldsymbol{P}_{l2,zs}^{\mathrm{T}}\boldsymbol{\Lambda}_\varepsilon\\ \boldsymbol{\Lambda}_\varepsilon\boldsymbol{P}_{l2,zs} & \boldsymbol{P}_{l2,zz}\boldsymbol{\Lambda}_\varepsilon\end{bmatrix}=\boldsymbol{P}_{\varepsilon l2}^{\mathrm{T}}\boldsymbol{E}_\varepsilon>\boldsymbol{O} \tag{9.30}$$

选择李雅普诺夫函数为

$$V(\boldsymbol{x}_l(t))=\sum_{l=1}^{N}\boldsymbol{x}_l^{\mathrm{T}}(t)\boldsymbol{E}_\varepsilon\boldsymbol{P}_{\varepsilon l2}\boldsymbol{x}_l(t) \tag{9.31}$$

则

$$\begin{aligned}\dot V(\boldsymbol{x}_l(t))=&\sum_{l=1}^{N}\sum_{i=1}^{r_l}\sum_{j=1}^{r_l}\mu_l^i\mu_l^j\Bigg\{\boldsymbol{x}_l^{\mathrm{T}}(t)[\boldsymbol{A}_l^i+\boldsymbol{B}_l^i\boldsymbol{K}_l^j]^{\mathrm{T}}\boldsymbol{P}_{\varepsilon l2}\boldsymbol{x}_l(t)\\&+\boldsymbol{x}_l^{\mathrm{T}}(t)\boldsymbol{P}_{\varepsilon l2}^{\mathrm{T}}[\boldsymbol{A}_l^i+\boldsymbol{B}_l^i\boldsymbol{K}_l^j]\boldsymbol{x}_l(t)+\left[\sum_{h=1,h\neq l}^{N}\boldsymbol{x}_l^{\mathrm{T}}(t)\boldsymbol{P}_{\varepsilon l2}^{\mathrm{T}}\boldsymbol{A}_{lh}^i\boldsymbol{x}_h(t)\right]^{\mathrm{T}}\\&+\sum_{h=1,h\neq l}^{N}\boldsymbol{x}_l^{\mathrm{T}}(t)\boldsymbol{P}_{\varepsilon l2}^{\mathrm{T}}\boldsymbol{A}_{lh}^i\boldsymbol{x}_h(t)\Bigg\}\\\leqslant&\sum_{l=1}^{N}\Bigg\{\sum_{i=1}^{r_l}(\mu_l^i)^2\Bigg\{\boldsymbol{x}_l^{\mathrm{T}}(t)[(\boldsymbol{A}_l^i+\boldsymbol{B}_l^i\boldsymbol{K}_l^i)^{\mathrm{T}}\boldsymbol{P}_{\varepsilon l2}+\boldsymbol{P}_{\varepsilon l2}^{\mathrm{T}}(\boldsymbol{A}_l^i+\boldsymbol{B}_l^i\boldsymbol{K}_l^i)]\boldsymbol{x}_l(t)\\&+(N-1)\boldsymbol{x}_l^{\mathrm{T}}(t)\boldsymbol{x}_l(t)+\sum_{h=1,h\neq l}^{N}\boldsymbol{x}_l^{\mathrm{T}}(t)\boldsymbol{P}_{\varepsilon l2}^{\mathrm{T}}\boldsymbol{A}_{lh}^i(\boldsymbol{A}_{lh}^i)^{\mathrm{T}}\boldsymbol{P}_{\varepsilon l2}\boldsymbol{x}_l(t)\Bigg\}\\&+\sum_{\substack{i,j=1\\i<j}}^{r_l}\mu_l^i\mu_l^j\Bigg\{\boldsymbol{x}_l^{\mathrm{T}}(t)[(\boldsymbol{A}_l^i+\boldsymbol{B}_l^i\boldsymbol{K}_l^j)^{\mathrm{T}}\boldsymbol{P}_{\varepsilon l2}+\boldsymbol{P}_{\varepsilon l2}^{\mathrm{T}}(\boldsymbol{A}_l^i+\boldsymbol{B}_l^i\boldsymbol{K}_l^j)]\boldsymbol{x}_l(t)\\&+(N-1)\boldsymbol{x}_l^{\mathrm{T}}(t)\boldsymbol{x}_l(t)+\sum_{h=1,h\neq l}^{N}\boldsymbol{x}_l^{\mathrm{T}}(t)\boldsymbol{P}_{\varepsilon l2}^{\mathrm{T}}\boldsymbol{A}_{lh}^i(\boldsymbol{A}_{lh}^i)^{\mathrm{T}}\boldsymbol{P}_{\varepsilon l2}\boldsymbol{x}_l(t)\\&+\boldsymbol{x}_l^{\mathrm{T}}(t)[(\boldsymbol{A}_l^j+\boldsymbol{B}_l^j\boldsymbol{K}_l^i)^{\mathrm{T}}\boldsymbol{P}_{\varepsilon l2}+\boldsymbol{P}_{\varepsilon l2}^{\mathrm{T}}(\boldsymbol{A}_l^j+\boldsymbol{B}_l^j\boldsymbol{K}_l^i)]\boldsymbol{x}_l(t)\\&+(N-1)\boldsymbol{x}_l^{\mathrm{T}}(t)\boldsymbol{x}_l(t)+\sum_{h=1,h\neq l}^{N}\boldsymbol{x}_l^{\mathrm{T}}(t)\boldsymbol{P}_{\varepsilon l2}^{\mathrm{T}}\boldsymbol{A}_{lh}^j(\boldsymbol{A}_{lh}^j)^{\mathrm{T}}\boldsymbol{P}_{\varepsilon l2}\boldsymbol{x}_l(t)\Bigg\}\Bigg\}\end{aligned} \tag{9.32}$$

令

$$J_Q=\sum_{i=1}^{N}\int_0^{t_f}(\boldsymbol{x}_l^{\mathrm{T}}(t)\boldsymbol{Q}_2\boldsymbol{x}_l(t)+\boldsymbol{u}_l^{\mathrm{T}}(t)\boldsymbol{R}_2\boldsymbol{u}_l(t))\mathrm{d}t \tag{9.33}$$

由式（9.32）、式（9.33）和式（9.17）以及$V(\boldsymbol{x}(t_f))\geqslant 0$，可得

$$J_Q\leqslant\sum_{l=1}^{N}\left\{\int_0^{t_f}\left[\sum_{i=1}^{r_l}(\mu_l^i)^2\boldsymbol{x}_l^{\mathrm{T}}(t)\boldsymbol{\Xi}_{\varepsilon l2}^{ii}\boldsymbol{x}_l(t)+\sum_{\substack{i,j=1\\i<j}}^{n}\mu_l^i\mu_l^j\boldsymbol{x}_l^{\mathrm{T}}(t)\boldsymbol{\Xi}_{\varepsilon l2}^{ij}\boldsymbol{x}_l(t)\right]\mathrm{d}t+V(\boldsymbol{x}_l(0))\right\} \tag{9.34}$$

其中

$$\begin{aligned}\boldsymbol{\varXi}_{\varepsilon l2}^{ii} &= (\boldsymbol{A}_l^i)^{\mathrm{T}}\boldsymbol{P}_{\varepsilon l2}+\boldsymbol{P}_{\varepsilon l2}^{\mathrm{T}}\boldsymbol{A}_l^i+(\boldsymbol{B}_l^i\boldsymbol{K}_l^i)^{\mathrm{T}}\boldsymbol{P}_{\varepsilon l2}+\boldsymbol{P}_{\varepsilon l2}^{\mathrm{T}}(\boldsymbol{B}_l^i\boldsymbol{K}_l^i)+(N-1)\boldsymbol{I}+\boldsymbol{Q}_2\\&\quad+\sum_{h=1,h\neq l}^{N}\boldsymbol{P}_{\varepsilon l2}^{\mathrm{T}}\boldsymbol{A}_{lh}^i(\boldsymbol{A}_{lh}^i)^{\mathrm{T}}\boldsymbol{P}_{\varepsilon l2}+(\boldsymbol{K}_l^i)^{\mathrm{T}}\boldsymbol{R}_2\boldsymbol{K}_l^i\end{aligned}$$

$$\begin{aligned}\boldsymbol{\varXi}_{\varepsilon l2}^{ij} &= (\boldsymbol{A}_l^i)^{\mathrm{T}}\boldsymbol{P}_{\varepsilon l2}+\boldsymbol{P}_{\varepsilon l2}^{\mathrm{T}}\boldsymbol{A}_l^i+(\boldsymbol{B}_l^i\boldsymbol{K}_l^j)^{\mathrm{T}}\boldsymbol{P}_{\varepsilon l2}+\boldsymbol{P}_{\varepsilon l2}^{\mathrm{T}}\boldsymbol{B}_l^i\boldsymbol{K}_l^j+(\boldsymbol{A}_l^j)^{\mathrm{T}}\boldsymbol{P}_{\varepsilon l2}+\boldsymbol{P}_{\varepsilon l2}^{\mathrm{T}}\boldsymbol{A}_l^j+(\boldsymbol{B}_l^j\boldsymbol{K}_l^i)^{\mathrm{T}}\boldsymbol{P}_{\varepsilon l2}\\&\quad+\boldsymbol{P}_{\varepsilon l2}^{\mathrm{T}}\boldsymbol{B}_l^j\boldsymbol{K}_l^i+\sum_{h=1,h\neq l}^{N}\boldsymbol{P}_{\varepsilon l2}^{\mathrm{T}}\boldsymbol{A}_{lh}^i(\boldsymbol{A}_{lh}^i)^{\mathrm{T}}\boldsymbol{P}_{\varepsilon l2}+\sum_{h=1,h\neq l}^{N}\boldsymbol{P}_{\varepsilon l2}^{\mathrm{T}}\boldsymbol{A}_{lh}^j(\boldsymbol{A}_{lh}^j)^{\mathrm{T}}\boldsymbol{P}_{\varepsilon l2}+2(N-1)\boldsymbol{I}+2\boldsymbol{Q}_2\\&\quad+(\boldsymbol{K}_l^j)^{\mathrm{T}}\boldsymbol{R}_2\boldsymbol{K}_l^j+(\boldsymbol{K}_l^i)^{\mathrm{T}}\boldsymbol{R}_2\boldsymbol{K}_l^i\end{aligned}$$

显然 $\boldsymbol{\varXi}_{\varepsilon l2}^{ii}=\boldsymbol{\varXi}_{l2}^{ii}+\boldsymbol{H}(\boldsymbol{\varepsilon})$，$\boldsymbol{\varXi}_{\varepsilon l2}^{ij}=\boldsymbol{\varXi}_{l2}^{ij}+\boldsymbol{H}(\boldsymbol{\varepsilon})$，故存在 $\varepsilon_h>0$，$\forall\varepsilon_h\in\left(0,\varepsilon_h^*\right]$，$h=1,2,\cdots,H$，满足：

$$\boldsymbol{\varXi}_{\varepsilon l2}^{ii}<\boldsymbol{O},\quad i=1,2,\cdots,r_l \tag{9.35}$$

$$\boldsymbol{\varXi}_{\varepsilon l2}^{ij}<\boldsymbol{O},\quad i,j=1,2,\cdots,r_l\text{ 且 }i<j \tag{9.36}$$

则得到

$$J_Q<\sum_{l=1}^{N}V(\boldsymbol{x}_l(0)) \tag{9.37}$$

再由

$$V(\boldsymbol{x}_l(0))=\boldsymbol{x}_{l,s}^{\mathrm{T}}(0)\boldsymbol{P}_{l2,ss}\boldsymbol{x}_{l,s}(0)+O(\boldsymbol{\varepsilon}) \tag{9.38}$$

可知最优控制中的二次型指标，即式（9.7）能够得到满足。

将式（9.28）和式（9.29）转化为 LMI 形式，以便利用 MATLAB 的 LMI 工具箱直接求解，令 $\boldsymbol{X}_{l2}=(\boldsymbol{P}_{l2})^{-1}$ $\boldsymbol{M}_l^i=\boldsymbol{K}_l^i(\boldsymbol{P}_{l2})^{-1}$，$\boldsymbol{M}_l^j=\boldsymbol{K}_l^j(\boldsymbol{P}_{l2})^{-1}$，对式（9.28）和式（9.29）左右两侧同时左乘 $\operatorname{diag}\{\boldsymbol{X}_{l2}^{\mathrm{T}},\boldsymbol{I}\}$ 和右乘 $\operatorname{diag}\{\boldsymbol{X}_{l2},\boldsymbol{I}\}$，并利用 Schur 补定理可以得到

$$\begin{bmatrix}\boldsymbol{\varPhi}_{l2}^{ii} & * & * & *\\(\boldsymbol{\varPsi}_{lh}^{i})^{\mathrm{T}} & -\boldsymbol{I} & * & *\\\boldsymbol{X}_{l2} & \boldsymbol{O} & -[(N-1)\boldsymbol{I}+\boldsymbol{Q}_2]^{-1} & *\\\boldsymbol{M}_l^i & \boldsymbol{O} & \boldsymbol{O} & -(\boldsymbol{R}_2)^{-1}\end{bmatrix}<\boldsymbol{O} \tag{9.39}$$

$$\begin{bmatrix}\boldsymbol{\varPhi}_{l2}^{ij} & * & * & * & * & *\\(\boldsymbol{\varPsi}_{lh}^{i})^{\mathrm{T}} & -\boldsymbol{I} & * & * & * & *\\(\boldsymbol{\varPsi}_{lh}^{j})^{\mathrm{T}} & \boldsymbol{O} & -\boldsymbol{I} & * & * & *\\\boldsymbol{X}_{l2} & \boldsymbol{O} & \boldsymbol{O} & -\begin{pmatrix}2(N-1)\boldsymbol{I}\\+2\boldsymbol{Q}_2\end{pmatrix}^{-1} & * & *\\\boldsymbol{M}_l^j & \boldsymbol{O} & \boldsymbol{O} & \boldsymbol{O} & -(\boldsymbol{R}_2)^{-1} & *\\\boldsymbol{M}_l^i & \boldsymbol{O} & \boldsymbol{O} & \boldsymbol{O} & \boldsymbol{O} & -(\boldsymbol{R}_2)^{-1}\end{bmatrix}<\boldsymbol{O} \tag{9.40}$$

其中

$$\boldsymbol{\Phi}_{l2}^{ii}=\boldsymbol{X}_{l2}^{\mathrm{T}}(\boldsymbol{A}_l^i)^{\mathrm{T}}+\boldsymbol{A}_l^i\boldsymbol{X}_{l2}+(\boldsymbol{B}_l^i\boldsymbol{M}_l^i)^{\mathrm{T}}+\boldsymbol{B}_l^i\boldsymbol{M}_l^i$$

$$\boldsymbol{\Phi}_{l2}^{ij}=\boldsymbol{X}_{l2}^{\mathrm{T}}(\boldsymbol{A}_l^i)^{\mathrm{T}}+\boldsymbol{A}_l^i\boldsymbol{X}_{l2}+(\boldsymbol{B}_l^i\boldsymbol{M}_l^j)^{\mathrm{T}}+\boldsymbol{B}_l^i\boldsymbol{M}_l^j+\boldsymbol{X}_{l2}^{\mathrm{T}}(\boldsymbol{A}_l^j)^{\mathrm{T}}+\boldsymbol{A}_l^j\boldsymbol{X}_{l2}+(\boldsymbol{B}_l^j\boldsymbol{M}_l^i)^{\mathrm{T}}+\boldsymbol{B}_l^j\boldsymbol{M}_l^i$$

定理9.1和定理9.2给出了由交联模糊奇异摄动模型描述的多时标子系统构成的闭环系统分别满足H_∞性能指标和最优控制中二次型性能指标时控制器需要满足的条件，在此基础上设计多目标鲁棒控制器的思路与第 5 章基本相同。定义性能指标：

$$J_1=\gamma^2\,,\qquad J_2=\sum_{l=1}^{N}\boldsymbol{x}_{l,s}^{\mathrm{T}}(0)\boldsymbol{P}_{l2.ss}\boldsymbol{x}_{l,s}(0)\,,\qquad J_3=\max_{t\in[t_0,t_f]}\sum_{l=1}^{N}\sqrt{\boldsymbol{u}_l^{\mathrm{T}}(t)\boldsymbol{u}_l(t)} \tag{9.41}$$

针对交联模糊奇异摄动模型的多目标鲁棒控制问题，建立优化模型为

$$\begin{aligned}&\min[J_1(\gamma,\boldsymbol{Q}_2,\boldsymbol{R}_2)\quad J_2(\gamma,\boldsymbol{Q}_2,\boldsymbol{R}_2)\quad J_3(\gamma,\boldsymbol{Q}_2,\boldsymbol{R}_2)]\\&\text{s.t.}\ \ \boldsymbol{X}_l=\boldsymbol{X}_{l1}=\boldsymbol{X}_{l2}>\boldsymbol{O}\,,\qquad l=1,2,\cdots,N\\&\qquad \text{式（9.26）、式（9.39），}\ i=1,2,\cdots,r_l\\&\quad\ \text{式（9.27）、式（9.40），}\ i,j=1,2,\cdots,r_j\ \text{且}\ i<j\end{aligned} \tag{9.42}$$

对于式（9.42）所示的多目标优化模型，同样可以基于加权思想和可行性能指标向量与独立最优性能指标向量之间距离最小化的思想，建立两种与第 5 章中优化模式（5.49）和优化模式（5.50）相似的折中优化模型，并采用图 5.1 所示的分布估计算法流程进行多目标鲁棒控制器参数的求解。

9.3 仿 真 验 证

考虑由两个交联子系统构成的多时标系统，其中每个子系统由含有两个摄动参数的两规则交联模糊奇异摄动模型进行描述。

第一个子系统：

规则 1：如果 $x_{1,1}(t)$ 是 $F_{1,1}^1$，则

$$\boldsymbol{E}_\varepsilon\dot{\boldsymbol{x}}_1(t)=\boldsymbol{A}_1^1\boldsymbol{x}_1(t)+\boldsymbol{B}_1^1\boldsymbol{u}_1(t)+\boldsymbol{D}_1^1\boldsymbol{w}_1(t)+\boldsymbol{A}_{12}^1\boldsymbol{x}_2(t)$$

规则 2：如果 $x_{1,1}(t)$ 是 $F_{1,1}^2$，则

$$\boldsymbol{E}_\varepsilon\dot{\boldsymbol{x}}_1(t)=\boldsymbol{A}_1^2\boldsymbol{x}_1(t)+\boldsymbol{B}_1^2\boldsymbol{u}_1(t)+\boldsymbol{D}_1^2\boldsymbol{w}_1(t)+\boldsymbol{A}_{12}^2\boldsymbol{x}_2(t) \tag{9.43}$$

第二个子系统：

规则 1：如果 $x_{21}(t)$ 是 F_{21}^1，则

$$\boldsymbol{E}_{\varepsilon}\dot{\boldsymbol{x}}_2(t)=\boldsymbol{A}_2^1\boldsymbol{x}_2(t)+\boldsymbol{B}_2^1\boldsymbol{u}_2(t)+\boldsymbol{D}_2^1\boldsymbol{w}_2(t)+\boldsymbol{A}_{21}^1\boldsymbol{x}_1(t)$$

规则 2：如果 $x_{21}(t)$ 是 F_{21}^2，则

$$\boldsymbol{E}_{\varepsilon}\dot{\boldsymbol{x}}_2(t)=\boldsymbol{A}_2^2\boldsymbol{x}_2(t)+\boldsymbol{B}_2^2\boldsymbol{u}_2(t)+\boldsymbol{D}_2^2\boldsymbol{w}_2(t)+\boldsymbol{A}_{21}^2\boldsymbol{x}_1(t)$$

其中，$\boldsymbol{x}_1(t)=[x_{11}(t)\quad x_{12}(t)\quad x_{13}^{\mathrm{T}}(t)]^{\mathrm{T}}$；$\boldsymbol{x}_2(t)=[x_{21}(t)\quad x_{22}(t)\quad x_{23}(t)]^{\mathrm{T}}$，这里 $x_{11}(t)$ 是第一个子系统中的慢变量，$x_{12}(t)$ 和 $x_{13}(t)$ 是第一个子系统中的快变量，$x_{21}(t)$ 是第二个子系统中的慢变量，$x_{22}(t)$ 和 $x_{23}(t)$ 是第二个子系统中的快变量。模型参数为

$$\boldsymbol{A}_1^1=\begin{bmatrix}0.2 & -1.1 & 0\\ 0.61 & -0.8 & -0.2\\ -0.6 & 0.31 & -2.8\end{bmatrix},\quad \boldsymbol{A}_1^2=\begin{bmatrix}0.5 & -0.3 & 0\\ 1.11 & -0.5 & -0.32\\ -0.52 & 0.47 & -2.1\end{bmatrix}$$

$$\boldsymbol{A}_2^1=\begin{bmatrix}0.08 & -0.06 & 0\\ 0.34 & -0.56 & -0.18\\ -0.46 & 0.22 & -1.6\end{bmatrix},\quad \boldsymbol{A}_2^2=\begin{bmatrix}0.44 & -0.24 & 0\\ 1.01 & -0.44 & -0.28\\ -0.49 & 0.36 & -2.2\end{bmatrix}$$

$$\boldsymbol{A}_{12}^1=\boldsymbol{A}_{12}^2=\begin{bmatrix}1 & 0 & 0\\ 0 & 0.3 & 0\\ 0 & 0 & 0.1\end{bmatrix},\quad \boldsymbol{A}_{21}^1=\boldsymbol{A}_{21}^2=\begin{bmatrix}-1 & 0 & 0\\ 0 & 0.1 & 0\\ 0 & 0 & 0.2\end{bmatrix}$$

$\boldsymbol{B}_1^1=[1\quad 0\quad 0.01]^{\mathrm{T}}$，　$\boldsymbol{B}_1^2=[1\quad 0\quad 0.02]^{\mathrm{T}}$，　$\boldsymbol{B}_2^1=[0.8\quad 0\quad 0.01]^{\mathrm{T}}$

$\boldsymbol{B}_2^2=[0.8\quad 0\quad 0.02]^{\mathrm{T}}$，　$\boldsymbol{D}_1^1=\boldsymbol{D}_1^2=[0\quad 0\quad 0.1]^{\mathrm{T}}$，　$\boldsymbol{D}_2^1=\boldsymbol{D}_2^2=[0\quad 0\quad 1]^{\mathrm{T}}$

$\boldsymbol{E}_{\varepsilon}=\mathrm{diag}\{1,\ 0.011,\ 0.0011\}$，考虑外部干扰为 $w(t)=\sin(10t)\mathrm{e}^{-0.1t}$。

模糊集合 F_{11}^1 和 F_{11}^2 的隶属度函数分别为

$$\mu_{11}(x_{11}(t))=(1+\sin(x_{11}(t)))/2,\quad \mu_{12}(x_{11}(t))=1-\mu_{11}(x_{11}(t)) \tag{9.44}$$

模糊集合 F_{21}^1 和 F_{21}^2 的隶属度函数分别为

$$\mu_{21}(x_{21}(t))=(1+\sin(x_{21}(t)))/2,\quad \mu_{22}(x_{21}(t))=1-\mu_{21}(x_{21}(t)) \tag{9.45}$$

采用第二种优化模型，首先利用分布估计算法计算得到独立优化时的性能指标 $J_1^*=0.4042$，$J_2^*=0.3179$，J_3^*=13.7178，然后再次利用分布估计算法计算得到决策变量的优化结果为 $\gamma_{\mathrm{opt}}=0.7571$，$\boldsymbol{Q}_{2\mathrm{opt}}=0.0403\boldsymbol{I}_{3\times3}$，$R_{2\mathrm{opt}}=0.0046$。图 9.1 所示为目标函数和各性能指标的优化过程。采用参数 $\gamma_{\mathrm{opt}}=0.7571$，$\boldsymbol{Q}_{2\mathrm{opt}}$=0.0403$\boldsymbol{I}_{3\times3}$，$R_{2\mathrm{opt}}=0.0046$，满足定理 9.1 和定理 9.2 的控制器计算结果为

$$\boldsymbol{P}=\begin{bmatrix} 0.9898 & 0 & 0 \\ -0.1056 & 1.7526 & 0 \\ -0.0399 & 0 & 0.5587 \end{bmatrix},\quad \boldsymbol{K}_1^1=[-21.5305 \quad 0.0585 \quad 0.2092]$$

$$\boldsymbol{K}_1^2=[-21.8310 \quad -1.4805 \quad 0.1258],\quad \boldsymbol{K}_2^1=[-26.1063 \quad -0.6173 \quad 0.0518]$$

$$\boldsymbol{K}_2^2=[-26.4662 \quad -1.5373 \quad 0.0854]$$

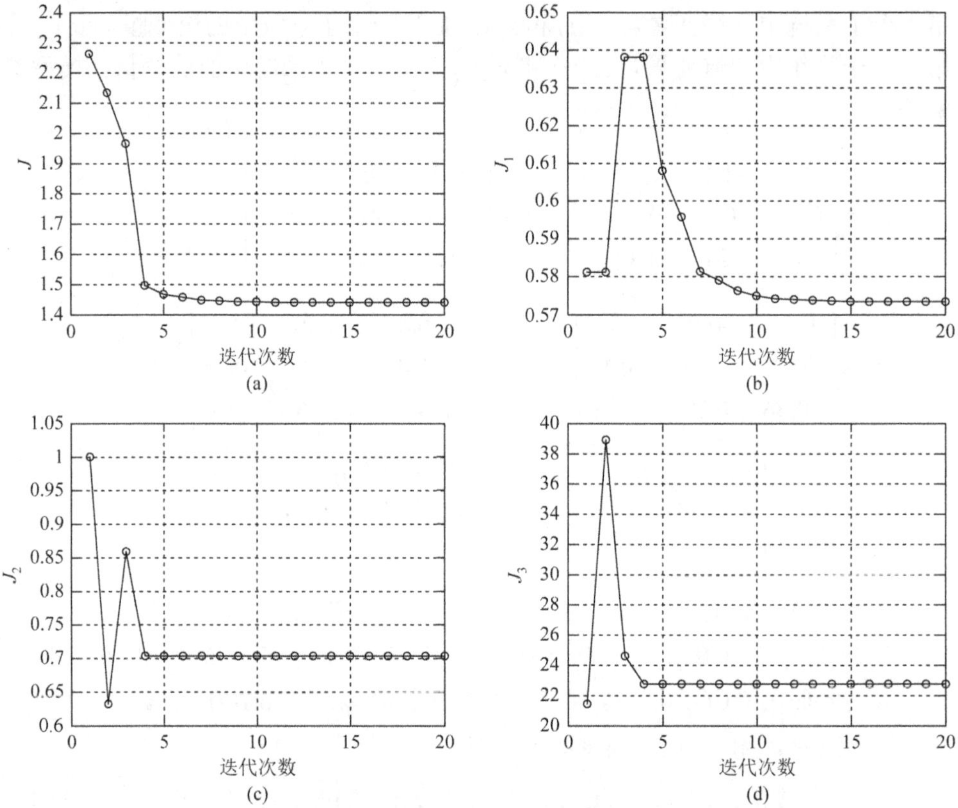

图 9.1　子系统存在交联时目标函数和各性能指标的优化过程

对于交联系统 (9.43)，考虑初始状态为 $\boldsymbol{x}_1(t)=[1 \quad 0 \quad 0]^{\mathrm{T}}$，$\boldsymbol{x}_2(t)=[0 \quad 0 \quad 0]^{\mathrm{T}}$，图 9.2 所示为第一个子系统的响应曲线。

图 9.3 所示为式 (9.43) 中第二个子系统的响应曲线。在图 9.2 和图 9.3 所示的响应曲线中，当交联系统中只有第一个子系统的慢变量具有一定的初始值时，第二个子系统由于受到第一个子系统交联作用的影响会随之产生一定的变化。如果对各子系统分别采用集中控制的方法，即设计控制器时不考虑各子系统交联项

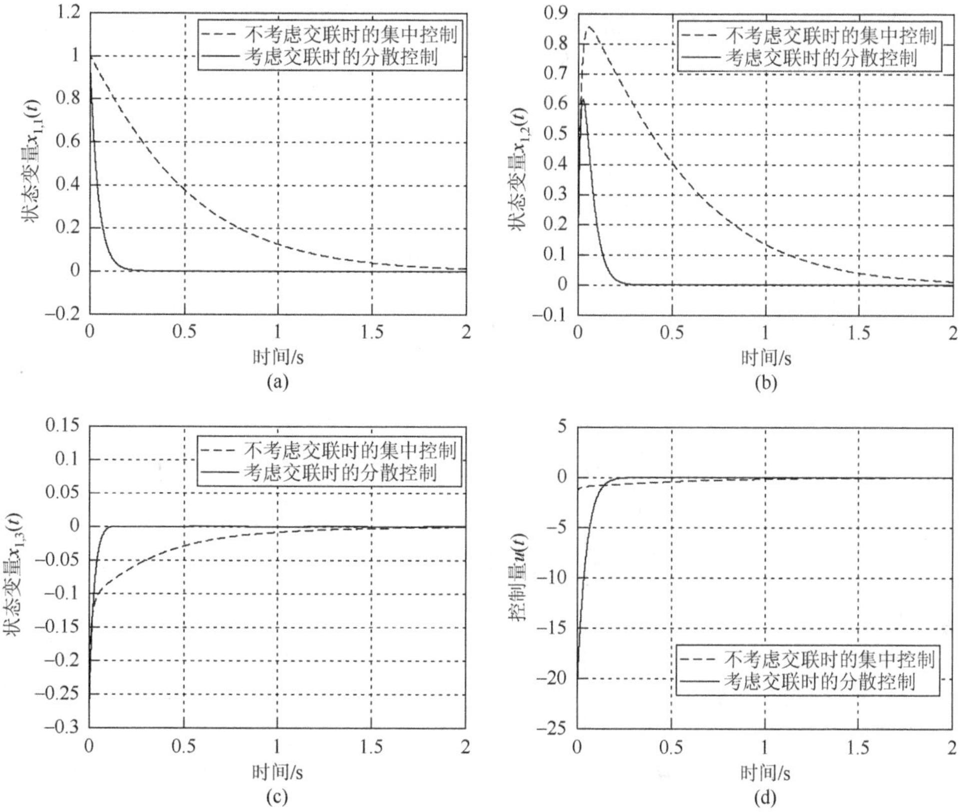

图 9.2　第一个子系统的响应曲线

的影响，则每个子系统只能将其他系统状态变量的影响近似地视为外部干扰，对其进行抑制。但是这种方法不能保证系统的稳定性，有时系统会发散。但是如果在设计控制器时考虑各子系统交联项的影响，则在多目标鲁棒分散控制器的作用下，第二个子系统能够很快地回到稳定状态，并且对于作用于第二个子系统本身的外部干扰 $w(t)=\sin(10t)\mathrm{e}^{-0.1t}$ 也具有一定的鲁棒性，同时控制量也在一定程度上得到了优化。

9.4　本 章 小 结

本章提出了一种交联多时标非线性系统的多目标鲁棒分散控制方法。首先建立多摄动参数交联模糊奇异摄动模型，用于描述由多个子系统组成的多时标非线性系统；其次，建立包含扰动抑制、二次型最优和控制能量的多目标鲁棒优化模型，通过多目标优化模型的求解得到分散控制律。在各子系统之间存在交联的情

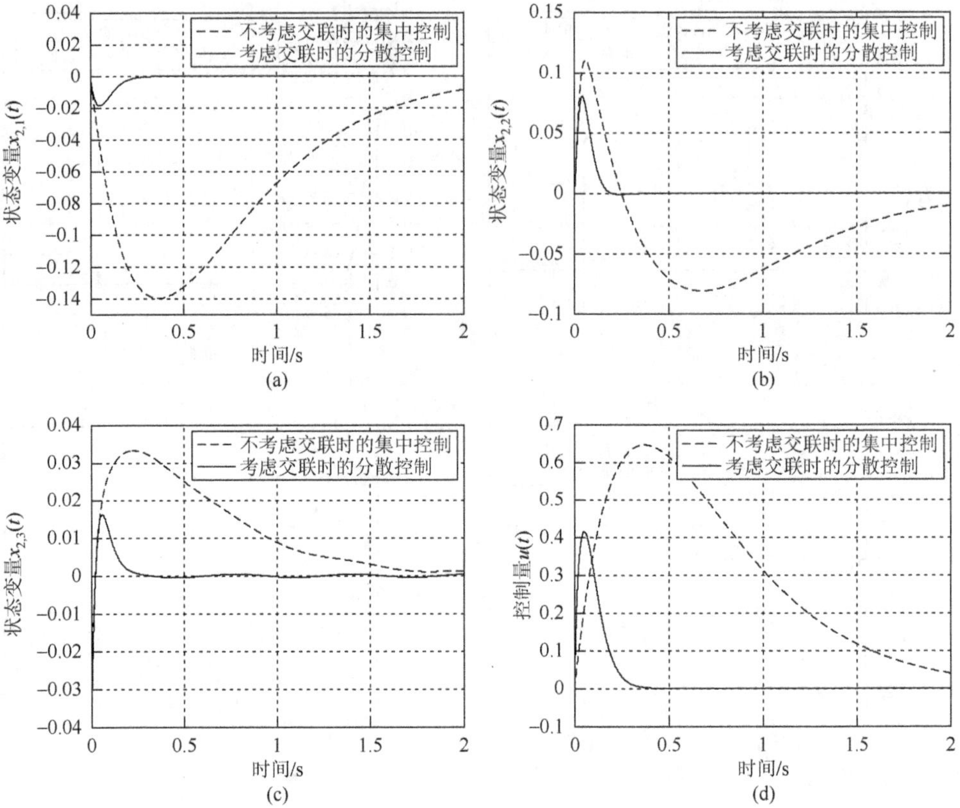

图 9.3　第二个子系统的响应曲线

形下，多目标鲁棒分散控制器能够保证整个系统仍然是渐近稳定的，并具有抑制外部干扰的能力，同时实现对系统的动态性能以及控制量幅值的综合优化，仿真结果验证了方法的有效性。

第 10 章　基于模糊奇异摄动模型的自适应模糊控制

本书第二部分（第 5 章～第 9 章）主要讨论了多时标非线性系统的鲁棒控制理论方法。第 10 章到第 12 章作为本书第三部分将讨论模糊奇异摄动系统的自适应控制理论方法。结合模糊奇异摄动模型，本章提出一种自适应模糊控制器，用于非线性奇异摄动系统的模型跟踪控制，其中线性反馈控制增益可以通过线性矩阵不等式的方法求得，而自适应控制项用于克服系统的未建模动态和外部干扰，整个闭环系统是稳定的。

10.1　模型跟踪简介

考虑下列非线性不确定系统：

$$\dot{\boldsymbol{x}}(t) = \boldsymbol{A}(\boldsymbol{x},t)\boldsymbol{x}(t)+\boldsymbol{B}(\boldsymbol{x},t)\boldsymbol{u}(t) \tag{10.1}$$

其中，$\boldsymbol{x}(t) \in \mathbb{R}^n$、$\boldsymbol{u}(t) \in \mathbb{R}^p$ 分别是系统状态和控制向量；$\boldsymbol{A}(\boldsymbol{x},t) \in \mathbb{R}^{n\times n}$、$\boldsymbol{B}(\boldsymbol{x},t) \in \mathbb{R}^{n\times p}$ 为时变不确定系数矩阵。控制目标是要求上述非线性不确定系统能够跟踪下列给定的稳定参考模型系统：

$$\dot{\boldsymbol{x}}_m(t) = \boldsymbol{A}_m\boldsymbol{x}_m(t)+\boldsymbol{B}_m\boldsymbol{r}(t) \tag{10.2}$$

其中，$\boldsymbol{x}_m(t) \in \mathbb{R}^n$、$\boldsymbol{r}(t) \in \mathbb{R}^m$ 分别是期望参考系统的状态和控制向量。$(\boldsymbol{A}_m,\boldsymbol{B}_m)$ 能控，控制器的设计是寻找控制律 $\boldsymbol{u}(t)$，使跟踪误差 $\boldsymbol{e}(t) = \boldsymbol{x}_m(t) - \boldsymbol{x}(t)$ 满足：① $\lim\limits_{t\to\infty}\boldsymbol{e}(t) = \boldsymbol{0}$；② $\boldsymbol{e}(t)$ 具有良好的动态品质。

要使式（10.1）精确跟踪线性参考模型（10.2），即 $\boldsymbol{x}(t) = \boldsymbol{x}_m(t)$，则有

$$\boldsymbol{A}(\boldsymbol{x},t)\boldsymbol{x}(t)+\boldsymbol{B}(\boldsymbol{x},t)\boldsymbol{u}(t) = \boldsymbol{A}_m\boldsymbol{x}_m(t)+\boldsymbol{B}_m\boldsymbol{r}(t) \tag{10.3}$$

即

$$(\boldsymbol{A}_m - \boldsymbol{A}(\boldsymbol{x},t))\boldsymbol{x}(t)+\boldsymbol{B}_m\boldsymbol{r}(t) = \boldsymbol{B}(\boldsymbol{x},t)\boldsymbol{u}(t) \tag{10.4}$$

因此 $\boldsymbol{u}(t)$ 必须满足式（10.4）才能保证跟踪问题有解。

当 $m = n$ 时，$\boldsymbol{B}(\boldsymbol{x},t)$ 非奇异，则有

$$\boldsymbol{u}(t) = [\boldsymbol{B}(\boldsymbol{x},t)]^{-1}[(\boldsymbol{A}_m - \boldsymbol{A}(\boldsymbol{x},t))\boldsymbol{x}(t)+\boldsymbol{B}_m\boldsymbol{r}(t)] \tag{10.5}$$

当 $m < n$ 时，$\boldsymbol{B}(\boldsymbol{x},t)$ 为列满秩矩阵。此时式（10.4）有解，当且仅当：

$$\operatorname{rank}\{\boldsymbol{B},[(\boldsymbol{A}_m - \boldsymbol{A})\boldsymbol{x}(t) \mid \boldsymbol{B}_m\boldsymbol{r}(t)]\} = \operatorname{rank}\{\boldsymbol{B}\} \tag{10.6}$$

显然若式（10.6）成立，当且仅当：

$$\operatorname{rank}\{\boldsymbol{B},(\boldsymbol{A}_m - \boldsymbol{A})\} = \operatorname{rank}\{\boldsymbol{B},\boldsymbol{B}_m\} = \operatorname{rank}\{\boldsymbol{B}\} \tag{10.7}$$

即当 $\boldsymbol{A}_m-\boldsymbol{A}$ 与 $\boldsymbol{B}_m$ 均为 $\boldsymbol{B}$ 的线性组合时，式（10.6）才能满足。此时存在 $\boldsymbol{K}_1$ 和 $\boldsymbol{K}_2$，使得

$$\boldsymbol{A}_m-\boldsymbol{A}=\boldsymbol{B}\boldsymbol{K}_1,\qquad \boldsymbol{B}_m=\boldsymbol{B}\boldsymbol{K}_2 \tag{10.8}$$

将式（10.8）代入式（10.4）得

$$\boldsymbol{B}\boldsymbol{K}_1\boldsymbol{x}(t)+\boldsymbol{B}\boldsymbol{K}_2\boldsymbol{r}(t)=\boldsymbol{B}\boldsymbol{u}(t) \tag{10.9}$$

所以可得控制器为

$$\boldsymbol{u}(t)=\boldsymbol{K}_1\boldsymbol{x}(t)+\boldsymbol{K}_2\boldsymbol{r}(t) \tag{10.10}$$

由上述分析可以看出，当满足式（10.5）和式（10.7）时，存在控制器使非线性不确定系统能够跟踪给定的参考模型系统。它们通常被称为模型跟踪系统的匹配条件。但这只能在理论上保证该类控制问题的存在性，当系统参数不确定或在一定范围内变化时，上述控制就无法实现了。因此寻求一种具有良好鲁棒性能的跟踪控制方法尤其重要。

10.2　不考虑增益矩阵摄动时的自适应模糊控制

10.2.1　问题阐述

一大类实际非线性奇异摄动系统如柔性机械手和带挠性附件航天器[98]可以写成如下微分方程组：

$$\begin{aligned}
&\dot{x}_{11}(t)=x_{12}(t)\\
&\qquad\vdots\\
&\dot{x}_{1(r_1-1)}(t)=x_{1r_1}(t)\\
&\dot{x}_{1r_1}(t)=f_1(\boldsymbol{x},\boldsymbol{z})+\sum_{j=1}^{p+1}g_{1j}(\boldsymbol{x},\boldsymbol{z})u_j(t)+\omega_1(t)\\
&\qquad\vdots\\
&\dot{x}_{p1}(t)=x_{p2}(t)\\
&\qquad\vdots\\
&\dot{x}_{pr_p}(t)=f_p(\boldsymbol{x},\boldsymbol{z})+\sum_{j=1}^{p+1}g_{pj}(\boldsymbol{x},\boldsymbol{z})u_j(t)+\omega_p(t)\\
&\varepsilon\dot{z}_1(t)=z_2(t)\\
&\varepsilon\dot{z}_2(t)=f_{p+1}(\boldsymbol{x},\boldsymbol{z})+\sum_{j=1}^{p+1}g_{(p+1)j}(\boldsymbol{x},\boldsymbol{z})u_j(t)+\omega_{p+1}(t)
\end{aligned} \tag{10.11}$$

这里 $r_1+r_2+\cdots+r_p+r_{p+1}=n$，$r_{p+1}=2$；$\boldsymbol{x}(t)=[x_{11}(t),\cdots,x_{1r_1}(t),\cdots,x_{p1}(t),\cdots,x_{pr_p}(t)]^{\mathrm{T}}\in\mathbb{R}^{n-2}$ 是系统慢状态向量；$\boldsymbol{z}(t)=[z_1(t),z_2(t)]^{\mathrm{T}}$ 是系统快状态向量；$\boldsymbol{u}(t)=[u_1(t),\cdots,$

$u_{p+1}(t)]^{\mathrm{T}}$ 为控制输入；$f_i(\boldsymbol{x},\boldsymbol{z}), g_{ij}(\boldsymbol{x},\boldsymbol{z})(i,j=1,2,\cdots,p+1)$ 是平滑函数；ε 是小的正常数，代表奇异摄动参数；$\boldsymbol{\omega}(t)=[\omega_1(t),\cdots,\omega_{p+1}(t)]^{\mathrm{T}}$ 指外部干扰。

定义

$$\boldsymbol{F}(\boldsymbol{x},\boldsymbol{z})=[f_1(\boldsymbol{x},\boldsymbol{z}),\cdots,f_{p+1}(\boldsymbol{x},\boldsymbol{z})]^{\mathrm{T}}\in\mathbb{R}^{p+1}$$

$$\boldsymbol{G}(\boldsymbol{x},\boldsymbol{z})=[\boldsymbol{G}_1^{\mathrm{T}}(\boldsymbol{x},\boldsymbol{z}),\cdots,\boldsymbol{G}_{p+1}^{\mathrm{T}}(\boldsymbol{x},\boldsymbol{z})]^{\mathrm{T}}\in\mathbb{R}^{(p+1)\times(p+1)}$$

$$\boldsymbol{G}_i(\boldsymbol{x})=[g_{i1}(\boldsymbol{x},\boldsymbol{z}),\cdots,g_{i(p+1)}(\boldsymbol{x},\boldsymbol{z})]\in\mathbb{R}^{1\times(p+1)}$$

$$\bar{\boldsymbol{x}}(t)=[\boldsymbol{x}^{\mathrm{T}}(t)\quad \boldsymbol{z}^{\mathrm{T}}(t)]^{\mathrm{T}}\in\mathbb{R}^{n},\quad \bar{\boldsymbol{A}}_1=\mathrm{diag}[\bar{\boldsymbol{A}}_1,\cdots,\bar{\boldsymbol{A}}_{p+1}]\in\mathbb{R}^{n\times n}$$

$$\bar{\boldsymbol{B}}=\mathrm{diag}[\bar{\boldsymbol{B}}_1,\cdots,\bar{\boldsymbol{B}}_{p+1}]\in\mathbb{R}^{n\times(p+1)}$$

$$\boldsymbol{E}_{\varepsilon}=\begin{bmatrix}\boldsymbol{I}_{(n-2)} & \boldsymbol{O}\\ \boldsymbol{O} & \varepsilon\boldsymbol{I}_2\end{bmatrix},\quad \bar{\boldsymbol{A}}_i=\begin{bmatrix}\boldsymbol{O} & \boldsymbol{I}_{(r_i-1)}\\ \boldsymbol{O} & \boldsymbol{O}_{1\times(r_i-1)}\end{bmatrix}_{r_i\times r_i}$$

$$\bar{\boldsymbol{B}}_i=[\boldsymbol{O}_{1\times(r_i-1)}\quad 1]^{\mathrm{T}}\in\mathbb{R}^{r_i},\quad i,j=1,2,\cdots,p+1$$

式（10.11）可以写成

$$\boldsymbol{E}_{\varepsilon}\dot{\bar{\boldsymbol{x}}}(t)=\bar{\boldsymbol{A}}\bar{\boldsymbol{x}}(t)+\bar{\boldsymbol{B}}(\boldsymbol{F}(\bar{\boldsymbol{x}}(t))+\boldsymbol{G}(\bar{\boldsymbol{x}}(t))\boldsymbol{u}(t)+\boldsymbol{\omega}(t)) \tag{10.12}$$

本节将建立模糊奇异摄动模型来表示式（10.11）和式（10.12）的局部线性输入输出关系。假设第 l 条规则如下。

R^l：如果 v_1 是 Ψ_1^l，…，v_N 是 Ψ_N^l，则

$$\boldsymbol{E}_{\varepsilon}\dot{\bar{\boldsymbol{x}}}(t)=\bar{\boldsymbol{A}}\bar{\boldsymbol{x}}(t)+\bar{\boldsymbol{B}}(\boldsymbol{H}_l\bar{\boldsymbol{x}}(t)+\Delta\boldsymbol{H}_l(\bar{\boldsymbol{x}}(t))+\boldsymbol{L}_l\boldsymbol{u}(t)+\boldsymbol{\omega}(t)) \tag{10.13}$$

其中，v_i 是模糊前件变量，Ψ_i^l 是模糊集，对应的隶属度函数是 $\xi_i^l(v_i)$；$\boldsymbol{H}_l\in\mathbb{R}^{(p+1)\times n}$；$\boldsymbol{L}_l\in\mathbb{R}^{(p+1)\times(p+1)}$；$\Delta\boldsymbol{H}_l(\bar{\boldsymbol{x}}(t))\in\mathbb{R}^{p+1}$ 代表不确定性。$i=1,2,\cdots,N$，$l=1,2,\cdots,M$。

定义 $\boldsymbol{A}_l=\bar{\boldsymbol{A}}_l+\bar{\boldsymbol{B}}\boldsymbol{H}_l$，$\boldsymbol{B}_l=\bar{\boldsymbol{B}}\boldsymbol{L}_l$，模型也可以表示以下形式。

R^l：如果 v_1 是 Ψ_1^l，…，v_N 是 Ψ_N^l，则

$$\boldsymbol{E}_{\varepsilon}\dot{\bar{\boldsymbol{x}}}(t)=\boldsymbol{A}_l\bar{\boldsymbol{x}}(t)+\boldsymbol{B}_l\boldsymbol{u}(t)+\bar{\boldsymbol{B}}\Delta\boldsymbol{H}_l(\bar{\boldsymbol{x}}(t))+\bar{\boldsymbol{B}}\boldsymbol{\omega}(t) \tag{10.14}$$

给定输入输出对 $\bar{\boldsymbol{x}}(t)$ 和 $\boldsymbol{u}(t)$，采用乘积推理、高斯隶属度函数和中心解模糊化器，这样的模糊系统可以表示为

$$\boldsymbol{E}_{\varepsilon}\dot{\bar{\boldsymbol{x}}}(t)=\sum_{l=1}^{M}\xi^l(\boldsymbol{v})(\boldsymbol{A}_l\bar{\boldsymbol{x}}(t)+\boldsymbol{B}_l\boldsymbol{u}(t)+\bar{\boldsymbol{B}}\Delta\boldsymbol{H}_l(\bar{\boldsymbol{x}}(t))+\bar{\boldsymbol{B}}\boldsymbol{\omega}(t)) \tag{10.15}$$

其中，$\xi^l(\boldsymbol{v})=\prod_{i=1}^{N}\xi_i^l(v_i)/\sum_{l=1}^{M}\prod_{i=1}^{N}\xi_i^l(v_i)$。

假设稳定参考模型如下。

R_m^l：如果v_1是Ψ_1^l，…，v_N是Ψ_N^l，则

$$\boldsymbol{E}_\varepsilon\dot{\boldsymbol{x}}_m(t)=\bar{\boldsymbol{A}}\boldsymbol{x}_m(t)+\bar{\boldsymbol{B}}(\boldsymbol{H}_l^m\boldsymbol{x}_m(t)+\boldsymbol{L}_l^m\boldsymbol{r}(t)) \tag{10.16}$$

其中，$\boldsymbol{x}_m(t)\in\mathbb{R}^n$表示参考模型的状态；$\boldsymbol{r}(t)\in\mathbb{R}^{p+1}$为有界参考输入，整个参考模型为

$$\boldsymbol{E}_\varepsilon\dot{\boldsymbol{x}}_m(t)=\sum_{l=1}^{M}\xi^l(\boldsymbol{v})(\bar{\boldsymbol{A}}\boldsymbol{x}_m(t)+\bar{\boldsymbol{B}}(\boldsymbol{H}_l^m\boldsymbol{x}_m(t)+\boldsymbol{L}_l^m\boldsymbol{r}(t))) \tag{10.17}$$

令$\boldsymbol{A}_l^m=\bar{\boldsymbol{A}}+\bar{\boldsymbol{B}}\boldsymbol{H}_l^m$，$\boldsymbol{B}_l^m=\bar{\boldsymbol{B}}\boldsymbol{L}_l^m$，参考模型重新写为

$$\boldsymbol{E}_\varepsilon\dot{\boldsymbol{x}}_m(t)=\sum_{l=1}^{M}\xi^l(\boldsymbol{v})(\boldsymbol{A}_l^m\boldsymbol{x}_m(t)+\boldsymbol{B}_l^m\boldsymbol{r}(t)) \tag{10.18}$$

定义跟踪误差为

$$\boldsymbol{e}(t)=\bar{\boldsymbol{x}}(t)-\boldsymbol{x}_m(t) \tag{10.19}$$

控制目标即设计一种控制器$\boldsymbol{u}(t)$，使被控对象的状态$\bar{\boldsymbol{x}}(t)$跟踪稳定参考模型的状态$\boldsymbol{x}_m(t)$，即当$t\to\infty$时，$\boldsymbol{e}(t)\to\boldsymbol{0}$。

10.2.2 自适应模糊控制器设计及稳定性证明

在提出自适应模糊控制器设计方法之前，首先做如下假设。

假设 10.1 $\|\boldsymbol{\omega}(t)\|<k_\omega$，这里$k_\omega>0$是已知常数。

假设 10.2 $\sum_{l=1}^{M}\xi^l(\boldsymbol{v})\boldsymbol{L}_l$对于任意$\boldsymbol{v}$都非奇异。

从式（10.19）可得

$$\begin{aligned}\boldsymbol{E}_\varepsilon\dot{\boldsymbol{e}}(t)&=\sum_{l=1}^{M}\xi^l(\boldsymbol{v})(\boldsymbol{A}_l\boldsymbol{e}(t)+(\boldsymbol{A}_l-\boldsymbol{A}_l^m)\boldsymbol{x}_m(t)-\boldsymbol{B}_l^m\boldsymbol{r}(t))\\&\quad+\sum_{l=1}^{M}\xi^l(\boldsymbol{v})(\boldsymbol{B}_l\boldsymbol{u}(t)+\bar{\boldsymbol{B}}\Delta\boldsymbol{H}_l(\bar{\boldsymbol{x}}(t))+\bar{\boldsymbol{B}}\boldsymbol{\omega}(t))\\&=\sum_{l=1}^{M}\xi^l(\boldsymbol{v})\boldsymbol{A}_l\boldsymbol{e}(t)+\bar{\boldsymbol{B}}\boldsymbol{\omega}(t)+\bar{\boldsymbol{B}}\sum_{l=1}^{M}\xi^l(\boldsymbol{v})((\boldsymbol{H}_l-\boldsymbol{H}_l^m)\boldsymbol{x}_m(t)\\&\quad-\boldsymbol{L}_l^m\boldsymbol{r}(t)+\boldsymbol{L}_l\boldsymbol{u}(t)+\Delta\boldsymbol{H}_l(\bar{\boldsymbol{x}}(t)))\end{aligned} \tag{10.20}$$

令

$$\boldsymbol{f}_{\Delta}(\overline{\boldsymbol{x}}(t))=\sum_{l=1}^{M}\xi^{l}(\boldsymbol{v})\Delta\boldsymbol{H}_{l}(\overline{\boldsymbol{x}}(t)) \tag{10.21}$$

代入式（10.20）得

$$\begin{aligned}\boldsymbol{E}_{\varepsilon}\dot{\boldsymbol{e}}(t)=&\sum_{l=1}^{M}\xi^{l}(\boldsymbol{v})\boldsymbol{A}_{l}\boldsymbol{e}(t)+\overline{\boldsymbol{B}}\boldsymbol{f}_{\Delta}(\overline{\boldsymbol{x}})+\overline{\boldsymbol{B}}\boldsymbol{\omega}(t)\\&+\overline{\boldsymbol{B}}\sum_{l=1}^{M}\xi^{l}(\boldsymbol{v})((\boldsymbol{H}_{l}-\boldsymbol{H}_{l}^{m})\boldsymbol{x}_{m}(t)-\boldsymbol{L}_{l}^{m}\boldsymbol{r}(t)+\boldsymbol{L}_{l}\boldsymbol{u}(t))\end{aligned} \tag{10.22}$$

其中，$\boldsymbol{f}_{\Delta}(\overline{\boldsymbol{x}}(t))$ 是未知函数，可以采用模糊估计器进行估计。假设第 l 条规则如下。

R_{u}^{l}：如果 z_{u1} 是 Ψ_{u1}^{l}，…，z_{uN} 是 Ψ_{uN}^{l}，则

$$\hat{\boldsymbol{f}}_{l}(t)=\hat{\boldsymbol{\theta}}_{l} \tag{10.23}$$

采用乘积推理、高斯隶属度函数和中心解模糊化器，可得最终估计器为

$$\hat{\boldsymbol{f}}_{\Delta}(t)=\sum_{l=1}^{N_{u}}\mu_{l}\hat{\boldsymbol{\theta}}_{l}(t) \tag{10.24}$$

其中，$\hat{\boldsymbol{\theta}}_{l}(t)$ 是可调节参数；μ_{l} 是模糊估计器的权重；N_{u} 是规则数。

定义式（10.21）的最小估计误差为

$$\boldsymbol{w}^{*}=\boldsymbol{f}_{\Delta}(\overline{\boldsymbol{x}})-\sum_{l=1}^{N_{u}}\mu_{l}\boldsymbol{\theta}_{l}^{*} \tag{10.25}$$

其中，$\boldsymbol{\theta}_{l}^{*}$ 是期望的估计参数。

假设 10.3　假设 $\|\boldsymbol{w}^{*}\|<k_{w^{*}}$，其中 $k_{w^{*}}>0$ 是已知常数。

设控制器和自适应律为

$$\boldsymbol{u}(t)=\boldsymbol{u}_{1}(t)+\boldsymbol{u}_{2}(t) \tag{10.26}$$

$$\boldsymbol{u}_{1}(t)=\sum_{j=1}^{M}\xi^{j}(\boldsymbol{v})\boldsymbol{K}_{j}\boldsymbol{e}(t) \tag{10.27}$$

$$\begin{aligned}\boldsymbol{u}_{2}(t)=&-\Big(\sum_{l=1}^{M}\xi^{l}(\boldsymbol{v})\boldsymbol{L}_{l}\Big)^{-1}\sum_{l=1}^{M}\xi^{l}(\boldsymbol{v})((\boldsymbol{H}_{l}-\boldsymbol{H}_{l}^{m})\boldsymbol{x}_{m}(t)-\boldsymbol{L}_{l}^{m}\boldsymbol{r}(t))\\&-\Big(\sum_{l=1}^{M}\xi^{l}(\boldsymbol{v})\boldsymbol{L}_{l}\Big)^{-1}\sum_{l=1}^{N_{u}}\mu_{l}\hat{\boldsymbol{\theta}}_{l}(t)+\boldsymbol{u}_{s}(t)\end{aligned} \tag{10.28}$$

$$\boldsymbol{u}_{s}(t)=-\Big(\sum_{l=1}^{M}\xi^{l}(\boldsymbol{v})\boldsymbol{L}_{l}\Big)^{-1}k_{D}\operatorname{sgn}(\boldsymbol{e}^{\mathrm{T}}(t)\boldsymbol{P}_{\varepsilon}^{\mathrm{T}}\overline{\boldsymbol{B}})^{\mathrm{T}} \tag{10.29}$$

$$\dot{\hat{\boldsymbol{\theta}}}_l^{\mathrm{T}} = \gamma\mu_l \boldsymbol{e}^{\mathrm{T}}(t)\boldsymbol{P}_\varepsilon^{\mathrm{T}}\bar{\boldsymbol{B}} \tag{10.30}$$

其中，$\boldsymbol{P}_\varepsilon=\begin{bmatrix}\boldsymbol{P}_{11} & \varepsilon\boldsymbol{P}_{21}^{\mathrm{T}}\\ \boldsymbol{P}_{21} & \boldsymbol{P}_{22}\end{bmatrix}$，其值将在下面设计；$k_D$ 为设计的正常数，满足 $k_D > k_\omega + k_{w^*}$；γ 为设计的正常数，代表自适应调节率。应用上述的控制器和自适应律，可得定理 10.1。

定理 10.1　如果存在公共正定矩阵 $\boldsymbol{Q}_{11} > \boldsymbol{O}$、$\boldsymbol{Q}_{22} > \boldsymbol{O}$ 和公共矩阵 $\boldsymbol{Q}_{21}$，以及任意合适维数的矩阵 $\boldsymbol{Y}_j$ 满足：

$$\begin{bmatrix}\boldsymbol{A}_l\boldsymbol{Q}+\boldsymbol{B}_l\boldsymbol{Y}_j+(\boldsymbol{A}_l\boldsymbol{Q})^{\mathrm{T}}+(\boldsymbol{B}_l\boldsymbol{Y}_j)^{\mathrm{T}} & \boldsymbol{Q}^{\mathrm{T}}\\ \boldsymbol{Q} & -\bar{\boldsymbol{Q}}\end{bmatrix} < \boldsymbol{O},\ l,j=1,2,\cdots,M \tag{10.31}$$

其中，$\boldsymbol{Q}=\begin{bmatrix}\boldsymbol{Q}_{11} & \boldsymbol{O}\\ \boldsymbol{Q}_{21} & \boldsymbol{Q}_{22}\end{bmatrix}$；$\bar{\boldsymbol{Q}}$ 为设计的正定矩阵，则存在小参数 $\varepsilon^*>0$，对于所有 $\varepsilon\in(0,\varepsilon^*]$。若采用式（10.26）、式（10.29）和式（10.30）且 $\boldsymbol{K}_j=\boldsymbol{Y}_j\boldsymbol{Q}^{-1}$，则状态 $\bar{\boldsymbol{x}}(t)$ 将稳定跟踪参考模型状态 $\boldsymbol{x}_m(t)$，即当 $t\to\infty$ 时，有 $\boldsymbol{e}(t)\to\boldsymbol{0}$。

证明：将式（10.26）和式（10.29）代入式（10.22），有

$$\begin{aligned}
\boldsymbol{E}_\varepsilon\dot{\boldsymbol{e}}(t) &= \sum_{l=1}^{M}\xi^l(\boldsymbol{v})(\boldsymbol{A}_l\boldsymbol{e}(t)+\boldsymbol{B}_l\boldsymbol{u}_1(t))\\
&\quad+\bar{\boldsymbol{B}}\left(\boldsymbol{f}_\Delta(\bar{\boldsymbol{x}})+\boldsymbol{\omega}(t)-\sum_{l=1}^{N_u}u_l\hat{\boldsymbol{\theta}}_l(t)+\sum_{l=1}^{M}\xi^l(\boldsymbol{v})\boldsymbol{L}_l\boldsymbol{u}_s(t)\right)\\
&= \sum_{l=1}^{M}\xi^l(\boldsymbol{v})(\boldsymbol{A}_l\boldsymbol{e}(t)+\boldsymbol{B}_l\boldsymbol{u}_1(t))\\
&\quad+\bar{\boldsymbol{B}}\left(\boldsymbol{w}^*+\boldsymbol{\omega}(t)+\sum_{l=1}^{N_u}\mu_l(\boldsymbol{\theta}_l^*-\hat{\boldsymbol{\theta}}_l(t))+\sum_{l=1}^{M}\xi^l(\boldsymbol{v})\boldsymbol{L}_l\boldsymbol{u}_s(t)\right)\\
&= \sum_{l=1}^{M}\sum_{j=1}^{M}\xi^l(\boldsymbol{v})\xi^j(\boldsymbol{v})(\boldsymbol{A}_l+\boldsymbol{B}_l\boldsymbol{K}_j)\boldsymbol{e}(t)\\
&\quad+\bar{\boldsymbol{B}}\left(\boldsymbol{w}^*+\boldsymbol{\omega}(t)+\sum_{l=1}^{N_u}\mu_l(\boldsymbol{\theta}_l^*-\hat{\boldsymbol{\theta}}_l(t))+\sum_{l=1}^{M}\xi^l(\boldsymbol{v})\boldsymbol{L}_l\boldsymbol{u}_s(t)\right)
\end{aligned} \tag{10.32}$$

选择李雅普诺夫函数为

$$V(t)=\frac{1}{2}\boldsymbol{e}^{\mathrm{T}}(t)\boldsymbol{E}_\varepsilon\boldsymbol{P}_\varepsilon\boldsymbol{e}(t)+\frac{1}{2\gamma}\sum_{l=1}^{N_u}(\hat{\boldsymbol{\theta}}_l(t)-\boldsymbol{\theta}_l^*)^{\mathrm{T}}(\hat{\boldsymbol{\theta}}_l(t)-\boldsymbol{\theta}_l^*) \tag{10.33}$$

其中，$\boldsymbol{P}_\varepsilon=\begin{bmatrix}\boldsymbol{P}_{11} & \varepsilon\boldsymbol{P}_{21}^{\mathrm{T}}\\ \boldsymbol{P}_{21} & \boldsymbol{P}_{22}\end{bmatrix}$；$\boldsymbol{E}_\varepsilon\boldsymbol{P}_\varepsilon=\begin{bmatrix}\boldsymbol{P}_{11} & \varepsilon\boldsymbol{P}_{21}^{\mathrm{T}}\\ \varepsilon\boldsymbol{P}_{21} & \varepsilon\boldsymbol{P}_{22}\end{bmatrix}$。

对式（10.33）求导得

$$\begin{aligned}\dot{V}(t) &= \frac{1}{2}\boldsymbol{e}(t)^{\mathrm{T}}\boldsymbol{E}_{\varepsilon}\boldsymbol{P}_{\varepsilon}\dot{\boldsymbol{e}}(t) + \frac{1}{2}\dot{\boldsymbol{e}}(t)^{\mathrm{T}}\boldsymbol{E}_{\varepsilon}\boldsymbol{P}_{\varepsilon}\boldsymbol{e}(t) + \frac{1}{\gamma}\sum_{l=1}^{N_u}\dot{\hat{\boldsymbol{\theta}}}_l(t)^{\mathrm{T}}(\hat{\boldsymbol{\theta}}_l(t)-\boldsymbol{\theta}_l^*) \\ &= \frac{1}{2}\boldsymbol{e}(t)^{\mathrm{T}}\sum_{l=1}^{M}\sum_{j=1}^{M}\xi^l\xi^j(\boldsymbol{P}_{\varepsilon}^{\mathrm{T}}(\boldsymbol{A}_l+\boldsymbol{B}_l\boldsymbol{K}_j)+(\boldsymbol{A}_l+\boldsymbol{B}_l\boldsymbol{K}_j)^{\mathrm{T}}\boldsymbol{P}_{\varepsilon})\boldsymbol{e}(t) \\ &\quad + \frac{1}{\gamma}\sum_{l=1}^{N_u}\dot{\hat{\boldsymbol{\theta}}}_l(t)^{\mathrm{T}}(\hat{\boldsymbol{\theta}}_l(t)-\boldsymbol{\theta}_l^*) + \boldsymbol{e}(t)^{\mathrm{T}}\boldsymbol{P}_{\varepsilon}^{\mathrm{T}}\overline{\boldsymbol{B}}\left(\sum_{l=1}^{N_u}\mu_l(\boldsymbol{\theta}_l^*-\hat{\boldsymbol{\theta}}_l(t)) + \sum_{l=1}^{M}\xi^l\boldsymbol{L}_l\boldsymbol{u}_s(t)\right) \\ &\quad + \boldsymbol{e}(t)^{\mathrm{T}}\boldsymbol{P}_{\varepsilon}^{\mathrm{T}}\overline{\boldsymbol{B}}(\boldsymbol{w}^*+\boldsymbol{\omega}(t)) \\ &= \frac{1}{2}\boldsymbol{e}(t)^{\mathrm{T}}\sum_{l=1}^{M}\sum_{j=1}^{M}\xi^l\xi^j(\boldsymbol{P}_{\varepsilon}^{\mathrm{T}}(\boldsymbol{A}_l+\boldsymbol{B}_l\boldsymbol{K}_j)+(\boldsymbol{A}_l+\boldsymbol{B}_l\boldsymbol{K}_j)^{\mathrm{T}}\boldsymbol{P}_{\varepsilon})\boldsymbol{e}(t) \\ &\quad + \boldsymbol{e}(t)^{\mathrm{T}}\boldsymbol{P}_{\varepsilon}^{\mathrm{T}}\overline{\boldsymbol{B}}\left(\boldsymbol{w}^*+\boldsymbol{\omega}(t)+\sum_{l=1}^{M}\xi^l\boldsymbol{L}_l\boldsymbol{u}_s(t)\right)\end{aligned} \tag{10.34}$$

代入式（10.29）得

$$\begin{aligned}\dot{V}(t) &= \frac{1}{2}\boldsymbol{e}^{\mathrm{T}}(t)\sum_{j=1}^{M}\xi^l\xi^j(\boldsymbol{P}_{\varepsilon}^{\mathrm{T}}(\boldsymbol{A}_l+\boldsymbol{B}_l\boldsymbol{K}_j)+(\boldsymbol{A}_l+\boldsymbol{B}_l\boldsymbol{K}_j)^{\mathrm{T}}\boldsymbol{P}_{\varepsilon})\boldsymbol{e}(t) \\ &\quad + \boldsymbol{e}^{\mathrm{T}}(t)\boldsymbol{P}_{\varepsilon}^{\mathrm{T}}\overline{\boldsymbol{B}}(\boldsymbol{w}^*+\boldsymbol{\omega}(t)) - k_D\left\|\boldsymbol{e}^{\mathrm{T}}(t)\boldsymbol{P}_{\varepsilon}^{\mathrm{T}}\overline{\boldsymbol{B}}\right\|\end{aligned} \tag{10.35}$$

考虑假设 10.1 和 10.3，由于 $k_D > k_{\omega} + k_{w^*}$，式（10.35）变为

$$\dot{V}(t) < \frac{1}{2}\boldsymbol{e}^{\mathrm{T}}(t)\sum_{j=1}^{M}\xi^l\xi^j(\boldsymbol{P}_{\varepsilon}^{\mathrm{T}}(\boldsymbol{A}_l+\boldsymbol{B}_l\boldsymbol{K}_j)+(\boldsymbol{A}_l+\boldsymbol{B}_l\boldsymbol{K}_j)^{\mathrm{T}}\boldsymbol{P}_{\varepsilon})\boldsymbol{e}(t) \tag{10.36}$$

由于

$$\begin{aligned}&\boldsymbol{P}_{\varepsilon}^{\mathrm{T}}(\boldsymbol{A}_l+\boldsymbol{B}_l\boldsymbol{K}_j)+(\boldsymbol{A}_l+\boldsymbol{B}_l\boldsymbol{K}_j)^{\mathrm{T}}\boldsymbol{P}_{\varepsilon}+\overline{\boldsymbol{Q}} \\ &= \boldsymbol{P}(\boldsymbol{A}_l+\boldsymbol{B}_l\boldsymbol{K}_j)+(\boldsymbol{A}_l+\boldsymbol{B}_l\boldsymbol{K}_j)^{\mathrm{T}}\boldsymbol{P}+\overline{\boldsymbol{Q}}+\boldsymbol{H}(\varepsilon)\end{aligned} \tag{10.37}$$

其中，$\boldsymbol{H}(\varepsilon)$ 是小参数 ε 的高阶项。从文献[99]知，如果能保证：

$$\boldsymbol{P}_{\varepsilon}^{\mathrm{T}}(\boldsymbol{A}_l+\boldsymbol{B}_l\boldsymbol{K}_j)+(\boldsymbol{A}_l+\boldsymbol{B}_l\boldsymbol{K}_j)^{\mathrm{T}}\boldsymbol{P}+\overline{\boldsymbol{Q}} < \boldsymbol{O}, \quad l,j=1,2,\cdots,M \tag{10.38}$$

则存在 $\varepsilon^* > 0$，对于 $\varepsilon \in (0,\varepsilon^*]$，有

$$\boldsymbol{P}_{\varepsilon}^{\mathrm{T}}(\boldsymbol{A}_l+\boldsymbol{B}_l\boldsymbol{K}_j)+(\boldsymbol{A}_l+\boldsymbol{B}_l\boldsymbol{K}_j)^{\mathrm{T}}\boldsymbol{P}_{\varepsilon}+\overline{\boldsymbol{Q}} < \boldsymbol{O}, \quad l,j=1,2,\cdots,M \tag{10.39}$$

令 $\boldsymbol{Q}=\boldsymbol{P}^{-1}$，$\boldsymbol{Y}_j=\boldsymbol{K}_j\boldsymbol{Q}$，在式（10.38）两边分别左右乘以 $\boldsymbol{Q}^{\mathrm{T}}$ 和 $\boldsymbol{Q}$，可得

$$\boldsymbol{A}_l\boldsymbol{Q}+\boldsymbol{B}_l\boldsymbol{Y}_j+\boldsymbol{Q}^{\mathrm{T}}\boldsymbol{A}_l^{\mathrm{T}}+(\boldsymbol{B}_l\boldsymbol{Y}_j)^{\mathrm{T}}+\boldsymbol{Q}^{\mathrm{T}}\overline{\boldsymbol{Q}}\boldsymbol{Q} < \boldsymbol{O} \tag{10.40}$$

采用 Schur 补定理，有

$$\begin{bmatrix}\boldsymbol{A}_l\boldsymbol{Q}+\boldsymbol{B}_l\boldsymbol{Y}_j+(\boldsymbol{A}_l\boldsymbol{Q})^{\mathrm{T}}+(\boldsymbol{B}_l\boldsymbol{Y}_j)^{\mathrm{T}} & \boldsymbol{Q}^{\mathrm{T}} \\ \boldsymbol{Q} & -\overline{\boldsymbol{Q}}\end{bmatrix} < \boldsymbol{O} \tag{10.41}$$

若式（10.41）成立，则有

$$\dot{V}(t) < -\boldsymbol{e}^{\mathrm{T}}(t)\overline{\boldsymbol{Q}}\boldsymbol{e}(t) < -\lambda_{\min}(\overline{\boldsymbol{Q}})\boldsymbol{e}^{\mathrm{T}}(t)\boldsymbol{e}(t) \tag{10.42}$$

因此

$$\int_0^t \boldsymbol{e}^{\mathrm{T}}(t)\boldsymbol{e}(t)\mathrm{d}t < -1/\lambda_{\min}(\bar{\boldsymbol{Q}})(V(t)-V(0)) < 1/\lambda_{\min}(\bar{\boldsymbol{Q}})V(0) \tag{10.43}$$

显然$\boldsymbol{e}(t)\in L_2 \cap L_\infty$且$\dot{\boldsymbol{e}}(t)\in L_\infty$，于是由 Barbalat 引理知，当$t\to\infty$时，$\boldsymbol{e}(t)\to\boldsymbol{0}$。定理得证。

讨论：（1）式（10.41）是一种经典的线性矩阵不等式，可以用成熟的线性矩阵不等式求解器求解[100]。

（2）根据文献[101]中的引理可知，保证$\sum_{l=1}^{M}\xi^l(\boldsymbol{v})\boldsymbol{L}_l$非奇异的充分条件为存在正定矩阵$\boldsymbol{P}_z$，使得对于所有的$l=1,2,\cdots,M$，有$\boldsymbol{L}_l^{\mathrm{T}}\boldsymbol{P}_z+\boldsymbol{P}_z\boldsymbol{L}_l<\boldsymbol{O}$。

（3）本节提出的控制器包括三部分，第一部分是传统的线性反馈控制项，以实现跟踪性能。第二部分是前馈项，以补偿跟踪误差。最后一部分是自适应律和滑模项，用于去除系统的不确定性和外部干扰。

（4）参考模型可以根据要求的动态性能和稳态性能来选择。例如，可以选择一种参考模型，使慢状态的轨迹跟踪正弦曲线，快状态趋近于零。

10.3 考虑增益矩阵摄动时的自适应模糊控制

10.3.1 问题阐述

10.2 节提出的自适应控制方法要求模糊奇异摄动模型的增益矩阵精确已知，本节将进一步考虑增益矩阵存在不确定性情况下的自适应模糊跟踪控制设计方法。

假设对非线性奇异摄动系统（10.11）建立模糊奇异摄动模型如下。

R^l：如果v_1是$\varPsi_1^l$，…，v_N是$\varPsi_N^l$，则

$$\boldsymbol{E}_\varepsilon\dot{\bar{\boldsymbol{x}}}(t)=\bar{\boldsymbol{A}}\bar{\boldsymbol{x}}(t)+\bar{\boldsymbol{B}}(\boldsymbol{H}_l\bar{\boldsymbol{x}}(t)+\Delta\boldsymbol{H}_l(\bar{\boldsymbol{x}}(t))+(\boldsymbol{L}_l+\Delta\boldsymbol{L}_l)\boldsymbol{u}(t)+\boldsymbol{\omega}(t)) \tag{10.44}$$

或R^l：如果v_1是$\varPsi_1^l$，…，v_N是$\varPsi_N^l$，则

$$\boldsymbol{E}_\varepsilon\dot{\bar{\boldsymbol{x}}}(t)=\boldsymbol{A}_l\bar{\boldsymbol{x}}(t)+\bar{\boldsymbol{B}}\Delta\boldsymbol{H}_l(\bar{\boldsymbol{x}}(t))+\boldsymbol{B}_l\boldsymbol{u}(t)+\bar{\boldsymbol{B}}\Delta\boldsymbol{L}_l\boldsymbol{u}(t)+\bar{\boldsymbol{B}}\boldsymbol{\omega}(t) \tag{10.45}$$

其中，$\Delta\boldsymbol{L}_l$为控制增益的不确定值。

$$\boldsymbol{L}_l=\begin{bmatrix} b_{11} & \cdots & b_{1(p+1)} \\ \vdots & & \vdots \\ b_{(p+1)1} & \cdots & b_{(p+1)(p+1)} \end{bmatrix},\quad \Delta\boldsymbol{L}_l=\begin{bmatrix} \Delta b_{11} & \cdots & \Delta b_{1(p+1)} \\ \vdots & & \vdots \\ \Delta b_{(p+1)1} & \cdots & \Delta b_{(p+1)(p+1)} \end{bmatrix}$$

其他参数的含义与 10.2 节相同。

给定输入输出对 $\overline{\boldsymbol{x}}(t)$ 和 $\boldsymbol{u}(t)$，采用乘积推理、高斯隶属度函数和中心解模糊化器，模糊奇异摄动模型可以表示为

$$\begin{aligned}\boldsymbol{E}_{\varepsilon}\dot{\overline{\boldsymbol{x}}}(t)=&\sum_{l=1}^{M}\xi^{l}(\boldsymbol{v})(\boldsymbol{A}_{l}\overline{\boldsymbol{x}}(t)+\boldsymbol{B}_{l}\boldsymbol{u}(t))\\&+\overline{\boldsymbol{B}}\sum_{l=1}^{M}\xi^{l}(\boldsymbol{v})(\Delta\boldsymbol{H}_{l}(\overline{\boldsymbol{x}}(t))+\Delta\boldsymbol{L}_{l}\boldsymbol{u}(t)+\boldsymbol{\omega}(t))\end{aligned}\tag{10.46}$$

参考模型的形式如式（10.16）和式（10.17）所示。

定义跟踪误差为

$$\boldsymbol{e}(t)=\overline{\boldsymbol{x}}(t)-\boldsymbol{x}_{m}(t)\tag{10.47}$$

控制目标是设计控制器 $\boldsymbol{u}(t)$，使被控对象的状态 $\overline{\boldsymbol{x}}(t)$ 能跟踪稳定参考模型的状态 $\boldsymbol{x}_{m}(t)$，即当 $t\to\infty$ 时，$\boldsymbol{e}(t)\to\boldsymbol{0}$。

10.3.2　自适应模糊控制器设计及稳定性证明

对式（10.47）求导得

$$\begin{aligned}\boldsymbol{E}_{\varepsilon}\dot{\boldsymbol{e}}(t)=&\sum_{l=1}^{M}\xi^{l}(\boldsymbol{A}_{l}\boldsymbol{e}(t)+(\boldsymbol{A}_{l}-\boldsymbol{A}_{l}^{m})\boldsymbol{x}_{m}(t)-\boldsymbol{B}_{l}^{m}\boldsymbol{r}(t))\\&+\sum_{l=1}^{M}\xi^{l}(\boldsymbol{B}_{l}\boldsymbol{u}(t)+\overline{\boldsymbol{B}}\Delta\boldsymbol{H}_{l}(\overline{\boldsymbol{x}}(t))+\overline{\boldsymbol{B}}\Delta\boldsymbol{L}_{l}\boldsymbol{u}(t)+\overline{\boldsymbol{B}}\boldsymbol{\omega}(t))\\=&\sum_{l=1}^{M}\xi^{l}\boldsymbol{A}_{l}\boldsymbol{e}(t)+\overline{\boldsymbol{B}}\boldsymbol{\omega}(t)+\overline{\boldsymbol{B}}\sum_{l=1}^{M}\xi^{l}((\boldsymbol{H}_{l}-\boldsymbol{H}_{l}^{m})\boldsymbol{x}_{m}(t)\\&-\boldsymbol{L}_{l}^{m}\boldsymbol{r}(t)+(\boldsymbol{L}_{l}+\Delta\boldsymbol{L}_{l})\boldsymbol{u}(t)+\Delta\boldsymbol{H}_{l}(\overline{\boldsymbol{x}}(t)))\end{aligned}\tag{10.48}$$

在设计控制器前，需要做如下假设。

假设 10.4　$\|\boldsymbol{\omega}(t)\|<k_{\omega}$，这里 $k_{\omega}>0$ 是已知常数。

假设 10.5　$\sum_{l=1}^{M}\xi^{l}(\boldsymbol{v})\boldsymbol{L}_{l}$ 对任意 $\boldsymbol{v}$ 都非奇异。

假设 10.6　$\sum_{i\neq j,j=1}^{p+1}\left|b_{ij}^{l}+\Delta b_{ij}^{l}\right|<b_{ii}^{l}+\Delta b_{ii}^{l}$，$b_{ii}^{l}+\Delta b_{ii}^{l}-\sum_{i\neq j,j=1}^{p+1}\left|b_{ij}^{l}+\Delta b_{ij}^{l}\right|>b_{i}^{\min}$，$\left|\sum_{j=1}^{p+1}(\Delta b_{ij}^{l})\right|<b_{i}^{\max}$，$i=1,2,\cdots,p+1$，其中 $b_{i}^{\min}$ 和 $b_{i}^{\max}$ 是已知正数。

则控制律为

$$\boldsymbol{u}(t)=\boldsymbol{u}_{1}(t)+\boldsymbol{u}_{2}(t)+\boldsymbol{u}_{3}(t)\tag{10.49}$$

$$\boldsymbol{u}_1(t)=\sum_{l=1}^{M}\xi^l(\boldsymbol{v})\boldsymbol{K}_l\boldsymbol{e}(t) \tag{10.50}$$

$$\boldsymbol{u}_2(t)=-\left(\sum_{l=1}^{M}\xi^l(\boldsymbol{v})\boldsymbol{L}_l\right)^{-1}\sum_{l=1}^{M}\xi^l(\boldsymbol{v})((\boldsymbol{H}_l-\boldsymbol{H}_l^m)\boldsymbol{x}_m-\boldsymbol{L}_m^l\boldsymbol{r}(t)) \tag{10.51}$$

$$\boldsymbol{u}_3(t)=\boldsymbol{u}_a(t)+\boldsymbol{u}_s(t) \tag{10.52}$$

$$\boldsymbol{u}_s(t)=-\frac{b_{\max}U_{\max}+k_D}{b_{\min}}\operatorname{sgn}(\boldsymbol{e}^{\mathrm{T}}(t)\boldsymbol{P}_\varepsilon^{\mathrm{T}}\overline{\boldsymbol{B}})^{\mathrm{T}} \tag{10.53}$$

其中，$\boldsymbol{u}_a(t)$ 是自适应控制器；$\boldsymbol{P}_\varepsilon$ 是公共矩阵，将在下面设计；$U_{\max}=\max(\boldsymbol{u}_a(t))$；$b_{\max}=\max(b_i^{\max})$；$b_{\min}=\min(b_i^{\min})$；$k_D>0$ 为设计参数。

将式（10.49）和式（10.50）代入式（10.48）得

$$\begin{aligned}\boldsymbol{E}_\varepsilon\dot{\boldsymbol{e}}(t)=&\sum_{l=1}^{M}\sum_{j=1}^{M}\xi^l(\boldsymbol{v})\xi^j(\boldsymbol{v})(\boldsymbol{A}_l+\boldsymbol{B}_l\boldsymbol{K}_j)\boldsymbol{e}(t)+\overline{\boldsymbol{B}}\boldsymbol{\omega}(t)\\&+\overline{\boldsymbol{B}}\sum_{l=1}^{M}\xi^l(\boldsymbol{v})(\Delta\boldsymbol{L}_l(\boldsymbol{u}_1(t)+\boldsymbol{u}_2(t)))\\&+\overline{\boldsymbol{B}}\sum_{l=1}^{M}\xi^l(\boldsymbol{v})((\boldsymbol{L}_l+\Delta\boldsymbol{L}_l)\boldsymbol{u}_3(t)+\Delta\boldsymbol{H}_l(\overline{\boldsymbol{x}}))\end{aligned} \tag{10.54}$$

令 $\boldsymbol{f}_\Delta=\sum_{l=1}^{M}\xi^l(\boldsymbol{v})\Delta\boldsymbol{L}_l(\boldsymbol{u}_1(t)+\boldsymbol{u}_2(t))+\Delta\boldsymbol{H}_l(\overline{\boldsymbol{x}}(t))$，式（10.54）变为

$$\begin{aligned}\boldsymbol{E}_\varepsilon\dot{\boldsymbol{e}}(t)=&\sum_{l=1}^{M}\sum_{j=1}^{M}\xi^l(\boldsymbol{v})\xi^j(\boldsymbol{v})(\boldsymbol{A}_l+\boldsymbol{B}_l\boldsymbol{K}_j)\boldsymbol{e}(t)\\&+\overline{\boldsymbol{B}}\sum_{l=1}^{M}\xi^l(\boldsymbol{v})(\boldsymbol{f}_\Delta+(\boldsymbol{L}_l+\Delta\boldsymbol{L}_l)\boldsymbol{u}_3(t)+\boldsymbol{\omega}(t))\end{aligned} \tag{10.55}$$

其中，$\boldsymbol{f}_\Delta$ 是未知函数，可以采用模糊估计器估计。

假设估计器第 l 条模糊规则如下。

R_u^l：如果 z_{u1} 是 Ψ_{u1}^l，…，z_{uN} 是 Ψ_{uN}^l，则

$$\hat{\boldsymbol{f}}_l(t)=\hat{\boldsymbol{\theta}}_l(t) \tag{10.56}$$

采用乘积推理、高斯隶属度函数和中心解模糊化器，可得最终估计器为

$$\hat{\boldsymbol{f}}_\Delta(t)=\sum_{l=1}^{N_u}\mu_l\hat{\boldsymbol{\theta}}_l(t) \tag{10.57}$$

其中，$\hat{\boldsymbol{\theta}}_l(t)$ 是可调节参数；μ_l 是模糊估计器的权重；N_u 是规则数。

定义式（10.54）的最小估计误差为

$$\boldsymbol{w}^*=\boldsymbol{f}_\Delta-\sum_{l=1}^{N_u}\mu_l\boldsymbol{\theta}_l^* \tag{10.58}$$

其中，$\boldsymbol{\theta}_l^*$ 是理想的估计参数。

假设 10.7　假设 $\|\boldsymbol{w}^*\| < k_{w^*}$，这里 $k_{w^*} > 0$ 是已知常数，设自适应控制器为

$$\boldsymbol{u}_a(t) = -\left(\sum_{l=1}^{M}\xi^l(\boldsymbol{v})\boldsymbol{L}_l\right)^{-1}\sum_{l=1}^{N_u}\mu_l\hat{\boldsymbol{\theta}}_l(t) \tag{10.59}$$

自适应律为

$$\dot{\hat{\boldsymbol{\theta}}}_l^{\mathrm{T}}(t) = \gamma\mu_l\boldsymbol{e}^{\mathrm{T}}(t)\boldsymbol{P}_\varepsilon^{\mathrm{T}}\bar{\boldsymbol{B}} \tag{10.60}$$

定理 10.2　如果存在公共正定矩阵 $\boldsymbol{P}_{11} > \boldsymbol{O}$、$\boldsymbol{P}_{22} > \boldsymbol{O}$ 和公共矩阵 $\boldsymbol{P}_{21}$ 满足：

$$\boldsymbol{P}^{\mathrm{T}}(\boldsymbol{A}_l + \boldsymbol{B}_l\boldsymbol{K}_j) + (\boldsymbol{A}_l + \boldsymbol{B}_l\boldsymbol{K}_j)^{\mathrm{T}}\boldsymbol{P} + \bar{\boldsymbol{Q}} < \boldsymbol{O} \tag{10.61}$$

对所有的 $l, j = 1, 2, \cdots, M$ 成立，这里 $\boldsymbol{P} = \begin{bmatrix}\boldsymbol{P}_{11} & \boldsymbol{O}\\ \boldsymbol{P}_{21} & \boldsymbol{P}_{22}\end{bmatrix}$，$\bar{\boldsymbol{Q}}$ 为设计的正定矩阵，则存在小参数 $\varepsilon^* > 0$，对于所有的 $\varepsilon \in (0, \varepsilon^*]$，若采用式（10.49）、式（10.53）、式（10.59）和式（10.60），且 $\boldsymbol{K}_j = \boldsymbol{Y}_j\boldsymbol{Q}^{-1}$，状态 $\bar{\boldsymbol{x}}(t)$ 可以跟踪稳定参考模型的状态 $\boldsymbol{x}_m(t)$。即当 $t \to \infty$ 时，有 $\boldsymbol{e}(t) \to \boldsymbol{0}$。

证明：将式（10.49）、式（10.53）和式（10.59）代入式（10.55），可得

$$\begin{aligned}
\boldsymbol{E}_\varepsilon\dot{\boldsymbol{e}}(t) &= \sum_{l=1}^{M}\sum_{j=1}^{M}\xi^l\xi^j(\boldsymbol{A}_l + \boldsymbol{B}_l\boldsymbol{K}_j)\boldsymbol{e}(t) + \bar{\boldsymbol{B}}\boldsymbol{\omega}(t)\\
&\quad + \bar{\boldsymbol{B}}\left(\boldsymbol{f}_\Delta - \sum_{l=1}^{N_u}u_l\hat{\boldsymbol{\theta}}_l(t) + \sum_{l=1}^{M}\xi^l((\boldsymbol{L}_l + \Delta\boldsymbol{L}_l)\boldsymbol{u}_s(t) + \Delta\boldsymbol{L}_l\boldsymbol{u}_a(t))\right)\\
&= \sum_{l=1}^{M}\sum_{j=1}^{M}\xi^l\xi^j(\boldsymbol{A}_l + \boldsymbol{B}_l\boldsymbol{K}_j)\boldsymbol{e}(t) + \bar{\boldsymbol{B}}(\boldsymbol{\omega}(t) + \boldsymbol{w}^*)\\
&\quad + \bar{\boldsymbol{B}}\left(\sum_{l=1}^{N_u}\mu_l(\boldsymbol{\theta}_l^* - \hat{\boldsymbol{\theta}}_l(t)) + \sum_{l=1}^{M}\xi^l((\boldsymbol{L}_l + \Delta\boldsymbol{L}_l)\boldsymbol{u}_s(t) + \Delta\boldsymbol{L}_l\boldsymbol{u}_a(t))\right)\\
&= \sum_{l=1}^{M}\sum_{j=1}^{M}\xi^l\xi^j(\boldsymbol{A}_l + \boldsymbol{B}_l\boldsymbol{K}_j)\boldsymbol{e}(t) + \bar{\boldsymbol{B}}(\boldsymbol{\omega}(t) + \boldsymbol{w}^*)\\
&\quad + \bar{\boldsymbol{B}}\left(\sum_{l=1}^{N_u}\mu_l(\boldsymbol{\theta}_l^* - \hat{\boldsymbol{\theta}}_l(t)) + \sum_{l=1}^{M}\xi^l((\boldsymbol{L}_l + \Delta\boldsymbol{L}_l)\boldsymbol{u}_s(t) + \Delta\boldsymbol{L}_l\boldsymbol{u}_a(t))\right)
\end{aligned} \tag{10.62}$$

选择李雅普诺夫函数为

$$V(t) = \frac{1}{2}\boldsymbol{e}^{\mathrm{T}}(t)\boldsymbol{E}_\varepsilon\boldsymbol{P}_\varepsilon\boldsymbol{e}(t) + \frac{1}{2\gamma}\sum_{l=1}^{N_u}(\hat{\boldsymbol{\theta}}_l(t) - \boldsymbol{\theta}_l^*)^{\mathrm{T}}(\hat{\boldsymbol{\theta}}_l(t) - \boldsymbol{\theta}_l^*) \tag{10.63}$$

其中，$\boldsymbol{P}_\varepsilon = \begin{bmatrix}\boldsymbol{P}_{11} & \varepsilon\boldsymbol{P}_{21}^{\mathrm{T}}\\ \boldsymbol{P}_{21} & \boldsymbol{P}_{22}\end{bmatrix}$；$\boldsymbol{E}_\varepsilon\boldsymbol{P}_\varepsilon = \begin{bmatrix}\boldsymbol{P}_{11} & \varepsilon\boldsymbol{P}_{21}^{\mathrm{T}}\\ \varepsilon\boldsymbol{P}_{21} & \varepsilon\boldsymbol{P}_{22}\end{bmatrix}$。

对式（10.63）求导得

$$\dot{V}(t)=\frac{1}{2}\boldsymbol{e}^{\mathrm{T}}(t)\boldsymbol{E}_{\varepsilon}\boldsymbol{P}_{\varepsilon}\dot{\boldsymbol{e}}(t)+\frac{1}{2}\dot{\boldsymbol{e}}^{\mathrm{T}}(t)\boldsymbol{E}_{\varepsilon}\boldsymbol{P}_{\varepsilon}\boldsymbol{e}(t)+\frac{1}{\gamma}\sum_{l=1}^{N_u}\dot{\hat{\boldsymbol{\theta}}}_l(t)(\hat{\boldsymbol{\theta}}_l(t)-\boldsymbol{\theta}_l^*)$$
$$=\frac{1}{2}\boldsymbol{e}^{\mathrm{T}}(t)\sum_{j=1}^{M}\sum_{l=1}^{M}\xi^l\xi^j(\boldsymbol{P}_{\varepsilon}^{\mathrm{T}}(\boldsymbol{A}_l+\boldsymbol{B}_l\boldsymbol{K}_j)+(\boldsymbol{A}_l+\boldsymbol{B}_l\boldsymbol{K}_j)^{\mathrm{T}}\boldsymbol{P}_{\varepsilon})\boldsymbol{e}(t)$$
$$+\frac{1}{\gamma}\sum_{l=1}^{N_u}\dot{\hat{\boldsymbol{\theta}}}_l(t)(\hat{\boldsymbol{\theta}}_l(t)-\boldsymbol{\theta}_l^*)+\boldsymbol{e}^{\mathrm{T}}(t)\boldsymbol{P}_{\varepsilon}^{\mathrm{T}}\overline{\boldsymbol{B}}(\boldsymbol{\omega}(t)+\boldsymbol{w}^*)$$
$$+\boldsymbol{e}^{\mathrm{T}}(t)\boldsymbol{P}_{\varepsilon}^{\mathrm{T}}\overline{\boldsymbol{B}}\left(\sum_{l=1}^{N_u}\mu_l(\boldsymbol{\theta}_l^*-\hat{\boldsymbol{\theta}}_l(t))+\sum_{l=1}^{M}\xi^l((\boldsymbol{L}_l+\Delta\boldsymbol{L}_l)\boldsymbol{u}_s(t)+\Delta\boldsymbol{L}_l\boldsymbol{u}_a(t))\right)$$
$$=\frac{1}{2}\boldsymbol{e}^{\mathrm{T}}(t)\sum_{j=1}^{M}\sum_{l=1}^{M}\xi^l\xi^j(\boldsymbol{P}_{\varepsilon}^{\mathrm{T}}(\boldsymbol{A}_l+\boldsymbol{B}_l\boldsymbol{K}_j)+(\boldsymbol{A}_l+\boldsymbol{B}_l\boldsymbol{K}_j)^{\mathrm{T}}\boldsymbol{P}_{\varepsilon})\boldsymbol{e}(t)$$
$$+\boldsymbol{e}^{\mathrm{T}}(t)\boldsymbol{P}_{\varepsilon}^{\mathrm{T}}\overline{\boldsymbol{B}}\left(\boldsymbol{w}^*+\boldsymbol{\omega}(t)+\sum_{l=1}^{M}\xi^l((\boldsymbol{L}_l+\Delta\boldsymbol{L}_l)\boldsymbol{u}_s(t)+\Delta\boldsymbol{L}_l\boldsymbol{u}_a(t))\right)\tag{10.64}$$

式（10.53）代入得

$$\dot{V}(t)=\frac{1}{2}\boldsymbol{e}^{\mathrm{T}}(t)\sum_{j=1}^{M}\xi^l\xi^j(\boldsymbol{P}_{\varepsilon}^{\mathrm{T}}(\boldsymbol{A}_l+\boldsymbol{B}_l\boldsymbol{K}_j)+(\boldsymbol{A}_l+\boldsymbol{B}_l\boldsymbol{K}_j)^{\mathrm{T}}\boldsymbol{P}_{\varepsilon})\boldsymbol{e}(t)$$
$$+\boldsymbol{e}^{\mathrm{T}}(t)\boldsymbol{P}_{\varepsilon}^{\mathrm{T}}\overline{\boldsymbol{B}}(\boldsymbol{w}^*+\boldsymbol{\omega}(t)+\sum_{l=1}^{M}\xi^l\Delta\boldsymbol{L}_l\boldsymbol{u}_a(t))$$
$$-\boldsymbol{e}^{\mathrm{T}}(t)\boldsymbol{P}_{\varepsilon}^{\mathrm{T}}\overline{\boldsymbol{B}}\sum_{l=1}^{M}\xi^l(\boldsymbol{L}_l+\Delta\boldsymbol{L}_l)(b_{\max}U_{\max}+k_D)\operatorname{sgn}(\boldsymbol{e}^{\mathrm{T}}(t)\boldsymbol{P}_{\varepsilon}^{\mathrm{T}}\overline{\boldsymbol{B}})^{\mathrm{T}}/b_{\min}$$
$$=\frac{1}{2}\boldsymbol{e}^{\mathrm{T}}(t)\sum_{j=1}^{M}\xi^l\xi^j(\boldsymbol{P}_{\varepsilon}^{\mathrm{T}}(\boldsymbol{A}_l+\boldsymbol{B}_l\boldsymbol{K}_j)+(\boldsymbol{A}_l+\boldsymbol{B}_l\boldsymbol{K}_j)^{\mathrm{T}}\boldsymbol{P}_{\varepsilon})\boldsymbol{e}(t)$$
$$+\boldsymbol{e}^{\mathrm{T}}(t)\boldsymbol{P}_{\varepsilon}^{\mathrm{T}}\overline{\boldsymbol{B}}(\boldsymbol{w}^*+\boldsymbol{\omega}(t)+\sum_{l=1}^{M}\xi^l(\boldsymbol{v})\Delta\boldsymbol{L}_l\boldsymbol{u}_a(t))-\boldsymbol{e}^{\mathrm{T}}(t)\boldsymbol{P}_{\varepsilon}^{\mathrm{T}}\overline{\boldsymbol{B}}$$
$$\cdot(b_{\max}U_{\max}+k_D)\sum_{l=1}^{M}\xi^l\left(\sum_{i=1}^{p+1}(b_{1i}^l+\Delta b_{1i}^l)I_{si}\cdots\sum_{i=1}^{p+1}(b_{(p+1)i}^l+\Delta b_{(p+1)i}^l)I_{si}\right)^{\mathrm{T}}/b_{\min}\tag{10.65}$$

其中，I_{si} 代表 $\operatorname{sgn}(\boldsymbol{e}^{\mathrm{T}}(t)\boldsymbol{P}_{\varepsilon}^{\mathrm{T}}\overline{\boldsymbol{B}})^{\mathrm{T}}$ 的第 i 个元素。

考虑假设 10.4 和假设 10.7，令 $k_D > k_{\omega}+k_{w^*}$，可得

$$\dot{V}(t)<\frac{1}{2}\boldsymbol{e}^{\mathrm{T}}(t)\sum_{j=1}^{M}\sum_{l=1}^{M}\xi^l\xi^j(\boldsymbol{P}_{\varepsilon}^{\mathrm{T}}(\boldsymbol{A}_l+\boldsymbol{B}_l\boldsymbol{K}_j)+(\boldsymbol{A}_l+\boldsymbol{B}_l\boldsymbol{K}_j)^{\mathrm{T}}\boldsymbol{P}_{\varepsilon})\boldsymbol{e}(t)$$
$$+\boldsymbol{e}^{\mathrm{T}}(t)\boldsymbol{P}_{\varepsilon}^{\mathrm{T}}\overline{\boldsymbol{B}}\left(\boldsymbol{w}^*+\boldsymbol{\omega}(t)+\sum_{l=1}^{M}\xi^l\Delta\boldsymbol{L}_l\boldsymbol{u}_a(t)\right)-(b_{\max}U_{\max}+k_D)\left\|\boldsymbol{e}^{\mathrm{T}}(t)\boldsymbol{P}_{\varepsilon}^{\mathrm{T}}\overline{\boldsymbol{B}}\right\|$$
$$<\frac{1}{2}\boldsymbol{e}^{\mathrm{T}}(t)\sum_{j=1}^{M}\sum_{l=1}^{M}\xi^l\xi^j(\boldsymbol{P}_{\varepsilon}^{\mathrm{T}}(\boldsymbol{A}_l+\boldsymbol{B}_l\boldsymbol{K}_j)+(\boldsymbol{A}_l+\boldsymbol{B}_l\boldsymbol{K}_j)^{\mathrm{T}}\boldsymbol{P}_{\varepsilon})\boldsymbol{e}(t)\tag{10.66}$$

由于

$$\boldsymbol{P}_{\varepsilon}^{\mathrm{T}}(\boldsymbol{A}_l+\boldsymbol{B}_l\boldsymbol{K}_j)+(\boldsymbol{A}_l+\boldsymbol{B}_l\boldsymbol{K}_j)^{\mathrm{T}}\boldsymbol{P}_{\varepsilon}+\bar{\boldsymbol{Q}}$$
$$=\boldsymbol{P}^{\mathrm{T}}(\boldsymbol{A}_l+\boldsymbol{B}_l\boldsymbol{K}_j)+(\boldsymbol{A}_l+\boldsymbol{B}_l\boldsymbol{K}_j)^{\mathrm{T}}\boldsymbol{P}+\bar{\boldsymbol{Q}}+\boldsymbol{H}(\varepsilon) \tag{10.67}$$

其中，$\boldsymbol{H}(\varepsilon)$ 是小参数 ε 的高阶项。如果能保证：

$$\boldsymbol{P}^{\mathrm{T}}(\boldsymbol{A}_l+\boldsymbol{B}_l\boldsymbol{K}_j)+(\boldsymbol{A}_l+\boldsymbol{B}_l\boldsymbol{K}_j)^{\mathrm{T}}\boldsymbol{P}+\bar{\boldsymbol{Q}}<\boldsymbol{O}，\quad l,j=1,2,\cdots,M \tag{10.68}$$

则存在 $\varepsilon^{*}>0$，对于 $\varepsilon\in(0,\varepsilon^{*}]$，有

$$\boldsymbol{P}_{\varepsilon}^{\mathrm{T}}(\boldsymbol{A}_l+\boldsymbol{B}_l\boldsymbol{K}_j)+(\boldsymbol{A}_l+\boldsymbol{B}_l\boldsymbol{K}_j)^{\mathrm{T}}\boldsymbol{P}_{\varepsilon}+\bar{\boldsymbol{Q}}<\boldsymbol{O}，\quad l,j=1,2,\cdots,M \tag{10.69}$$

令 $\boldsymbol{Q}=\boldsymbol{P}^{-1}$，$\boldsymbol{Y}_j=\boldsymbol{K}_j\boldsymbol{Q}$，在式（10.69）两边分别左右乘以 $\boldsymbol{Q}^{\mathrm{T}}$ 和 $\boldsymbol{Q}$，可得

$$\boldsymbol{A}_l\boldsymbol{Q}^{\mathrm{T}}+\boldsymbol{B}_l\boldsymbol{Y}_j+\boldsymbol{Q}\boldsymbol{A}_l^{\mathrm{T}}+(\boldsymbol{B}_l\boldsymbol{K}_j)^{\mathrm{T}}+\boldsymbol{Q}^{\mathrm{T}}\bar{\boldsymbol{Q}}\boldsymbol{Q}<\boldsymbol{O} \tag{10.70}$$

采用 Schur 补定理，有

$$\begin{bmatrix}\boldsymbol{A}_l\boldsymbol{Q}+\boldsymbol{B}_l\boldsymbol{Y}_j+(\boldsymbol{A}_l\boldsymbol{Q})^{\mathrm{T}}+(\boldsymbol{B}_l\boldsymbol{Y}_j)^{\mathrm{T}} & \boldsymbol{Q}^{\mathrm{T}}\\ \boldsymbol{Q} & -\bar{\boldsymbol{Q}}\end{bmatrix}<\boldsymbol{O} \tag{10.71}$$

则有

$$\dot{V}(t)<-\boldsymbol{e}^{\mathrm{T}}(t)\bar{\boldsymbol{Q}}\boldsymbol{e}(t)<-\lambda_{\min}(\bar{\boldsymbol{Q}})\boldsymbol{e}^{\mathrm{T}}(t)\boldsymbol{e}(t) \tag{10.72}$$

因此有

$$\int_0^t\boldsymbol{e}^{\mathrm{T}}(t)\boldsymbol{e}(t)\mathrm{d}t<-(V(t)-V(0))/\lambda_{\min}(\bar{\boldsymbol{Q}})<V(0)/\lambda_{\min}(\bar{\boldsymbol{Q}}) \tag{10.73}$$

显然 $\boldsymbol{e}(t)\in L_2\cap L_\infty$ 且 $\dot{\boldsymbol{e}}(t)\in L_\infty$，于是由 Barbalat 引理知，当 $t\to\infty$ 时，$\boldsymbol{e}(t)\to\boldsymbol{0}$。定理得证。

10.4 应用实例

本节将设计一种自适应模糊控制器，以实现非线性奇异摄动系统的模型跟踪性能。假设该奇异摄动系统可由两条模糊规则描述。

R^l：如果 $x_1(t)$ 是 Ψ_1^l，则　　（10.74）

$$\begin{bmatrix}\dot{\boldsymbol{x}}(t)\\ \varepsilon\dot{z}(t)\end{bmatrix}=\bar{\boldsymbol{A}}\begin{bmatrix}\boldsymbol{x}(t)\\ z(t)\end{bmatrix}+\bar{\boldsymbol{B}}\left(\boldsymbol{H}_l\begin{bmatrix}\boldsymbol{x}(t)\\ z(t)\end{bmatrix}+\Delta\boldsymbol{H}_l(\bar{\boldsymbol{x}})+\boldsymbol{L}_l\boldsymbol{u}(t)+\boldsymbol{\omega}(t)\right)$$

其中，$l=1,2$；$\varepsilon=0.11$。

$$\bar{\boldsymbol{A}}=\begin{bmatrix}0&1&0\\0&0&0\\0&0&0\end{bmatrix},\quad \bar{\boldsymbol{B}}=\begin{bmatrix}0&0\\1&0\\0&1\end{bmatrix}$$

$$\boldsymbol{H}_1=\begin{bmatrix}1.478&0&10\\0.2&0.4&-0.45\end{bmatrix},\quad \boldsymbol{H}_2=\begin{bmatrix}0&0.511&-0.5\\-0.18&-0.5&1.3\end{bmatrix}$$

$$\boldsymbol{L}_1=\begin{bmatrix}3 & -1\\ -11 & 1\end{bmatrix},\quad \boldsymbol{L}_2=\begin{bmatrix}-2 & 0.5\\ -1 & -1.3\end{bmatrix}$$

则可得

$$\boldsymbol{A}_1=\bar{\boldsymbol{A}}+\bar{\boldsymbol{B}}\boldsymbol{H}_1=\begin{bmatrix}0 & 1 & 0\\ 1.478 & 0 & 10\\ 0.2 & 0.4 & -0.45\end{bmatrix},\qquad \boldsymbol{A}_2=\bar{\boldsymbol{A}}+\bar{\boldsymbol{B}}\boldsymbol{H}_2=\begin{bmatrix}0 & 1 & 0\\ 0 & 0.511 & -0.5\\ -0.18 & -0.5 & 1.3\end{bmatrix}$$

$$\boldsymbol{B}_1=\begin{bmatrix}0 & 0\\ 3 & -1\\ -11 & 1\end{bmatrix},\qquad \boldsymbol{B}_2=\begin{bmatrix}0 & 0\\ -2 & -0.5\\ -1 & -1.3\end{bmatrix}$$

$$\Delta\boldsymbol{H}_1=\Delta\boldsymbol{H}_2=\begin{bmatrix}-0.2x_1(t)\\ 0\end{bmatrix},\qquad \boldsymbol{\omega}(t)=\begin{bmatrix}0.3 & 0.2\end{bmatrix}^{\mathrm{T}}\cos(t)\mathrm{e}^{-0.5t}$$

已知其界为$k_w=0.3$。假设$\boldsymbol{w}^*$的界已知，为$k_{w^*}=0.2$，可令$k_D=0.5$。

假设隶属度函数为

$$\xi_1(\boldsymbol{x}(t))=(1+\sin(x_1(t)))/2,\qquad \xi_2(\boldsymbol{x}(t))=(1-\sin(x_1(t)))/2 \tag{10.75}$$

稳态参考模型的参数为

$$\boldsymbol{A}_1^m=\boldsymbol{A}_2^m=\begin{bmatrix}0 & 1 & 0\\ -1 & -2 & 0\\ 0 & 0 & -5\end{bmatrix},\qquad \boldsymbol{B}_1^m=\boldsymbol{B}_2^m=\begin{bmatrix}0 & 0\\ 1 & 0\\ 0 & 1\end{bmatrix},\qquad \boldsymbol{r}(t)=[\sin t\quad \cos t]^{\mathrm{T}}$$

采用式（10.26）～式（10.29）和式（10.30）设计自适应模糊控制器。由 LMI 方法求得

$$\boldsymbol{K}=\begin{bmatrix}0.4870 & 1.0937 & 0.2183\\ -0.1391 & -0.6725 & 1.7299\end{bmatrix},\qquad \boldsymbol{P}=\begin{bmatrix}0.0340 & 0.0281 & 0\\ 0.0281 & 0.0692 & 0\\ 0.0264 & 0.0362 & 0.0534\end{bmatrix}$$

为了估计参数不确定性$\Delta\boldsymbol{H}_1$、$\Delta\boldsymbol{H}_2$，采取式（10.24）设计模糊估计器。选取高斯隶属度函数，规则数为 9，自适应律为式（10.30），最终得到仿真结果如图 10.1～图 10.5 实线部分所示。

为揭示本章所提出的自适应模糊控制器的性能，这里将其与在同样的实验条件下文献[89]提出的H_∞鲁棒控制器用于同样的被控对象以进行性能比较，该方法的仿真结果如图 10.1～图 10.5 的虚线所示，可以看出当ε足够小时，即使存在参数不确定性和外部干扰，系统状态仍可以成功跟踪参考模型的状态，且本章提出的方法的性能优于文献[89]方法的性能。

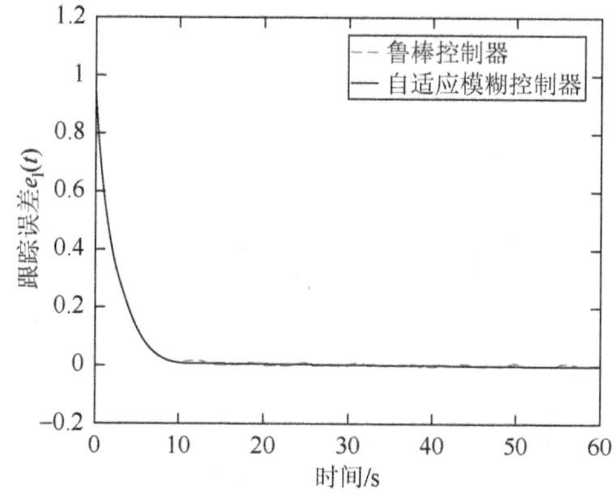

图 10.1　跟踪误差 $e_1(t)$

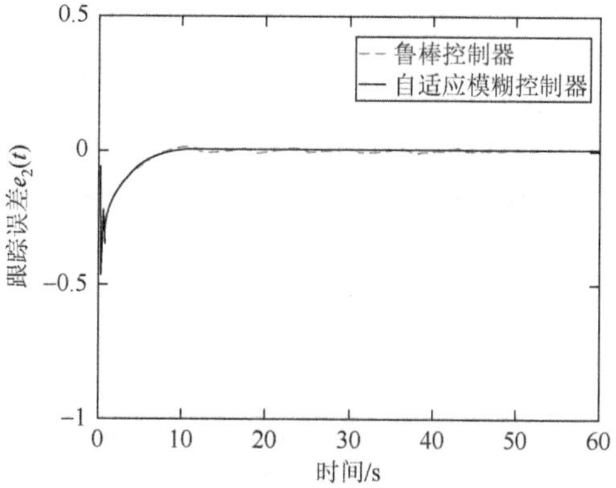

图 10.2　跟踪误差 $e_2(t)$

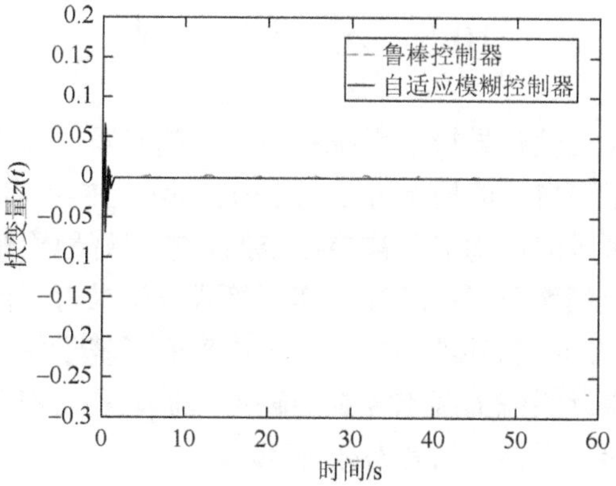

图 10.3　快变量 $z(t)$

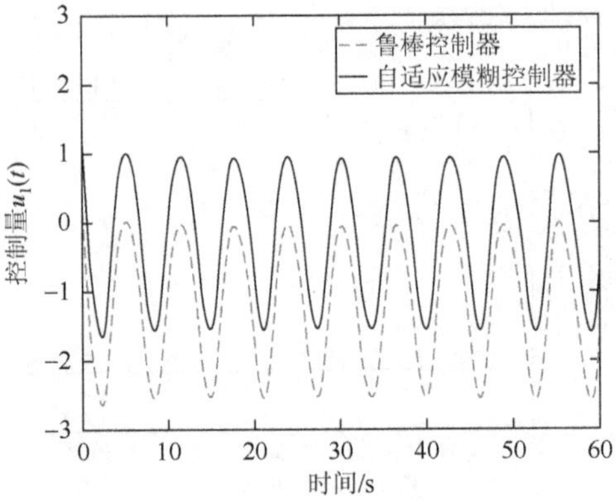

图 10.4　控制量 $u_1(t)$

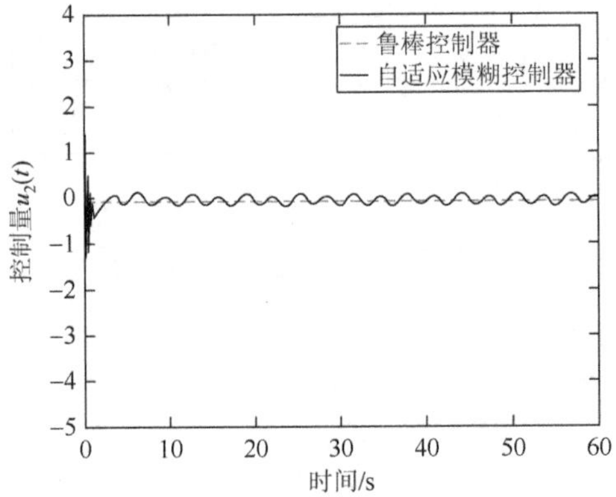

图 10.5　控制量 $u_2(t)$

10.5　本 章 小 结

本章针对一类非线性奇异摄动系统的跟踪控制问题，设计了一种基于模糊奇异摄动模型的模型跟踪自适应控制方法。在忽略和考虑控制增益矩阵两种情况下，通过巧妙地构建控制策略，均能使被控系统的状态很好地跟踪指定模型的状态。该控制器中的线性反馈增益项由线性矩阵不等式方法求得，自适应和滑模项则用于去除系统的未建模动态和外部干扰。该方法克服了基于快慢分解的方法只能实现标准非线性奇异摄动系统的跟踪控制的缺点，扩展了模糊自适应控制方法的应用范围，仿真结果验证了该方法的有效性。

第 11 章　基于模糊奇异摄动模型的自适应模糊输出反馈控制

第 10 章提出的控制器设计方法假设系统状态完全可量测，这在实际应用中一般难以实现。目前奇异摄动系统对状态不完全可量测情况的研究主要有两种思路，一种是采用 LMI 方法求解静态输出反馈增益，从而得到输出反馈控制器[87, 89]；另一种是通过设计观测器得到系统状态的观测值，求得带观测器的反馈控制器[92]。本章针对连续非线性奇异摄动系统在状态不完全可量测时的跟踪控制问题，设计了一种基于模糊奇异摄动模型的观测器，用于估计跟踪误差。在此基础上提出了一种自适应模糊输出反馈控制器，使被控系统的状态能够跟踪参考模型的状态。采用自适应和滑模项去除系统的不确定性和外部干扰。该方法不仅能够在状态不完全可量测时保证系统的跟踪性能，而且能够消除未建模部分对跟踪性能的影响，仿真结果验证了其有效性。

11.1　问 题 阐 述

考虑连续非线性奇异摄动系统可以由式（11.1）描述。

规则l：如果v_1是Ψ_1^l，…，v_N是Ψ_N^l，则

$$\begin{aligned}\boldsymbol{E}_\varepsilon\dot{\bar{\boldsymbol{x}}}(t)&=\bar{\boldsymbol{A}}\bar{\boldsymbol{x}}(t)+\bar{\boldsymbol{B}}(\boldsymbol{H}_l\bar{\boldsymbol{x}}(t)+\Delta\boldsymbol{H}_l(\bar{\boldsymbol{x}}(t))+\boldsymbol{L}_l\boldsymbol{u}(t)+\bar{\boldsymbol{D}}_l\boldsymbol{\omega}(t))\\ \boldsymbol{y}(t)&=\boldsymbol{C}\bar{\boldsymbol{x}}(t)\end{aligned}\tag{11.1}$$

式（11.1）也可以描述为以下形式。

规则l：如果v_1是Ψ_1^l，…，v_N是Ψ_N^l，则

$$\begin{aligned}\boldsymbol{E}_\varepsilon\dot{\bar{\boldsymbol{x}}}(t)&=\boldsymbol{A}_l\bar{\boldsymbol{x}}(t)+\bar{\boldsymbol{B}}\Delta\boldsymbol{H}_l(\bar{\boldsymbol{x}}(t))+\boldsymbol{B}_l\boldsymbol{u}(t)+\boldsymbol{D}_l\boldsymbol{\omega}(t)\\ \boldsymbol{y}(t)&=\boldsymbol{C}\bar{\boldsymbol{x}}(t)\end{aligned}\tag{11.2}$$

其中，$\bar{\boldsymbol{x}}(t)=[\boldsymbol{x}^{\mathrm{T}}(t)\quad \boldsymbol{z}^{\mathrm{T}}(t)]^{\mathrm{T}}$；$\bar{\boldsymbol{A}}=\mathrm{diag}[\bar{\boldsymbol{A}}_1\quad\cdots\quad\bar{\boldsymbol{A}}_p]$；$\bar{\boldsymbol{B}}=\mathrm{diag}[\bar{\boldsymbol{B}}_1\quad\cdots\quad\bar{\boldsymbol{B}}_p]$，$\bar{\boldsymbol{B}}_i=[\boldsymbol{O}_{1\times(r_i-1)}\quad 1]^{\mathrm{T}}\in\mathbb{R}^{r_i}$；$\boldsymbol{E}_\varepsilon=\begin{bmatrix}\boldsymbol{I}_{n_s}&\boldsymbol{O}\\ \boldsymbol{O}&\varepsilon\boldsymbol{I}_{n_z}\end{bmatrix}$；$\bar{\boldsymbol{A}}_i=\begin{bmatrix}\boldsymbol{O}&\boldsymbol{I}_{(r_i-1)}\\ \boldsymbol{O}&\boldsymbol{O}_{1\times(r_i-1)}\end{bmatrix}_{r_i\times r_i}$；$\boldsymbol{D}_l=\bar{\boldsymbol{B}}\bar{\boldsymbol{D}}_l$；$\boldsymbol{B}_l=\bar{\boldsymbol{B}}\boldsymbol{L}_l$；$\boldsymbol{A}_l=\bar{\boldsymbol{A}}_l+\bar{\boldsymbol{B}}\boldsymbol{H}_l$，此外，$v_i$是模糊前件变量；$N$为前件变量的个数；$\Psi_i^l$是模糊集；$\xi_i^l(v_i)$是相应的隶属度函数；$\boldsymbol{H}_l\in\mathbb{R}^{p\times n}$，$\boldsymbol{L}_l\in\mathbb{R}^{p\times p}$，$\Delta\boldsymbol{H}_l(\bar{\boldsymbol{x}}(t))\in\mathbb{R}^p$代

表未建模动态，$\boldsymbol{y}(t)$ 是系统输出，$\boldsymbol{C}\in\mathbb{R}^{m\times n}$ 为输出矩阵，n_s 是慢变量维数，n_z 是快变量维数，$n_s+n_z=n$，p 是控制器的维数，$i=1,2,\cdots,N$, $l=1,2,\cdots,M$ 。

给定输入输出对 $\overline{\boldsymbol{x}}(t)$ 和 $\boldsymbol{u}(t)$，采用乘积推理、高斯隶属度函数和中心解模糊化器，模糊奇异摄动模型可以表示为

$$\begin{gathered}\boldsymbol{E}_\varepsilon\dot{\overline{\boldsymbol{x}}}(t)=\sum_{l=1}^{M}\xi^l(\boldsymbol{v})(\boldsymbol{A}_l\overline{\boldsymbol{x}}(t)+\boldsymbol{B}_l\boldsymbol{u}(t)+\overline{\boldsymbol{B}}\Delta\boldsymbol{H}_l(\overline{\boldsymbol{x}})+\boldsymbol{D}_l\boldsymbol{\omega}(t))\\ \boldsymbol{y}(t)=\boldsymbol{C}\overline{\boldsymbol{x}}(t)\end{gathered}\tag{11.3}$$

其中，$\xi^l(\boldsymbol{v})=\prod_{i=1}^{N}\xi_i^l(v_i)\Big/\sum_{l=1}^{M}\prod_{i=1}^{N}\xi_i^l(v_i)$。

假设稳定参考模型可以由式（11.4）的模糊规则表示，其前件与式（11.1）相同。

规则l：如果 v_1 是 M_1^l，…，v_N 是 M_N^l，则

$$\begin{gathered}\boldsymbol{E}_\varepsilon\dot{\boldsymbol{x}}_m(t)=\overline{\boldsymbol{A}}\boldsymbol{x}_m(t)+\overline{\boldsymbol{B}}(\boldsymbol{H}_l^m\boldsymbol{x}_m(t)+\boldsymbol{L}_l^m\boldsymbol{r}(t))\\ \boldsymbol{y}_m(t)=\boldsymbol{C}\boldsymbol{x}_m(t)\end{gathered}\tag{11.4}$$

其中，$\boldsymbol{x}_m(t)\in\mathbb{R}^n$ 表示参考模型的状态；$\boldsymbol{r}(t)\in\mathbb{R}^p$ 为有界参考输入；$\boldsymbol{y}_m(t)$ 为参考模型输出，则通过规则合成得到整个模糊模型为

$$\begin{gathered}\boldsymbol{E}_\varepsilon\dot{\boldsymbol{x}}_m(t)=\sum_{l=1}^{M}\xi^l(\boldsymbol{v})(\overline{\boldsymbol{A}}\boldsymbol{x}_m(t)+\overline{\boldsymbol{B}}(\boldsymbol{H}_l^m\boldsymbol{x}_m(t)+\boldsymbol{L}_l^m\boldsymbol{r}(t)))\\ \boldsymbol{y}_m(t)=\boldsymbol{C}\boldsymbol{x}_m(t)\end{gathered}\tag{11.5}$$

定义状态跟踪误差为

$$\boldsymbol{e}(t)=\overline{\boldsymbol{x}}(t)-\boldsymbol{x}_m(t)\tag{11.6}$$

本章的控制目标是设计一个控制器 $\boldsymbol{u}(t)$，使得对于任意有界干扰 $\boldsymbol{\omega}(t)$，有

$$J_\infty=\int_0^{t_f}\boldsymbol{e}^{\mathrm{T}}(t)\boldsymbol{e}(t)\mathrm{d}t<V(t_0)+\rho^2\boldsymbol{\omega}^{\mathrm{T}}(t)\boldsymbol{\omega}(t)+O(\varepsilon)$$

11.2　自适应模糊控制器设计

对式（11.6）求导得

$$\begin{aligned}\boldsymbol{E}_\varepsilon\dot{\boldsymbol{e}}(t)=&\sum_{l=1}^{M}\xi^l(\boldsymbol{v})\big(\boldsymbol{A}_l\boldsymbol{e}(t)+\boldsymbol{D}_l\boldsymbol{\omega}(t)\big)\\&+\overline{\boldsymbol{B}}\sum_{l=1}^{M}\xi^l(\boldsymbol{v})\big((\boldsymbol{H}_l-\boldsymbol{H}_l^m)\boldsymbol{x}_m(t)-\boldsymbol{L}_l^m\boldsymbol{r}(t)+\boldsymbol{L}_l\boldsymbol{u}(t)+\Delta\boldsymbol{H}_l(\overline{\boldsymbol{x}}(t))\big)\end{aligned}\tag{11.7}$$

如果系统状态完全可量测，可以采用式（10.26）和式（10.29）形式的控制器对系统进行控制。在系统状态不完全可量测的情形下，本章设计一种观测器以估计系统的跟踪误差。假设观测量为$\hat{\boldsymbol{e}}(t)$，则控制器可以取为

$$\boldsymbol{u}(t)=\sum_{l=1}^{M}\xi^{l}(\boldsymbol{v})\boldsymbol{K}_{l}\hat{\boldsymbol{e}}(t)+\boldsymbol{u}_{2}(t)$$
$$-\left(\sum_{l=1}^{M}\xi^{l}(\boldsymbol{v})\boldsymbol{L}_{l}\right)^{-1}\left(\sum_{l=1}^{M}\xi^{l}(\boldsymbol{v})((\boldsymbol{H}_{l}-\boldsymbol{H}_{l}^{m})\boldsymbol{x}_{m}(t)-\boldsymbol{L}_{l}^{m}\boldsymbol{r}(t))\right) \quad (11.8)$$

将其代入式（11.7），得到

$$\boldsymbol{E}_{\varepsilon}\dot{\boldsymbol{e}}(t)=\sum_{l=1}^{M}\sum_{i=1}^{M}\xi^{l}(\boldsymbol{v})\xi^{i}(\boldsymbol{v})(\boldsymbol{A}_{l}\boldsymbol{e}(t)+\boldsymbol{B}_{l}\boldsymbol{K}_{i}\hat{\boldsymbol{e}}(t))$$
$$+\overline{\boldsymbol{B}}\sum_{l=1}^{M}\xi^{l}(\boldsymbol{v})(\boldsymbol{L}_{1}\boldsymbol{u}_{2}(t)+\Delta\boldsymbol{H}_{l}(\overline{\boldsymbol{x}})+\boldsymbol{D}_{l}\boldsymbol{\omega}(t))$$
$$\boldsymbol{e}_{y}(t)=\boldsymbol{C}\boldsymbol{e}(t) \quad (11.9)$$

假设观测器的规则前件与式（11.1）和式（11.2）相同，则观测器的第l条模糊规则可以表示为以下形式。

规则l：如果v_1是$\varPsi_1^l$，…，v_N是$\varPsi_N^l$，则

$$\boldsymbol{E}_{\varepsilon}\dot{\hat{\boldsymbol{e}}}(t)=\left(\boldsymbol{A}_{l}+\boldsymbol{B}_{l}\sum_{i=1}^{M}\xi^{i}(\boldsymbol{v})\boldsymbol{K}_{i}\right)\hat{\boldsymbol{e}}(t)+\boldsymbol{T}_{l}\boldsymbol{C}(\boldsymbol{e}(t)-\hat{\boldsymbol{e}}(t))$$
$$\hat{\boldsymbol{e}}_{y}(t)=\boldsymbol{C}\hat{\boldsymbol{e}}(t) \quad (11.10)$$

采用乘积推理、高斯隶属度函数和中心解模糊化器，观测器的模糊模型可以表示为

$$\boldsymbol{E}_{\varepsilon}\dot{\hat{\boldsymbol{e}}}(t)=\sum_{l=1}^{M}\sum_{i=1}^{M}\xi^{l}\xi^{i}(\boldsymbol{A}_{l}+\boldsymbol{B}_{l}\boldsymbol{K}_{i})\hat{\boldsymbol{e}}(t)+\sum_{l=1}^{M}\xi^{l}\boldsymbol{T}_{l}\boldsymbol{C}(\boldsymbol{e}(t)-\hat{\boldsymbol{e}}(t))$$
$$\hat{\boldsymbol{e}}_{y}(t)=\boldsymbol{C}\hat{\boldsymbol{e}}(t) \quad (11.11)$$

定义观测误差为$\tilde{\boldsymbol{e}}(t)$为

$$\tilde{\boldsymbol{e}}(t)=\boldsymbol{e}(t)-\hat{\boldsymbol{e}}(t) \quad (11.12)$$

对式（11.12）求导得

$$\boldsymbol{E}_{\varepsilon}\dot{\tilde{\boldsymbol{e}}}(t)=\sum_{l=1}^{M}\sum_{i=1}^{M}\xi^{l}(\boldsymbol{v})(\boldsymbol{A}_{l}-\boldsymbol{T}_{l}\boldsymbol{C})\tilde{\boldsymbol{e}}(t)$$
$$+\overline{\boldsymbol{B}}\sum_{l=1}^{M}\xi^{l}(\boldsymbol{v})(\boldsymbol{L}_{l}\boldsymbol{u}_{2}(t)+\Delta\boldsymbol{H}_{l}(\overline{\boldsymbol{x}}(t))+\boldsymbol{D}_{l}\boldsymbol{\omega}(t)) \quad (11.13)$$
$$\tilde{\boldsymbol{e}}_{y}(t)=\boldsymbol{C}\tilde{\boldsymbol{e}}(t)$$

其中，$\tilde{\boldsymbol{e}}_y(t)=\boldsymbol{e}_y(t)-\hat{\boldsymbol{e}}_y(t)$。取增广矩阵的状态为$\boldsymbol{e}_s(t)=[\hat{\boldsymbol{e}}^{\mathrm{T}}(t)\quad \tilde{\boldsymbol{e}}^{\mathrm{T}}(t)]^{\mathrm{T}}$，则增广误差阵为

$$\begin{bmatrix}\boldsymbol{E}_\varepsilon & \boldsymbol{O}\\ \boldsymbol{O} & \boldsymbol{E}_\varepsilon\end{bmatrix}\dot{\boldsymbol{e}}_s(t)=\sum_{l=1}^{M}\sum_{i=1}^{M}\xi^l\xi^i\begin{bmatrix}\boldsymbol{A}_l+\boldsymbol{B}_l\boldsymbol{K}_i & \boldsymbol{T}_l\boldsymbol{C}\\ \boldsymbol{O} & \boldsymbol{A}_l-\boldsymbol{T}_l\boldsymbol{C}\end{bmatrix}\boldsymbol{e}_s(t)$$

$$+\begin{bmatrix}\boldsymbol{O}\\ \overline{\boldsymbol{B}}\sum_{l=1}^{M}\xi^l(\boldsymbol{L}_l\boldsymbol{u}_2(t)+\Delta\boldsymbol{H}_l(\overline{\boldsymbol{x}}(t))+\boldsymbol{D}_l\boldsymbol{\omega}(t))\end{bmatrix}\tag{11.14}$$

令$\boldsymbol{f}_\Delta=\sum_{l=1}^{M}\xi^l\Delta\boldsymbol{H}_l(\overline{\boldsymbol{x}}(t))$，做假设如下。

假设 11.1　$\boldsymbol{f}_\Delta=(\overline{\boldsymbol{P}}_\varepsilon^{\mathrm{T}}\overline{\boldsymbol{B}})^{\mathrm{T}}((\overline{\boldsymbol{P}}_\varepsilon^{\mathrm{T}}\overline{\boldsymbol{B}})(\overline{\boldsymbol{P}}_\varepsilon^{\mathrm{T}}\overline{\boldsymbol{B}})^{\mathrm{T}})^{-1}\boldsymbol{C}^{\mathrm{T}}\overline{\boldsymbol{f}}_\Delta$，其中$\overline{\boldsymbol{f}}_\Delta$是未知函数。

$\boldsymbol{f}_\Delta$可以采用模糊估计器来估计未知函数$\overline{\boldsymbol{f}}_\Delta$的值，假设估计器的规则如下。

R_u^l：如果z_{u1}是Ψ_{u1}^l，…，z_{uN}是Ψ_{uN}^l，则

$$\hat{\boldsymbol{f}}_l(t)=\hat{\boldsymbol{\theta}}_l(t)\tag{11.15}$$

则有

$$\hat{\boldsymbol{f}}_\Delta=\sum_{l=1}^{N_u}\mu_l\hat{\boldsymbol{\theta}}_l(t)\tag{11.16}$$

其中，$\hat{\boldsymbol{\theta}}_l(t)$是可调节参数；$z_{uj}(j=1,2,\cdots,N)$为规则前件；$\mu_l$是模糊估计器的权重；$N_u$是规则数。

定义最小估计误差为

$$\boldsymbol{w}^*=\overline{\boldsymbol{f}}_\Delta-\sum_{l=1}^{N_u}\mu_l\boldsymbol{\theta}_l^*\tag{11.17}$$

其中，$\boldsymbol{\theta}_l^*$是估计参数的理想值。

假设 11.2　假设$\left\|\boldsymbol{w}^*\right\|<k_{w^*}$，这里$k_{w^*}>0$是已知常数。

假设 11.3　$\boldsymbol{g}=\sum_{l=1}^{M}\xi^l(\boldsymbol{v})\boldsymbol{L}_l$对于任意$\boldsymbol{v}$都可逆。

基于假设 11.1～假设 11.3，可以得到控制器和自适应律为

$$\boldsymbol{u}(t)=\boldsymbol{u}_1(t)+\boldsymbol{u}_2(t)\tag{11.18}$$

$$\boldsymbol{u}_1(t)=\sum_{l=1}^{M}\xi^l\boldsymbol{K}_l\hat{\boldsymbol{e}}(t)-\boldsymbol{g}^{-1}\left(\sum_{l=1}^{M}\xi^l((\boldsymbol{H}_l-\boldsymbol{H}_l^m)\boldsymbol{x}_m(t)-\boldsymbol{L}_l^m\boldsymbol{r}(t))\right)\tag{11.19}$$

$$\boldsymbol{u}_2(t) = -\boldsymbol{g}^{-1}\sum_{l=1}^{N_u}\mu_l\hat{\boldsymbol{\theta}}_l(t) \tag{11.20}$$

$$\dot{\hat{\boldsymbol{\theta}}}_i^{\mathrm{T}}(t) = \gamma\mu_i\bar{\boldsymbol{e}}_y^{\mathrm{T}}(t) \tag{11.21}$$

其中，$\gamma>0$ 是设计参数。采用以上的控制器和自适应律，可得定理 11.1。

定理 11.1　如果存在公共矩阵 $\tilde{\boldsymbol{P}}_{11}>\boldsymbol{O}$、$\tilde{\boldsymbol{P}}_{22}>\boldsymbol{O}$、$\bar{\boldsymbol{P}}_{11}>\boldsymbol{O}$、$\bar{\boldsymbol{P}}_{22}>\boldsymbol{O}$ 和公共矩阵 $\bar{\boldsymbol{P}}_{21}$、$\tilde{\boldsymbol{P}}_{21}$ 满足：

$$\begin{bmatrix} \begin{pmatrix}(\boldsymbol{A}_l+\boldsymbol{B}_l\boldsymbol{K}_i)\tilde{\boldsymbol{P}}^{-1}\\ +(\tilde{\boldsymbol{P}}^{\mathrm{T}})^{-1}(\boldsymbol{A}_l+\boldsymbol{B}_l\boldsymbol{K}_i)^{\mathrm{T}}+(\tilde{\boldsymbol{P}}^{\mathrm{T}})^{-1}\tilde{\boldsymbol{P}}^{-1}\end{pmatrix} & * & * \\ (\boldsymbol{T}_l\boldsymbol{C})^{\mathrm{T}} & \begin{pmatrix}\bar{\boldsymbol{P}}^{\mathrm{T}}(\boldsymbol{A}_l-\boldsymbol{T}_l\boldsymbol{C})\\ +(\boldsymbol{A}_l-\boldsymbol{T}_l\boldsymbol{C})^{\mathrm{T}}\bar{\boldsymbol{P}}+2\boldsymbol{I}\end{pmatrix} & * \\ \boldsymbol{O} & \boldsymbol{D}_l^{\mathrm{T}}\bar{\boldsymbol{P}} & -\rho^2 \end{bmatrix} < \boldsymbol{O},\quad l,j=1,2,\cdots,M$$

其中，$\bar{\boldsymbol{P}}=\begin{bmatrix}\bar{\boldsymbol{P}}_{11} & \boldsymbol{O}\\ \bar{\boldsymbol{P}}_{21} & \bar{\boldsymbol{P}}_{22}\end{bmatrix}$，$\tilde{\boldsymbol{P}}=\begin{bmatrix}\tilde{\boldsymbol{P}}_{11} & \boldsymbol{O}\\ \tilde{\boldsymbol{P}}_{21} & \tilde{\boldsymbol{P}}_{22}\end{bmatrix}$，则存在小参数 $\varepsilon^*>0$，对于任意 $\varepsilon\in(0,\varepsilon^*]$，采用式（11.18）～式（11.20）和式（11.21），有

$$J_\infty=\int_0^{t_f}\boldsymbol{e}^{\mathrm{T}}(t)\boldsymbol{e}(t)\mathrm{d}t < V(t_0)+\rho^2\boldsymbol{\omega}^{\mathrm{T}}(t)\boldsymbol{\omega}(t)+O(\varepsilon)$$

11.3　稳定性证明

考虑李雅普诺夫函数为

$$\begin{aligned} V(t) &= \frac{1}{2}\boldsymbol{e}_s^{\mathrm{T}}(t)\begin{bmatrix}\boldsymbol{E}_\varepsilon & \boldsymbol{O}\\ \boldsymbol{O} & \boldsymbol{E}_\varepsilon\end{bmatrix}\boldsymbol{P}_\varepsilon\boldsymbol{e}_s(t)+\frac{1}{2\gamma}\sum_{l=1}^{N_u}(\hat{\boldsymbol{\theta}}_l(t)-\boldsymbol{\theta}_l^*)^{\mathrm{T}}(\hat{\boldsymbol{\theta}}_l(t)-\boldsymbol{\theta}_l^*) \\ &= \frac{1}{2}\boldsymbol{e}_s^{\mathrm{T}}(t)\boldsymbol{P}_\varepsilon^{\mathrm{T}}\begin{bmatrix}\boldsymbol{E}_\varepsilon & \boldsymbol{O}\\ \boldsymbol{O} & \boldsymbol{E}_\varepsilon\end{bmatrix}\boldsymbol{e}_s(t)+\frac{1}{2\gamma}\sum_{l=1}^{N_u}(\hat{\boldsymbol{\theta}}_l(t)-\boldsymbol{\theta}_l^*)^{\mathrm{T}}(\hat{\boldsymbol{\theta}}_l(t)-\boldsymbol{\theta}_l^*) \end{aligned} \tag{11.22}$$

其中，$\boldsymbol{P}_\varepsilon=\begin{bmatrix}\tilde{\boldsymbol{P}}_\varepsilon & \boldsymbol{O}\\ \boldsymbol{O} & \bar{\boldsymbol{P}}_\varepsilon\end{bmatrix}$，$\bar{\boldsymbol{P}}_\varepsilon=\begin{bmatrix}\bar{\boldsymbol{P}}_{11} & \varepsilon\bar{\boldsymbol{P}}_{21}^{\mathrm{T}}\\ \bar{\boldsymbol{P}}_{21} & \bar{\boldsymbol{P}}_{22}\end{bmatrix}$，$\tilde{\boldsymbol{P}}_\varepsilon=\begin{bmatrix}\tilde{\boldsymbol{P}}_{11} & \varepsilon\tilde{\boldsymbol{P}}_{21}^{\mathrm{T}}\\ \tilde{\boldsymbol{P}}_{21} & \tilde{\boldsymbol{P}}_{22}\end{bmatrix}$，则有

$$\begin{bmatrix}\boldsymbol{E}_\varepsilon & \boldsymbol{O}\\ \boldsymbol{O} & \boldsymbol{E}_\varepsilon\end{bmatrix}\boldsymbol{P}_\varepsilon=\begin{bmatrix}\boldsymbol{E}_\varepsilon\tilde{\boldsymbol{P}}_\varepsilon & \boldsymbol{O}\\ \boldsymbol{O} & \boldsymbol{E}_\varepsilon\bar{\boldsymbol{P}}_\varepsilon\end{bmatrix}=\boldsymbol{P}_\varepsilon^{\mathrm{T}}\begin{bmatrix}\boldsymbol{E}_\varepsilon & \boldsymbol{O}\\ \boldsymbol{O} & \boldsymbol{E}_\varepsilon\end{bmatrix}$$

对式（11.22）求导得到

$$\dot{V}(t)=\frac{1}{2}\boldsymbol{e}_s{}^{\mathrm{T}}\sum_{l=1}^{M}\sum_{i=1}^{M}\xi^l\xi^i\left\{\boldsymbol{P}_\varepsilon^{\mathrm{T}}\begin{bmatrix}\boldsymbol{A}_l+\boldsymbol{B}_l\boldsymbol{K}_i & \boldsymbol{T}_l\boldsymbol{C}\\ \boldsymbol{O} & \boldsymbol{A}_l-\boldsymbol{T}_l\boldsymbol{C}\end{bmatrix}+\begin{bmatrix}\boldsymbol{A}_l+\boldsymbol{B}_l\boldsymbol{K}_i & \boldsymbol{T}_l\boldsymbol{C}\\ \boldsymbol{O} & \boldsymbol{A}_l-\boldsymbol{T}_l\boldsymbol{C}\end{bmatrix}^{\mathrm{T}}\boldsymbol{P}_\varepsilon\right\}$$

$$+\boldsymbol{e}_s{}^{\mathrm{T}}(t)\boldsymbol{P}_\varepsilon^{\mathrm{T}}\begin{bmatrix}\boldsymbol{O}\\ \overline{\boldsymbol{B}}\sum_{l=1}^{M}\xi^l(\boldsymbol{L}_l\boldsymbol{u}_2(t)+\Delta\boldsymbol{H}_l(\overline{\boldsymbol{x}}(t))+\boldsymbol{D}_l\boldsymbol{\omega}(t))\end{bmatrix}+\frac{1}{\gamma}\sum_{l=1}^{N_u}\dot{\hat{\boldsymbol{\theta}}}_l^{\mathrm{T}}(t)(\hat{\boldsymbol{\theta}}_l(t)-\boldsymbol{\theta}_l^*)$$

$$=\frac{1}{2}\begin{bmatrix}\boldsymbol{e}_s\\ \boldsymbol{\omega}\end{bmatrix}^{\mathrm{T}}\sum_{l=1}^{M}\sum_{i=1}^{M}\xi^l\xi^i\boldsymbol{W}\begin{bmatrix}\boldsymbol{e}_s\\ \boldsymbol{\omega}\end{bmatrix}+\tilde{\boldsymbol{e}}^{\mathrm{T}}\overline{\boldsymbol{P}}_\varepsilon^{\mathrm{T}}\overline{\boldsymbol{B}}\sum_{l=1}^{M}\xi^l(\boldsymbol{L}_l\boldsymbol{u}_2(t)+\Delta\boldsymbol{H}_l(\overline{\boldsymbol{x}}(t)))$$

$$+\frac{1}{\gamma}\sum_{l=1}^{N_u}\dot{\hat{\boldsymbol{\theta}}}_l^{\mathrm{T}}(t)(\hat{\boldsymbol{\theta}}_l(t)-\boldsymbol{\theta}_l^*) \tag{11.23}$$

其中

$$\boldsymbol{W}=\begin{bmatrix}\tilde{\boldsymbol{P}}_\varepsilon^{\mathrm{T}}(\boldsymbol{A}_l+\boldsymbol{B}_l\boldsymbol{K}_i)+(\boldsymbol{A}_l+\boldsymbol{B}_l\boldsymbol{K}_i)^{\mathrm{T}}\tilde{\boldsymbol{P}}_\varepsilon & * & *\\ (\boldsymbol{T}_l\boldsymbol{C})^{\mathrm{T}}\tilde{\boldsymbol{P}}_\varepsilon & \overline{\boldsymbol{P}}_\varepsilon^{\mathrm{T}}(\boldsymbol{A}_l-\boldsymbol{T}_l\boldsymbol{C})+(\boldsymbol{A}_l-\boldsymbol{T}_l\boldsymbol{C})^{\mathrm{T}}\overline{\boldsymbol{P}} & *\\ \boldsymbol{O} & \boldsymbol{D}_l^{\mathrm{T}}\overline{\boldsymbol{P}}_\varepsilon & \boldsymbol{O}\end{bmatrix}$$

将控制律式（11.18）～式（11.20）和式（11.21）代入式（11.23）得

$$\dot{V}(t)=\overline{\boldsymbol{e}}^{\mathrm{T}}(t)\overline{\boldsymbol{P}}_\varepsilon^{\mathrm{T}}\boldsymbol{C}^{\mathrm{T}}\boldsymbol{w}^*+\sum_{l=1}^{M}\sum_{i=1}^{M}\xi^l\xi^i\begin{bmatrix}\boldsymbol{e}_s\\ \boldsymbol{\omega}\end{bmatrix}^{\mathrm{T}}\boldsymbol{W}\begin{bmatrix}\boldsymbol{e}_s\\ \boldsymbol{\omega}\end{bmatrix} \tag{11.24}$$

据此，性能指标可以表示为

$$J_\infty-\rho^2\boldsymbol{\omega}^{\mathrm{T}}(t)\boldsymbol{\omega}(t)=\int_0^{t_f}(\boldsymbol{e}^{\mathrm{T}}(t)\boldsymbol{e}(t)-\rho^2\boldsymbol{\omega}^{\mathrm{T}}(t)\boldsymbol{\omega}(t))\mathrm{d}t$$

$$=\int_0^{t_f}((\overline{\boldsymbol{e}}(t)+\hat{\boldsymbol{e}}(t))^{\mathrm{T}}(\overline{\boldsymbol{e}}(t)+\hat{\boldsymbol{e}}(t))-\rho^2\boldsymbol{\omega}^{\mathrm{T}}(t)\boldsymbol{\omega}(t))\mathrm{d}t$$

$$=\int_0^{t_f}(\overline{\boldsymbol{e}}^{\mathrm{T}}(t)\overline{\boldsymbol{e}}(t)+\hat{\boldsymbol{e}}^{\mathrm{T}}(t)\hat{\boldsymbol{e}}(t)+2\overline{\boldsymbol{e}}^{\mathrm{T}}(t)\hat{\boldsymbol{e}}(t)-\rho^2\boldsymbol{\omega}^{\mathrm{T}}(t)\boldsymbol{\omega}(t))\mathrm{d}t$$

$$\leqslant\int_0^{t_f}(2\overline{\boldsymbol{e}}^{\mathrm{T}}(t)\overline{\boldsymbol{e}}(t)+2\hat{\boldsymbol{e}}^{\mathrm{T}}(t)\hat{\boldsymbol{e}}(t)-\rho^2\boldsymbol{\omega}^{\mathrm{T}}(t)\boldsymbol{\omega}(t)+\dot{V}(t)-\dot{V}(t))\mathrm{d}t$$

$$=V(t_0)-V(t_f)+\overline{\boldsymbol{e}}^{\mathrm{T}}(t)\overline{\boldsymbol{P}}_\varepsilon^{\mathrm{T}}\boldsymbol{C}^{\mathrm{T}}\boldsymbol{w}^*$$

$$+\begin{bmatrix}\boldsymbol{e}_s(t)\\ \boldsymbol{\omega}(t)\end{bmatrix}^{\mathrm{T}}\int_0^{t_f}\sum_{i=1}^{M}\sum_{l=1}^{M}\xi_i\xi_l\boldsymbol{\Omega}_\varepsilon^{li}\begin{bmatrix}\boldsymbol{e}_s(t)\\ \boldsymbol{\omega}(t)\end{bmatrix}\mathrm{d}t \tag{11.25}$$

由$V(t_f)<0$，得

$$J_\infty-\rho^2\boldsymbol{\omega}^{\mathrm{T}}(t)\boldsymbol{\omega}(t)$$

$$<V(t_0)+\overline{\boldsymbol{e}}^{\mathrm{T}}(t)\overline{\boldsymbol{P}}_\varepsilon^{\mathrm{T}}\boldsymbol{C}^{\mathrm{T}}\boldsymbol{w}^*+\begin{bmatrix}\boldsymbol{e}_s(t)\\ \boldsymbol{\omega}(t)\end{bmatrix}^{\mathrm{T}}\int_0^{t_f}\sum_{i=1}^{M}\sum_{l=1}^{M}\xi_i\xi_l\boldsymbol{\Omega}_\varepsilon^{li}\begin{bmatrix}\boldsymbol{e}_s(t)\\ \boldsymbol{\omega}(t)\end{bmatrix}\mathrm{d}t \tag{11.26}$$

即

$$\boldsymbol{\Omega}_{\varepsilon}^{li}=\begin{bmatrix}\begin{pmatrix}\tilde{\boldsymbol{P}}_{\varepsilon}^{\mathrm{T}}(\boldsymbol{A}_l+\boldsymbol{B}_l\boldsymbol{K}_i)+2\boldsymbol{I}\\+(\boldsymbol{A}_l+\boldsymbol{B}_l\boldsymbol{K}_i)^{\mathrm{T}}\tilde{\boldsymbol{P}}_{\varepsilon}\end{pmatrix} & * & * \\ (\boldsymbol{T}_l\boldsymbol{C})^{\mathrm{T}}\tilde{\boldsymbol{P}}_{\varepsilon} & \begin{pmatrix}\overline{\boldsymbol{P}}_{\varepsilon}^{\mathrm{T}}(\boldsymbol{A}_l-\boldsymbol{T}_l\boldsymbol{C})+2\boldsymbol{I}\\+(\boldsymbol{A}_l-\boldsymbol{T}_l\boldsymbol{C})^{\mathrm{T}}\overline{\boldsymbol{P}}_{\varepsilon}\end{pmatrix} & * \\ \boldsymbol{O} & \boldsymbol{D}_l^{\mathrm{T}}\overline{\boldsymbol{P}}_{\varepsilon} & -\rho^2\end{bmatrix}<\boldsymbol{O} \quad (11.27)$$

式（11.27）可以写成式（11.28）的形式：

$$\begin{bmatrix}\begin{pmatrix}\tilde{\boldsymbol{P}}^{\mathrm{T}}(\boldsymbol{A}_l+\boldsymbol{B}_l\boldsymbol{K}_i)+2\boldsymbol{I}\\+(\boldsymbol{A}_l+\boldsymbol{B}_l\boldsymbol{K}_i)^{\mathrm{T}}\tilde{\boldsymbol{P}}\end{pmatrix} & * & * \\ (\boldsymbol{T}_l\boldsymbol{C})^{\mathrm{T}}\tilde{\boldsymbol{P}} & \begin{pmatrix}\overline{\boldsymbol{P}}^{\mathrm{T}}(\boldsymbol{A}_l-\boldsymbol{T}_l\boldsymbol{C})+2\boldsymbol{I}\\+(\boldsymbol{A}_l-\boldsymbol{T}_l\boldsymbol{C})^{\mathrm{T}}\overline{\boldsymbol{P}}\end{pmatrix} & * \\ \boldsymbol{O} & \boldsymbol{D}_l^{\mathrm{T}}\overline{\boldsymbol{P}} & -\rho^2\end{bmatrix}+O(\varepsilon)<\boldsymbol{O} \quad (11.28)$$

其中，$O(\varepsilon)$是小参数ε的高阶项。从文献[100]可知，若式（11.29）成立，则存在一个小参数$\varepsilon^*>0$，对于任意$\varepsilon\in(0,\varepsilon^*]$，式（11.27）成立。

$$\begin{bmatrix}\begin{pmatrix}\tilde{\boldsymbol{P}}^{\mathrm{T}}(\boldsymbol{A}_l+\boldsymbol{B}_l\boldsymbol{K}_i)+2\boldsymbol{I}\\+(\boldsymbol{A}_l+\boldsymbol{B}_l\boldsymbol{K}_i)^{\mathrm{T}}\tilde{\boldsymbol{P}}\end{pmatrix} & * & * \\ (\boldsymbol{T}_l\boldsymbol{C})^{\mathrm{T}}\tilde{\boldsymbol{P}} & \begin{pmatrix}\overline{\boldsymbol{P}}^{\mathrm{T}}(\boldsymbol{A}_l-\boldsymbol{T}_l\boldsymbol{C})+2\boldsymbol{I}\\+(\boldsymbol{A}_l-\boldsymbol{T}_l\boldsymbol{C})^{\mathrm{T}}\overline{\boldsymbol{P}}\end{pmatrix} & * \\ \boldsymbol{O} & \boldsymbol{D}_l^{\mathrm{T}}\overline{\boldsymbol{P}} & -\rho^2\end{bmatrix}<\boldsymbol{O} \quad (11.29)$$

在式（11.29）的两侧分别左右乘以$\begin{bmatrix}(\tilde{\boldsymbol{P}}^{\mathrm{T}})^{-1} & \boldsymbol{O} & \boldsymbol{O}\\ \boldsymbol{O} & \boldsymbol{I} & \boldsymbol{O}\\ \boldsymbol{O} & \boldsymbol{O} & \boldsymbol{I}\end{bmatrix}$和$\begin{bmatrix}\tilde{\boldsymbol{P}}^{-1} & \boldsymbol{O} & \boldsymbol{O}\\ \boldsymbol{O} & \boldsymbol{I} & \boldsymbol{O}\\ \boldsymbol{O} & \boldsymbol{O} & \boldsymbol{I}\end{bmatrix}$，得到

$$\begin{bmatrix}\begin{pmatrix}(\boldsymbol{A}_l+\boldsymbol{B}_l\boldsymbol{K}_i)\tilde{\boldsymbol{P}}^{-1}+2(\tilde{\boldsymbol{P}}^{\mathrm{T}})^{-1}\tilde{\boldsymbol{P}}^{-1}\\+(\tilde{\boldsymbol{P}}^{\mathrm{T}})^{-1}(\boldsymbol{A}_l+\boldsymbol{B}_l\boldsymbol{K}_i)^{\mathrm{T}}\end{pmatrix} & * & * \\ (\boldsymbol{T}_l\boldsymbol{C})^{\mathrm{T}} & \begin{pmatrix}\overline{\boldsymbol{P}}^{\mathrm{T}}(\boldsymbol{A}_l-\boldsymbol{T}_l\boldsymbol{C})+2\boldsymbol{I}\\+(\boldsymbol{A}_l-\boldsymbol{T}_l\boldsymbol{C})^{\mathrm{T}}\overline{\boldsymbol{P}}\end{pmatrix} & * \\ \boldsymbol{O} & \boldsymbol{D}_l^{\mathrm{T}}\overline{\boldsymbol{P}} & -\rho^2\end{bmatrix}<\boldsymbol{O} \quad (11.30)$$

令 $\boldsymbol{M}=\tilde{\boldsymbol{P}}^{-1}$，$\boldsymbol{Y}_i=\boldsymbol{K}_i\tilde{\boldsymbol{P}}^{-1}$，$\boldsymbol{Z}_l=\bar{\boldsymbol{P}}^{\mathrm{T}}\boldsymbol{T}_l$，则式（11.30）转变为

$$\begin{bmatrix} \begin{pmatrix} \boldsymbol{A}_l\boldsymbol{M}+\boldsymbol{M}^{\mathrm{T}}\boldsymbol{A}_l^{\mathrm{T}}+2\boldsymbol{M}^{\mathrm{T}}\boldsymbol{M} \\ +\boldsymbol{B}_l\boldsymbol{Y}_i+\boldsymbol{Y}_i^{\mathrm{T}}\boldsymbol{B}_l^{\mathrm{T}} \end{pmatrix} & * & * \\ (\boldsymbol{T}_l\boldsymbol{C})^{\mathrm{T}} & \begin{pmatrix} \bar{\boldsymbol{P}}^{\mathrm{T}}\boldsymbol{A}_l+\boldsymbol{A}_l^{\mathrm{T}}\bar{\boldsymbol{P}} \\ -\boldsymbol{Z}_l\boldsymbol{C}-\boldsymbol{C}^{\mathrm{T}}\boldsymbol{Z}_l^{\mathrm{T}}+2\boldsymbol{I} \end{pmatrix} & * \\ \boldsymbol{O} & \boldsymbol{D}_l^{\mathrm{T}}\bar{\boldsymbol{P}} & -\rho^2 \end{bmatrix} < \boldsymbol{O} \tag{11.31}$$

应用 Schur 补定理，得到如下的矩阵不等式：

$$\begin{bmatrix} \begin{pmatrix} \boldsymbol{A}_l\boldsymbol{M}+\boldsymbol{M}^{\mathrm{T}}\boldsymbol{A}_l^{\mathrm{T}} \\ +\boldsymbol{B}_l\boldsymbol{Y}_i+\boldsymbol{Y}_i^{\mathrm{T}}\boldsymbol{B}_l^{\mathrm{T}} \end{pmatrix} & * & * & * \\ (\boldsymbol{T}_l\boldsymbol{C})^{\mathrm{T}} & \begin{pmatrix} \bar{\boldsymbol{P}}^{\mathrm{T}}\boldsymbol{A}_l+\boldsymbol{A}_l^{\mathrm{T}}\bar{\boldsymbol{P}}+2\boldsymbol{I} \\ -\boldsymbol{Z}_l\boldsymbol{C}-\boldsymbol{C}^{\mathrm{T}}\boldsymbol{Z}_l^{\mathrm{T}} \end{pmatrix} & * & * \\ \boldsymbol{M} & \boldsymbol{O} & -2\boldsymbol{I} & * \\ \boldsymbol{O} & \boldsymbol{D}_l^{\mathrm{T}}\bar{\boldsymbol{P}} & \boldsymbol{O} & -\rho^2 \end{bmatrix} < \boldsymbol{O} \tag{11.32}$$

至此，式（11.30）已经完全解耦，可以利用 LMI 求解器进行求解。

由式（11.32）可知

$$J_{\infty}-\rho^2\boldsymbol{\omega}^{\mathrm{T}}(t)\boldsymbol{\omega}(t) < V(t_0)+\bar{\boldsymbol{e}}^{\mathrm{T}}(t)\bar{\boldsymbol{P}}_{\varepsilon}^{\mathrm{T}}\boldsymbol{C}^{\mathrm{T}}\boldsymbol{w}^{*}=V(t_0)+O(\varepsilon) \tag{11.33}$$

所以有

$$J_{\infty} < V(t_0)+\rho^2\boldsymbol{\omega}^{\mathrm{T}}(t)\boldsymbol{\omega}(t)+O(\varepsilon) \tag{11.34}$$

证明完毕。

讨论：在从式（11.31）变换到式（11.32）的过程中，两次应用了 Schur 补定理，其推导过程如下。

首先式（11.31）等价于

$$\begin{bmatrix} \begin{pmatrix} \boldsymbol{A}_l\boldsymbol{M}+\boldsymbol{M}^{\mathrm{T}}\boldsymbol{A}_l^{\mathrm{T}}+2\boldsymbol{M}^{\mathrm{T}}\boldsymbol{M} \\ +\boldsymbol{B}_l\boldsymbol{Y}_i+\boldsymbol{Y}_i^{\mathrm{T}}\boldsymbol{B}_l^{\mathrm{T}} \end{pmatrix} & * \\ (\boldsymbol{T}_l\boldsymbol{C})^{\mathrm{T}} & \begin{pmatrix} \bar{\boldsymbol{P}}^{\mathrm{T}}\boldsymbol{A}_l+\boldsymbol{A}_l^{\mathrm{T}}\bar{\boldsymbol{P}}+2\boldsymbol{I} \\ -\boldsymbol{Z}_l\boldsymbol{C}-\boldsymbol{C}^{\mathrm{T}}\boldsymbol{Z}_l^{\mathrm{T}} \end{pmatrix} \end{bmatrix} + \frac{1}{\rho^2}\begin{bmatrix} \boldsymbol{O} \\ (\boldsymbol{D}_l^{\mathrm{T}}\bar{\boldsymbol{P}})^{\mathrm{T}} \end{bmatrix}\begin{bmatrix} \boldsymbol{O} & \boldsymbol{D}_l^{\mathrm{T}}\bar{\boldsymbol{P}} \end{bmatrix} < \boldsymbol{O} \tag{11.35}$$

根据 Schur 补定理，式（11.35）可以重新写为

$$\begin{aligned}&\begin{bmatrix}\begin{pmatrix}A_lM+M^{\mathrm{T}}A_l^{\mathrm{T}}\\+B_lY_i+Y_i^{\mathrm{T}}B_l^{\mathrm{T}}\end{pmatrix} & * \\ (T_lC)^{\mathrm{T}} & \begin{pmatrix}\bar{P}^{\mathrm{T}}A_l+A_l^{\mathrm{T}}\bar{P}+2I\\-Z_lC-C^{\mathrm{T}}Z_l^{\mathrm{T}}\end{pmatrix}\end{bmatrix}+\begin{bmatrix}2M^{\mathrm{T}}M & O\\ O & O\end{bmatrix}+\frac{1}{\rho^2}\begin{bmatrix}O\\(D_l^{\mathrm{T}}\bar{P})^{\mathrm{T}}\end{bmatrix}\begin{bmatrix}O & D_l^{\mathrm{T}}\bar{P}\end{bmatrix}\\ =&\begin{bmatrix}\begin{pmatrix}A_lM+M^{\mathrm{T}}A_l^{\mathrm{T}}\\+B_lY_i+Y_i^{\mathrm{T}}B_l^{\mathrm{T}}\end{pmatrix} & * \\ (T_lC)^{\mathrm{T}} & \begin{pmatrix}\bar{P}^{\mathrm{T}}A_l+A_l^{\mathrm{T}}\bar{P}+2I\\-Z_lC-C^{\mathrm{T}}Z_l^{\mathrm{T}}\end{pmatrix}\end{bmatrix}+\begin{bmatrix}M^{\mathrm{T}} & O\\ O & (D_l^{\mathrm{T}}\bar{P})^{\mathrm{T}}\end{bmatrix}\begin{bmatrix}2I & O\\ O & \dfrac{1}{\rho^2}\end{bmatrix}\begin{bmatrix}M & O\\ O & D_l^{\mathrm{T}}\bar{P}\end{bmatrix}<O\end{aligned} \tag{11.36}$$

再次利用 Schur 补定理，即可得到式（11.32）。但是可以看到式（11.32）是非凸的，不能利用 LMI 求解器直接求解。由于式（11.37）显然成立，采用 LMI 的求解方法可以求得 $\bar{P}$ 和 Z_i，从而得到 L_l，将其代入式（11.32），可得 M、Y_l。

$$\bar{P}^{\mathrm{T}}A_l+A_l^{\mathrm{T}}\bar{P}-Z_lC-C^{\mathrm{T}}Z_l^{\mathrm{T}}+2I<O \tag{11.37}$$

11.4 应用实例

本节将把所提出的自适应模糊控制器应用于一个两时标非线性动态系统，描述该系统的模糊奇异摄动模型由两条规则组成，其规则如下。

规则l：如果 $x_1(t)$ 是 M_1^l，则

$$\begin{bmatrix}\dot{x}(t)\\ \varepsilon\dot{z}(t)\end{bmatrix}=\bar{A}\begin{bmatrix}x(t)\\ z(t)\end{bmatrix}+\bar{B}\left[H_l\begin{bmatrix}x(t)\\ z(t)\end{bmatrix}+\Delta H_l(\bar{x}(t))+L_lu(t)+\omega(t)\right] \tag{11.38}$$
$$y(t)=C[x^{\mathrm{T}}(t),z(t)]^{\mathrm{T}}$$

其中，$x=(x_1,x_2)^{\mathrm{T}}$；$l=1,2$；$\varepsilon=0.11$。

$$\bar{A}=\begin{bmatrix}0&1&0\\0&0&0\\0&0&0\end{bmatrix},\quad \bar{B}=\begin{bmatrix}0&0\\1&0\\0&1\end{bmatrix},\quad L_1=\begin{bmatrix}3&-1\\-11&1\end{bmatrix},\quad L_2=\begin{bmatrix}-2&0.5\\-1&-1.3\end{bmatrix}$$

$$H_1=\begin{bmatrix}1.478&0&10\\0.2&0.4&-0.45\end{bmatrix},\quad H_2=\begin{bmatrix}0&0.511&-0.5\\-0.18&-0.5&1.3\end{bmatrix}$$

则可得

$$A_1 = \bar{A} + \bar{B}H_1 = \begin{bmatrix} 0 & 1 & 0 \\ 1.478 & 0 & 10 \\ 0.2 & 0.4 & -0.45 \end{bmatrix}, \quad B_1 = \begin{bmatrix} 0 & 0 \\ 3 & -1 \\ -11 & 1 \end{bmatrix}$$

$$A_2 = \bar{A} + \bar{B}H_2 = \begin{bmatrix} 0 & 1 & 0 \\ 0 & 0.511 & -0.5 \\ -0.18 & -0.5 & 1.3 \end{bmatrix}, \quad B_2 = \begin{bmatrix} 0 & 0 \\ -2 & -0.5 \\ -1 & -1.3 \end{bmatrix}$$

$$\Delta H_1 = \Delta H_2 = \begin{bmatrix} -0.2x_1(t) \\ 0 \end{bmatrix}, \quad C = \begin{bmatrix} -1.2 & 0.21 & 0.5 \\ 3 & 1 & -10 \end{bmatrix}$$

$$\omega(t) = [0.3 \quad 0.2]^{\mathrm{T}} \cos(t)\mathrm{e}^{-0.5t}, \qquad \varepsilon = 0.11$$

假设隶属度函数为

$$\xi_1(x(t)) = (1+\sin(x_1(t)))/2, \qquad \xi_2(x(t)) = (1-\sin(x_1(t)))/2 \tag{11.39}$$

选择稳态参考模型的参数为

$$H_1^m = H_2^m = \begin{bmatrix} -1 & -2 & 0 \\ 0 & 0 & -5 \end{bmatrix}, \qquad L_1^m = L_2^m = \begin{bmatrix} 1 & 0 \\ 0 & 1 \end{bmatrix}, \qquad r(t) = [\sin t \quad \cos t]^{\mathrm{T}}$$

假设系统除了 $x_1(t)$ 外，其余状态都不可量测，采用 11.3 节中提到的方法进行计算，得到的参数如下：

$$\bar{P} = \begin{bmatrix} 176.5626 & -64.8528 & 0 \\ -64.8528 & 25.6184 & 0 \\ 7.9778 & -4.6235 & 9.0375 \end{bmatrix}, \qquad T_1 = T_2 = \begin{bmatrix} -27.7374 & -3.0606 \\ -68.5239 & -8.4757 \\ 20.6179 & -4.8387 \end{bmatrix}$$

$$\tilde{P} = \begin{bmatrix} 0.0002 & 0.0006 & 0 \\ 0.0006 & 0.0022 & 0 \\ 0.0000 & 0.0001 & 0.0001 \end{bmatrix}, \qquad K_1 = K_2 = \begin{bmatrix} 2.1401 & 7.3982 & 0.4137 \\ -4.3650 & -14.9962 & 0.2543 \end{bmatrix}$$

为了估计未知函数 $\bar{f}_\Delta$，采取式（11.15）和式（11.16）设计模糊估计器。选取高斯隶属度函数，规则数为 3，自适应律为式（11.21）。将 11.2 节中设计的控制器用于系统（11.38）的模型跟踪控制中，可得仿真结果如图 11.1～图 11.8 所示。

从控制结果可以看出，跟踪误差在 15s 后基本达到零，估计误差则在 5s 内即达到稳定。这是由于估计误差的动态方程可以去除未知干扰和未建模动态的影响，只要观测器增益能使动态方程保证稳定，估计误差就能很快收敛于零。

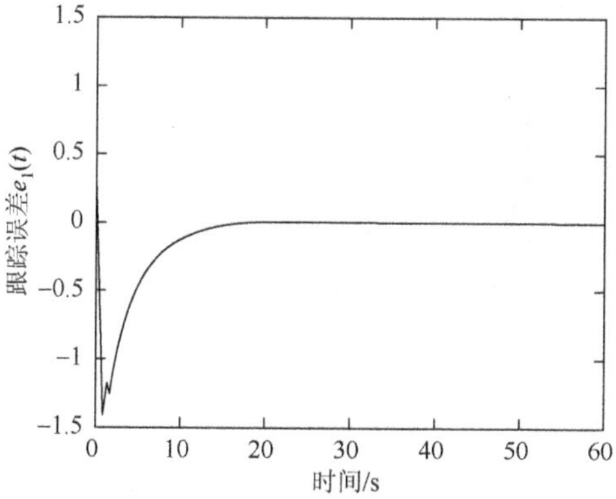

图 11.1　跟踪误差 $e_1(t)$

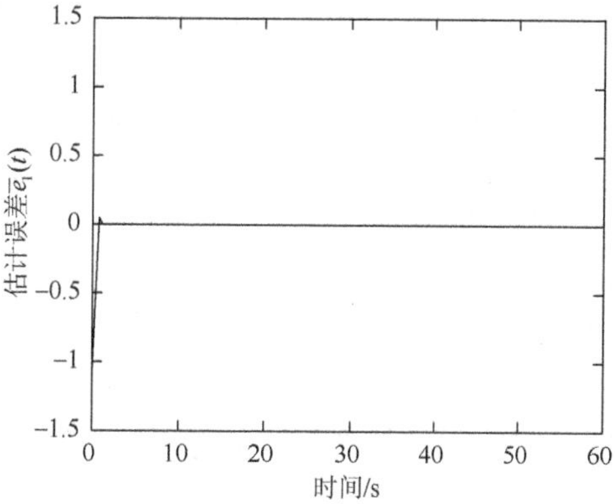

图 11.2　估计误差 $\overline{e}_1(t)$

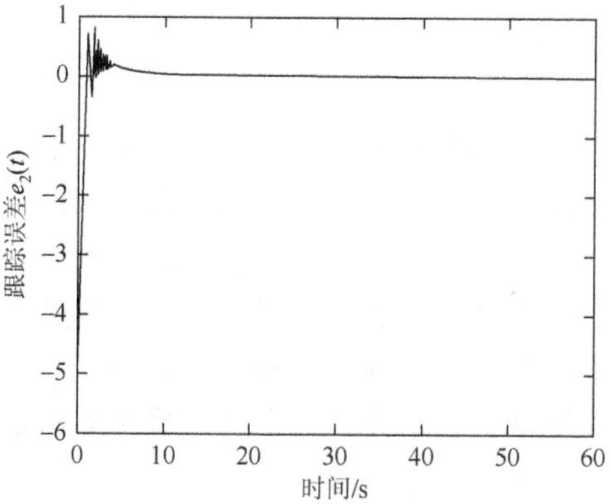

图 11.3　跟踪误差 $e_2(t)$

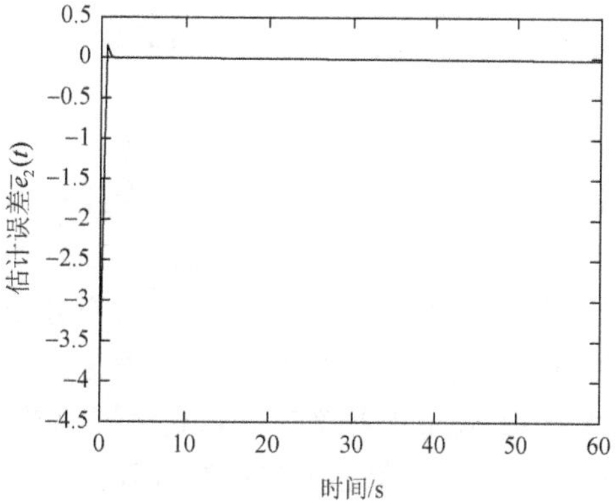

图 11.4　估计误差 $\overline{e}_2(t)$

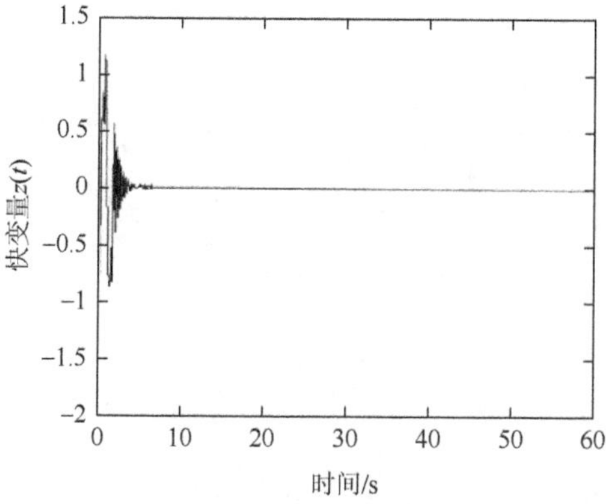

图 11.5　快变量 $z(t)$

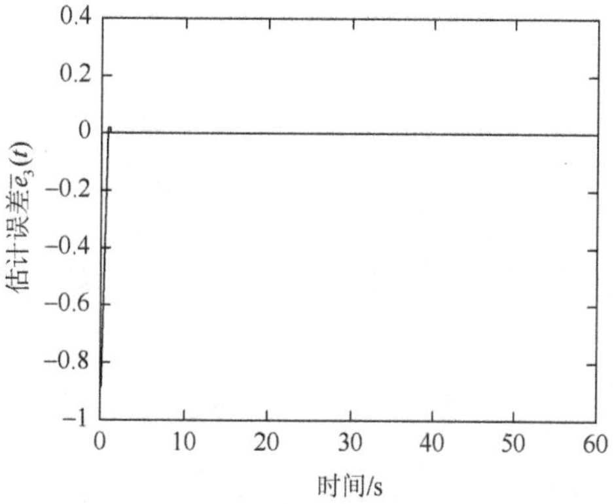

图 11.6　快变量 $z(t)$ 的估计误差 $\overline{e}_3(t)$

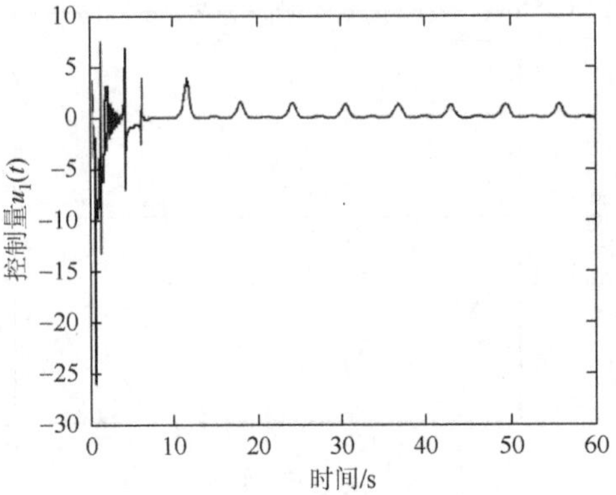

图 11.7　控制量 $u_1(t)$

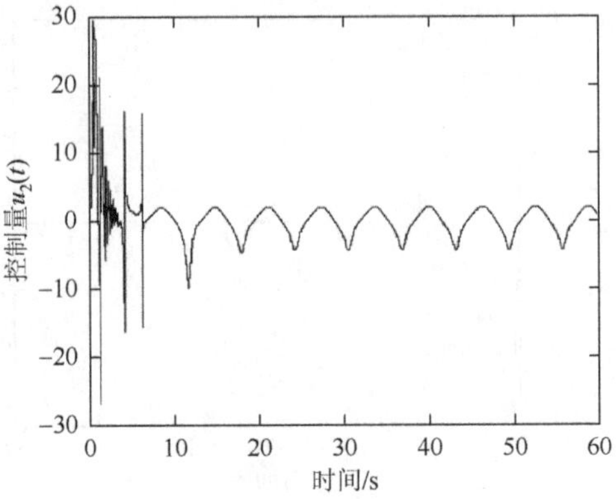

图 11.8　控制量 $u_2(t)$

11.5　本 章 小 结

本章提出一种基于模糊奇异摄动模型的自适应模糊输出反馈控制方法，用于系统状态不完全可量测且存在未建模动态的非线性奇异摄动系统的跟踪控制，其中跟踪误差由观测器进行估计。控制器包括三部分，第一部分是传统的线性反馈控制项，以实现跟踪性能；第二部分是前馈项，以补偿跟踪误差；第三部分是自适应和滑模项，去除系统的不确定性和外部干扰。通过两步法和 Schur 补定理求解 BMI 从而获得控制器和观测器增益，采用李雅普诺夫方法证明了系统的稳定性，仿真结果验证了方法的有效性。

第 12 章　后件参数未知模糊奇异摄动模型的自适应模糊控制

第 9 章主要讨论了模糊奇异摄动模型后件参数已知情形下的自适应控制器设计。本章将讨论模糊奇异摄动模型后件参数未知情形下的模糊自适应控制器设计，提出一种直接型自适应模糊控制器，其中状态反馈的增益可以在线调整，仿真结果证明了该自适应模糊控制器的有效性。

12.1　问 题 阐 述

假设系统（10.12）可以由下列模糊奇异摄动模型描述，其第 l 条规则如下：

规则 l：如果 v_1 是 Ψ_1^l，…，v_N 是 Ψ_N^l，则

$$\boldsymbol{E}_\varepsilon \dot{\bar{\boldsymbol{x}}}(t) = \bar{\boldsymbol{A}}\bar{\boldsymbol{x}}(t) + \bar{\boldsymbol{B}}\left(\boldsymbol{H}_l \bar{\boldsymbol{x}}(t) + \boldsymbol{L}_l \boldsymbol{u}(t)\right) \tag{12.1}$$

其中，v_i 是模糊前件变量；Ψ_i^l 是模糊集，$\xi_i^l(v_i)$ 是相应的隶属度函数；后件参数矩阵 $\boldsymbol{H}_l \in \mathbb{R}^{p\times n}$，$\boldsymbol{L}_l \in \mathbb{R}^{p\times p}$，其值未知；$p$ 是控制器的维数，$i = 1,2,\cdots,N, l = 1,2,\cdots,M$。

定义 $\boldsymbol{A}_l = \bar{\boldsymbol{A}}_l + \bar{\boldsymbol{B}}\boldsymbol{H}_l$，$\boldsymbol{B}_l = \bar{\boldsymbol{B}}\boldsymbol{L}_l$，假设 $(\boldsymbol{A}_l, \boldsymbol{B}_l)$ 可控，模型也可以写成以下形式。

规则 l：如果 v_1 是 Ψ_1^l，…，v_N 是 Ψ_N^l，则

$$\boldsymbol{E}_\varepsilon \dot{\bar{\boldsymbol{x}}}(t) = \boldsymbol{A}_l \bar{\boldsymbol{x}}(t) + \boldsymbol{B}_l \boldsymbol{u}(t) \tag{12.2}$$

给定输入输出对 $\bar{\boldsymbol{x}}(t)$ 和 $\boldsymbol{u}(t)$，T-S 模型可以合成为

$$\boldsymbol{E}_\varepsilon \dot{\bar{\boldsymbol{x}}}(t) = \sum_{l=1}^{M} \xi^l(\boldsymbol{v})(\boldsymbol{A}_l \bar{\boldsymbol{x}}(t) + \boldsymbol{B}_l \boldsymbol{u}(t)) \tag{12.3}$$

其中，$\xi^l(\boldsymbol{v}) = \prod_{i=1}^{N} \xi_i^l(v_i) \Big/ \sum_{l=1}^{M}\prod_{i=1}^{N} \xi_i^l(v_i)$。

假设稳定参考模型可以表示为如下形式：

$$\boldsymbol{E}_\varepsilon \dot{\boldsymbol{x}}_m(t) = \sum_{l=1}^{M}\sum_{j=1}^{M} \xi^l \xi^j (\bar{\boldsymbol{A}}\boldsymbol{x}_m(t) + \bar{\boldsymbol{B}}(\boldsymbol{H}_{lj}^m \boldsymbol{x}_m(t) + \boldsymbol{L}_{lj}^m \boldsymbol{r}(t))) \tag{12.4}$$

其中，$\boldsymbol{x}_m(t) \in \mathbb{R}^n$ 为参考模型的状态；$\boldsymbol{r}(t) \in \mathbb{R}^p$ 为有界参考输入。

令 $\boldsymbol{A}_{lj}^{m}=\overline{\boldsymbol{A}}+\overline{\boldsymbol{B}}\boldsymbol{H}_{lj}^{m}$ ， $\boldsymbol{B}_{lj}^{m}=\overline{\boldsymbol{B}}\boldsymbol{L}_{lj}^{m}$ ，参考模型重新写为

$$\boldsymbol{E}_{\varepsilon}\dot{\boldsymbol{x}}_{m}(t)=\sum_{l=1}^{M}\sum_{j=1}^{M}\xi^{l}\xi^{j}(\boldsymbol{A}_{lj}^{m}\boldsymbol{x}_{m}(t)+\boldsymbol{B}_{lj}^{m}\boldsymbol{r}(t)) \tag{12.5}$$

定义跟踪误差为

$$\boldsymbol{e}(t)=\overline{\boldsymbol{x}}(t)-\boldsymbol{x}_{m}(t) \tag{12.6}$$

控制目标即设计控制器 $\boldsymbol{u}(t)$ ，使被控对象的状态 $\overline{\boldsymbol{x}}(t)$ 跟踪稳定参考模型的动态 $\boldsymbol{x}_{m}(t)$ ，即当 $t\to\infty$ 时， $\boldsymbol{e}(t)\to\boldsymbol{0}$ 。

12.2 自适应模糊控制器设计及稳定性分析

假设参数矩阵 $\boldsymbol{H}_{l}$ 和 $\boldsymbol{L}_{l}$ 未知，可以取控制律为

$$\boldsymbol{u}(t)=\sum_{j=1}^{M}\xi^{j}(\boldsymbol{v})(-\boldsymbol{K}_{j}^{*}\overline{\boldsymbol{x}}(t)+\boldsymbol{T}_{j}^{*}\boldsymbol{r}(t)) \tag{12.7}$$

则可得闭环系统为

$$\boldsymbol{E}_{\varepsilon}\dot{\overline{\boldsymbol{x}}}(t)=\sum_{l=1}^{M}\sum_{j=1}^{M}\xi^{l}\xi^{j}((\boldsymbol{A}_{l}-\boldsymbol{B}_{l}\boldsymbol{K}_{j}^{*})\overline{\boldsymbol{x}}(t)+\boldsymbol{B}_{l}\boldsymbol{T}_{j}^{*}\boldsymbol{r}(t)) \tag{12.8}$$

因此选择 $\boldsymbol{K}_{j}^{*}\in\mathbb{R}^{p\times n}$ ， $\boldsymbol{T}_{j}^{*}\in\mathbb{R}^{p\times p}$ 满足：

$$\boldsymbol{A}_{l}-\boldsymbol{B}_{l}\boldsymbol{K}_{j}^{*}=\boldsymbol{A}_{lj}^{m}\text{，}\quad \boldsymbol{B}_{l}\boldsymbol{T}_{j}^{*}=\boldsymbol{B}_{lj}^{m} \tag{12.9}$$

则闭环系统等价于式（12.5），若系统稳定，则有 $t\to\infty$ 时， $\boldsymbol{e}(t)\to\boldsymbol{0}$ 。

假设式（12.7）中的 $\boldsymbol{K}_{j}^{*}$ 和 $\boldsymbol{T}_{j}^{*}$ 存在，由于矩阵 $\boldsymbol{H}_{l}$ 和 $\boldsymbol{L}_{l}$ 未知，意味着 $\boldsymbol{A}_{l}$ 和 $\boldsymbol{B}_{l}$ 未知，则控制增益不能直接求得。假设 $\hat{\boldsymbol{K}}_{j}(t)$ 和 $\hat{\boldsymbol{T}}_{j}(t)$ 分别是 $\boldsymbol{K}_{j}^{*}$ 和 $\boldsymbol{T}_{j}^{*}$ 的估计值，则控制律变为

$$\boldsymbol{u}(t)=\sum_{j=1}^{M}\xi^{j}(-\hat{\boldsymbol{K}}_{j}(t)\overline{\boldsymbol{x}}(t)+\hat{\boldsymbol{T}}_{j}(t)\boldsymbol{r}(t)) \tag{12.10}$$

对式（12.6）求导得

$$\begin{aligned}\boldsymbol{E}_{\varepsilon}\dot{\boldsymbol{e}}(t)=&\sum_{l=1}^{M}\sum_{j=1}^{M}\xi^{l}\xi^{j}\boldsymbol{A}_{lj}^{m}\boldsymbol{e}(t)\\&+\sum_{l=1}^{M}\sum_{j=1}^{M}\xi^{l}\xi^{j}((\boldsymbol{A}_{l}-\boldsymbol{A}_{lj}^{m})\overline{\boldsymbol{x}}(t)-\boldsymbol{B}_{lj}^{m}\boldsymbol{r}(t)+\boldsymbol{B}_{l}\boldsymbol{u}(t))\\=&\sum_{l=1}^{M}\sum_{j=1}^{M}\xi^{l}\xi^{j}\boldsymbol{A}_{lj}^{m}\boldsymbol{e}(t)\\&+\overline{\boldsymbol{B}}\sum_{l=1}^{M}\sum_{j=1}^{M}\xi^{l}\xi^{j}((\boldsymbol{H}_{l}-\boldsymbol{H}_{lj}^{m})\overline{\boldsymbol{x}}(t)-\boldsymbol{L}_{lj}^{m}\boldsymbol{r}(t)+\boldsymbol{L}_{l}\boldsymbol{u}(t))\end{aligned} \tag{12.11}$$

将式（12.10）代入式（12.11），可得

$$
\begin{aligned}
E_{\varepsilon}\dot{e}(t) &= \sum_{l=1}^{M}\sum_{j=1}^{M}\xi^{l}\xi^{j}A_{lj}^{m}e(t) \\
&\quad + \bar{B}\sum_{l=1}^{M}\sum_{j=1}^{M}\xi^{l}\xi^{j}((H_{l}-H_{lj}^{m})\bar{x}(t)-L_{lj}^{m}r(t)) \\
&\quad + \bar{B}\sum_{l=1}^{M}\sum_{j=1}^{M}\xi^{l}\xi^{j}(L_{l}(-\hat{K}_{j}(t)\bar{x}(t)+\hat{T}_{j}(t)r(t)))
\end{aligned} \tag{12.12}
$$

由于 $A_{l}-B_{l}K_{j}^{*}=A_{lj}^{m}$， $B_{l}T_{j}^{*}=B_{lj}^{m}$，且由 A_{l} 和 B_{l} 的定义可知

$$
\begin{aligned}
A_{l}-B_{l}K_{j}^{*} &= \bar{A}+\bar{B}H_{l}-\bar{B}L_{l}K_{j}^{*}=\bar{A}+\bar{B}H_{lj}^{m} \\
B_{l}T_{j}^{*} &= \bar{B}L_{l}T_{j}^{*}=\bar{B}L_{lj}^{m}
\end{aligned} \tag{12.13}
$$

则有

$$
H_{l}-L_{l}K_{j}^{*}=H_{lj}^{m}, \qquad L_{l}T_{j}^{*}=L_{lj}^{m} \tag{12.14}
$$

式（12.12）可以写成

$$
\begin{aligned}
E_{\varepsilon}\dot{e}(t) &= \sum_{l=1}^{M}\sum_{j=1}^{M}\xi^{l}\xi^{j}A_{lj}^{m}e(t)+\bar{B}\sum_{l=1}^{M}\sum_{j=1}^{M}\xi^{l}\xi^{j}L_{l}(K_{j}^{*}\bar{x}(t)-T_{j}^{*}r(t)) \\
&\quad + \bar{B}\sum_{l=1}^{M}\sum_{j=1}^{M}L_{l}(-\hat{K}_{j}(t)\bar{x}(t)+\hat{T}_{j}(t)r(t)) \\
&= \sum_{l=1}^{M}\sum_{j=1}^{M}\xi^{l}\xi^{j}(A_{lj}^{m}e(t)+\bar{B}L_{l}(-\tilde{K}_{j}(t)\bar{x}(t)+\tilde{T}_{j}(t)r(t)))
\end{aligned} \tag{12.15}
$$

其中，$\tilde{K}_{j}(t)=\hat{K}_{j}(t)-K_{j}^{*}$；$\tilde{T}_{j}(t)=\hat{T}_{j}(t)-T_{j}^{*}$。采用李雅普诺夫合成法求解 $\hat{K}_{j}(t)$ 和 $\hat{T}_{j}(t)$ 的自适应律。

假设李雅普诺夫函数为

$$
\begin{aligned}
V(t) &= \frac{1}{2}e^{\mathrm{T}}(t)E_{\varepsilon}P_{\varepsilon}e(t)+\frac{1}{2}\sum_{j=1}^{M}\mathrm{tr}(\tilde{K}_{j}^{\mathrm{T}}(t)\Gamma_{j}\tilde{K}_{j}(t)) \\
&\quad + \frac{1}{2}\sum_{l=1}^{M}\mathrm{tr}(\tilde{T}_{l}^{\mathrm{T}}(t)\Gamma_{l}\tilde{T}_{l}(t))
\end{aligned} \tag{12.16}
$$

其中，$E_{\varepsilon}P_{\varepsilon}=P_{\varepsilon}^{\mathrm{T}}E_{\varepsilon}$，选择矩阵 $P_{\varepsilon}=\begin{bmatrix} P_{11} & \varepsilon P_{21}^{\mathrm{T}} \\ P_{21} & P_{22} \end{bmatrix}$，使式（12.17）成立：

$$
P_{\varepsilon}^{\mathrm{T}}A_{lj}^{m}+(A_{lj}^{m})^{\mathrm{T}}P_{\varepsilon}<-I \tag{12.17}
$$

令 $(\boldsymbol{\Gamma}_j)^{-1} = (\boldsymbol{T}_j^*)^{\mathrm{T}}\operatorname{sgn}(l_j)$，假设 $\boldsymbol{T}_j^*$ 为正定或者负定矩阵。若 $\boldsymbol{T}_j^*$ 为正定矩阵，则 $l_j = 1$；否则 $l_j = -1$。由式（12.14）知，$\boldsymbol{L}_l = \boldsymbol{L}_{lj}^m(\boldsymbol{T}_j^*)^{-1}$。

对式（12.16）求导得

$$
\begin{aligned}
\dot{V}(t) &= -\boldsymbol{e}^{\mathrm{T}}(t)\boldsymbol{P}_\varepsilon^{\mathrm{T}}\dot{\boldsymbol{e}}(t) + \sum_{j=1}^{M}\operatorname{tr}(\tilde{\boldsymbol{K}}_j^{\mathrm{T}}(t)\boldsymbol{\Gamma}_j\dot{\hat{\boldsymbol{K}}}_j(t)) + \sum_{l=1}^{M}\operatorname{tr}(\tilde{\boldsymbol{T}}_l^{\mathrm{T}}(t)\boldsymbol{\Gamma}_l\dot{\hat{\boldsymbol{T}}}_l(t)) \\
&= -\frac{1}{2}\boldsymbol{e}^{\mathrm{T}}(t)\sum_{l=1}^{M}\sum_{j=1}^{M}\xi^l\xi^j(\boldsymbol{P}_\varepsilon^{\mathrm{T}}\boldsymbol{A}_{lj}^m + (\boldsymbol{A}_{lj}^m)^{\mathrm{T}}\boldsymbol{P}_\varepsilon)\boldsymbol{e}(t) \\
&\quad + \boldsymbol{e}^{\mathrm{T}}(t)\boldsymbol{P}_\varepsilon^{\mathrm{T}}\overline{\boldsymbol{B}}\sum_{l=1}^{M}\sum_{j=1}^{M}\xi^l\xi^j\boldsymbol{L}_l(-\tilde{\boldsymbol{K}}_j(t)\overline{\boldsymbol{x}}(t) + \tilde{\boldsymbol{T}}_j(t)\boldsymbol{r}(t)) \\
&\quad + \sum_{j=1}^{M}\operatorname{tr}(\tilde{\boldsymbol{K}}_j^{\mathrm{T}}(t)\boldsymbol{\Gamma}_j\dot{\hat{\boldsymbol{K}}}_j(t)) + \sum_{l=1}^{M}\operatorname{tr}(\tilde{\boldsymbol{T}}_l^{\mathrm{T}}(t)\boldsymbol{\Gamma}_l\dot{\hat{\boldsymbol{T}}}_l(t)) \\
&< -\frac{1}{2}\boldsymbol{e}^{\mathrm{T}}(t)\boldsymbol{e}(t) + \sum_{j=1}^{M}\operatorname{tr}(\tilde{\boldsymbol{K}}_j^{\mathrm{T}}(t)\boldsymbol{\Gamma}_j\dot{\hat{\boldsymbol{K}}}_j(t)) + \sum_{l=1}^{M}\operatorname{tr}(\tilde{\boldsymbol{T}}_l^{\mathrm{T}}(t)\boldsymbol{\Gamma}_l\dot{\hat{\boldsymbol{T}}}_l(t)) \\
&\quad - \operatorname{tr}\left(\sum_{l=1}^{M}\sum_{j=1}^{M}\xi^l\xi^j\tilde{\boldsymbol{K}}_j^{\mathrm{T}}(t)\boldsymbol{L}_l^{\mathrm{T}}\overline{\boldsymbol{B}}^{\mathrm{T}}\boldsymbol{P}_\varepsilon\boldsymbol{e}(t)\overline{\boldsymbol{x}}^{\mathrm{T}}(t)\right) \\
&\quad + \operatorname{tr}\left(\sum_{l=1}^{M}\sum_{j=1}^{M}\xi^l\xi^j\tilde{\boldsymbol{T}}_j^{\mathrm{T}}(t)\boldsymbol{L}_l^{\mathrm{T}}\overline{\boldsymbol{B}}^{\mathrm{T}}\boldsymbol{P}_\varepsilon\boldsymbol{e}(t)\boldsymbol{r}^{\mathrm{T}}(t)\right) \\
&= -\frac{1}{2}\boldsymbol{e}^{\mathrm{T}}(t)\boldsymbol{e}(t) + \sum_{j=1}^{M}\operatorname{tr}(\tilde{\boldsymbol{K}}_j^{\mathrm{T}}(t)\boldsymbol{\Gamma}_j\dot{\hat{\boldsymbol{K}}}_j(t)) + \sum_{l=1}^{M}\operatorname{tr}(\tilde{\boldsymbol{T}}_l^{\mathrm{T}}(t)\boldsymbol{\Gamma}_l\dot{\hat{\boldsymbol{T}}}_l(t)) \\
&\quad - \operatorname{tr}\left(\sum_{l=1}^{M}\sum_{j=1}^{M}\xi^l\xi^j\tilde{\boldsymbol{K}}_j^{\mathrm{T}}(t)(\boldsymbol{L}_{lj}^m(\boldsymbol{T}_j^*)^{-1})^{\mathrm{T}}\overline{\boldsymbol{B}}^{\mathrm{T}}\boldsymbol{P}_\varepsilon\boldsymbol{e}(t)\overline{\boldsymbol{x}}^{\mathrm{T}}(t)\right) \\
&\quad + \operatorname{tr}\left(\sum_{l=1}^{M}\sum_{j=1}^{M}\xi^l\xi^j\tilde{\boldsymbol{T}}_j^{\mathrm{T}}(t)(\boldsymbol{L}_{lj}^m(\boldsymbol{T}_j^*)^{-1})^{\mathrm{T}}\overline{\boldsymbol{B}}^{\mathrm{T}}\boldsymbol{P}_\varepsilon\boldsymbol{e}(t)\boldsymbol{r}^{\mathrm{T}}(t)\right)
\end{aligned} \tag{12.18}
$$

取自适应律为

$$
\dot{\hat{\boldsymbol{K}}}_j(t) = \sum_{l=1}^{M}\xi^l(\boldsymbol{v})\xi^j(\boldsymbol{v})(\boldsymbol{L}_{lj}^m)^{\mathrm{T}}\overline{\boldsymbol{B}}^{\mathrm{T}}\boldsymbol{P}_\varepsilon\boldsymbol{e}(t)\overline{\boldsymbol{x}}^{\mathrm{T}}(t)\operatorname{sgn}(l_j) \tag{12.19}
$$

$$
\dot{\hat{\boldsymbol{T}}}_j(t) = -\sum_{l=1}^{M}\xi^l(\boldsymbol{v})\xi^j(\boldsymbol{v})(\boldsymbol{L}_{lj}^m)^{\mathrm{T}}\overline{\boldsymbol{B}}^{\mathrm{T}}\boldsymbol{P}_\varepsilon\boldsymbol{e}(t)\boldsymbol{r}^{\mathrm{T}}(t)\operatorname{sgn}(l_j) \tag{12.20}
$$

将式（12.9）和式（12.20）代入式（12.8）得

$$
\dot{V}(t) < -\frac{1}{2}\boldsymbol{e}^{\mathrm{T}}(t)\boldsymbol{e}(t) \tag{12.21}
$$

由此得到定理 12.1。

定理 12.1 考虑式（12.1）所示的被控系统和稳定参考模型（12.4），采用式（12.10）、式（12.19）和式（12.20），假设参考输入$\boldsymbol{r}(t)$和参考状态量$\boldsymbol{x}_m(t)$一致有界，则能够保证在控制量和输入信号有界的情况下，当$t\to\infty$时，$\boldsymbol{e}(t)\to\boldsymbol{0}$。

证明： 由式（12.21）得，对于任意的$t>0$，有$\boldsymbol{e}(t)$、$\tilde{\boldsymbol{K}}_j(t)$、$\tilde{\boldsymbol{L}}_j(t)$有界。因为$\boldsymbol{x}_m(t)$有界，所以$\bar{\boldsymbol{x}}(t)$有界。又因为$\boldsymbol{r}(t)\in L_\infty$，根据式（12.10）得$\boldsymbol{u}(t)\in L_\infty$。因此闭环系统的所有信号有界，所以$\dot{\boldsymbol{e}}(t)\in L_\infty$。

由式（12.21）可以得到

$$\int_0^\infty \boldsymbol{e}^{\mathrm{T}}(t)\boldsymbol{e}(t)\mathrm{d}t < -\int_0^\infty \dot{V}(t)\mathrm{d}t = -(V_\infty - V_0) = V_0 - V_\infty \tag{12.22}$$

因此有$\boldsymbol{e}(t)\in L_2$。

因为$\boldsymbol{e}(t)\in L_2\cap L_\infty$，且$\dot{\boldsymbol{e}}(t)\in L_\infty$，由 Barbalat 引理可得，当$t\to\infty$时，有$\boldsymbol{e}(t)\to\boldsymbol{0}$。

讨论： 这里要求参考模型能够满足式（12.17），因为选取参考模型首先需要考虑的条件就是稳定，所以这样的$\boldsymbol{P}_\varepsilon$应该很容易求得。由于小参数$\varepsilon$的存在，在求解 LMI 的过程中会存在病态，可以将式（12.17）变为不等式：

$$\boldsymbol{P}_\varepsilon^{\mathrm{T}}\boldsymbol{A}_{lj}^m + (\boldsymbol{A}_{lj}^m)^{\mathrm{T}}\boldsymbol{P}_\varepsilon + \boldsymbol{I} = \boldsymbol{P}^{\mathrm{T}}\boldsymbol{A}_{lj}^m + (\boldsymbol{A}_{lj}^m)^{\mathrm{T}}\boldsymbol{P} + \boldsymbol{I} + \boldsymbol{H}(\varepsilon) < \boldsymbol{O} \tag{12.23}$$

其中，$\boldsymbol{P}_\varepsilon = \begin{bmatrix} \boldsymbol{P}_{11} & \varepsilon\boldsymbol{P}_{12} \\ \boldsymbol{P}_{12}^{\mathrm{T}} & \boldsymbol{P}_{22} \end{bmatrix}$；只要使公共矩阵$\boldsymbol{P}$满足：

$$\boldsymbol{P}^{\mathrm{T}}\boldsymbol{A}_{lj}^m + (\boldsymbol{A}_{lj}^m)^{\mathrm{T}}\boldsymbol{P} + \boldsymbol{I} < \boldsymbol{O} \tag{12.24}$$

则式（12.23）成立。其中，$\boldsymbol{P} = \begin{bmatrix} \boldsymbol{P}_{11} & \boldsymbol{O} \\ \boldsymbol{P}_{12}^{\mathrm{T}} & \boldsymbol{P}_{22} \end{bmatrix}$，$\boldsymbol{P}_{11}>\boldsymbol{O}$，$\boldsymbol{P}_{22}>\boldsymbol{O}$，则存在小的参数$\varepsilon^*>0$，对于任意$\varepsilon\in(0,\varepsilon^*]$，式（12.17）成立。

12.3 仿 真 验 证

本节将设计一种基于模糊奇异摄动模型的自适应模糊控制器，使模糊模型在其后件参数矩阵未知的情形下，闭环系统仍然稳定跟踪参考模型的状态。假设该模糊奇异摄动系统由两条规则建立，其规则如下。

规则l：如果$x_1(t)$是$\varPsi_1^l$，则

$$\begin{bmatrix} \dot{\boldsymbol{x}}(t) \\ \varepsilon\dot{z}(t) \end{bmatrix} = \bar{\boldsymbol{A}}\begin{bmatrix} \boldsymbol{x}(t) \\ z(t) \end{bmatrix} + \bar{\boldsymbol{B}}\left(\boldsymbol{H}_l\begin{bmatrix} \boldsymbol{x}(t) \\ z(t) \end{bmatrix} + \boldsymbol{L}_l\boldsymbol{u}(t)\right), \quad l=1,2 \tag{12.25}$$

其中

$$\bar{\boldsymbol{A}} = \begin{bmatrix} 0 & 1 & 0 \\ 0 & 0 & 0 \\ 0 & 0 & 0 \end{bmatrix},\quad \bar{\boldsymbol{B}} = \begin{bmatrix} 0 & 0 \\ 1 & 0 \\ 0 & 1 \end{bmatrix},\quad \boldsymbol{L}_1 = \begin{bmatrix} 3 & -1 \\ -11 & 1 \end{bmatrix},\quad \boldsymbol{L}_2 = \begin{bmatrix} -2 & 0.5 \\ -1 & -1.3 \end{bmatrix}$$

$$\boldsymbol{H}_1=\begin{bmatrix}1.478 & 0 & 10\\ 0.2 & 0.4 & -0.45\end{bmatrix},\quad \boldsymbol{H}_2=\begin{bmatrix}0 & 0.511 & -0.5\\ -0.18 & -0.5 & 1.3\end{bmatrix}$$

由此可得

$$\boldsymbol{A}_1=\bar{\boldsymbol{A}}+\bar{\boldsymbol{B}}\boldsymbol{H}_1=\begin{bmatrix}0 & 1 & 0\\ 1.478 & 0 & 10\\ 0.2 & 0.4 & -0.45\end{bmatrix},\quad \boldsymbol{B}_1=\begin{bmatrix}0 & 0\\ 3 & -1\\ -11 & 1\end{bmatrix}$$

$$\boldsymbol{A}_2=\bar{\boldsymbol{A}}+\bar{\boldsymbol{B}}\boldsymbol{H}_2=\begin{bmatrix}0 & 1 & 0\\ 0 & 0.511 & -0.5\\ -0.18 & -0.5 & 1.3\end{bmatrix},\quad \boldsymbol{B}_2=\begin{bmatrix}0 & 0\\ -2 & -0.5\\ -1 & -1.3\end{bmatrix}$$

假设隶属度函数为

$$\xi_1(\boldsymbol{x}(t))=(1+\sin(x_1(t)))/2,\qquad \xi_2(\boldsymbol{x}(t))=(1-\sin(x_1(t)))/2 \tag{12.26}$$

稳态参考模型的参数为

$$\boldsymbol{A}_1^m=\boldsymbol{A}_2^m=\begin{bmatrix}0 & 1 & 0\\ -1 & -2 & 0\\ 0 & 0 & -5\end{bmatrix},\qquad \boldsymbol{B}_1^m=\boldsymbol{B}_2^m=\begin{bmatrix}0 & 0\\ 1 & 0\\ 0 & 1\end{bmatrix},\qquad \boldsymbol{r}(t)=\begin{bmatrix}\sin t & \cos t\end{bmatrix}^{\mathrm{T}}$$

假设$\varepsilon=0.11$，求解式（12.17）得

$$\boldsymbol{P}_\varepsilon=\begin{bmatrix}33.3830 & -9.7350 & 0\\ -9.7350 & 15.2920 & 0\\ 0 & 0 & 4.0352\end{bmatrix}$$

假设$\boldsymbol{H}_l$、$\boldsymbol{L}_l(l=1,2)$未知，则参数$\boldsymbol{A}_1$、$\boldsymbol{A}_2$、$\boldsymbol{B}_1$、$\boldsymbol{B}_2$未知，需要按照式（12.10）、式（12.19）和式（12.20）设计控制律和自适应律，模糊模型后件参数未知情形下的仿真结果如图 12.1～图 12.5 的实线部分所示。为了便于比较，假设模糊奇异摄动模型的后件参数已知，设计鲁棒控制器，仿真结果如图 12.1～图 12.5 的虚线部分所示。

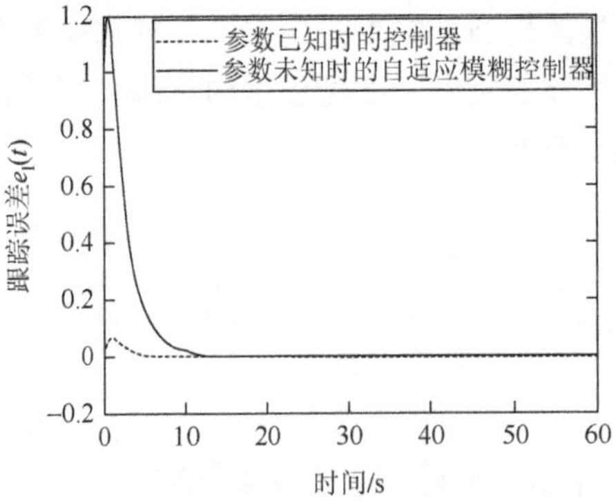

图 12.1　跟踪误差 $e_1(t)$

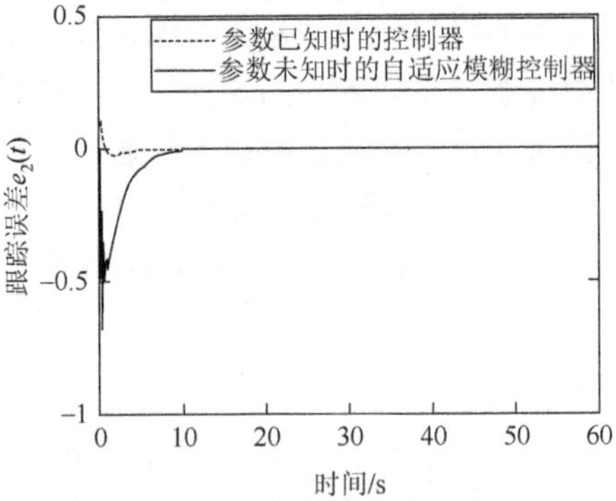

图 12.2　跟踪误差 $e_2(t)$

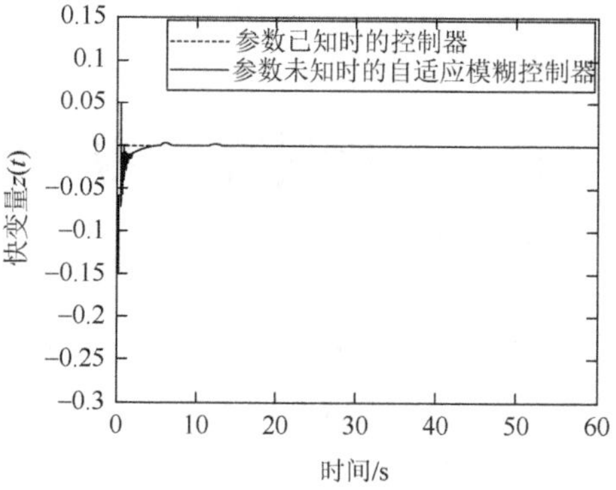

图 12.3　快变量 $z(t)$

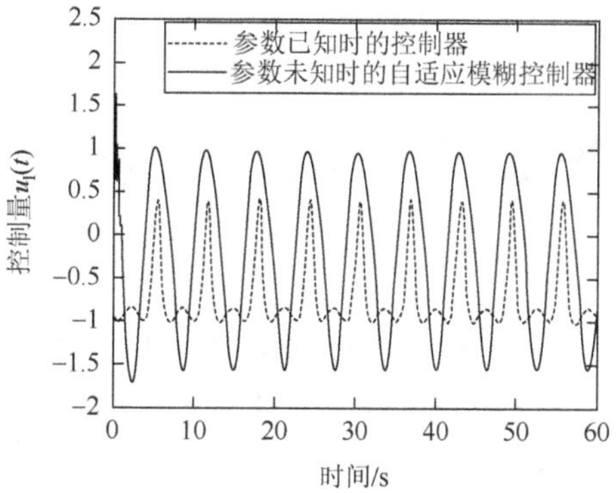

图 12.4　控制量 $u_1(t)$

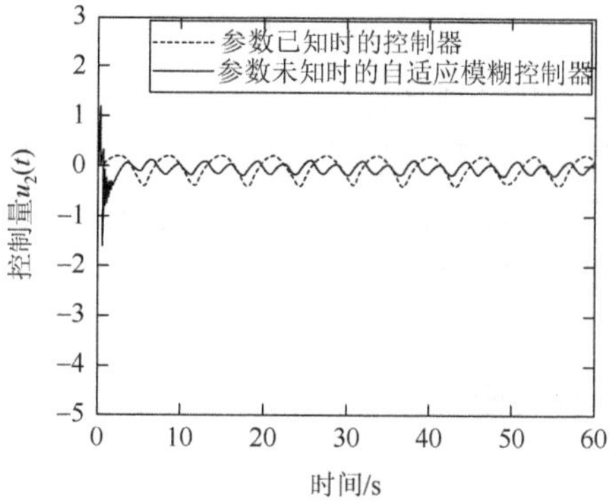

图 12.5　控制量 $u_2(t)$

从图 12.1～图 12.5 可以看出，与模糊奇异摄动模型后件参数已知时采取鲁棒控制所得到的仿真结果相比，采用本章提出的方法使闭环系统的超调量和调节时间都略有增加，主要原因是模型后件参数未知情况下，控制器的增益需要通过自适应调整才能达到稳定值。虽然如此，在 25s 以后，控制器输出仍然能够达到稳定，系统的慢状态较好地跟踪了参考模型的状态，而快状态能够保持稳定。

12.4　本 章 小 结

本章研究了模糊奇异摄动模型后件参数完全未知情形下的自适应跟踪控制问题，控制器的增益值可以在线自适应调整，闭环系统的稳态及动态性能可以通过选择稳定参考模型的参数矩阵和参考输入向量进行设计，应用李雅普诺夫合成方法证明了闭环系统的稳定性。仿真结果表明即使在后件参数完全未知的情形下，该方法设计的模糊自适应控制器，仍能够使系统的慢状态较好地跟踪参考模型的状态，而快状态保持稳定，进而验证了所提方法的有效性。

第 13 章　多目标鲁棒控制和自适应控制的典型应用

第 5 章～第 12 章分别提出了基于模糊奇异摄动模型的鲁棒控制和自适应控制器设计的理论与方法，本章作为本书的第四部分，将深入探讨这些方法的实际应用。

13.1　多目标鲁棒控制器应用

第 5 章～第 9 章分别从模型具有参数不确定性、状态不完全可量测、执行器存在饱和效应、各子系统之间存在交联等角度研究了模糊奇异摄动模型的多目标鲁棒控制问题，给出了多目标鲁棒控制器设计的摄动参数无关解。本章将讨论这些方法在 *RLC* 电路系统与柔性机械臂控制中的应用。

13.1.1　在典型电路中的应用

考虑如图 13.1 所示的 *RLC* 电路[102]。

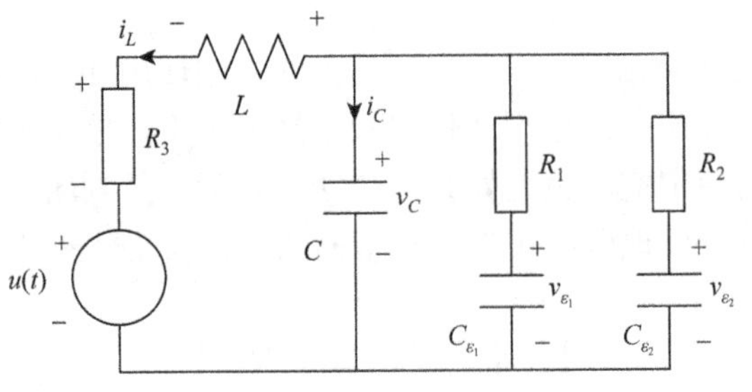

图 13.1　*RLC* 电路示意图

图 13.1 中 R_3 为非线性电阻，其伏安关系为

$$v_{R_3} = -ai_L - bi_L^3 \tag{13.1}$$

根据基尔霍夫定律，可得

$$\begin{cases} L\cdot \dot{i}_L(t)=v_C(t)-v_{R_3}(t)-u(t) \\ C\cdot \dot{v}_C(t)=-i_L(t)-(v_C(t)-v_{\varepsilon_1}(t))/R_1-(v_C(t)-v_{\varepsilon_2}(t))/R_2 \\ C_{\varepsilon_1}\cdot \dot{v}_{\varepsilon_1}(t)=(v_C(t)-v_{\varepsilon_1}(t))/R_1 \\ C_{\varepsilon_2}\cdot \dot{v}_{\varepsilon_2}(t)=(v_C(t)-v_{\varepsilon_2}(t))/R_2 \end{cases} \tag{13.2}$$

其中，$u(t)$ 为控制电压；C_{ε_1}、C_{ε_2} 为寄生电容。设 $x_1(t)=i_L(t)$，$x_2(t)=v_C(t)$，$x_3(t)=v_{\varepsilon_1}(t)$，$x_4(t)=v_{\varepsilon_2}(t)$，则可得到状态方程为

$$\begin{cases} \dot{x}_1(t)=\dfrac{1}{L}\left(ax_1(t)+bx_1^3(t)\right)+\dfrac{1}{L}x_2(t)-\dfrac{1}{L}\boldsymbol{u}(t) \\ \dot{x}_2(t)=-\dfrac{1}{C}x_1(t)-\dfrac{R_1+R_2}{R_1R_2C}x_2(t)+\dfrac{1}{R_1C}x_3(t)+\dfrac{1}{R_2C}x_4(t) \\ \varepsilon_1\dot{x}_3(t)=\dfrac{1}{R_1C}x_2(t)-\dfrac{1}{R_1C}x_3(t) \\ \varepsilon_2\dot{x}_4(t)=\dfrac{1}{R_2C}x_2(t)-\dfrac{1}{R_2C}x_4(t)+w(t) \end{cases} \tag{13.3}$$

其中，$\varepsilon_i=(C_{\varepsilon_i})^{-1}$，$i=1,2$。假设$|x_1(t)|\leqslant d$，其中 d 为已知上界，则有

$$bx_1^3(t)=\mu_1\cdot 0+(1-\mu_1)\cdot bdx_1(t) \tag{13.4}$$

其中，$\mu_1=1-x_1^2(t)/d$。采用扇区非线性方法构造模糊奇异摄动模型如下。

规则 1: 如果 $x_1(t)$ 是 F^1, 则

$$\boldsymbol{E}_\varepsilon\dot{\boldsymbol{x}}(t)=\boldsymbol{A}^1\boldsymbol{x}(t)+\boldsymbol{B}^1\boldsymbol{u}(t)+\boldsymbol{D}^1w(t)$$

规则 2: 如果 $x_1(t)$ 是 F^2, 则

$$\boldsymbol{E}_\varepsilon\dot{\boldsymbol{x}}(t)=\boldsymbol{A}^2\boldsymbol{x}(t)+\boldsymbol{B}^2\boldsymbol{u}(t)+\boldsymbol{D}^2w(t) \tag{13.5}$$

其中，$\boldsymbol{x}(t)=[x_1(t)\quad x_2(t)\quad x_3(t)\quad x_4(t)]^{\mathrm{T}}$；$\boldsymbol{E}_\varepsilon=\mathrm{diag}\{1,1,\varepsilon_1,\varepsilon_2\}$；模糊集合 F^1 和 F^2 的隶属度函数分别为 $\mu_1(x_1(t))=1-x_1^2(t)/d$、$\mu_2(x_1(t))=x_1^2(t)/d$。用于仿真的参数取为 $a=0.5$，$b=0.6$，$C=0.5\mathrm{F}$，$R_1=0.5\Omega$，$R_2=0.5\Omega$，$L=0.1\mathrm{H}$，$d=1$，则可得

$$\boldsymbol{A}^1=\begin{bmatrix} 5 & 10 & 0 & 0 \\ -2 & -8 & 4 & 4 \\ 0 & 4 & -4 & 0 \\ 0 & 4 & 0 & -4 \end{bmatrix},\quad \boldsymbol{A}^2=\begin{bmatrix} 11 & 10 & 0 & 0 \\ -2 & -8 & 4 & 4 \\ 0 & 4 & -4 & 0 \\ 0 & 4 & 0 & -4 \end{bmatrix},\quad \boldsymbol{B}^1=\boldsymbol{B}^2=\begin{bmatrix} -10 \\ 0 \\ 0 \\ 0 \end{bmatrix}$$

$\boldsymbol{D}^1=\boldsymbol{D}^2=\begin{bmatrix}0 & 0 & 0 & 1\end{bmatrix}^{\mathrm{T}}$，考虑外部干扰为 $w(t)=\sin(10t)\mathrm{e}^{-0.2t}$。

利用第 5 章的方法设计多目标鲁棒控制器，基于分布估计算法计算得到

$\gamma_{\text{opt}} = 0.3663$，$\boldsymbol{Q}_{2\text{opt}} = 0.0222\boldsymbol{I}_{4\times4}$，$R_{2\text{opt}} = 0.0251$，这时满足定理 5.1 和定理 5.2 的控制器计算结果为

$$\boldsymbol{P} = \begin{bmatrix} 0.1537 & -0.4554 & 0 & 0 \\ -0.4554 & 1.8437 & 0 & 0 \\ -0.3993 & 1.6262 & 0.0428 & 0 \\ -0.3857 & 1.5693 & 0 & 0.0425 \end{bmatrix}$$

$$\boldsymbol{K}^1 = \begin{bmatrix} 5.8710 & -16.9972 & 0.1268 & 0.1305 \end{bmatrix}$$

$$\boldsymbol{K}^2 = \begin{bmatrix} 6.7760 & -17.7475 & 0.1448 & 0.1491 \end{bmatrix}$$

图 13.2～图 13.6 所示为采用上述同一组控制器对不同摄动参数 ε_1 和 ε_2 取不同数值时的闭环系统响应曲线。

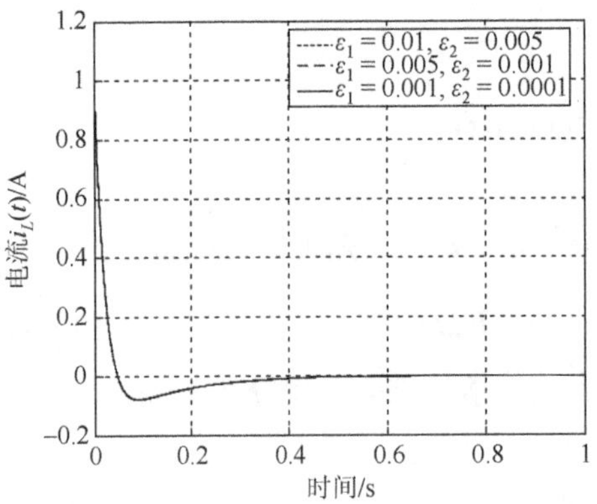

图 13.2　不同摄动参数下电流 $i_L(t)$ 的响应曲线

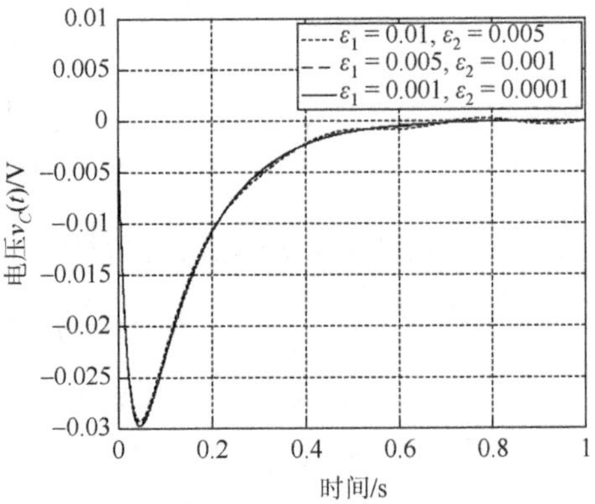

图 13.3　不同摄动参数下电压 $v_C(t)$ 的响应曲线

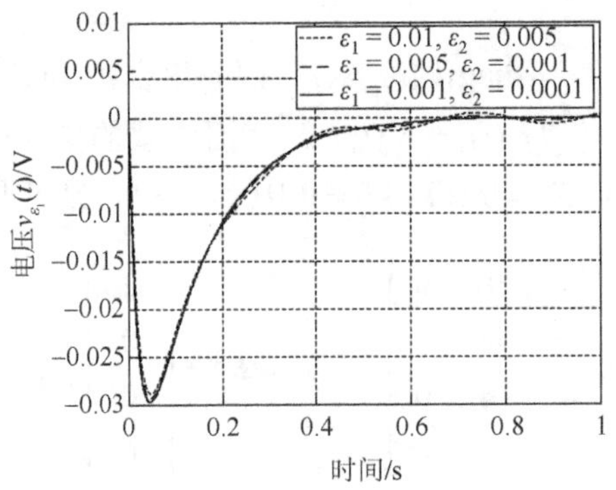

图 13.4　不同摄动参数下电压 $v_{\varepsilon_1}(t)$ 的响应曲线

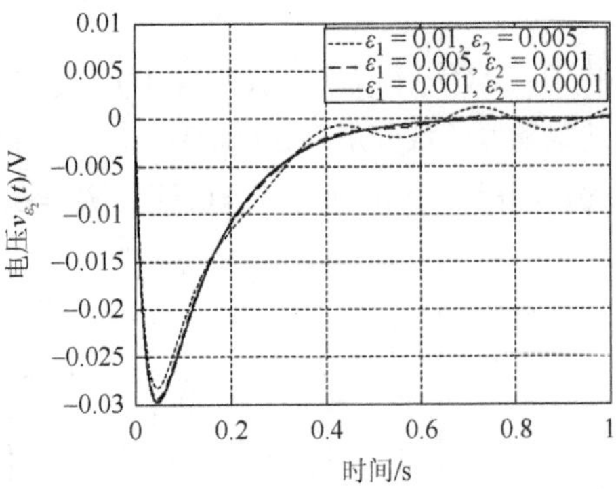

图 13.5　不同摄动参数下电压 $v_{\varepsilon_2}(t)$ 的响应曲线

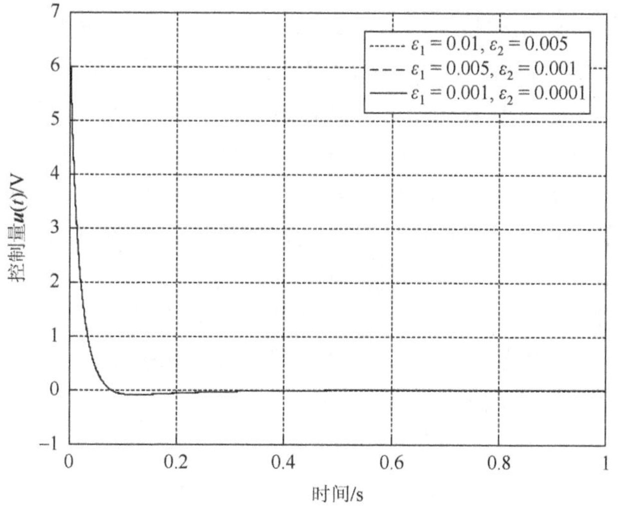

图 13.6　不同摄动参数情况下控制量 $\boldsymbol{u}(t)$ 的响应曲线

由图 13.2～图 13.6 可以看出，当摄动参数不同时，采用同一组多目标鲁棒控制器，仍然能够使闭环系统稳定，并且对外部干扰具有一定的抑制能力，同时动态性能和控制量能够得到综合优化。

当系统（13.5）中的模型参数存在不确定性时，这里考虑

$$\Delta \boldsymbol{A}^i = 0.3\sin(t)\begin{bmatrix} 1 & 1 & 0 & 0 \\ 1 & 1 & 1 & 1 \\ 0 & 1 & 1 & 0 \\ 0 & 1 & 0 & 1 \end{bmatrix}, \quad \Delta \boldsymbol{B}^i = 0.3\sin(t)\begin{bmatrix} 1 \\ 0 \\ 0 \\ 0 \end{bmatrix}, \quad i = 1,2$$

利用第 6 章的方法设计多目标鲁棒控制器，基于分布估计算法计算得到 $\gamma_{\text{opt}} = 8.7573$，$\boldsymbol{Q}_{2\text{opt}} = 0.0223\boldsymbol{I}_{4\times4}$，$R_{2\text{opt}} = 0.0479$，这时满足定理 6.1 和定理 6.2 的控制器计算结果为

$$\boldsymbol{P} = \begin{bmatrix} 1.6990 & -8.2875 & 0 & 0 \\ -8.2875 & 72.5092 & 0 & 0 \\ -8.0794 & 73.6247 & 0.5776 & 0 \\ -8.0753 & 73.5864 & 0 & 0.5776 \end{bmatrix}$$

$$\boldsymbol{K}^1 = [14.8142 \quad -77.7810 \quad 0.0004 \quad 0.0004]$$

$$\boldsymbol{K}^2 = [14.8164 \quad -77.7925 \quad 0.0003 \quad 0.0002]$$

采用上述控制器对电路模型参数在一定范围内发生变化时进行控制，仿真结果如图 13.7～图 13.11 实线部分所示。在图 13.7～图 13.11 中，点线所示为设计控

制器时不考虑参数不确定性的控制仿真结果，可以看出考虑模型参数不确定性时设计的控制器使闭环系统在模型参数发生变化时能够具有更好的动态性能。图 13.7～图 13.11 中的虚线是基于第 6 章的方法，利用一条模糊规则设计控制器时，对上一个仿真实例，即原来的模型参数不发生变化时的系统进行控制的响应曲线，可以看出这时的闭环系统仍然具有较好的动态性能。主要原因是第 6 章中考虑参数在一定范围内变化的多目标鲁棒控制方法，增强了每条模糊规则对局部区域动力学特性的控制能力，达到了减少模糊规则数的效果。

考虑当式(13.5)所示模糊模型中的慢变量 $x_2(t)$ 和快变量 $x_4(t)$ 都不可量测时，采用第 7 章的多目标鲁棒控制器与观测器方法进行系统设计，此时 $\boldsymbol{C}=[1\ 0\ 0\ 0;\ 0\ 0\ 1\ 0]$，假设 $\boldsymbol{D}^1=\boldsymbol{D}^2=\begin{bmatrix}0 & 0 & 0 & 0.1\end{bmatrix}^{\mathrm{T}}$。

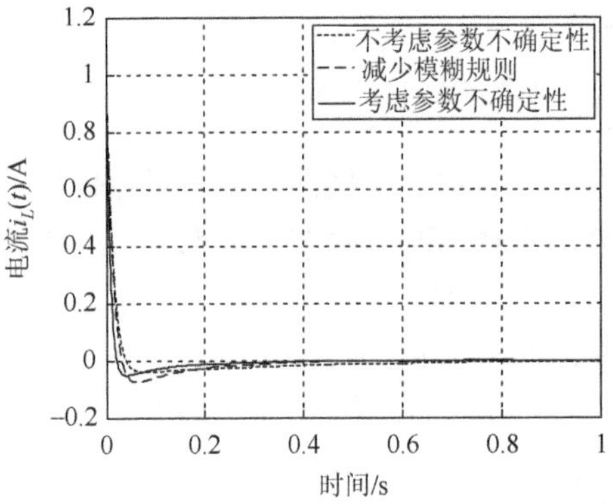

图 13.7　参数不确定性时电流 $i_L(t)$ 的响应曲线

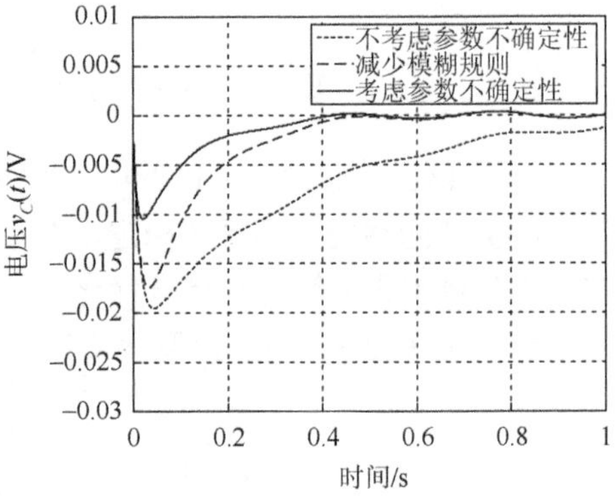

图 13.8　参数不确定性时电压 $v_C(t)$ 的响应曲线

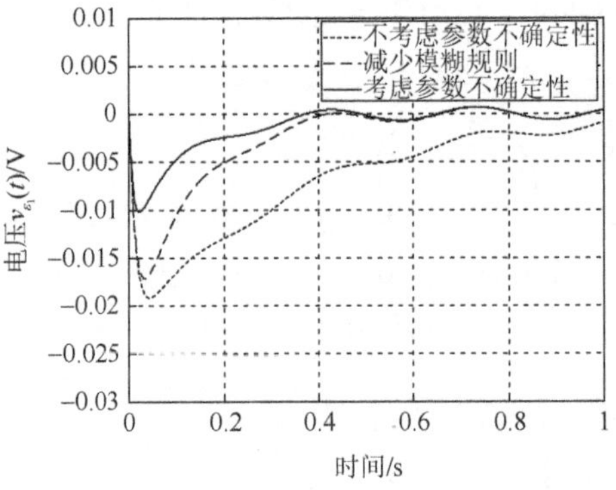

图 13.9　参数不确定性时电压 $v_{\varepsilon_1}(t)$ 的响应曲线

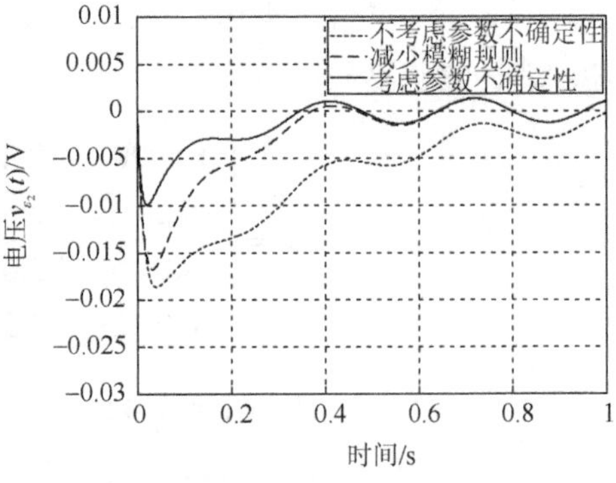

图 13.10　参数不确定性时电压 $v_{\varepsilon_2}(t)$ 的响应曲线

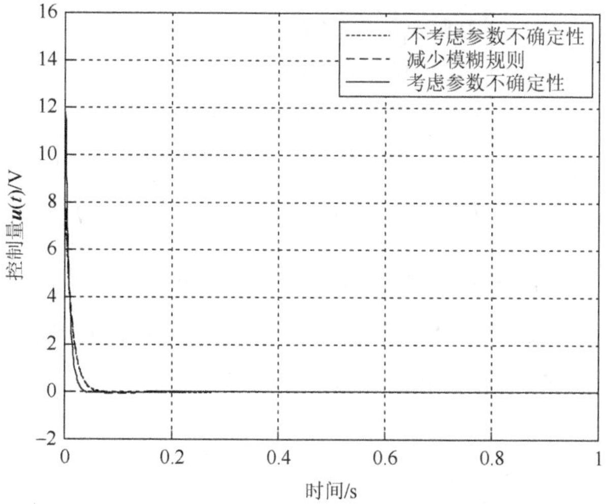

图 13.11　参数不确定性时控制量 $u(t)$ 的响应曲线

当初始估计误差为 0 时，基于分布估计算法计算得到 $\gamma_{\text{opt}}=121.0325$，$\tilde{Q}_{2,11\text{opt}}=0.0001I_{4\times4}$，$R_{2\text{opt}}=0.0007$，这时满足定理 7.1 和定理 7.2 的观测器和控制器计算结果为

$$P_e=\begin{bmatrix} 2.8059\times10^5 & 0.0000\times10^5 & 0 & 0 \\ 0.0000\times10^5 & 2.8059\times10^5 & 0 & 0 \\ -3.4647\times10^5 & 1.8321\times10^5 & 2.8059\times10^5 & 0 \\ -0.7732\times10^5 & 3.2958\times10^5 & 0 & 0.4899\times10^5 \end{bmatrix}$$

$$L_1=\begin{bmatrix} 11.1054 & -2.1251 \\ -7.4006 & 7.5496 \\ 2.9769 & -3.3102 \\ 6.3132 & 0.0000 \end{bmatrix},\quad L_2=\begin{bmatrix} 16.7273 & -1.8189 \\ -7.2007 & 7.5496 \\ 2.6707 & -3.3102 \\ 6.3132 & 0.0000 \end{bmatrix}$$

$$P_x=\begin{bmatrix} 0.0009 & -0.0031 & 0 & 0 \\ -0.0031 & 0.0182 & 0 & 0 \\ -0.0034 & 0.0195 & 0.0010 & 0 \\ -0.0034 & 0.0195 & 0 & 0.0010 \end{bmatrix}$$

$$K^1=\begin{bmatrix} 16.5475 & -51.8809 & 0.1280 & 0.1280 \end{bmatrix}$$

$$K^2=\begin{bmatrix} 15.6802 & -48.4539 & 0.1712 & 0.1712 \end{bmatrix}$$

当初始估计误差为 1 时，基于分布估计算法计算得到 $\gamma_{\text{opt}}=79.0525$，$\tilde{Q}_{2,11\text{opt}}=0.0007I_{4\times4}$，$R_{2\text{opt}}=0.0225$，这时满足定理 7.1 和定理 7.2 的观测器计算结果不变，控制器计算结果为

$$P_x = \begin{bmatrix} 0.0250 & -0.0449 & 0 & 0 \\ -0.0449 & 0.1404 & 0 & 0 \\ -0.0459 & 0.1422 & 0.0009 & 0 \\ -0.0459 & 0.1423 & 0 & 0.0009 \end{bmatrix}$$

$$K^1 = \begin{bmatrix} 13.7099 & -24.5863 & 0.0146 & 0.0171 \end{bmatrix}$$

$$K^2 = \begin{bmatrix} 12.4795 & -22.3391 & 0.0203 & 0.0240 \end{bmatrix}$$

采用上述观测器和控制器对系统（13.5）在慢变量 $x_2(t)$ 和快变量 $x_4(t)$ 都不可量测时进行控制，仿真结果如图 13.12～图 13.16 所示。

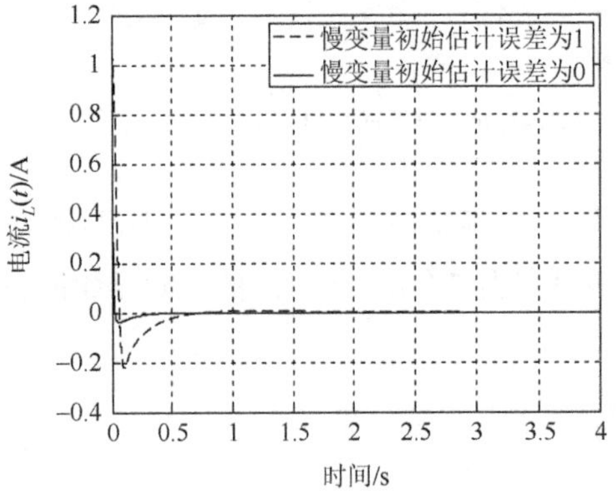

图 13.12　初始观测误差不相同时电流 $i_L(t)$ 的响应曲线

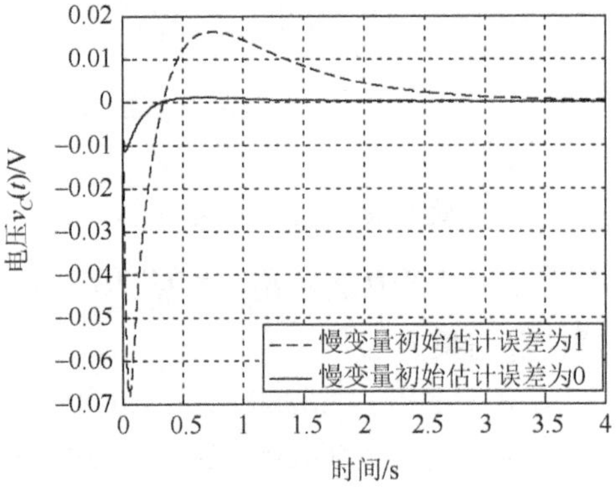

图 13.13　初始观测误差不相同时电压 $v_C(t)$ 的响应曲线

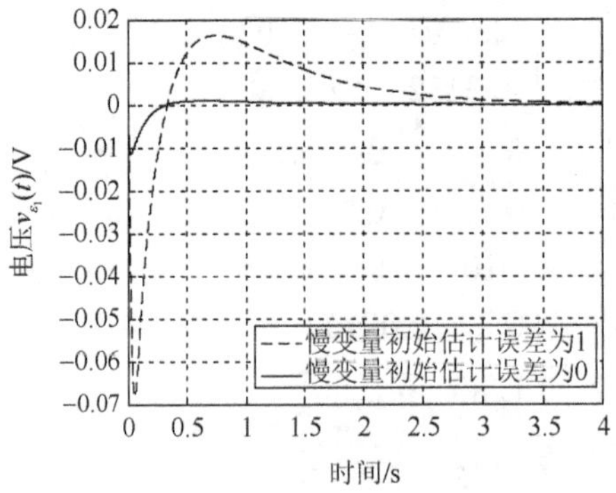

图 13.14　初始观测误差不相同时电压 $v_{\varepsilon_1}(t)$ 的响应曲线

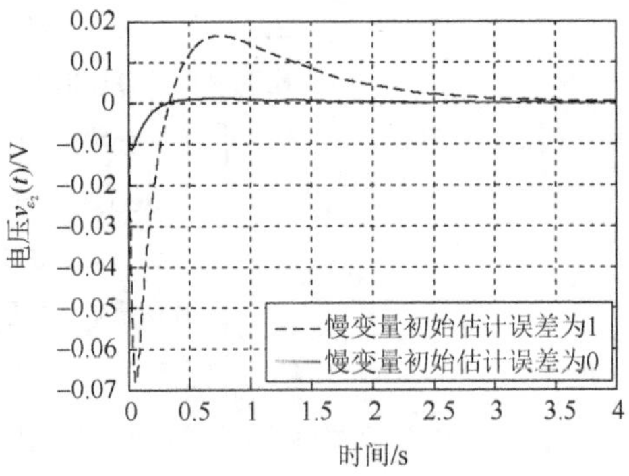

图 13.15　初始观测误差不相同时电压 $v_{\varepsilon_2}(t)$ 的响应曲线

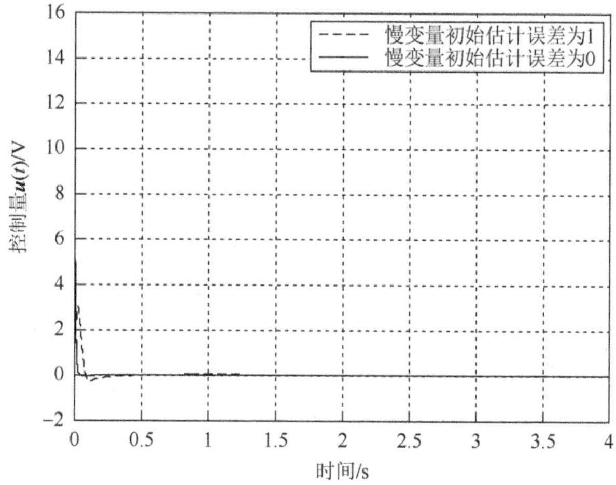

图 13.16　初始观测误差不相同时控制量 $\boldsymbol{u}(t)$ 的响应曲线

在图 13.12～图 13.16 中，初始估计误差为 0 时的闭环系统响应曲线比初始估计误差为 1 时的响应曲线，在调节时间和超调量上都略有增加，这与状态不完全可量测时控制器采用的是基于状态观测值反馈的控制器形式有关，当状态观测器的初始输出值为 0 时，控制量会相对比较小，并且此时存在估计误差，所以闭环系统的调节时间和超调量会略差一些。考虑当式（13.5）所示模糊模型中的控制量幅值被限制在[−2，2]，即 $\bar{\sigma}(u)=\text{sign}(u)\min\{2,|u|\}$ 时，对系统进行控制，利用第 8 章的方法设计执行器存在饱和效应时的多目标鲁棒控制器。首先对执行器的饱和函数进行归一化，将 $\bar{\sigma}(u)$ 转化为式（8.2）所示的标准饱和函数形式，对控制矩阵 $\boldsymbol{B}^i$ 乘以相应的幅值限制系数 2，得到 $\bar{\boldsymbol{B}}^i=[-20\quad 0\quad 0\quad 0]^{\mathrm{T}}$，这时式（13.5）被转化为式（8.1）所示的标准形式。采用第 8 章的控制器设计方法，考虑 $\boldsymbol{D}^i=\begin{bmatrix}0 & 0 & 0.5 & 1\end{bmatrix}^{\mathrm{T}}$，采用分布估计算法计算得到 $\gamma_{\text{opt}}=2.2936$，$\boldsymbol{Q}_{2\text{opt}}=0.6073\boldsymbol{I}_{4\times4}$，$R_{2\text{opt}}=0.0597$，这时满足定理 8.2 和定理 8.3 的控制器计算结果为

$$\boldsymbol{P}=\begin{bmatrix}9.7325 & -11.3643 & 0 & 0\\ -11.3643 & 95.4332 & 0 & 0\\ 0 & 0 & 69.9533 & 0\\ 0 & 0 & 0 & 69.6704\end{bmatrix}$$

$$\boldsymbol{K}=\begin{bmatrix}22.7247 & -24.1321 & 0.5136 & 0.4511\end{bmatrix}$$

采用上述控制器对式（13.5）在执行器输出被限制在[−2，2]时进行控制，仿真结果如图 13.17～图 13.21 所示。

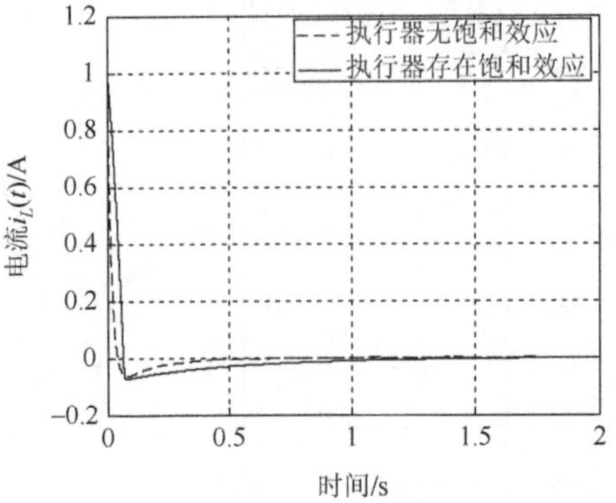

图 13.17　执行器存在饱和效应时电流 $i_L(t)$ 的响应曲线

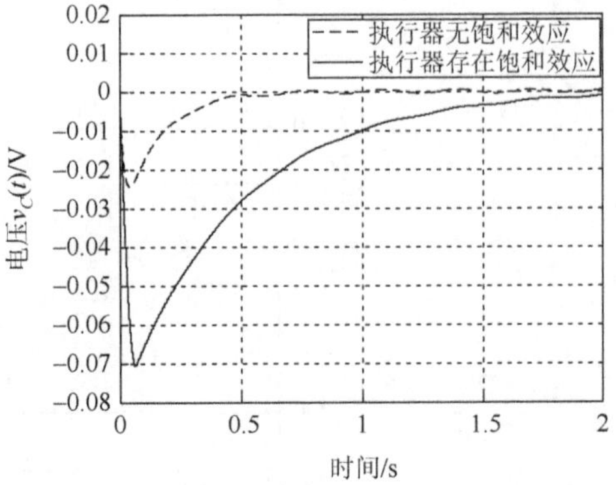

图 13.18　执行器存在饱和效应时电压 $v_C(t)$ 的响应曲线

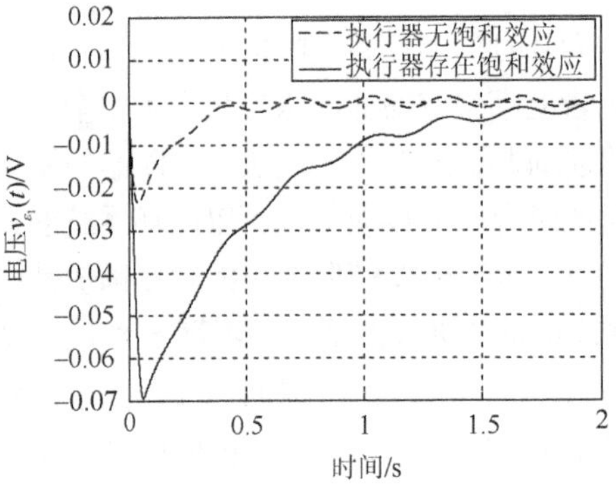

图 13.19　执行器饱和效应时电压 $v_{\varepsilon_1}(t)$ 的响应曲线

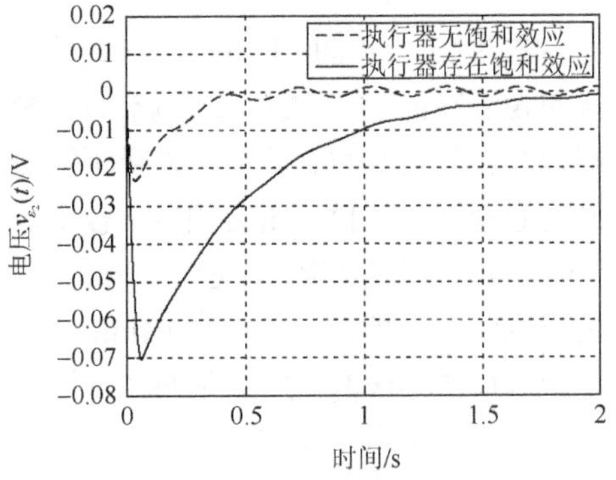

图 13.20　执行器饱和效应时电压 $v_{\varepsilon_2}(t)$ 的响应曲线

从图 13.17～图 13.21 可以看出，控制量的幅值被成功地限制在[−2，2]以内。虽然由于控制器的幅值受到限制，动态性能较之执行器无饱和效应时略差，但是系统对外部干扰仍然具有一定的抑制能力。

13.1.2　在柔性机械臂控制中的应用

柔性机械臂在工业生产、航空航天领域具有重要作用，但其具有丰富的柔性模态，导致其动力学呈现严重的多时标特性。本节在分析柔性机械臂动力学特性的基础上，研究基于模糊奇异摄动模型的鲁棒控制器设计方法。

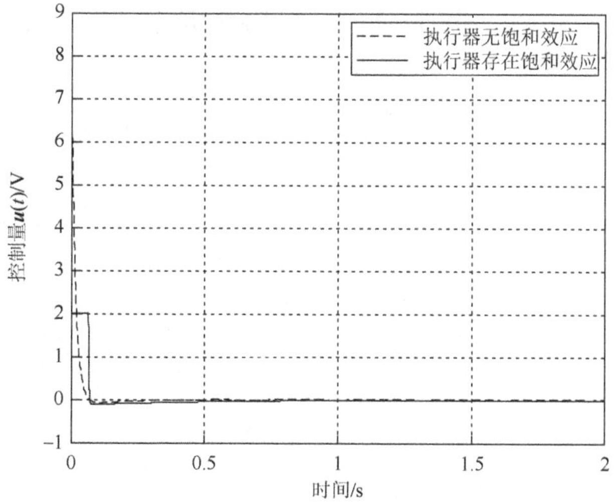

图 13.21　执行器存在饱和效应时控制量 $\boldsymbol{u}(t)$ 的响应曲线

假设单关节柔性机械臂只考虑一阶柔性模态，其动力学模型为

$$
\begin{aligned}
&(I_r + \frac{1}{3}\rho AL^3 + M_a L^2 + q_1^2(t) + M_a \Phi_1^2(L) q_1^2(t))\ddot{\theta}(t) \\
&+(2 + M_a \Phi_1^2(L)) q_1(t)\dot{q}_1(t)\dot{\theta}(t) + M_a \Phi_1^2(L) q_1^2(t)\dot{\theta}(t) \\
&+\left(\rho A\int_0^L \Phi_1(x)\mathrm{d}x + M_a L\Phi_1(L)\right)\ddot{q}_1(t) = \tau(t) \\
&\left(\rho A\int_0^L \Phi_1(x)\mathrm{d}x + M_a L\Phi_1(L)\right)\ddot{\theta}(t) - (1 + M_a \Phi_1^2(L)) q_1(t)\dot{\theta}(t) \\
&+(1 + M_a \Phi_1^2(L))\ddot{q}_1(t) + K_{11} q_1(t) = 0
\end{aligned}
\tag{13.6}
$$

其中，$\theta(t)$ 是柔性机械臂的关节角；$q_1(t)$ 是柔性机械臂的一阶柔性模态；$\tau(t)$ 是驱动力矩；I_r 是电机转子的转动惯量；ρ 是柔性机械臂的密度；A 是机械臂的横截面积；L 是机械臂的长度；M_a 是机械臂末端质量；K_{11} 是刚性参数；$\Phi_1(x)$，$0 \leqslant x \leqslant L$，是一阶模态函数，表达式为

$$
\Phi_1(x) = 1 - \cos\left(\frac{\pi x}{L}\right) + \frac{1}{2}\left(\frac{\pi x}{L}\right)^2 \tag{13.7}
$$

式（13.6）可以进一步写为

$$
\begin{aligned}
\ddot{\theta}(t) = &\frac{1}{\Delta}(-(2 + 3a_2 + a_2^2) q_1(t)\dot{q}_1(t)\dot{\theta}(t) - (a_2 + a_2^2) q_1^2(t)\dot{\theta}(t) \\
&-(a_3 + a_2 a_3) q_1(t)\dot{\theta}(t) + a_3 K_{11} q_1(t) + (1 + a_2)\tau(t)) \\
\ddot{q}_1(t) = &\frac{1}{\Delta}((2a_3 + a_2 a_3) q_1(t)\dot{q}_1(t)\dot{\theta}(t) + a_2 a_3 q_1^2(t)\dot{\theta}(t)
\end{aligned}
$$

$$+(a_1+a_1a_2)q_1(t)\dot{\theta}(t)+(1+2a_2+a_2^2)q_1^3(t)\dot{\theta}(t)-K_{11}(a_1+q_1^2(t)\\+a_2q_1^2(t))q_1(t)-a_3\tau(t)) \tag{13.8}$$

其中，$\varDelta=(a_1+q_1^2(t)+a_2q_1^2(t))(1+a_2)-a_3^2$；$a_1=I_r+\frac{1}{3}\rho AL^3+M_aL^2$；$a_2=M_a\varPhi_1^2(L)$；$a_3=\rho A\int_0^L\varPhi_1x\mathrm{d}x+M_aL\varPhi_1(L)$。选取慢状态为 $\boldsymbol{x}_s(t)=[\theta(t)\quad\dot{\theta}(t)]^{\mathrm{T}}$，快状态为 $\boldsymbol{x}_z(t)=[q_1(t)/\varepsilon^2\quad\dot{q}_1(t)/\varepsilon]^{\mathrm{T}}$，$\varepsilon=1/\sqrt{K_{11}}$，则有

$$\begin{bmatrix}\dot{\boldsymbol{x}}_s(t)\\ \varepsilon\dot{\boldsymbol{x}}_z(t)\end{bmatrix}=\begin{bmatrix}0 & 1 & 0 & 0\\ 0 & \dfrac{m_{22}}{\varDelta} & \dfrac{a_3}{\varDelta} & 0\\ 0 & 0 & 0 & 1\\ 0 & \dfrac{m_{42}}{\varDelta} & \dfrac{m_{43}}{\varDelta} & 0\end{bmatrix}\begin{bmatrix}\boldsymbol{x}_s(t)\\ \varepsilon\boldsymbol{x}_z(t)\end{bmatrix}+\begin{bmatrix}0\\ \dfrac{1+a_2}{\varDelta}\\ 0\\ -\dfrac{a_3}{\varDelta}\end{bmatrix}\tau(t) \tag{13.9}$$

其中

$$m_{22}=-(2+3a_2+a_2^2)\varepsilon^3x_{z1}(t)x_{z2}(t)-(a_2+a_2^2)\varepsilon^4x_{z1}^2(t)-(a_3+a_2a_3)\varepsilon^2x_{z1}^2(t)x_{s2}(t)$$

$$m_{42}=(2a_3+a_2a_3)\varepsilon^3x_{z1}(t)x_{z2}(t)+a_2a_3\varepsilon^4x_{z1}^2(t)+(a_1+a_1a_2)\varepsilon^2x_{z1}(t)+(1+2a_2+a_2^2)\varepsilon^6x_{z1}^3(t)$$

$$m_{43}=-(a_1+\varepsilon^4x_{z1}^2(t)+a_2\varepsilon^4x_{z1}^2(t))$$

采用扇区非线性建模的方法，建立系统（13.9）的模糊奇异摄动模型，考虑 ε、ε^2 和 ε^3 相关项，则系统（13.9）中的非线性项包括 $L_1(t)=\varepsilon^2x_{z1}(t)=q_1(t)$ 和 $L_2(t)=\varepsilon^3x_{z1}(t)x_{z2}(t)=q_1(t)\dot{q}_1(t)$。

设 $\max L_1(t)=\max q_1=q_{1\max}=b_1$，$\min L_1(t)=\min q_1=q_{1\min}=b_2$，则有

$$\mu_{1,1}(L_1(t))b_1+\mu_{1,2}(L_1(t))b_2=L_1(t),\quad \mu_{1,1}(L_1(t))+\mu_{1,2}(L_1(t))=1 \tag{13.10}$$

其中，$\mu_{1,i}(L_1(t))$ 表示模糊集合 F_1^i 对应的隶属度函数，$i=1,2$。由式（13.10）可得

$$\mu_{1,1}(L_1(t))=\frac{L_1-b_2}{b_1-b_2},\quad \mu_{1,2}(L_1(t))=\frac{b_1-L_1}{b_1-b_2} \tag{13.11}$$

设 $\max L_2(t)=\max q_1\dot{q}_1=c_1$，$\min L_2(t)=\min q_1\dot{q}_1=c_2$，则有

$$\mu_{2,1}(L_2(t))c_1+\mu_{2,2}(L_2(t))c_2=L_2(t),\quad \mu_{2,1}(L_2(t))+\mu_{2,2}(L_2(t))=1 \tag{13.12}$$

其中，$\mu_{2,i}(L_2(t))$ 表示模糊变量 F_2^i 对应的隶属度函数，$i=1,2$。由式（13.12）得到

$$\mu_{2,1}(L_2(t))=\frac{L_2-c_2}{c_1-c_2},\quad \mu_{2,2}(L_2(t))=\frac{c_1-L_2}{c_1-c_2} \tag{13.13}$$

则对柔性机械臂（式（13.6））建立具有四条规则的模糊奇异摄动模型。

规则 1: 如果 $L_1(t)$ 是 F_1^1, $L_2(t)$ 是 F_2^1，则

$$\boldsymbol{E}_\varepsilon\dot{\boldsymbol{x}}(t)=\boldsymbol{A}^1\boldsymbol{x}(t)+\boldsymbol{B}^1\boldsymbol{u}(t)$$

规则 2：如果 $L_1(t)$ 是 F_1^2, $L_2(t)$ 是 F_2^1，则

$$\boldsymbol{E}_\varepsilon \dot{\boldsymbol{x}}(t) = \boldsymbol{A}^2 \boldsymbol{x}(t) + \boldsymbol{B}^2 \boldsymbol{u}(t)$$

规则 3：如果 $L_1(t)$ 是 F_1^3, $L_2(t)$ 是 F_2^3，则　（13.14）

$$\boldsymbol{E}_\varepsilon \dot{\boldsymbol{x}}(t) = \boldsymbol{A}^3 \boldsymbol{x}(t) + \boldsymbol{B}^3 \boldsymbol{u}(t)$$

规则 4：如果 $L_1(t)$ 是 F_1^4, $L_2(t)$ 是 F_2^4，则

$$\boldsymbol{E}_\varepsilon \dot{\boldsymbol{x}}(t) = \boldsymbol{A}^4 \boldsymbol{x}(t) + \boldsymbol{B}^4 \boldsymbol{u}(t)$$

其中

$$\boldsymbol{A}^i = \begin{bmatrix} 0 & 1 & 0 & 0 \\ 0 & \dfrac{-(2+3a_2+a_2^2)c_k-(a_3+a_2a_3)b_j}{a_1(1+a_2)-a_3^2} & \dfrac{a_3}{a_1(1+a_2)-a_3^2} & 0 \\ 0 & 0 & 0 & 1 \\ 0 & \dfrac{(2a_3+a_2a_3)c_k+(a_1+a_1a_2)b_j}{a_1(1+a_2)-a_3^2} & \dfrac{-a_1}{a_1(1+a_2)-a_3^2} & 0 \end{bmatrix},\quad j=1,2,\quad k=1,2$$

$$\boldsymbol{B}^i = \begin{bmatrix} 0 & \dfrac{1+a_2}{a_1(1+a_2)-a_3^2} & 0 & \dfrac{-a_3}{a_1(1+a_2)-a_3^2} \end{bmatrix}^{\mathrm{T}}$$

考虑柔性机械臂的参数为 $I_r = 0.668\times10^{-6}\mathrm{kg\cdot m^2}$，$\rho = 2700\mathrm{kg/m^3}$，$A = 40\mathrm{mm^2}$，$L = 0.3\mathrm{m}$，$M_a = 0.072\mathrm{kg}$，$K_{11} = 72.1175$，计算得到

$$\boldsymbol{A}^1 = \begin{bmatrix} 0 & 1 & 0 & 0 \\ 0 & -74.1442 & 5.8956 & 0 \\ 0 & 0 & 0 & 1 \\ 0 & 2.8166 & -1.0573 & 0 \end{bmatrix},\quad \boldsymbol{A}^2 = \begin{bmatrix} 0 & 1 & 0 & 0 \\ 0 & 71.3672 & 5.8956 & 0 \\ 0 & 0 & 0 & 1 \\ 0 & -2.3186 & -1.0573 & 0 \end{bmatrix}$$

$$\boldsymbol{A}^3 = \begin{bmatrix} 0 & 1 & 0 & 0 \\ 0 & -71.3672 & 5.8956 & 0 \\ 0 & 0 & 0 & 1 \\ 0 & 2.3186 & -1.0573 & 0 \end{bmatrix},\quad \boldsymbol{A}^4 = \begin{bmatrix} 0 & 1 & 0 & 0 \\ 0 & 74.1442 & 5.8956 & 0 \\ 0 & 0 & 0 & 1 \\ 0 & -2.8166 & -1.0573 & 0 \end{bmatrix}$$

$$\boldsymbol{B}^1 = \boldsymbol{B}^2 = \boldsymbol{B}^3 = \boldsymbol{B}^4 = \begin{bmatrix} 0 & 167.0558 & 0 & -5.8956 \end{bmatrix}^{\mathrm{T}}$$

考虑 $\boldsymbol{D}^i = [0\quad 0\quad 0.5\quad 1]^{\mathrm{T}}$，$w(t) = 0.01\sin t$，采用第 5 章的控制器设计方法，采用分布估计算法计算得到 $\gamma_{\mathrm{opt}} = 0.4199$，$\boldsymbol{Q}_{2\mathrm{opt}} = \mathrm{diag}\{0.0157, 0.0157, 1.57, 1.57\}$，$R_{2\mathrm{opt}} = 5.3789$。这时满足定理 5.1 和定理 5.2 的控制器计算结果为

$$\boldsymbol{P} = \begin{bmatrix} 3.3320 & 2.3046 & 0 & 0 \\ 2.3046 & 2.6011 & 0 & 0 \\ -402.3781 & -455.6312 & 119.5888 & 67.8760 \\ -180.3909 & -204.4253 & 67.8760 & 60.4305 \end{bmatrix}$$

$$K^1 = \begin{bmatrix} -4.4735 & -4.6192 & 1.2379 & 1.1294 \end{bmatrix}$$
$$K^2 = \begin{bmatrix} -4.4336 & -5.4371 & 1.2191 & 1.1168 \end{bmatrix}$$
$$K^3 = \begin{bmatrix} -4.8059 & -5.0166 & 1.3731 & 1.2505 \end{bmatrix}$$
$$K^4 = \begin{bmatrix} -4.9244 & -6.0142 & 1.4105 & 1.2830 \end{bmatrix}$$

采用上述控制器，对柔性机械臂进行控制的仿真结果如图 13.22～图 13.25 中的实线部分所示。为了与本节提出的多目标鲁棒控制器的性能相比较，在同样的实验条件下将第 4 章提出的 H_∞ 鲁棒控制器用于控制同样的柔性机械臂，仿真结果如图 13.22～图 13.25 中的虚线部分所示。

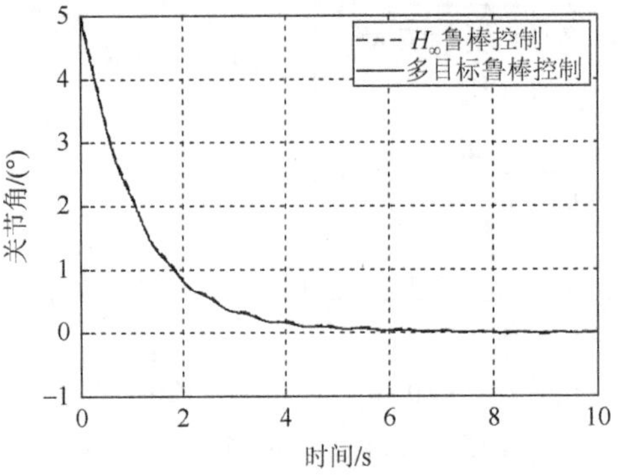

图 13.22　柔性机械臂关节角响应曲线

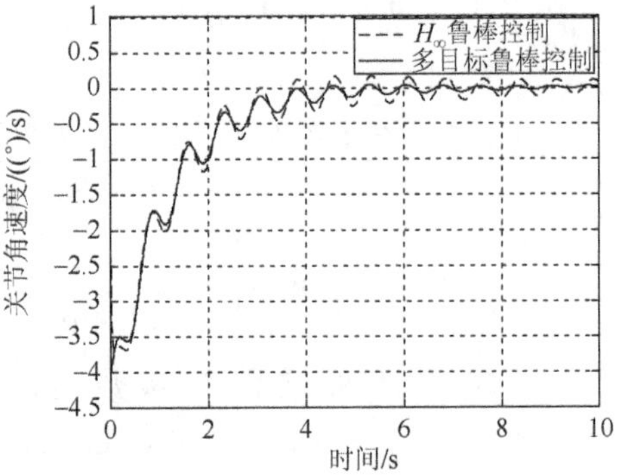

图 13.23　柔性机械臂关节角速度响应曲线

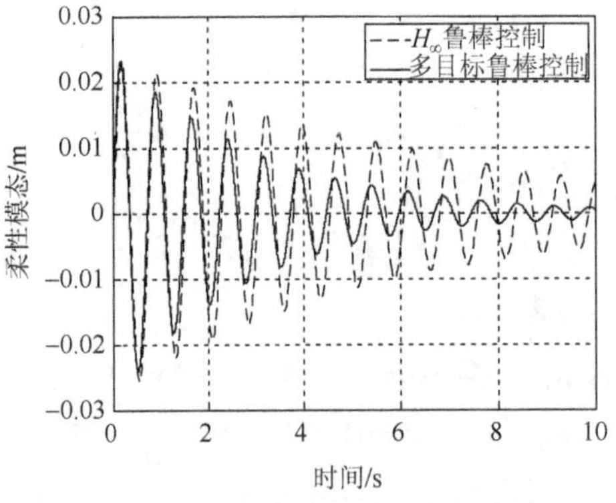

图 13.24　柔性机械臂柔性模态的响应曲线

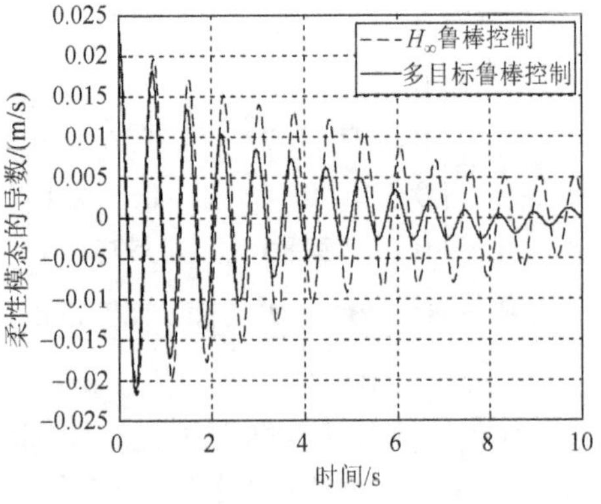

图 13.25　柔性机械臂柔性模态导数的响应曲线

由图 13.22～图 13.25 的仿真结果可以看出，多目标鲁棒控制器起到了优化系统控制性能的作用，其控制效果优于 H_∞ 鲁棒控制器。

当两个柔性机械臂之间存在交联影响时，考虑交联矩阵为

$$A_{12}^i=\begin{bmatrix}0.1 & 0 & 0 & 0\\ 0 & 1 & 0 & 0\\ 0 & 0 & 0.2 & 0\\ 0 & 0 & 0 & 2\end{bmatrix},\quad A_{21}^i=\begin{bmatrix}-0.1 & 0 & 0 & 0\\ 0 & -1 & 0 & 0\\ 0 & 0 & -0.2 & 0\\ 0 & 0 & 0 & -2\end{bmatrix}$$

基于第 6 章的控制器设计方法，采用分布估计算法计算得到$\gamma_{\text{opt}}=1.1767$，$\boldsymbol{Q}_{2\text{opt}}=\text{diag}\{0.0856,0.0856,8.56,8.56\}$，$R_{2\text{opt}}=3.2774$。这时满足定理 9.1 和定理 9.2 的控制器计算结果为

$$\boldsymbol{P}=\begin{bmatrix}0.1698\times10^3 & 0.0268\times10^3 & 0 & 0\\ 0.0268\times10^3 & 0.0153\times10^3 & 0 & 0\\ -9.2119\times10^3 & -5.2802\times10^3 & 0.1517\times10^3 & 0.1159\times10^3\\ -6.7799\times10^3 & -3.8861\times10^3 & 0.1159\times10^3 & 0.1324\times10^3\end{bmatrix}$$

$$\boldsymbol{K}_1^1=\begin{bmatrix}-137.4131 & -78.3979 & 2.1944 & 2.5032\end{bmatrix}$$

$$\boldsymbol{K}_1^2=\begin{bmatrix}-147.5482 & -84.8860 & 2.3567 & 2.6886\end{bmatrix}$$

$$\boldsymbol{K}_1^3=\begin{bmatrix}-138.9568 & -79.2947 & 2.2202 & 2.5327\end{bmatrix}$$

$$\boldsymbol{K}_1^4=\begin{bmatrix}-149.8674 & -86.2347 & 2.3956 & 2.7331\end{bmatrix}$$

$$\boldsymbol{K}_2^1=\begin{bmatrix}-137.4650 & -78.4283 & 2.1960 & 2.5050\end{bmatrix}$$

$$\boldsymbol{K}_2^2=\begin{bmatrix}-147.5805 & -84.9037 & 2.3581 & 2.6900\end{bmatrix}$$

$$\boldsymbol{K}_2^3=\begin{bmatrix}-139.0147 & -79.3286 & 2.2219 & 2.5345\end{bmatrix}$$

$$\boldsymbol{K}_2^4=\begin{bmatrix}-149.8904 & -86.2469 & 2.3968 & 2.7343\end{bmatrix}$$

考虑第一个柔性机械臂的关节角初始偏转值为 5°，外部干扰矩阵为 $\boldsymbol{D}_1^i=[0\quad 1\quad 0\quad 0]^{\mathrm{T}}$，第二个柔性机械臂的外部干扰矩阵为 $\boldsymbol{D}_2^i=[0\quad 0\quad 0\quad 0]^{\mathrm{T}}$，$w(t)=0.01\sin(5t)\mathrm{e}^{-0.1t}$，采用上述控制器对两个柔性机械臂之间存在交联影响的系统进行控制，其中第一个柔性机械臂的仿真结果如图 13.26～图 13.29 所示，第二个柔性机械臂的仿真结果如图 13.30～图 13.33 所示。

在图 13.26～图 13.33 所示的响应曲线中，如果在设计控制器时不考虑各子系统交联项的影响，会导致系统的性能变差，甚至不稳定。由于柔性机械臂两个子系统之间的交联作用，系统响应是发散的。但是，如果在设计控制器时考虑各子系统交联项的影响，则在多目标鲁棒分散控制器的作用下，柔性机械臂的两个子系统都能实现稳定调节。

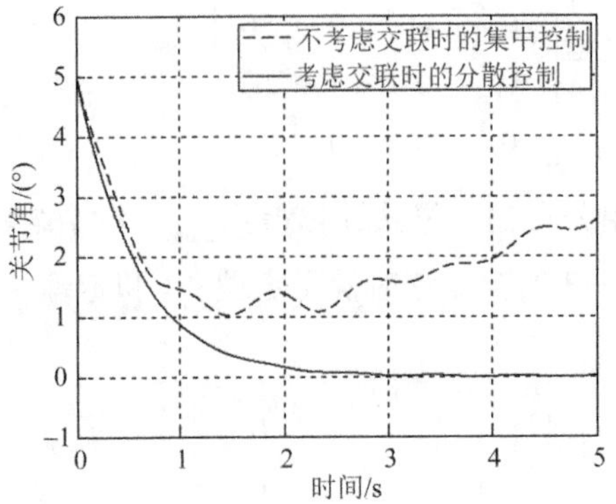

图 13.26　第一个关节角响应曲线

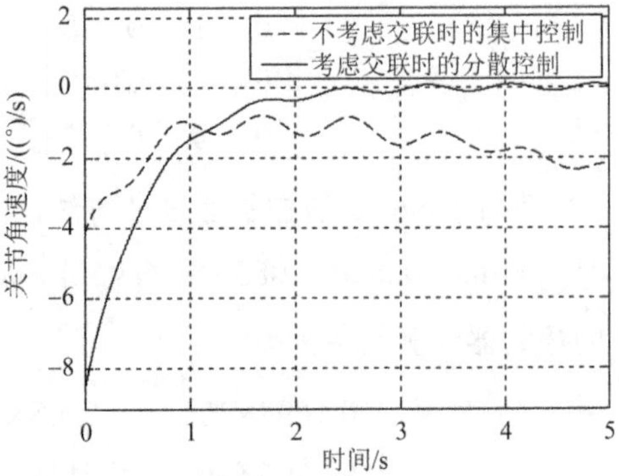

图 13.27　第一个关节角速度响应曲线

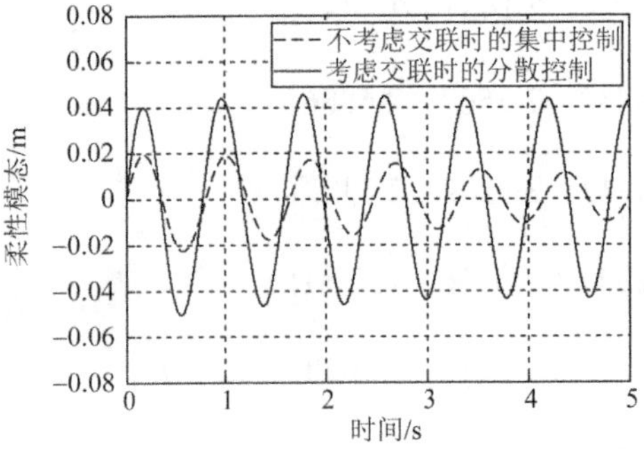

图 13.28　第一个柔性模态的响应曲线

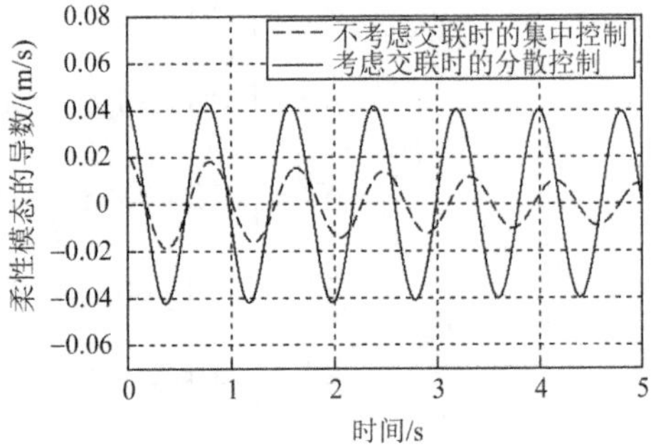

图 13.29　第一个柔性模态导数响应曲线

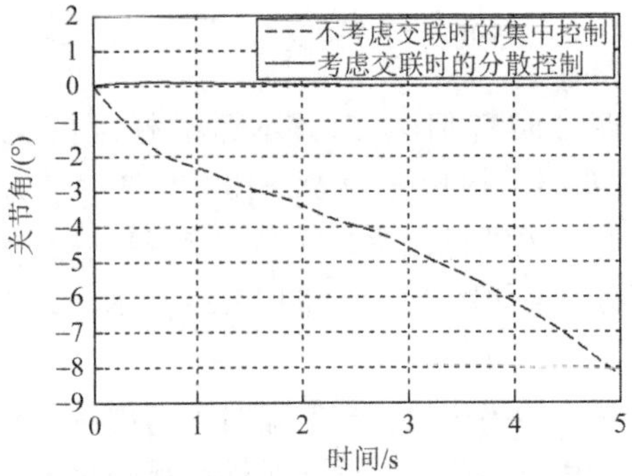

图 13.30　第二个关节角的响应曲线

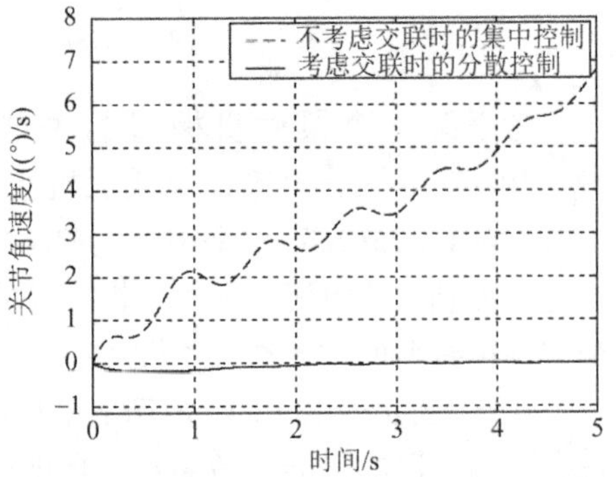

图 13.31　第二个关节角速度响应曲线

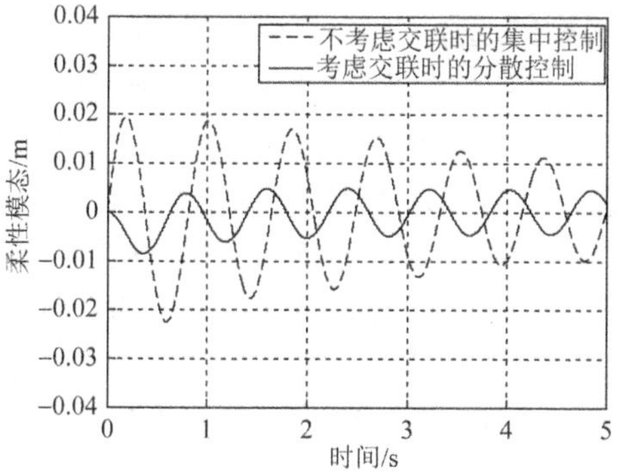

图 13.32　第二个柔性模态响应曲线

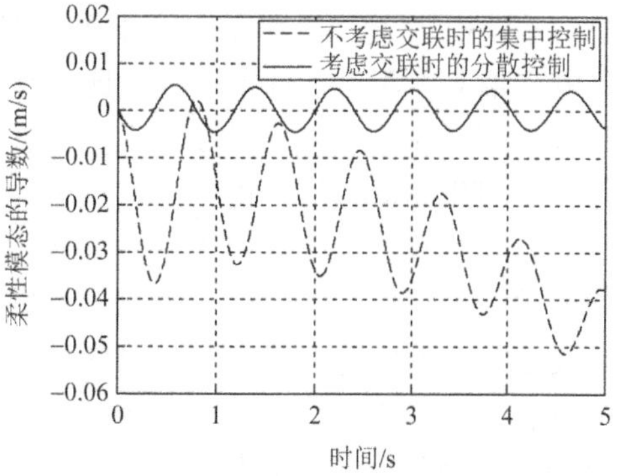

图 13.33　第二个柔性模态导数响应曲线

13.1.3　方法的比较

在第 5 章～第 9 章中，分别针对模糊奇异摄动模型多目标鲁棒控制的基本问题，以及模型具有参数不确定性、状态不完全可量测、执行器存在饱和效应、各子系统之间存在交联等情形对模糊奇异摄动模型的多目标鲁棒控制问题进行了系统的研究。针对不同的情形给出了多目标鲁棒控制器设计的多摄动参数无关解。考虑到各章所研究系统的特点，有针对性地构建不同的李雅普诺夫函数，在此基础上证明了闭环系统的稳定性，并给出了相应的多目标鲁棒控制器设计方法，使系统满足鲁棒控制中干扰抑制指标和最优控制中二次型性能指标的求解条件。针对不同系统特点提出的李雅普诺夫函数见表 13.1。

表 13.1　李雅普诺夫函数以及 P 矩阵的比较

系统特点	李雅普诺夫函数	P 矩阵
多目标鲁棒控制的基本问题	$V(\boldsymbol{x}(t))=\boldsymbol{x}^{\mathrm{T}}(t)\boldsymbol{E}_{\varepsilon}\boldsymbol{P}_{\varepsilon}\boldsymbol{x}(t)$	$\boldsymbol{P}=\begin{bmatrix}\boldsymbol{P}_{ss} & \boldsymbol{O}\\ \boldsymbol{P}_{zs} & \boldsymbol{P}_{zz}\end{bmatrix}$
模型具有参数不确定性	$V(\boldsymbol{x}(t))=\boldsymbol{x}^{\mathrm{T}}(t)\boldsymbol{E}_{\varepsilon}\boldsymbol{P}_{\varepsilon}\boldsymbol{x}(t)$	$\boldsymbol{P}=\begin{bmatrix}\boldsymbol{P}_{ss} & \boldsymbol{O}\\ \boldsymbol{P}_{zs} & \boldsymbol{P}_{zz}\end{bmatrix}$
状态不完全可量测	$V(\tilde{\boldsymbol{x}}(t))=\tilde{\boldsymbol{x}}^{\mathrm{T}}(t)\tilde{\boldsymbol{E}}_{\varepsilon}\tilde{\boldsymbol{P}}_{\varepsilon 1}\tilde{\boldsymbol{x}}(t)$	$\boldsymbol{P}_x=\begin{bmatrix}\boldsymbol{P}_{x,ss} & \boldsymbol{O}\\ \boldsymbol{P}_{x,zs} & \boldsymbol{P}_{x,zz}\end{bmatrix}$ $\boldsymbol{P}_e=\begin{bmatrix}\boldsymbol{P}_{e,ss} & \boldsymbol{O}\\ \boldsymbol{P}_{e,zs} & \boldsymbol{P}_{e,zz}\end{bmatrix}$
执行器存在饱和效应	$V(\boldsymbol{x}(t))=\boldsymbol{x}^{\mathrm{T}}(t)\boldsymbol{P}_{\varepsilon}\boldsymbol{x}(t)$	$\boldsymbol{P}=\begin{bmatrix}\boldsymbol{P}_{ss} & \boldsymbol{O}\\ \boldsymbol{O} & \boldsymbol{P}_{zz}\end{bmatrix}$
子系统之间存在交联	$V(\boldsymbol{x}_l(t))=\sum_{l=1}^{N}\boldsymbol{x}_l^{\mathrm{T}}(t)\boldsymbol{E}_{\varepsilon}\boldsymbol{P}_{\varepsilon l}\boldsymbol{x}_l(t)$	$\boldsymbol{P}_l=\begin{bmatrix}\boldsymbol{P}_{l,ss} & \boldsymbol{O}\\ \boldsymbol{P}_{l,zs} & \boldsymbol{P}_{l,zz}\end{bmatrix}$

表 13.1 讨论了五种情形下李雅普诺夫函数的选择，与多目标鲁棒控制基本问题和参数具有不确定性的情况相比，当状态不完全可量测、执行器存在饱和效应，以及各子系统之间存在交联时，李雅普诺夫函数的选择存在明显不同。对于状态不完全可量测的情形，由于增广系统的引入，李雅普诺夫函数中增加了与状态变量估计误差有关的参数矩阵 $\boldsymbol{P}_e$。对于执行器存在饱和效应的情形，基于压缩不变集理论证明稳定性条件时，考虑到模糊奇异摄动模型中含有摄动参数矩阵，且为了得到控制器的无关解，这时 $\boldsymbol{P}$ 矩阵被定义为对称的块对角阵。对于各子系统之间存在交联的情形，为保证整个闭环系统的稳定性，设计的李雅普诺夫函数是每个子系统李雅普诺夫函数之和。

在第 5 章～第 9 章中，由于系统的特点各有不同，在对控制器进行优化设计时，性能指标也相应地随着模型具有参数不确定性、状态不完全可量测、执行器存在饱和效应、各子系统之间存在交联等情形的不同而各有不同。不同情形下的性能指标见表 13.2。

表 13.2　性能指标的比较

系统特点	J_1	J_2	J_3
多目标鲁棒控制的基本问题	$J_1=\gamma^2$	$J_2=\boldsymbol{x}_s^{\mathrm{T}}(0)\boldsymbol{P}_{2,ss}\boldsymbol{x}_s(0)$	$J_3=\max\limits_{t\in[t_0,t_f]}\sqrt{\boldsymbol{u}^{\mathrm{T}}(t)\boldsymbol{u}(t)}$
模型具有参数不确定性	$J_1=\gamma^2$	$J_2=\boldsymbol{x}_s^{\mathrm{T}}(0)\boldsymbol{P}_{2,ss}\boldsymbol{x}_s(0)$	$J_3=\max\limits_{t\in[t_0,t_f]}\sqrt{\boldsymbol{u}^{\mathrm{T}}(t)\boldsymbol{u}(t)}$
状态不完全可量测	$J_1=\gamma^2$	$J_2=\hat{\boldsymbol{x}}_s^{\mathrm{T}}(0)\boldsymbol{P}_{x2,ss}\hat{\boldsymbol{x}}_s(0)$ $+\boldsymbol{e}_s^{\mathrm{T}}(0)\boldsymbol{P}_{e2,ss}\boldsymbol{e}_s(0)$	$J_3=\max\limits_{t\in[t_0,t_f]}\sqrt{\boldsymbol{u}^{\mathrm{T}}(t)\boldsymbol{u}(t)}$
执行器存在饱和效应	$J_1=\gamma^2$	$J_2=\boldsymbol{x}_s^{\mathrm{T}}(0)\boldsymbol{P}_{2,ss}\boldsymbol{x}_s(0)$	—
子系统之间存在交联	$J_1=\gamma^2$	$J_2=\sum\limits_{l=1}^{N}\boldsymbol{x}_{l,s}^{\mathrm{T}}(0)\boldsymbol{P}_{l2,ss}\boldsymbol{x}_{l,s}(0)$	$J_3=\max\limits_{t\in[t_0,t_f]}\sum\limits_{l=1}^{N}\sqrt{\boldsymbol{u}_l^{\mathrm{T}}(t)\boldsymbol{u}_l(t)}$

在表 13.2 中，干扰抑制的性能指标在不同的系统中都是相同的。体现对系统动态性能和控制能量进行综合优化的性能指标 J_2 则在状态不完全可量测和各子系统之间存在交联时有所不同。当状态不完全可量测时，J_2 性能指标中含有状态估计初始值和初始估计误差；当各子系统之间存在交联时，J_2 性能指标是原各子系统 J_2 性能指标之和。体现对控制量幅值进行优化的性能指标 J_3 则主要是在各子系统之间存在交联时有所变化，这里取各子系统 J_3 之和作为整个闭环系统的控制量幅值性能指标。此外，对于执行器存在饱和效应的情形，由于系统已针对执行器输出幅值受限的情况设计控制器，因此不再考虑 J_3 性能指标。

在针对上述各种情形的定理证明过程中，模糊奇异摄动模型及模糊控制器的隶属度函数只要满足大于零的条件，就能够得到相应的闭环系统稳定性条件和控制器求解条件，因此在隶属度函数大于零的前提下，隶属度函数形状和参数的改变不会影响控制器参数的求解结果。此外，对于多时标非线性系统，在实际工程中通常采用比例-积分-微分（proportional-integral-differential，PID）方法进行控制，使快变量保持稳定，慢变量满足设定的控制性能指标。由于实际工程中没有特别关注摄动参数对系统的影响，当摄动参数发生变化时，需要重新确定 PID 增益系数。而本节提出的控制方法，在被控对象的数学模型中显式地体现了多时标系统含有的多个摄动参数，给出了各种情形下的多目标鲁棒控制器设计的多摄动参数无关解，使摄动参数在一定范围内变化时，不需要改变控制器参数，用同样的控制器即可达到期望的性能要求。此外，本章提出的方法不需要进行系统分解，适用于非标准模糊奇异摄动系统的鲁棒控制，所设计的控制器可以使快、慢变量都能够满足预先设定的控制性能要求。

13.2　自适应模糊控制方法应用

本书第 10 章～第 12 章分别从模型存在参数不确定性、状态不完全可量测、模型后件参数未知角度，研究了自适应模糊控制器的设计方法。本节将介绍这些控制方法在挠性航天器[2]上的应用。

假设带挠性附件航天器的模型包括一个半径为 r 的刚性圆柱本体、一个柔性装置和末端质量块，如图 13.34 所示。柔性装置可以看作一个长度为 L 的欧拉-伯努利梁，其密度为 ρ，刚度为 EI，末端质量为 m_t，J_2 和 J_{t_2} 分别是航天器整体和末端关于偏航线的转动惯量。控制扭矩有两个，分别位于本体和末端上。

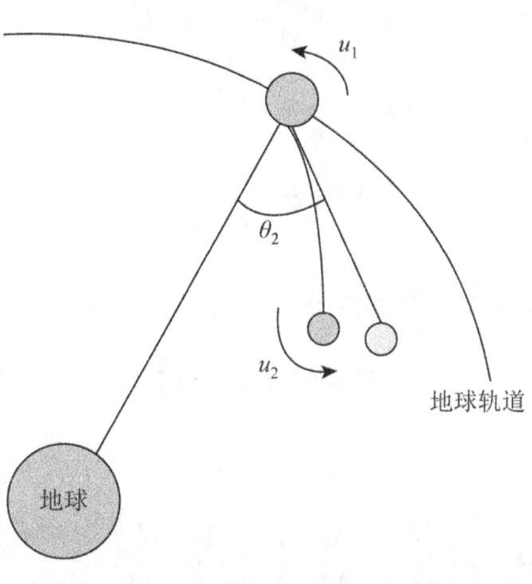

图 13.34　带挠性附件航天器模型

柔性装置按欧拉-伯努利梁，选取一阶模态函数：

$$\phi_1(x)=1-\cos\left(\frac{\pi x}{L}\right)+\frac{1}{2}\left(\frac{\pi x}{L}\right)^2 \tag{13.15}$$

则建立航天器的模型为

$$\boldsymbol{M}\ddot{\boldsymbol{\xi}}(t)+(\boldsymbol{K}-\dot{\theta}^2(t)\boldsymbol{R})\boldsymbol{\xi}(t)=\boldsymbol{P}\boldsymbol{u}(t)+\boldsymbol{u}_{gg}(t) \tag{13.16}$$

其中

$$\boldsymbol{\xi}(t)=\begin{bmatrix}\theta(t)\\ q(t)\end{bmatrix},\quad \boldsymbol{u}(t)=\begin{bmatrix}u_1(t)\\ u_2(t)\end{bmatrix},\quad \boldsymbol{u}_{gg}(t)=\begin{bmatrix}3\Omega_0^2(J_3-J_1)\cos\theta_2(t)\sin\theta_2(t)\\ 0\end{bmatrix}$$

$$\boldsymbol{M}=\begin{bmatrix}J_2 & M_{\theta q}\\ M_{\theta q} & M_{qq}\end{bmatrix},\quad \boldsymbol{K}=\begin{bmatrix}0 & 0\\ 0 & K_{qq}\end{bmatrix},\quad \boldsymbol{R}=\begin{bmatrix}0 & 0\\ 0 & \bar{M}_{qq}\end{bmatrix},\quad \boldsymbol{P}=\begin{bmatrix}1 & 1\\ 0 & a\end{bmatrix}$$

$\boldsymbol{u}_{gg}(t)$ 是重力梯度矩阵，假设其为摄动矩阵。$\boldsymbol{M}$ 是正定质量阵，$\boldsymbol{K}$ 是半正定刚度矩阵，$\boldsymbol{R}$ 是非线性项矩阵。各矩阵的元素如下：

$$M_{qq}=\int_0^L(\rho\phi_1^2(x))\mathrm{d}x+m_t\phi_1^2(L)+J_{t_2}(\phi_1'(L))^2 \tag{13.17}$$

$$K_{qq}=\int_0^L \mathrm{EI}(\phi_1''(x))^2\mathrm{d}x \tag{13.18}$$

$$M_{\theta q}=\int_0^L\rho(r+x)\phi_1(x)\mathrm{d}x+m_t(r+L)\phi_1(L)+J_{t_2}\phi_j'(L) \tag{13.19}$$

$$\bar{M}_{qq}=M_{qq}-J_{t_2}(\phi_1'(L))^2 \tag{13.20}$$

$$a=\phi_1'(L) \tag{13.21}$$

$$\theta_2=\theta+\int_0^t\Omega_0\mathrm{d}t \tag{13.22}$$

其中，Ω_0 是轨道速率。$\dot{(\bullet)}(t)$ 和 $(\bullet)'(x)$ 分别指对时间 t 和对 x 求导，定义：

$$\Delta=M_{qq}J_2-M_{\theta q}^2 \tag{13.23}$$

则有

$$\boldsymbol{M}^{-1}=\begin{bmatrix}J_2 & M_{\theta q}\\ M_{\theta q} & M_{qq}\end{bmatrix}^{-1}=\frac{1}{\Delta}\begin{bmatrix}M_{qq} & -M_{\theta q}\\ -M_{\theta q} & J_2\end{bmatrix} \tag{13.24}$$

可得

$$\begin{bmatrix}\ddot{\theta}(t)\\ \ddot{q}_1(t)\end{bmatrix}=-\frac{1}{\varDelta}\begin{bmatrix}-M_{\theta q}q(t)(k_{qq}-\dot{\theta}^2(t)\bar{M}_{qq})\\ J_2q(t)(k_{qq}-\dot{\theta}^2(t)\bar{M}_{qq})\end{bmatrix}+\frac{1}{\varDelta}\begin{bmatrix}M_{qq}u_1(t)+(M_{qq}-aM_{\theta q})u_2(t)\\ -M_{\theta q}u_1(t)+(aJ_2-M_{\theta q})u_2(t)\end{bmatrix}+\boldsymbol{M}^{-1}\boldsymbol{u}_{gg}(t) \quad (13.25)$$

进一步得到

$$\begin{bmatrix}\dot{\theta}\\ \ddot{\theta}\\ \dot{q}\\ \ddot{q}\end{bmatrix}=\begin{bmatrix}0 & 1 & 0 & 0\\ 0 & -\frac{1}{\varDelta}M_{\theta q}\bar{M}_{qq}\dot{\theta}q & \frac{1}{\varDelta}M_{\theta q}k_{qq} & 0\\ 0 & 0 & 0 & 1\\ 0 & \frac{1}{\varDelta}J_2\bar{M}_{qq}q\dot{\theta} & -\frac{1}{\varDelta}J_2k_{qq} & 0\end{bmatrix}\begin{bmatrix}\theta\\ \dot{\theta}\\ q\\ \dot{q}\end{bmatrix}+\frac{1}{\varDelta}\begin{bmatrix}0 & 0\\ M_{qq} & M_{qq}-aM_{\theta q}\\ 0 & 0\\ -M_{\theta q} & -M_{\theta q}+aJ_2\end{bmatrix}\begin{bmatrix}u_1\\ u_2\end{bmatrix}+\frac{1}{\varDelta}\begin{bmatrix}0\\ 3\varOmega_0^2(J_3-J_1)\cos\theta_2\sin\theta_2M_{qq}\\ 0\\ -3\varOmega_0^2(J_3-J_1)\cos\theta_2\sin\theta_2M_{\theta q}\end{bmatrix} \quad (13.26)$$

令 $\varepsilon=1/\sqrt{K_{qq}}$，假设 $\boldsymbol{x}(t)=\begin{bmatrix}\theta(t)\\ \dot{\theta}(t)\end{bmatrix}$，$\boldsymbol{z}(t)=\begin{bmatrix}q(t)/\varepsilon^2\\ \dot{q}(t)/\varepsilon\end{bmatrix}$，则航天器的模型最终可以写成

$$\begin{aligned}
&\dot{x}_1(t)=x_2(t)\\
&x_2(t)=-\frac{1}{\varDelta}M_{\theta q}\bar{M}_{qq}z_1(t)x_2^2(t)+\frac{1}{\varDelta}M_{\theta q}z_1(t)+\frac{1}{\varDelta}M_{qq}u_1(t)\\
&\qquad+\frac{1}{\varDelta}(M_{qq}-aM_{\theta q})u_2(t)+\frac{3\varOmega_0^2(J_3-J_1)\cos\theta_2\sin\theta_2}{\varDelta}M_{qq}\\
&\varepsilon\dot{z}_1(t)=z_2(t)\\
&\varepsilon\dot{z}_2(t)=\frac{1}{\varDelta}J_2\bar{M}_{qq}z_1(t)x_2^2(t)-\frac{1}{\varDelta}J_2z_1(t)-\frac{1}{\varDelta}M_{\theta q}u_1(t)\\
&\qquad+\frac{1}{\varDelta}(-M_{\theta q}+aJ_2)u_2(t)-\frac{3\varOmega_0^2(J_3-J_1)\cos\theta_2\sin\theta_2}{\varDelta}M_{\theta q}
\end{aligned} \quad (13.27)$$

定义

$$\boldsymbol{F}_{11}(\boldsymbol{x})=\begin{bmatrix}x_2(t)\\ 0\end{bmatrix},\quad \boldsymbol{F}_{12}(\boldsymbol{x})=\begin{bmatrix}0 & 0\\ -\frac{1}{\varDelta}M_{\theta q}\bar{M}_{qq}x_2^2(t)+\frac{1}{\varDelta}M_{\theta q} & 0\end{bmatrix}$$

$$F_{21}(x)=\begin{bmatrix}0\\0\end{bmatrix},\quad F_{22}(x)=\begin{bmatrix}0 & 1\\ \frac{1}{\Delta}J_2\bar{M}_{qq}x_2^2(t)-\frac{1}{\Delta}J_2 & 0\end{bmatrix}$$

$$G_1(x)=\frac{1}{\Delta}\begin{bmatrix}0 & 0\\ M_{qq} & M_{qq}-aM_{\theta q}\end{bmatrix},\quad d_1(x,t)=\begin{bmatrix}0\\ \frac{3\Omega_0^2(J_3-J_1)\cos\theta_2\sin\theta_2}{\Delta}M_{qq}\end{bmatrix}$$

$$G_2(x)=\frac{1}{\Delta}\begin{bmatrix}0 & 0\\ -M_{\theta q} & -M_{\theta q}+aJ_2\end{bmatrix},\quad d_2(x,t)=\begin{bmatrix}0\\ -\frac{3\Omega_0^2(J_3-J_1)\cos\theta_2\sin\theta_2}{\Delta}M_{\theta q}\end{bmatrix}$$

则式（13.27）可以写成

$$\begin{aligned}\dot{x}(t)&=F_{11}(x)+F_{12}(x)z(t)+G_1(x)u(t)+d(x,t)\\ \varepsilon\dot{z}(t)&=F_{21}(x)+F_{22}(x)z(t)+G_2(x)u(t)\end{aligned}\tag{13.28}$$

令 $\varepsilon=0$，有

$$\begin{aligned}\bar{z}(t)&=-F_{22}^{-1}(\bar{x})G_2(\bar{x})u_s(t)\\ &=-\frac{1}{\Delta}\begin{bmatrix}0 & \frac{\Delta}{J_2\bar{M}_{qq}\bar{x}_2^2(t)-J_2}\\ 1 & 0\end{bmatrix}\begin{bmatrix}0 & 0\\ -M_{\theta q} & -M_{\theta q}+aJ_2\end{bmatrix}u_s(t)\\ &=-\begin{bmatrix}-\frac{M_{\theta q}}{J_2\bar{M}_{qq}\bar{x}_2^2(t)-J_2} & \frac{-M_{\theta q}+aJ_2}{J_2\bar{M}_{qq}\bar{x}_2^2(t)-J_2}\\ 0 & 0\end{bmatrix}u_s(t)\end{aligned}\tag{13.29}$$

代入式（13.28），得到慢子系统为

$$\dot{\bar{x}}(t)=F_{11}(\bar{x})+G(\bar{x})u_s(t)+d(\bar{x},t)\tag{13.30}$$

其中

$$\begin{aligned}G(\bar{x})&=G_1(\bar{x})-F_{12}(\bar{x})(F_{22}(\bar{x}))^{-1}G_2(\bar{x})\\ &=\frac{1}{\Delta}\begin{bmatrix}0 & 0\\ g_{11} & g_{12}\end{bmatrix}\end{aligned}\tag{13.31}$$

其中

$$g_{11}=-\frac{1}{\Delta}\frac{M_{\theta q}}{J_2\bar{M}_{qq}\bar{x}_2^2(t)-J_2}(M_{\theta q}-M_{\theta q}\bar{M}_{qq}x_2^2(t))+M_{qq}$$

$$g_{12}=\frac{1}{\Delta}\frac{-M_{\theta q}+aJ_2}{J_2\bar{M}_{qq}\bar{x}_2^2(t)-J_2}(M_{\theta q}-M_{\theta q}\bar{M}_{qq}x_2^2(t))+M_{qq}-aM_{\theta q}$$

可以看出 $\boldsymbol{G}(\bar{\boldsymbol{x}})$ 奇异，因此不能采用传统基于快慢分解的自适应模糊控制方法。

式（13.27）也可以写成

$$\begin{bmatrix}\dot{\boldsymbol{x}}(t)\\ \varepsilon\dot{\boldsymbol{z}}(t)\end{bmatrix}=\begin{bmatrix}0 & 1 & 0 & 0\\ 0 & -\frac{1}{\Delta}M_{\theta q}\bar{M}_{qq}\dot{\theta}(t)q(t) & \frac{1}{\Delta}M_{\theta q} & 0\\ 0 & 0 & 0 & 1\\ 0 & \frac{1}{\Delta}J_2\bar{M}_{qq}\dot{\theta}(t)q(t) & -\frac{1}{\Delta}J_2 & 0\end{bmatrix}\begin{bmatrix}\boldsymbol{x}(t)\\ \boldsymbol{z}(t)\end{bmatrix}$$

$$+\frac{1}{\Delta}\begin{bmatrix}0 & 0\\ M_{qq} & M_{qq}-aM_{\theta q}\\ 0 & 0\\ -M_{\theta q} & -M_{\theta q}+aJ_2\end{bmatrix}\begin{bmatrix}u_1(t)\\ u_2(t)\end{bmatrix}+\frac{3\Omega_0^2(J_3-J_1)\cos\theta_2\sin\theta_2}{\Delta}\begin{bmatrix}0\\ M_{qq}\\ 0\\ -M_{\theta q}\end{bmatrix}\tag{13.32}$$

采用扇区非线性的方法对系统（13.27）建立模型。首先选定非线性项 $L_1(t)=\dot{\theta}q$，其极值为

$$\max(L_1)=k_1^1,\quad \min(L_1)=k_1^2\tag{13.33}$$

因为

$$\begin{gathered}M_1(L_1)\max(L_1)+M_2(L_1)\min(L_1)=L_1\\ M_1(L_1)+M_2(L_1)=1\end{gathered}\tag{13.34}$$

解得

$$\begin{aligned}M_1(L_1)&=\frac{L_1-\min(L_1)}{\max(L_1)-\min(L_1)}\\ M_2(L_1)&=\frac{\max(L_1)-L_1}{\max(L_1)-\min(L_1)}\end{aligned}\tag{13.35}$$

则可得奇异摄动模型共有两条规则，分别如下。

规则 1：如果 L_1 是 Ψ_1，则

$$\begin{bmatrix}\dot{\boldsymbol{x}}(t)\\ \varepsilon\dot{\boldsymbol{z}}(t)\end{bmatrix}=\begin{bmatrix}0 & 1 & 0 & 0\\ 0 & -\frac{1}{\Delta}M_{\theta q}\bar{M}_{qq}k_1^1 & \frac{1}{\Delta}M_{\theta q} & 0\\ 0 & 0 & 0 & 1\\ 0 & \frac{1}{\Delta}J_2\bar{M}_{qq}k_1^1 & -\frac{1}{\Delta}J_2 & 0\end{bmatrix}\begin{bmatrix}\boldsymbol{x}(t)\\ \boldsymbol{z}(t)\end{bmatrix}$$

$$+\frac{1}{\Delta}\begin{bmatrix}0 & 0\\ M_{qq} & M_{qq}-aM_{\theta q}\\ 0 & 0\\ -M_{\theta q} & -M_{\theta q}+aJ_2\end{bmatrix}\begin{bmatrix}u_1(t)\\ u_2(t)\end{bmatrix}+\boldsymbol{d}(\boldsymbol{x},t)\tag{13.36}$$

规则 2：如果 L_1 是 Ψ_2 ，则

$$\begin{bmatrix} \dot{\boldsymbol{x}}(t) \\ \varepsilon\dot{\boldsymbol{z}}(t) \end{bmatrix} = \begin{bmatrix} 0 & 1 & 0 & 0 \\ 0 & -\frac{1}{\Delta}M_{\theta q}\bar{M}_{qq}k_1^2 & \frac{1}{\Delta}M_{\theta q} & 0 \\ 0 & 0 & 0 & 1 \\ 0 & \frac{1}{\Delta}J_2\bar{M}_{qq}k_1^2 & -\frac{1}{\Delta}J_2 & 0 \end{bmatrix} \begin{bmatrix} \boldsymbol{x}(t) \\ \boldsymbol{z}(t) \end{bmatrix} + \frac{1}{\Delta}\begin{bmatrix} 0 & 0 \\ M_{qq} & M_{qq} - aM_{\theta q} \\ 0 & 0 \\ -M_{\theta q} & -M_{\theta q} + aJ_2 \end{bmatrix} \begin{bmatrix} u_1(t) \\ u_2(t) \end{bmatrix} + \boldsymbol{d}(\boldsymbol{x},t) \tag{13.37}$$

选取式（10.18）所示的稳定参考模型，其模型参数选择为

$$\boldsymbol{A}_m^1 = \boldsymbol{A}_m^2 = \begin{bmatrix} 0 & 1 & 0 & 0 \\ -2 & -2 & 0 & 0 \\ 0 & 0 & 0 & 1 \\ 0 & 0 & -4 & -4 \end{bmatrix}, \quad \boldsymbol{B}_m^1 = \boldsymbol{B}_m^2 = \begin{bmatrix} 0 & 0 \\ 1 & 2 \\ 0 & 0 \\ 0 & 0 \end{bmatrix}$$

参考输入为 $\boldsymbol{r}(t) = \begin{bmatrix} 0.1 \\ 0.2 \end{bmatrix}$。

采用乘积推理、高斯隶属度函数和中心解模糊化器，模糊奇异摄动模型可以表示为

$$\begin{bmatrix} \dot{\boldsymbol{x}}(t) \\ \varepsilon\dot{\boldsymbol{z}}(t) \end{bmatrix} = \sum_{i=1}^{2} M_i(L_1) \begin{bmatrix} 0 & 1 & 0 & 0 \\ 0 & -\frac{1}{\Delta}M_{\theta q}\bar{M}_{qq}k_1^i & \frac{1}{\Delta}M_{\theta q} & 0 \\ 0 & 0 & 0 & 1 \\ 0 & \frac{1}{\Delta}J_2\bar{M}_{qq}k_1^i & -\frac{1}{\Delta}J_2 & 0 \end{bmatrix} \begin{bmatrix} \boldsymbol{x}(t) \\ \boldsymbol{z}(t) \end{bmatrix} + \frac{1}{\Delta}\begin{bmatrix} 0 & 0 \\ M_{qq} & M_{qq} - aM_{\theta q} \\ 0 & 0 \\ -M_{\theta q} & -M_{\theta q} + aJ_2 \end{bmatrix} \begin{bmatrix} u_1(t) \\ u_2(t) \end{bmatrix} + \boldsymbol{d}(\boldsymbol{x},t) \tag{13.38}$$

其中，$\boldsymbol{d}(\boldsymbol{x},t) = \begin{bmatrix} 0 \\ \dfrac{3\Omega_0^2(J_3 - J_1)\cos\theta_2\sin\theta_2}{\Delta}M_{qq} \end{bmatrix}$，将此式转化为式（10.20）的形式，计算得到

$$\Delta \boldsymbol{H}_1 = \Delta \boldsymbol{H}_2 = \begin{bmatrix} -0.2x_1(t) \\ 0.1 \end{bmatrix}$$

假设仿真的初始条件是 $x_1(t)=0.1$，$x_2(t)=0.02$，$z_1(t)=0.01$，$z_2(t)=-0.02$，分别根据自适应控制律即式（10.26）～式（10.30）和式（12.10）、式（12.19）和式（12.20）设计自适应控制器，并用于柔性航天器的模型跟踪控制，仿真结果如图 13.35～图 13.40 所示。其中点划线代表当存在部分参数不确定性时采用第 10 章提出的自适应控制器后得到的闭环跟踪曲线，实线代表在模糊奇异摄动模型完全未知情况下，采取第 12 章提出的自适应方法的闭环跟踪曲线。为与第 10～12 章提出的自适应控制器的性能相比较，在同样的实验条件下将本书第 4 章提出的 H_∞ 鲁棒控制器用于同样的被控对象，仿真结果为图 13.35～图 13.40 中的虚线所示。

定义闭环系统的二次型性能指标为

$$J_e = \int_0^{60} \boldsymbol{e}(t)^{\mathrm{T}} \boldsymbol{e}(t) \mathrm{d}t \tag{13.39}$$

采用式（10.26）～式（10.30）设计的控制器，可得二次型性能指标为 $J_e = 0.0335$，稳定时间为 12s；而采用式（12.19）和式（12.20）设计的控制器，闭环系统的二次型性能指标为 $J_e = 2.8492$，稳定时间为 20s。采用第 4 章提出的 H_∞ 鲁棒控制器，闭环系统的二次型性能指标为 $J_e = 0.0477$，稳定时间为 17s。可以看出，采用第 10 章提出的自适应控制器，由于自适应控制项能够去除不确定动态，系统的慢状态较之使用第 4 章提出的 H_∞ 鲁棒控制器能更好地跟踪参考模型的状态，且快状态保持稳定。而第 12 章提出的控制器，虽然是在奇异摄动模型参数完全未知情况下进行设计的，同样能够较好地达到所需要的系统性能。只是由于需要调节的参数较多，系统的稳定时间较长。

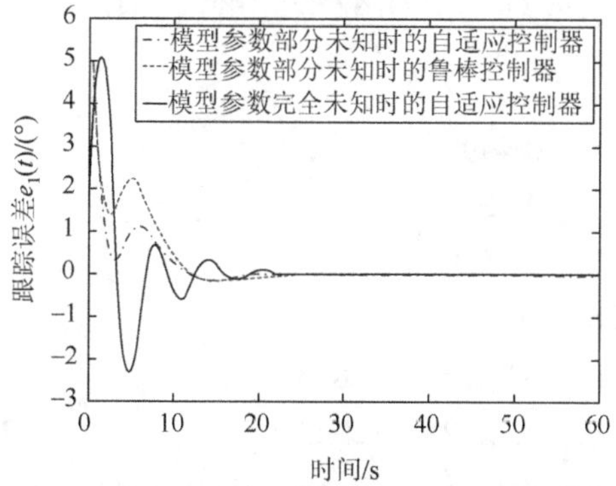

图 13.35　跟踪误差 $e_1(t)$

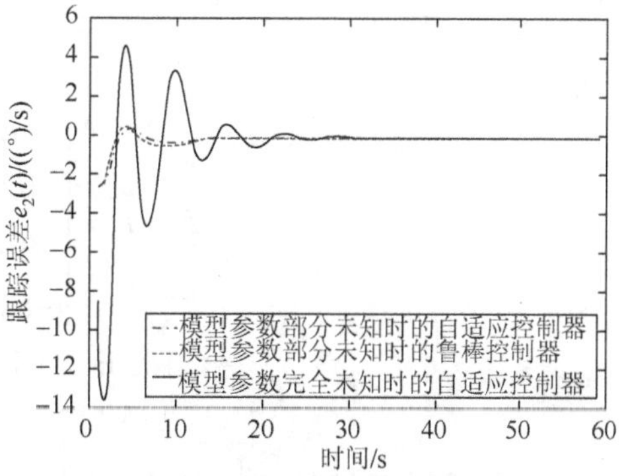

图 13.36　跟踪误差 $e_2(t)$

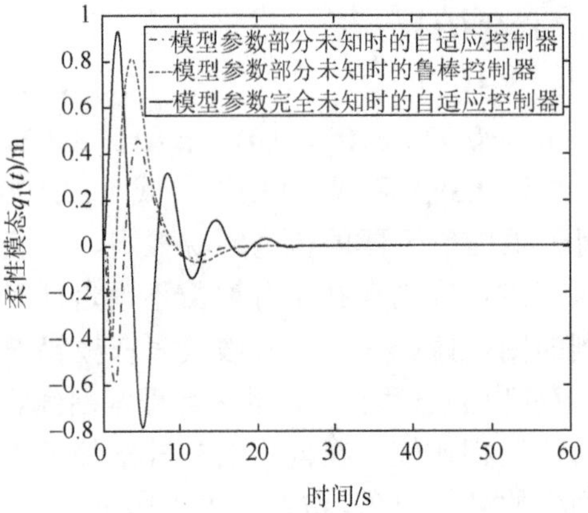

图 13.37　柔性模态 $q_1(t)$

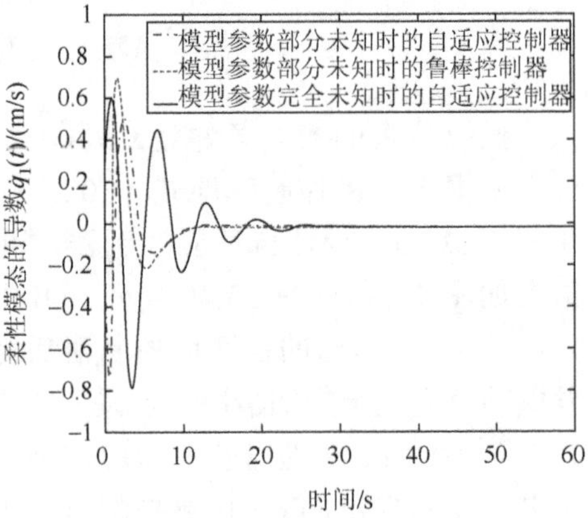

图 13.38　柔性模态的导数 $\dot{q}_1(t)$

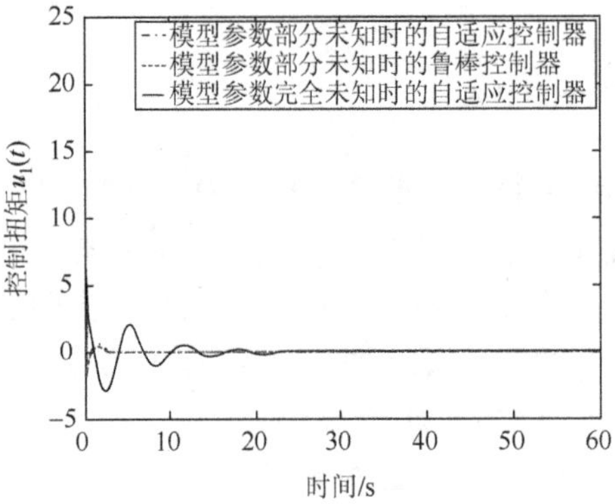

图 13.39　控制扭矩 $u_1(t)$

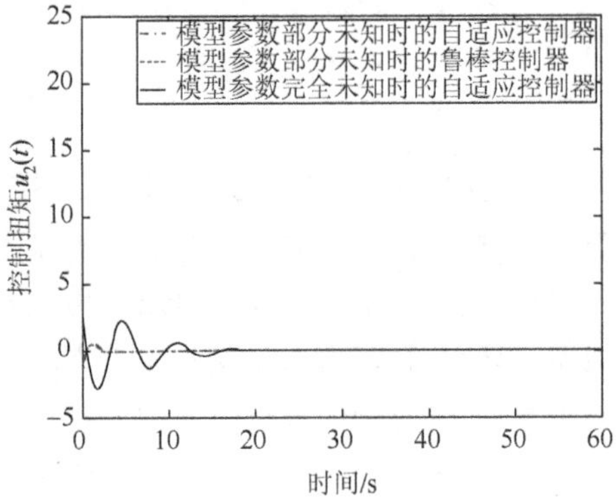

图 13.40　控制扭矩 $u_2(t)$

假设系统状态 $\dot{q}(t)$ 不可量测，则需要对系统设计观测器，假设系统的输出矩阵为 $\boldsymbol{C}=\begin{bmatrix}1&0&0&0\\0&1&0&0\end{bmatrix}$，其他参数的值同上。采用第 11 章中的两步法求解式（11.32）的 LMI，得到

$$\boldsymbol{T}_1=\boldsymbol{T}_2=\begin{bmatrix}0.5&0.4992\\2.763&4.2272\\-368.77&-575.37\\-6.8136&-10.663\end{bmatrix}$$

$$\boldsymbol{K}_1=\boldsymbol{K}_2=\begin{bmatrix}102.6&741.4&-37.865&-282.03\\-114.11&-823.64&-30.825&-292.27\end{bmatrix}$$

仿真结果如图 13.41～图 13.50 所示，性能指标 $J_e=2.6822$，稳定时间为 27s。从仿真结果可以看出，即使存在不可量测状态和系统不确定性，仍然能够实现较

好的跟踪效果。不同的是，由于估计误差的存在，闭环系统的调节时间变长，超调量增大。

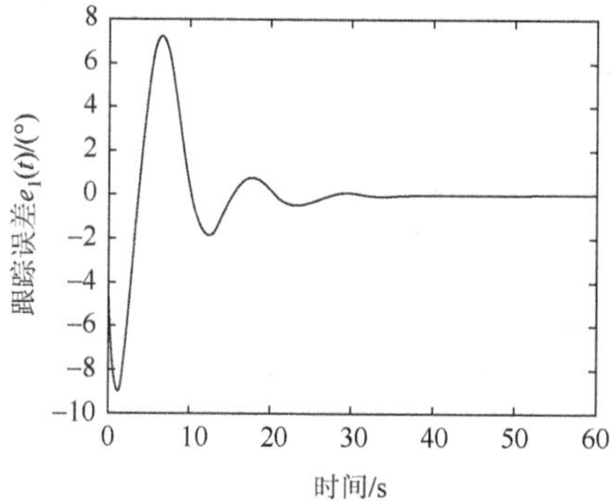

图 13.41　跟踪误差 $e_1(t)$

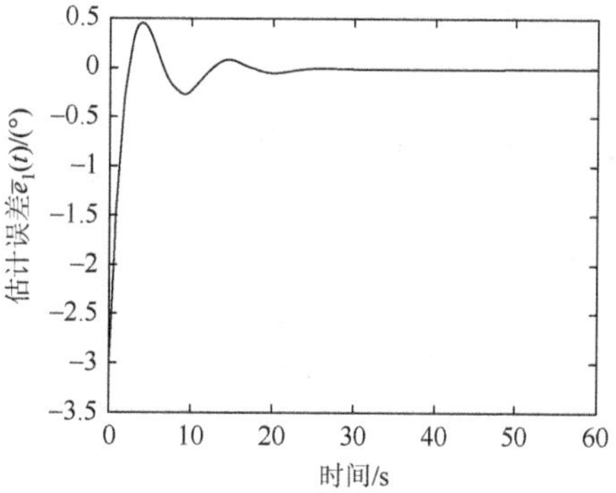

图 13.42　估计误差 $\overline{e}_1(t)$

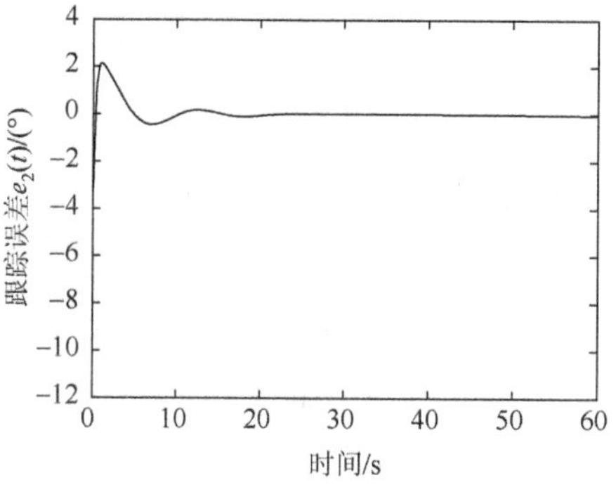

图 13.43　跟踪误差 $e_2(t)$

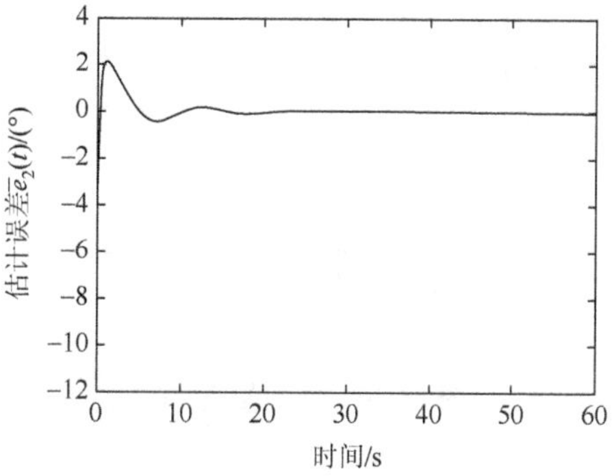

图 13.44　估计误差 $\overline{e}_2(t)$

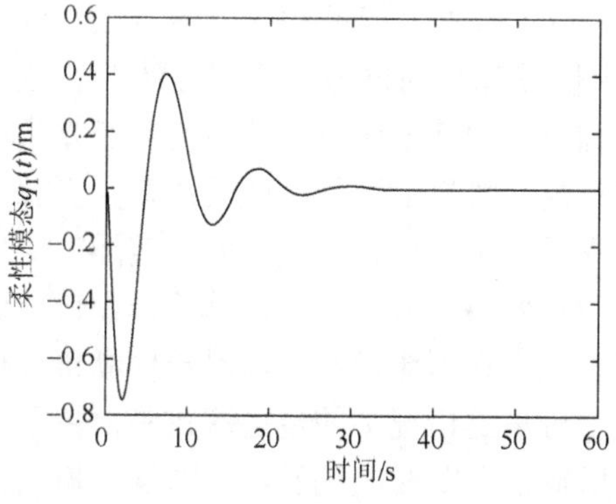

图 13.45　柔性模态 $q_1(t)$

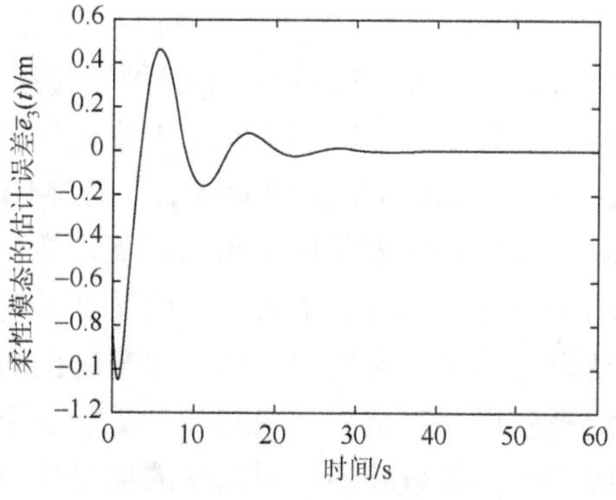

图 13.46　估计误差 $\overline{e}_3(t)$

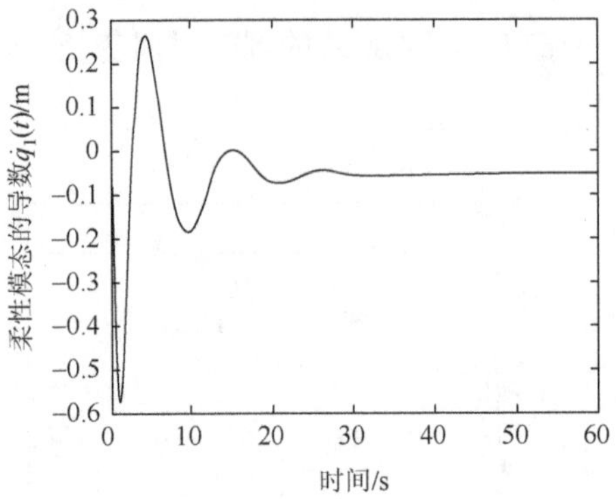

图 13.47　柔性模态的导数 $\dot{q}_1(t)$

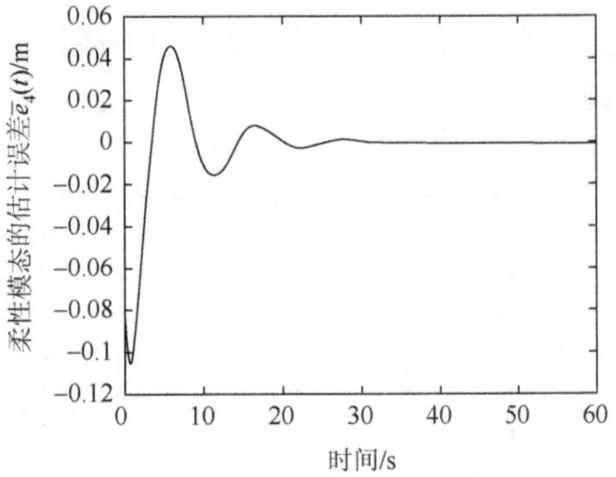

图 13.48　柔性模态的估计误差 $\bar{e}_4(t)$

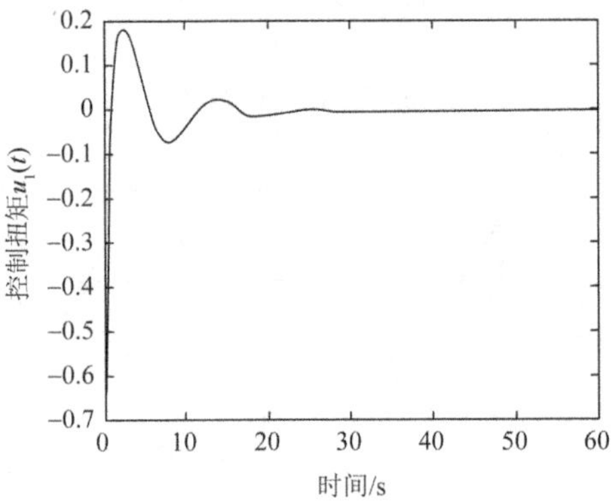

图 13.49　控制扭矩 $u_1(t)$

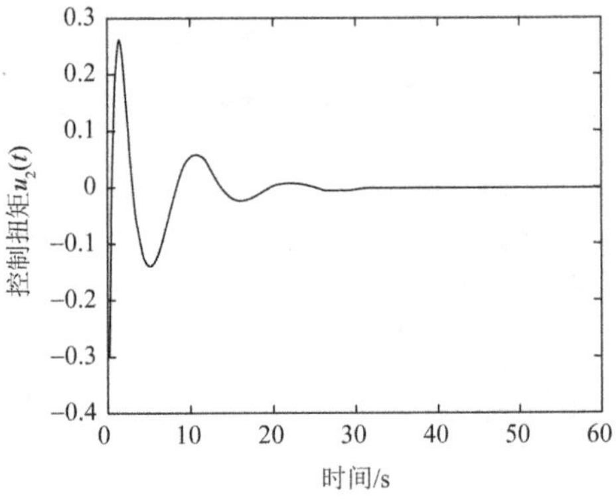

图 13.50　控制扭矩 $u_2(t)$

为了对四种方法进行性能比较，我们提出二次型性能指标 J_e，表征整个控制过程中航天器的跟踪性能。它的值越小，说明跟踪性能越好。当然，J_e 仅能表示系统的跟踪性能，对于暂态特性和控制器的品质需要结合图 13.35～图 13.50 进行分析。由于 $\boldsymbol{G}(\bar{\boldsymbol{x}})$ 奇异，不能采取传统基于快慢分解的自适应控制方法。表 13.3 给出了第 10～12 章以及第 4 章提出的控制方法的性能比较，其中所有运算均在 Intel Celeron，CPU 1200MHz，128MB 内存的计算机上运行。此处选择变步长求解器 ode45 对系统进行仿真计算，变步长求解器可以根据迭代误差的实际需要自动调节得到适合的步长，从而得到理想的仿真效果。可以看出，基于模糊奇异摄动模型的自适应控制方法，调节时间较短，稳态误差比较小。而对于模糊奇异摄动模型后件参数完全未知和系统状态不完全可量测情况下的自适应控制，由于需要调节的参数较多，原系统的信息较少，所需的调节时间偏长，稳态误差偏大。虽然如此，从仿真结果可看出系统的慢状态仍然能够跟踪期望轨迹，且快系统能够趋于稳定。

表 13.3　各控制方法比较

情形	所属章节	调节参数	调节时间/s	稳态误差
不能快慢分解，存在不确定性	第 10 章	$\boldsymbol{f}_{\Delta}$	12	0.0335
状态不完全可量测	第 11 章	$\boldsymbol{f}_{\Delta}$	27	2.6822
模型后件参数未知	第 12 章	$\boldsymbol{K},\boldsymbol{L}$	20	2.8492
存在不确定性鲁棒控制器	第 4 章	无	17	0.0477

13.3　本章小结

本章对第 4～12 章提出的主要理论方法按多目标鲁棒模糊控制和模糊自适应控制进行了深入的比较研究。分别以电路、柔性机械臂和带挠性附件航天器作为典型例子，验证了各类控制器设计方法的性能，并进行了理论方法的比较。实验结果表明所提方法分别针对不同的应用实例，均取得了较好的控制性能，为多时标非线性系统的鲁棒控制与自适应控制提供了较为系统的解决方案。

第 14 章　总结与展望

自第一次工业革命以来，自动控制技术已经带动相关工农业生产，并促进了信息技术的飞速发展。另外，信息网络、大数据、人工智能与计算技术的发展又进一步促进了控制技术的创新与应用。这些应用的新领域包括云边端制造系统、分布式发电系统、通信网络与交通网络、业务流程与供应链、数据库与信息系统、大型空间结构与空间机械臂系统等。随着各行业对高精度精细控制的要求越来越迫切，各类系统中内在的多重时标动力学特性不容忽视。近半个世纪以来，来自数学、力学，以及自动控制等领域的学者在这一领域开展了持续而卓有成效的努力，建立了一系列有效抑制多重时标动力学对控制性能影响的方法。这些方法中最具代表性的就是基于“快慢”分解的思想，即将多时标系统分解为多个不同时标的子系统，从而避免时标耦合带来的病态特性。这一技术在线性系统领域获得了极大的成功，但在非线性系统方面，需要引入很强的假设条件，严重限制了方法的应用。

为了解决这一难题，本书将神经模糊建模思想与非线性多时标动力学方法结合，提出了模糊奇异摄动模型这一全新的概念，并在此基础上发展了系统的多时标非线性系统鲁棒控制与自适应控制理论，以及若干新型的建模与控制器设计方法，为多时标非线性系统的智能控制提供了系统化的解决方案。具体贡献包括：

（1）系统梳理了线性、非线性奇异摄动系统控制发展的历史脉络，在分析其研究现状的基础上，总结出了利用人工智能方法实现多时标非线性系统鲁棒与自适应控制器设计的主要方法和发展趋势。

（2）分别针对连续、离散非线性奇异摄动系统，建立了模糊奇异摄动模型，并系统研究了其鲁棒控制器设计方法。第 2 章针对模糊奇异摄动模型详细分析了模型特点、逼近能力，并利用结构化稀疏技术建立了新型的模糊规则约减方法。进一步，第 3、4 章利用 Takagi-Sugeno 建模思想为连续、离散非线性多时标系统建立了对应的模糊奇异摄动模型，并利用凸优化方法统一设计了保证镇定与 H_∞ 性能的分析与综合方法；第 5 章至第 9 章主要研究多摄动参数模糊奇异摄动系统的鲁棒控制理论方法。第 5 章针对基于模糊奇异摄动模型的多目标鲁棒控制问题，考虑对干扰抑制性能、动态性能以及控制量幅值的综合优化，定义了三个性能指标，并结合控制器多摄动参数无关解的求解条件，建立了含有 LMI 约束的多目标优化模型。在这一框架下，第 6、7 章分别展开了对参数不确定情形下和状态不完全可测情形下的多目标鲁棒控制设计的研究。第 8 章基于压缩不变集理论给出了模糊奇异摄动模型存在执行器饱和效应时的闭环系统稳定性条件，在此基础上，研究了控制量幅值受限时的多目标鲁棒控制方法，将控制器设计转化为易于计算的摄动参数无关 LMI 求解问题。此外，针对实际系统中往往存在多个子系统相互间存在交联的情形，第 9 章提出了交联模糊奇异摄动模型的多目标鲁棒分散控制方法，使各多时标子系统即使彼此间存在交联，多目标鲁棒分散控制器仍然保证整个闭环系统是渐近稳定的，并具有抑制外部干扰的能力，同时综合优化了系统的动态性能和控制量。这一系列工作建立了较为完整的多时标非线性系统鲁棒控制器设计理论方法。

（3）利用建立的模糊奇异摄动模型，分别针对单输入单输出、多输入多输出系统提出了可保证稳定性的自适应控制器方法。具体来说，第 10 章针对模糊奇异摄动模型存在未建模动态的多时标线性系统，将 LMI 方法和自适应控制理论相结合，采用自适应项消除模型的不确定性，能够减少只采用 LMI 方法求取控制增益的保守性，不仅使被控对象的状态能够跟踪参考模型的状态，且其动态性能也能满足设计要求。针对状态量不完全可量测的多时标非线性系统，第 11 章提出了自适应输出反馈控制方法。其中模糊观测器用于估计系统跟踪误差，自适应控制器用于满足系统的性能指标。该方法将观测器和控制器增益的设计归结为双线性矩阵不等式的求解问题，采用两步法使其转化为一系列 LMI，应用自适应控制项以消除模糊奇异摄动模型的不确定性和观测误差。即使状态量不完全可量测，仍然能够使实际系统的输出跟踪到期望轨迹。最后，针对模糊奇异摄动模型后件参数未知的多时标非线性系统，第 12 章提出了直接型自适应控制器，其状态反馈的增益可以在线调整，能够保证较好地跟踪参考模型的状态。这一系列工作建立了较为完整的多时标非线性系统自适应控制器设计理论方法。

（4）针对典型电路、柔性机械臂、带挠性附件航天器等多时标非线性系统，第 13 章系统地开展了基于奇异摄动模型的多时标非线性系统鲁棒控制与自适应控制理论方法的综合应用验证与性能比较，为理论方法的实际应用奠定了基础。

本书对多时标非线性系统智能控制的理论、方法与应用做了系统总结与详细阐释。值得指出的是，航天技术、工业生产装配等对机器人控制的要求越来越高，全球性新冠病毒肺炎疫情对无接触生产制造的需求也提出了更高的要求，在新一代人工智能技术的驱动下，非线性多时标系统的建模与控制应在理论方法与应用示范两方面继续寻求新的突破。具体包括：

（1）当前鲁棒控制与自适应控制方面的研究大多仅能获得摄动参数的无关解，而在很多复杂情况下，这类无关解可能并不存在。解决这类问题以及实现高精度控制的前提是建立摄动参数高阶相关的模糊奇异摄动模型，并设计与摄动参数相关的高精度智能控制器。文献[103]研究了两时标系统的摄动参数相关可控性问题，但系统性的理论研究尚待展开，这将是未来重要的理论发展方向。

（2）在实际系统中，稳定性、鲁棒性，以及最优性都是设计者与用户追求的目标。但这些性能之间存在冲突。在多时标动力系统领域，如何有效兼顾各种性能指标的影响涉及病态动力学参数不确定等问题，具有更大的难度。同时也对多时标非线性系统控制方法的研究提出了新的挑战。

（3）现代大规模生产领域中网络的应用已无处不在，应开展考虑网络传输特性的模糊奇异摄动系统的建模、通用逼近性，以及鲁棒控制与自适应控制理论方法的研究。模糊奇异摄动系统能够对生产制造车间的多个制造单元进行综合建模和控制，考虑网络环境下的服务质量和系统控制整体性能。当然，这类理论方法还可以推广到无人系统的编队和集群控制中。

（4）机理建模与基于模型的控制器设计领域已有很多成熟的技术，而现有智能建模与控制方法难以有效地从中提取有益信息，如何发展知识与数据协同驱动的智能建模与控制技术是提升多时标系统控制性能的必由之路。此外，人工智能技术当前取得了很大进展，深度学习、强化学习等技术方兴未艾，如何综合利用这些技术来提升多时标动力学的建模与控制器设计是未来的重要发展方向。

参考文献

[1] McClamroch N H. Singular perturbation approach to modeling and control of manipulators constrained by a stiff environment// Proceedings of the 28th IEEE Conference on Decision and Control，Tampa，1989：2407-2411.

[2] Siciliano B，Book W J. A singular perturbation approach to control of lightweight flexible manipulators. The International Journal of Robotics Research，1988，7（4）：79-90.

[3] Asada H H，Gu B，Gordon B W. A unified approach to modeling and realization of constraint robot motion using singularly perturbed sliding manifolds// Proceedings of the 2000 IEEE International Conference on Robotics and Automation，San Francisco，2000：736-743.

[4] Siciliano B，Prasad J V R，Calise A J. Output feedback two-time scale control of multilink flexible arms. Transactions of the ASME Journal of Dynamic Systems Measurement and Control，1992，114（1）：70-77.

[5] Tap R F，Willigenburg L G，Straten G，et al. Optimal control of greenhouse climate：Computation of the influence of fast and slow dynamics// Proceedings of 12th Triennial World Congress of the IFAC，Sydney，1994：1147-1150.

[6] Soner H M. Singular perturbations in manufacturing. SIAM Journal on Control and Optimization，1993，31（1）：132-146.

[7] Yang J M，Wu J，Wu L. Nonlinear characteristics of the phase locked loop AC motor speed regulation system. Journal of South China University of Technology，2000，8（9）：32-39.

[8] 许可康. 控制系统中的奇异摄动. 北京：科学出版社，1986.

[9] Klimushev A I，Krasovskij N N. Uniform asymptotic stability of systems of differential equations with a small parameter in the derivative terms. Journal of Applied Mathematics and Mechanics，1961，25（4）：1011-1025.

[10] Chen B，Lin C. On the stability bounds of singularly perturbed systems. IEEE Transactions on Automatic Control，1990，35（11）：1265-1270.

[11] Feng W. Characterization and computation for the bound ε^* in linear time invariant singularly perturbed systems. System and Control Letter，1988，11（3）：195-202.

[12] Sen S，Datta K B. Stability bounds of singularity perturbed systems. IEEE Transactions on Automatic Control，1993，38（2）：302-304.

[13] Chen S J，Lin J L. Maximal stability bounds of singularly perturbed systems. Journal of Franklin Institute，1999，336（8）：1209-1218.

[14] Lin C L，Chen B S. On the design of stabilizing controllers for singularly perturbed systems. IEEE Transctions on Automatic Control，1992，37（11）：1828-1834.

[15] Chiou J S，Kung F C，Li T H S. An infinite ε bound stabilization design for a class of singularly

perturbed systems. IEEE Transactions on Circuits and Systems Part I：Fundamental Theory and Applications，1999，46（12）：1507-1510.

[16] Kokotovic P V，Yacel R A. Singular perturbation of linear regulators：Basic theorems. IEEE Transactions on Automatic Control，1972，17（1）：29-37.

[17] Chow J H，Kokotovic P V. A decomposition of near optimum regulators for systems with slow and fast modes. IEEE Transactions on Automatic Control，1976，15（5）：219-224.

[18] Chang K W. Singular perturbations of a general boundary value problem. SIAM Journal of Mathematical Analysis，1972，3（3）：520-526.

[19] Su W C，Gajic Z，Shen X M. The exact slow-fast decomposition of the algebraic Riccati equation of singularly perturbed systems. IEEE Transactions on Automatic Control，1992，37（9）：1456-1459.

[20] Garcia G，Daafouz J，Bernussou J. A LMI solution in the H_2 optimal problem for singularly perturbed systems// Proceedings of the 1998 American Control Conference，Philadelphia，1998：550-554.

[21] Wang Y Y，Shi S J，Zhang Z J. A descriptor system approach singular perturbation of linear regulators. IEEE Transactions on Automatic Control，1988，33（4）：370-373.

[22] Oloomi H，Sawan M E. Suboptimal model matching problem for two frequency scale transfer functions// Proceedings of the 1989 American Control Conference，Pittsburgh，1989：2190-2191.

[23] Luse D W，Ball J A. Frequency scale decomposition of H_∞ disk problems. SIAM Journal on Control Optimal，1989，27（4）：814-835.

[24] Oloomi H M. Nevanlinna-Pick interpolation problem for two frequency scale systems. IEEE Transactions on Automatic Control，1995，40（1）：169-173.

[25] Oloomi H M，Sawan M E. H_∞ model matching problem for singularly perturbed systems. Automatica，1996，32（3）：369-377.

[26] Shahruz S M. Design of H_∞ optimal compensators for singularly perturbed systems// Proceedings of the 1989 IEEE International Conference on Control and Decision，Tampa，1989：2397-2398.

[27] Fridman E. Near optimal H_∞ control of linear singularly perturbed systems. IEEE Transactions on Automatic Control，1996，41（2）：236-240.

[28] Mukaidani H，Xu H，Mizukami K. Recursive approach of H_∞ control problems for singularly perturbed systems under perfect and imperfect state measurements. International Journal of System Sciences，1999，30（5）：467-477.

[29] Tan W，Leung T，Tu Q. H_∞ control for singularly perturbed systems. Automatica，1998，34（2）：255-260.

[30] Tong V V，Mahmoud E S. H_∞ control for singularly perturbed systems via game theory// Proceedings of 26th Asilomar Conference on Signals，Systems and Computers，Pacific Grove，1992：415-419.

[31] Li T H S，Chiou J S，Kung F C. Stability bounds of singularly perturbed discrete systems. IEEE Transactions on Automatic Control，1999，44（10）：1934-1938.

[32] Li T H S，Li J H. Stabilization bound of discrete two time scale systems. Systems and Control

Letter，1992，18（6）：479-489.

[33] Hsiao F，Pan S，Teng C，et al. D-stability bound analysis for discrete multiparameter singularly perturbed systems. IEEE Transactions on Circuits and Systems Part I：Regular Papers，1997，44（4）：347-351.

[34] Litkouhi B，Khalil H K. Infinite-time regulators for singulators for singularly perturbed difference equations. International Journal of Control，1984，39（3）：587-598.

[35] Lim M T，Kim B. Optimal control of linear nonstandard singularly perturbed discrete systems// Proceedings of the 39th IEEE International Conference on Decision and Control，Sydney，2000，3（2）：2329-2334.

[36] Grujic L T. Uniform asymptotic stability of nonlinear singularly perturbed and large scale systems. International Journal of Control，1981，33（3）：481-504.

[37] Saberi A，Khalil H . Quadratic-type Lyapunov functions for singularly perturbed systems. IEEE Transactions on Automatic Control，1984，29（6）：542-550.

[38] Khalil H K. Stability analysis of nonlinear multiparameter singularly perturbed systems. IEEE Transactions on Automatic Control，1987，32（3）：260-263.

[39] Tuan H D，Hosoe S. Multivariable circle criteria for multiparameter singularly perturbed systems. IEEE Transactions on Automatic Control，2002，45（4）：720-725.

[40] Fridman E. A descriptor system approach to nonlinear singularly perturbed optimal control problem. Automatica，2001，37（4）：543-549.

[41] Pan Z，Basar T. Time scale separation and robust controller design for uncertain nonlinear singularly perturbed systems under perfect state measurements. International Journal of Robust and Nonlinear Control，1996，6（7）：585-608.

[42] Sobolev V A. Integral manifolds and decomposition of singularly perturbed systems. Systems Control Letters，1984，5（3）：169-179.

[43] Khorasani K. On linearization of nonlinear singularly perturbed systems. IEEE Transactions on Automatic Control，1987，32（3）：256-259.

[44] Sharkey P M，O'Reilly J. Exact design manifold control of a class of nonlinear singularly perturbed systems. IEEE Transactions on Automatic Contol，1987，32（10）：933-935.

[45] Moallem M，Khorasani K，Patel R V. An integral manifold approach for tip position tracking of flexible multi-link manipulators. IEEE Transactions on Robotics and Automation，1997，13（6）：823-837.

[46] Liu H P，Sun F C，Sun Z Q. Stability analysis and synthesis of fuzzy singularly perturbed systems. IEEE Transactions on Fuzzy Systems，2005，13（2）：273-284.

[47] Fayaz A M. Fuzzy control of ε-varying singularly perturbed discrete-time systems// Proceedings of the 2001 European Control Conference，Porto，2001：3352-3357.

[48] ElShabrawy A，Schwartz H. Fuzzy sliding mode control for a singularly perturbed system. IEEE Annual Meeting of the Fuzzy Information，2004，1：238-241.

[49] Fakharian A，Jamshidi F，Beheshti M. Logic based switching H_2/H_∞ controller design for linear singular perturbation systems：A fuzzy supervisor approach// Proceedings of the 2010 IEEE International Conference on Control and Automation，Xiamen，2010：1311-1315.

[50] Li T，Lin K. Stabilization of singularly perturbed fuzzy systems. IEEE Transactions on Fuzzy Systems，2004，12（5）：579-595.

[51] Li T，Lin K. Composite fuzzy control of nonlinear singularly perturbed systems. IEEE Transactions on Fuzzy Systems，2007，15（2）：176-187.

[52] Chen J，Sun F，Yin Y，et al. State feedback robust stabilisation for discrete-time fuzzy singularly perturbed systems with parameter uncertainty. IET Control Theory and Applications，2011，5（10）：1195-202.

[53] Asemani M，Majd V. A robust H_∞ non-PDC design scheme for singularly perturbed T-S fuzzy systems with immeasurable state variables. IEEE Transactions on Fuzzy Systems，2014，23（3）：525-541.

[54] Wang Y，Shi P，Yan H. Reliable control of fuzzy singularly perturbed systems and its application to electronic circuits. IEEE Transactions on Circuits and Systems Part I：Regular Papers，2018，65（10）：3519-3528.

[55] Shen H，Li F，Wu Z，et al. Fuzzy-model-based nonfragile control for nonlinear singularly perturbed systems with semi-Markov jump parameters. IEEE Transactions on Fuzzy Systems，2018，26（6）：3428-3439.

[56] Li F，Xu S，Shen H. Fuzzy-model-based H_∞ control for Markov jump nonlinear slow sampling singularly perturbed systems with partial information. IEEE Transactions on Fuzzy Systems，2019，27（10）：1952-1962.

[57] Shen H，Yang C，Xia J，et al. Non-fragile fuzzy control for nonlinear fast sampling singularly perturbed systems subject to Markov jumping parameters. IEEE Transactions on Fuzzy Systems，2020，DOI 10.1109/TFUZZ.2020.2990108.

[58] Shen H，Men Y，Wu Z，et al. Network-based quantized control for fuzzy singularly perturbed semi-Markov jump systems and its application. IEEE Transactions on Circuits and Systems Part I：Regular Papers，2018，66（3）：1130-1140.

[59] Assawinchaichote W，Nguang S K. Fuzzy H_∞ output feedback control design for singularly perturbed systems with pole placement constraints：An LMI approach. IEEE Transactions on Fuzzy Systems，2006，14（3）：361-371.

[60] Yang G，Dong J. Control synthesis of singularly perturbed fuzzy systems. IEEE Transactions on Fuzzy Systems，2008，16（3）：615-629.

[61] Yuan Y，Hu Y，Sun F. Mixed H_2/H_∞ control using a fuzzy singularly perturbed model with multiple perturbation parameters for gust load alleviation. Tsinghua Science and Technology，2011，16（4）：344-351.

[62] Assawinchaichote W，Nguang S K. H_∞ filtering for fuzzy singularly perturbed systems with pole placement constraints：An LMI approach. IEEE Transactions on Signal Processing，2004，52（6）：1659-1667.

[63] Yang G，Dong J. H_∞ filtering for fuzzy singularly perturbed systems. IEEE Transactions on Systems，Man and Cybernetics，Part B（Cybernetics），2008，38（5）：1371-1389.

[64] Li L，Sun F C. Stable fuzzy adaptive controller design for nonlinear singularly perturbed systems// Proceedings of the 2006 Multiconference on Computational Engineering in Systems

Applications，Beijing，2006，2：1388-1394.

[65] Lin K. Model reference fuzzy tracking control design for uncertain singularly perturbed nonlinear systems// Proceedings of the 2012 International Conference on Fuzzy Theory and Its Applications，Taichung，2012：95-100.

[66] Massoum A，Fellah M，Meroufel A，et al. Neuro-fuzzy control of a singularly perturbed permanent magnet synchronous machine fed by a three levels inverter// Proceedings of the 2008 IEEE International Symposium on Industrial Electronics，Cambridge，2008：1867-1872.

[67] Wang Y，Gao Y，Karimi H，et al. Sliding mode control of fuzzy singularly perturbed systems with application to electric circuit. IEEE Transactions on Systems，Man and Cybernetics：Systems，2017，48（10）：1667-1675.

[68] Ji W，Qiu J，Karimi H R，et al. New results on fuzzy integral sliding mode control of nonlinear singularly perturbed systems. IEEE Transactions on Fuzzy Systems，2020，DOI 10.1109/TFUZZ.2020.2985927.

[69] Wang Y，Xie X，Chadli M，et al. Sliding mode control of fuzzy singularly perturbed descriptor systems. IEEE Transactions on Fuzzy Systems，2020，DOI 10.1109/TFUZZ.2020.2998519.

[70] Takagi T，Sugeno M. Fuzzy identification of systems and its applications to modeling and control. IEEE Transactions on Systems，Man and Cybernetics，1985，15（1）：116-132.

[71] Ying H. General SISO Takagi-Sugeno fuzzy systems with linear rule consequent are universal approximators. IEEE Transactions on Fuzzy Systems，1998，6（4）：582-587.

[72] Zeng K，Zhang N Y，Xu W L. A comparative study on sufficient conditions for Takagi-Sugeno fuzzy systems as universal approximators. IEEE Transactions on Fuzzy Systems，2000，8（6）：773-780.

[73] Luo M，Sun F，Liu H. Hierarchical structure sparse representation for T-S fuzzy systems identification. IEEE Transactions on Fuzzy Systems，2013，21（6）：1032-1043.

[74] Lin Y H，Cunningham G A. A new approach to fuzzy-neural system modeling. IEEE Transactions on Fuzzy Systems，1995：190-198.

[75] Kim E，Lee H，Park M，et al. A simply identified Sugeno-type fuzzy model via double clustering. Information Sciences，1998，110（1-2）：25-39.

[76] Oh S，Pedrycz W. Identification of fuzzy systems by means of an auto-tuning algorithm and its application to nonlinear systems. Fuzzy Sets and Systems，2000，115（2）：205-230.

[77] Huang W，Oh S K，Ding L，et al. Identification of fuzzy inference systems using a multi-objective space search algorithm and information granulation. Journal of Electrical Engineering and Technology，2011，6（6）：853-866.

[78] Choi J N，Oh S K，Pedrycz W. Identification of fuzzy models using a successive tuning method with a variant identification ratio. Fuzzy Sets and Systems，2008，159（21）：2873-2889.

[79] Tsekouras G，Sarimveis H，Kavakli E，et al. A hierarchical fuzzy-clustering approach to fuzzy modeling. Fuzzy Sets and Systems，2005，150（2）：245-266.

[80] Rezaee B，Zarandi M F. Data-driven fuzzy modeling for Takagi-Sugeno-Kang fuzzy system. Information Sciences，2010，180（2）：241-255.

[81] Li C，Zhou J，Fu B，et al. T-S fuzzy model identification with a gravitational search-based

hyperplane clustering algorithm. IEEE Transactions on Fuzzy Systems，2011，20（2）：305-317.

[82] Ma X J，Sun Z Q，He Y Y. Analysis and design of fuzzy controller and fuzzy observer. IEEE Transactions on Fuzzy Systems，1998，6（1）：41-51.

[83] Fridman E. Effects of small delays on stability of singularly perturbed systems. Automatica，2002，38（5）：897-902.

[84] Wang Y Y，Shi S J，Zhang Z J. A descriptor system approach singular perturbation of linear regulators. IEEE Transactions on Automatic Control，1988，33（4）：370-373.

[85] Wang H O，Tanaka K，Griffin M F. An approach to fuzzy control of nonlinear systems:Stability and design issues. IEEE Transactions on Fuzzy Systems，1996，4（1）：14-23.

[86] Assawinchaichote W，Nguang S K. Fuzzy H_∞ fuzzy control design for nonlinear singularly perturbed systems with pole placement constraints：An LMI approach. IEEE Transactions on Systems，Man and Cybernetics-Part B：Cybernetics，2004，34（1）：579-588.

[87] Assawinchaichote W，Nguang S K，Shi P. H_∞ output feedback control design for uncertain fuzzy singularly perturbed systems：An LMI approach. Automatica，2004，40（12）：2147-2152.

[88] 周树德，孙增圻. 分布估计算法综述. 自动化学报，2007，33（2）：113-124.

[89] Liu H P，Sun F C，Hu Y N. H_∞ control for fuzzy singularly perturbed systems. Fuzzy Sets and Systems，2005，155：272-291.

[90] Huang D，Nguang S K. Robust H_∞ static output feedback control of fuzzy systems：An LMI approach. IEEE Transactions on Systems，Man and Cybernetics，2006，36（1）：216-222.

[91] Reilly J. Full-order observers for a class of singularly perturbed linear time-varying systems. International Journal of Control，1979，30（5）：745-756.

[92] Sun F C，Zhao N，Liu H P. H_∞ feedback control of fuzzy singular perturbed system. International Conference on Neural Networks and Brain，2005，3：1761-1765.

[93] Kose I E，Jabbari F. Control of systems with actuator amplitude and rate constraints. Proceedings of the American Control Conference，Arlington，2001：4914-4919.

[94] Cao Y Y，Lin Z L. Robust stability analysis and fuzzy-scheduling control for nonlinear systems subject to actuator saturation. IEEE Transactions on Fuzzy Systems，2003，11（1）：57-67.

[95] Hu T S，Lin Z L. An analysis and design method for linear systems subject to actuator saturation and disturbance// Proceedings of the 2000 American Control Conference，Chicago，2000：725-729.

[96] Hu T S，Lin Z L. Control Systems with Actuator Saturation：Analysis and Design. Boston：Birkhäuser，2001.

[97] Cao Y Y，Lin Z L，Shamash Y. Set invariance analysis and gain scheduling control for LPV systems subject to actuator saturation. Systems and Control Letters，2002，46：137-151.

[98] Nayeri M，Alasty A，Daneshjou K. Neural optimal control of flexible spacecraft slew maneuver. Acta Astronautica，2004，55（10）：817-827.

[99] Garcia G，Daafouz J，Bernussou J. The infinite time near optimal decentralized regulator problem for singularly perturbed systems: A convex optimization approach. Automatica，2002，38（8）：1397-1406.

[100] Gahinet P，Nemirovski A，Laub A，et al. LMI Control Toolbox. Natick，MA：The

MathWorks，1995.

[101] Lam H K, Leung F H F, Tam P K S. Fuzzy control of a class of multivariable nonlinear systems subject to parameter uncertainties: Model reference approach. International Journal of Approximate Reasoning，2001，26（2）：129-144.

[102] Abed E H. Singularly perturbed Hopf bifurcation. IEEE Transactions on Circuits and Systems，1985，32（12）：1270-1280.

[103] Hu Y N，Sun F C，Liu H P，et al. ε-dependent controllability for two time-scale systems. Tsinghua Science and Technology，2009，14（2）：271-280.